U0117037

紧凑型荧光灯设计与制造

中国照明电器协会组织编写

编委会主任：陈燕生

编委会副主任：刘升平　秦碧芳　路绍泉

编委会成员（按姓氏笔画为序）

方道腴　王海波　李广安　李先栗　吕　芳

参加编写人员（按姓氏笔画为序）

王海鸥　王　卓　江卫宁　朱月华

中国轻工业出版社

图书在版编目（CIP）数据

紧凑型荧光灯设计与制造/中国照明电器协会组织编写. —北京：中国轻工业出版社，2012. 6

ISBN 978 - 7 - 5019 - 8798 - 6

Ⅰ. ①紧…　Ⅱ. ①中…　Ⅲ. ①紧凑型荧光灯—设计②紧凑型荧光灯—制造　Ⅳ. ①TM923. 321

中国版本图书馆 CIP 数据核字（2012）第 091696 号

责任编辑：王　淳

策划编辑：李　颖　王　淳　　责任终审：孟寿萱　　封面设计：锋尚设计

版式设计：宋振全　　责任校对：燕　杰　　责任监印：吴京一

出版发行：中国轻工业出版社（北京东长安街 6 号，邮编：100740）

印　　刷：北京京都六环印刷厂

经　　销：各地新华书店

版　　次：2012 年 6 月第 1 版第 1 次印刷

开　　本：787 × 1092　1/16　印张：16

字　　数：362 千字

书　　号：ISBN 978 - 7 - 5019 - 8798 - 6　定价：40. 00 元

邮购电话：010 - 65241695　传真：65128352

发行电话：010 - 85119835　85119793　传真：85113293

网　　址：http：//www. chlip. com. cn

Email：club@ chlip. com. cn

120176K6X101ZBW

前　言

紧凑型荧光灯（CFL）是20世纪70年代末研制的高效照明产品。20世纪80年代初引入我国后，得到了快速的发展。在20世纪80年代后期我国已经开始有企业研制和少量生产CFL，当时是半手工半机械方式生产，在政府有关部门的支持下开始了生产设备的工程开发和工艺研究。1996年由全球环境基金（GEF）资助的“中国绿色照明工程”将推广CFL作为一项重要内容。在政府有关部门的组织下，紧凑型荧光灯这一高效照明产品得到快速发展，相继制定了产品的安全标准、性能标准、能效标准。

2009年在GEF的资助下，由国家发改委组织的“逐步淘汰白炽灯、加快推广节能灯”项目正式启动，中国将制定逐步淘汰白炽灯的路线图。由于CFL的发光效率是白炽灯的5倍，寿命是白炽灯的5～10倍，因此CFL是目前替代白炽灯的高效照明产品。

经过照明业界二十多年的共同努力，紧凑型荧光灯从设计到制造工艺均有了显著的技术进步。原材料已基本实现国产化，灯用玻璃正在逐步实现无铅化；灯用三基色荧光粉质量大幅度提高，完全可以满足紧凑型荧光灯的需求。

CFL电子镇流器中元器件的国产化带动了一批元器件企业的腾飞，每年数十亿只晶体三极管、电解电容等元器件的需求，促进了电子元器件产业的发展。

CFL生产设备的进步，机械化、自动化水平的提高，不但使生产效率大幅度提高而且保证了产品的质量和一致性。国产自动排气机和接桥机的普遍使用以及自动螺旋弯管机的研制成功，体现了中国照明界工程技术人员的聪明才智。

工艺技术的改进使CFL产品质量大幅度提高，普遍采用以水为溶剂的涂粉工艺，保护膜技术改善了灯管质量，延长了使用寿命。采用固态汞代替液态汞，减少了注汞量，这种清洁生产工艺对保护环境做出了积极的贡献。

目前我国紧凑型荧光灯年产量已超过40亿只，其中60%以上出口到全球170多个国家和地区，约占全球市场的80%。最近三年，财政部、发改委实施高效照明产品财政补贴项目，在全国范围推广紧凑型荧光灯的应用，使紧凑型荧光灯普及率大幅度提高，节能效果十分显著。

我们编写本书的目的是希望CFL生产企业的管理者、工程技术人员和技术工人以此作参考，进一步提高CFL的设计与制造水平，为国内外广大用户提供高质量的产品，同时可作为白炽灯企业转型生产CFL的培训教材，为全人类的节能减排作出贡献。由于本书篇幅所限，紧凑型荧光灯以主流产品U形和螺旋形为例。

本书各章节均邀请国内著名专家撰写，其中第1章由复旦大学方道腴教授撰写，第2章由南京工业大学电光源材料研究所王海波研究员级高工撰写，第3、第6、第7、第8章由厦门通士达照明有限公司秦碧芳总工撰写，第4章由东南大学李广安教授撰写，第5章由总参63所李先栗高工撰写，路绍泉教授对全部书稿进行了审核，王卓同志对附录内容进行了编辑整理。朱月华、江卫宁、何志明、万齐章、黄文锁、邓雪梅、王海鸥、张建忠、林良东、杜晓红也参加了本书相关章节的编写工作，在此一并向他们表示衷心的感谢。

目　　录

1 紧凑型荧光灯原理和设计

1.1 气体放电物理基础[1-7]

1.1.1 气体分子运动论

气体和其它物质一样,也是由原子组成的。有的气体或蒸汽以单原子态存在,如氖、氩、汞蒸汽等;有的气体则以分子态存在,如氧气分子、水分子等。在气体放电中,一般可将气体看作是单原子态,或将气体笼统地称为气体粒子。

1.1.1.1 理想气体的状态方程

构成气体的粒子(分子和原子)不停地进行着无规则运动。实验发现,温度越高,气体粒子无规则运动就越剧烈,即气体粒子的无规则运动与它们的温度有关。所以,气体粒子的这种无规则运动叫做气体粒子的热运动。在无外场的条件下,气体粒子系统的宏观性质不再随时间变化,此时,气体粒子系统处于平衡态,该气体粒子系统的宏观状态可用气压 p、体积 V 和温度 T 这三个状态参量来描述。这三个描述系统宏观性质的参量都是可直接观测的,它们是表征大量粒子集体特征的物理量。如温度 T 反映了组成系统的大量气体粒子的无规则热运动的剧烈程度;压强 p 是无规则热运动的大量气体粒子对器壁不断碰撞的平均效果。若气体的气压低至气体粒子间的引力不起作用时,这三个状态参量之间的关系遵从理想气体的状态方程。

$$pV = \frac{M}{\mu}RT \tag{1-1}$$

式中,M 为气体粒子的质量;μ 为气体粒子的摩尔质量($kg \cdot mol^{-1}$);R 为普适气体常数,其数值为 $R = 8.31 J\ mol^{-1}K^{-1}$。

气体任意两个平衡态之间的关系为

$$\frac{p_1 V_1}{T_1} = \frac{p_2 V_2}{T_2} \tag{1-2}$$

理想气体的状态方程还可写成

$$p = N\,k\,T \tag{1-3}$$

式中,N 为单位体积中的粒子数,k 为玻尔兹曼常数($k = 1.38 \times 10^{-23} JK^{-1}$)。此式被称为阿伏加德罗定律,它表示在相同的温度和压强下,各种气体在相同的体积内所含的粒子数相同。如在标准状态下,在 $1m^3$ 中有 2.6876×10^{25} 个粒子,这个数字叫做洛喜密脱常数。

1.1.1.2 麦克斯韦速率分布

气体粒子以各种大小的速度无规则地向各个方向作热运动,而且,由于频繁的碰撞,每个粒子的速度都在不断地改变。若在某一特定时刻去考察某特定的粒子,则它的速度的大小和方向完全是偶然的,然而就大量气体粒子整体来看,在一定的条件下它们的速度分布却遵从着一定的统计规律。在平衡状态下,当气体粒子间的相互作用可以忽略时,分布在任一个速率区间 $v \sim (v + dv)$ 内的粒子的比率为

$$\frac{\mathrm{d}N}{N}=f(v)\mathrm{d}v=4\pi\left(\frac{m}{2\pi kT}\right)^{\frac{3}{2}}\exp\left(-\frac{mv^2}{2kT}\right)v^2\mathrm{d}v \tag{1-4}$$

式中,T 是气体的温度,m 是每个粒子的质量,k 是玻尔兹曼常数。

根据式(1-4),图1-1(a)显示了 $f(v)$ 与 v 之间的函数关系,被称为速率分布曲线。它形象地描绘出气体粒子按速率分布的情况。图中任一个区间 $v\sim(v+\mathrm{d}v)$ 内曲线下的窄条面积表示速率分布在这区间内粒子的比率 $\mathrm{d}N/N$,而任一有限范围 $v_1\sim v_2$ 内曲线下的面积则表示分布在这范围内粒子的比率 $\Delta N/N$。与 $f(v)$ 极大值对应的速率叫做最可几速率,通常用 v_p 表示,它的物理意义是:如果将整个速率范围分成许多相等的小区间,则分布 v_p 所在的区间内的气体粒子比率最大。对分布函数 $f(v)$ 求极值,可得 $v_p=\sqrt{\frac{2kT}{M}}$。

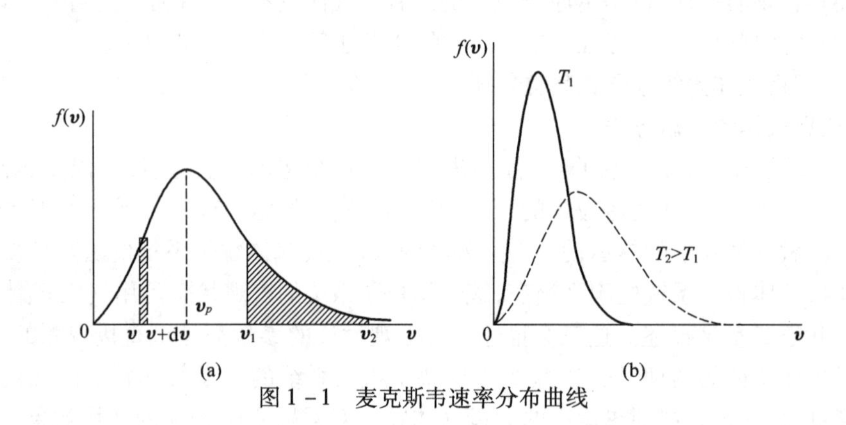

图1-1　麦克斯韦速率分布曲线

对于给定的气体(即质量 M 一定),图1-1(b)中还给出了两个不同温度下的分布曲线。其中,虚线与较高的温度对应。因为温度的高低反映气体粒子无规则热运动的剧烈程度,因此,当温度升高时,气体中速率较小的粒子减少,而速率较大的粒子增多。所以曲线的峰值位置向速率增加的方向移动。由于曲线下的总面积应恒等于1,所以温度升高时曲线变得较为平坦。

由气体粒子的速率分布函数 $f(v)$,就可求得作无规则热运动粒子的平均速率 $\bar{v}$ 为

$$\bar{v}=\int vf(v)\mathrm{d}v=\sqrt{\frac{8kT}{\pi M}}$$

同理,可得方均根速率

$$\sqrt{\bar{v}^2}=\sqrt{\frac{3kT}{M}}$$

1.1.1.3　气体粒子的平均自由程

为了描述气体粒子热运动中粒子间相互碰撞的频繁程度,可引入平均自由程的概念。自由程的定义是一个粒子在连续两次碰撞之间自由走过的路程。由于粒子的无规则运动,各个自由程的长短是不同的,这些自由程的平均值就被称为是平均自由程,以 $\bar{\lambda}$ 表示。若气体粒子的半径为 r,浓度为 N,则有

$$\bar{\lambda}=\frac{1}{4\sqrt{2}\pi r^2N} \tag{1-5}$$

由式可见,平均自由程 $\bar{\lambda}$ 和气体粒子的半径 r 及浓度 N 成反比。r 越大,N 越高,粒子相碰的机会越高,则 $\bar{\lambda}$ 越小。因气体粒子的浓度 N 和气压成正比,因此,$\bar{\lambda}$ 和气压成反比。

平均自由程的大小反映了气体粒子间碰撞的频繁程度，故可引入平均碰撞频率的概念，它表示每个粒子平均在单位时间内与其它粒子相碰的次数，以 $\bar{\nu}$ 表示。显然，在粒子的平均速率一定的情况下，粒子间的碰撞越频繁，$\bar{\lambda}$ 越小，则 $\bar{\nu}$ 就越大。若 $\bar{\nu}$ 为粒子的平均速率，则 $\bar{\nu} = \bar{v}/\bar{\lambda}$。

1.1.2 原子结构和能级图

1.1.2.1 原子结构

按玻尔的原子结构理论，所有的原子都是由带正电的原子核和带负电的电子所构成。原子的尺寸很小，约为 10^{-8}cm；位于原子中间的核的尺寸更小，只有 10^{-13}cm，但原子的质量几乎全部集中在它上面。在核的周围有许多电子，这些电子除在不同半径和各种形状的轨道上绕核圆周运动外，还绕自己的轴心作自旋运动。原子中的电子是最小的带电粒子，其质量只有 9.1×10^{-31}kg，它带负电荷的电量 $e=1.59\times10^{-19}$C。原子中原子核所带的正电荷数和绕其运动的电子所带的负电荷数总数相等，因此原子是不带电的。

1.1.2.2 原子的能级图

按量子论的观点，绕核运动的这些电子只能在个别的、分立的、确定的轨道上运动，不同的电子运行轨道相应于原子不同的能量，电子只能具有和这些轨道相对应的固定能量，它必须是某些不连续的固定数值，这被称为是原子能量的量子化。原子的量子化的能态可用四个量子数来表征：n、L、S 和 J。n 为主量子数，它表征了轨道运动半径的大小，$n=1$、2、3、…，$n=1$ 表示电子在最靠近核的轨道上运动，n 值越大，则轨道半径越大，原子的能量也就越高；L 为原子总轨道角动量量子数，它表征了轨道的形状，$L=0$、1、2、3、…，分别用大写字母 S、P、D、F、G、H、…来表示；S 为原子总自旋角动量量子数，由于电子有两个自旋方向，最外层轨道上只有一个电子时，$S=1/2$，最外层轨道上有两个电子时，$S=0$ 和 1；J 为原子总角动量量子数，它表征了轨道运动和自旋运动相互作用的影响，J 的数值为 $L+S$、$L+S-1$、…$|L-S|$。于是，一个原子的量子状态可用符号 $n^{2S+1}L_J$ 来表示。不同的量子状态相应于电子不同的运行轨道，相应于原子不同的能量。

按照能量最小原理，原子中的每个电子都有一个要在能量最低的轨道上运动的趋势，即要去占据最低能量状态的趋势。于是，电子将优先占据 $n=1$ 的最靠近核的运动轨道，在那儿能量最低。按泡利(Pauli)不相容原理，由四个量子数决定的每个轨道只能容纳一个电子，于是其余的电子只能排到 n 大于 1 的具有更高能量的外层电子轨道上去。在最外层轨道上运动的电子被称为价电子，它们离核最远，受到核的束缚最小，故能量最高。在价电子运动的轨道以外，还有一系列允许电子存在的能量更高的轨道，它们尚未被电子所占据。

若按原子能量的高低来排列电子的运动轨道，可引入原子能级的概念。由量子数决定的一个轨道相应于一个能级，原子核外绕核运动的所有电子都有自己确定的轨道，因此也具有各自的能级。内层电子所处的能级较低，而外层电子所处的能级较高，价电子所处的能级最高。在正常情况下，价电子所处能级以下的所有能级都被内层电子所占据，而价电子所处能级以上的一系列能级都是空着的，这种电子分布的正常状态被称为基态，价电子所处轨道所相应的能级被称为基态能级。此时，原子处于最稳定的状态。图 1－2 为原子的能级图。图中每一条横线代表一个能级，即代表原子的一种量子状态。图中，G 能级为最低能级，表示原子处于基态。通常将基态原子的能量当作能量的零点，以后所说的原子的能量都是相对于它而言的。基态以上的空能级被称为是激发态能级，如图中的 A^* 能级和 A^{**} 能级。由能级图中纵坐标上的

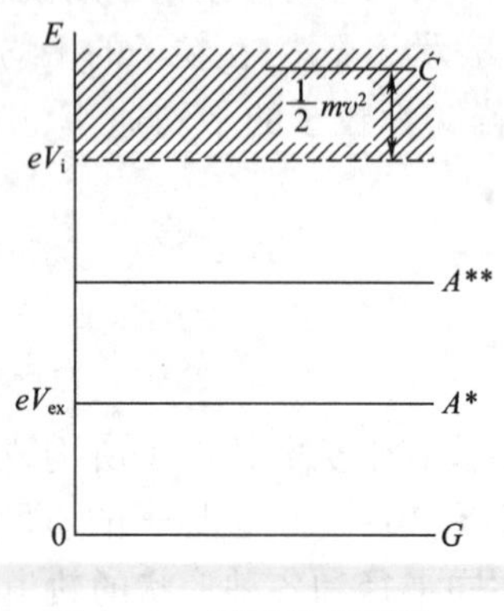

图 1-2　原子的能级图

数值可得知相应激发态能级的能量。如果价电子吸收了能量 eV_{ex} 而被移到基态能级上面的激发态能级上，则称原子处于激发态，V_{ex} 则被称为是激发电位。和能级 A^* 一样，A^{**} 也是激发态能级，但相应于激发能级 A^{**} 的原子的能量比相应于能级 A^* 的要大。总的说来，原子可能处于基态，也可能处于激发态 A^* 或 A^{**}。原子究竟处在哪一个状态完全由价电子处在哪一轨道上运动而定。如果价电子吸收了能量而使自己完全地和原子相脱离，这一过程就被称为是原子的电离。eV_i 是原子电离所需的最小能量，V_i 则被称为该原子的电离电位，由图中的虚线表示。

一般说来，受激后的原子并不永远停留在受激状态上，它将很快返回基态，同时以辐射光子的形式放出原来所吸收的能量。原子停留在激发态上的时间为 10^{-8}s 左右。如果受激以后的原子不可能以辐射光子的形式自发地回到基态，那么它所处的这种激发态被称为是亚稳态。亚稳态通常以 A_m 表示。原子处在亚稳态的停留时间按不同状态而有所不同，其数量级约为 10^{-4} ~ 10^{-2}s，比一般受激态的寿命 10^{-8}s 要长很多。

1.1.3　放电中粒子间的碰撞

1.1.3.1　碰撞截面和速率系数

(1)碰撞截面

若放电空间中的电子和中性粒子之间相互靠近到一定距离时，彼此之间发生了能量交换，就被认为在两个或以上粒子间发生了碰撞。发生某种碰撞（弹性碰撞、激发碰撞、电离碰撞、复合碰撞等）的可能性取决于发生该种碰撞的碰撞截面 σ，截面越大，则表明发生该种碰撞的可能性越大。碰撞截面的大小取决于相碰粒子之间的相对速度 v，故被写成 $\sigma(v)$。

图 1-3 为汞原子的激发截面和电子能量的关系。

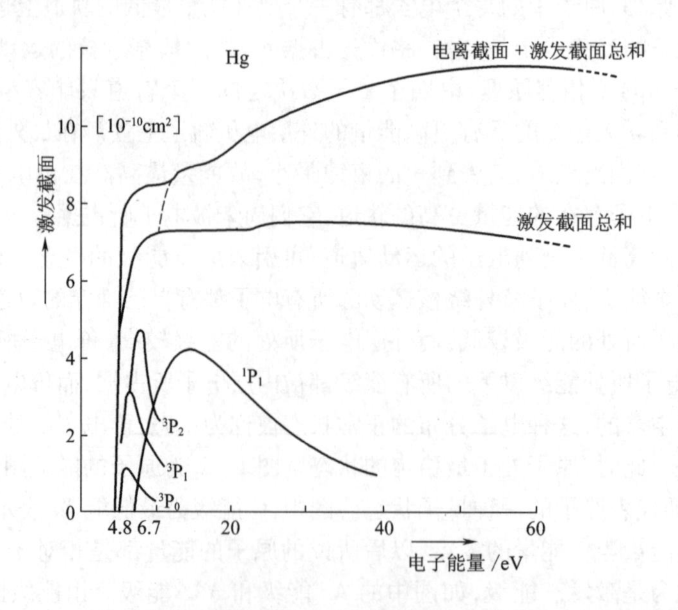

图 1-3　汞的非弹性碰撞截面与电子能量的关系曲线(点线表示开始电离)

(2)速率系数

速率系数为每对碰撞粒子单位时间单位体积中发生某一特定过程的次数。因各种过程有着不同的速率系数,所以速率系数是等离子体的特征常数。

若设想一束浓度为 n、速度为 v 的入射粒子射入浓度为 N 的受碰粒子中,碰撞截面为 $\sigma(v)$,在 dt 时间内的碰撞次数为 $N\sigma(v)v dt$,碰撞频率为 $N\sigma(v)v$。若入射粒子的速度分布函数为 $f(v)$,则入射粒子和受碰粒子的平均碰撞频率为

$$\bar{\nu} = \frac{\int N\sigma(v)v dn}{n} = \int N\sigma(v)vf(v)dv$$

按速率系数的定义,发生截面为 $\sigma_{xy}(v)$ 的某种碰撞过程的速率系数为

$$k_{xy} = \int \sigma_{xy}(v)vf(v)dv \tag{1-6}$$

于是,单位时间单位体积中发生某种碰撞的总次数 R 为

$$R = k_{xy}nN$$

1.1.3.2 弹性碰撞和非弹性碰撞

根据碰撞时粒子间动量和动能的交换状况,可将碰撞分为弹性碰撞和非弹性碰撞两大类。

(1)弹性碰撞

碰撞前粒子的总动量和总动能与碰撞后的相同,碰撞粒子间只有动量和动能的交换,碰撞粒子的内能不变。一般情况下,气体粒子和电子的能量较低,它们之间的碰撞基本上为弹性碰撞。对于慢速电子和中性原子的弹性碰撞,可以算得,一次碰撞中电子转移给原子的能量的百分比 δ 平均约为 $2m_e/M$。例如,对于电子和氩气原子的碰撞,$\delta = 0.0027\%$。对于能量为 1eV ($1eV = 1.6 \times 10^{-19}J$)的电子,在 133.32Pa 气压下的气体中,可以算得,每秒的碰撞次数可达 10^9 次。因此,尽管在一次弹性碰撞中所转移的能量是很小的,但每秒钟内的碰撞次数极高,通过弹性碰撞从电子到原子总的能量转移仍是相当大的。转移给气体原子的能量以气体温度的升高表现出来,温度一直升高到气体从电子所获得的能量等于它们损失给环境的能量时为止。在气体放电中,通过弹性碰撞由电子转移给气体粒子的能量称为放电的气体损耗或体积损耗。气体损耗和气体的气压有关,气压越高,碰撞越频繁,气体损耗越大;气体损耗也取决于气体粒子的重量,分子量或原子量越小,损耗越大。电子和氖气原子相碰撞时的气体损耗大于电子和氩气原子碰撞时的气体损耗。

(2)非弹性碰撞

碰撞后碰撞粒子的总动能不再守恒,碰撞粒子的内能也发生了变化。例如高速电子和中性原子碰撞时,电子的动能有可能转化成中性原子的内能。在非弹性碰撞中,根据碰撞粒子内能的变化情况,可分为两大类:第一类非弹性碰撞和第二类非弹性碰撞。第一类非弹性碰撞是指参加碰撞的粒子碰撞后总的动能减少,而使一个粒子的内能增加;第二类非弹性碰撞是指参加碰撞粒子中的一个在碰撞时释出内能,使一个被碰粒子的动能和内能增加。

实际上,在气体放电中,电子、离子和中性气体原子间的大量碰撞既有弹性碰撞也有非弹性碰撞。当相碰粒子的能量较小时,大多数的碰撞是弹性碰撞,仅当碰撞粒子中的一个具有很大的动能时,才发生非弹性碰撞。

1.1.3.3 原子的受激和电离

当气体原子受到外界因素作用时(如受到高速电子的碰撞、光的照射等),原子最外层的价电子吸收大于或等于 eV_{ex} 的能量时,它有可能从平常所处的基态跃迁到较高的激发态,这就

称之为激发，这种激发了的原子称为受激原子；当一个基态原子或受激原子吸收大于或等于 eV_i 能量而从基态或激发态升高到连续能量状态时，价电子有可能从受束缚状态变成自由电子，这个原子就成为带一个正电荷的一价正离子，这就称之为电离。在低气压放电中，激发和电离过程都经碰撞而发生，激发截面和电离截面越大，则发生激发和电离过程的几率越高。

(1)电子与原子碰撞致原子受激和电离

在低气压放电的条件下，气体粒子速度低，而电子可从电场获得能量，成为高速电子。只要电子的动能大于原子的激发能和电离能，就有可能使原子激发和电离。

快速电子和基态原子碰撞致原子受激和电离被称为直接激发和直接电离，如下式所示：

$$\vec{e} + A \rightarrow A^* + e$$

$$\vec{e} + A \rightarrow A^+ + e + e$$

式中，$\vec{e}$ 表示快速电子，A 是相对而言静止的处于基态的原子；e 表示慢速电子，A^* 为受激原子，A^+ 是一价正离子。应当指出，每秒发生激发和电离碰撞的次数和激发碰撞截面和电离碰撞截面有关，也和电子的速度分布有关。

快速电子和受激态原子碰撞致原子受激和电离被称为逐级激发和逐级电离，如下式所示：

$$\vec{e} + A^* \rightarrow A^{**} + e$$

$$\vec{e} + A^* \rightarrow A^+ + e + e$$

式中，A^{**} 表示激发能比 A^* 大的受激状态。当受激态为亚稳态时，由于亚稳态的寿命长，经由亚稳态逐级激发和逐级电离的截面比直接激发和直接电离的截面大，因此发生逐级过程的几率是相当大的。

(2)受激原子与原子碰撞致原子电离——潘宁效应

受激原子 A^* 和基态原子 B 相碰撞致 B 原子电离可用下式来表达：

$$A^* + B \rightarrow A + B^+ + e + \Delta E$$

此过程的说明如下：A^* 受激原子与 B 原子相碰撞，把自己的激发能转移给 B 原子，使 B 原子电离。电离过程中产生的多余能量 ΔE 转化为电子的动能。这里，A^* 的激发能应大于或至少等于 B 原子的电离能。实验发现，A^* 的激发能越是接近于 B 原子的电离能，这种激发转移的几率就越大。一般说来，A^* 是亚稳态，因它能在该激发态上停留较长的时间，这就允许它与 B 原子有足够长的相互作用时间，因此发生潘宁效应的几率就大了。

在氖－氩混合气中，就会发生潘宁效应。氖气原子的亚稳态 $^3P_2$ 的激发电位为 16.53V，氩原子的电离电位为 15.75V，若在氖气中掺入少量(1%)氩气，因亚稳态氖气原子的激发能接近氩气原子的电离能，通过碰撞，就可以使氩气原子电离。在氖－氩混合气体的放电中，潘宁效应可用下式来表达：

$$Ne^*(^3P_2)_{16.53eV} + Ar \rightarrow Ar^+_{15.75eV} + Ne + e + \Delta E$$

1.1.3.4 带电粒子的复合

在气体放电中，带电粒子除了不断产生以外，还在不断消失。通常称带电粒子在放电空间中消失的过程为消电离，而复合过程则是消电离的最主要的一种形式。

正负带电粒子相互作用形成中性粒子的复合过程是电离过程的逆过程，电子和正离子相互作用而形成一个中性粒子的复合叫做电子－离子复合。

电子－离子复合时，将释放出电离能，故称之为辐射复合，如下式所示：

$$e + A^+ \rightarrow A + h\nu$$

1.1.4 带电粒子在气体中的运动

1.1.4.1 带电粒子的热运动

在1.1.1节中讲述了气体粒子的热运动。在没有电场和磁场作用的情况下,若带电粒子(电子和离子)的浓度很低,则可以将带电粒子看作是混入中性气体粒子中的杂质,它和中性粒子一样不停地进行着无规则的热运动,故可认为带电粒子的热运动遵循气体分子运动的理论。由于电子的质量极小,它们的平均速度比离子的大很多,因此,电子的运动的影响被主要考虑。通过电子-电子间的频繁碰撞(长程相互作用),电子间充分地交换能量;另外,电子和中性粒子间也发生频繁碰撞,不断改变电子运动的速度和方向。大量电子通过和各种粒子频繁碰撞而作无规则热运动的速度分布基本上服从麦克斯韦分布(仅高速电子数比分布所要求的数目略少)。与气体温度相仿,电子气无规则热运动的能量也可以由温度(电子温度)T_e来表征。

1.1.4.2 带电粒子的扩散运动

与气体粒子在气体中的扩散一样,在无外场和带电粒子之间的相互作用可忽略的空间中,带电粒子在气体中也会因其空间浓度的不均匀而靠杂乱无章的热运动而散布到整个空间的任何地方。

若带电粒子的浓度不随时间而变,浓度延x方向逐渐减少,则单位时间内经过单位面积所输运的带电粒子数J与浓度梯度成正比:

$$J = -D\frac{\mathrm{d}n}{\mathrm{d}x} \tag{1-7}$$

式中,D为扩散系数,负号表示带电粒子流动的方向和浓度梯度的方向相反。扩散系数D为

$$D = \frac{1}{3}\overline{\upsilon\lambda} \tag{1-8}$$

因电子的平均热运动速度$\overline{\upsilon}_e$远远大于离子的$\overline{\upsilon}_i$,因此,电子在气体中的扩散系数D_e比离子的D_i要大很多。

1.1.4.3 带电粒子的迁移运动

当气体中存在着强度为E的电场时,带电粒子的运动与它们在无场空间中的无规则热运动是不同的。此时,它们的运动可看作是在无规则热运动的基础上又叠加上沿电场方向的定向运动,这个方向性的运动称为迁移运动。在均匀电场作用下,带电粒子在两次连续碰撞之间所走的路程已不再是直线,而是抛物线。

在电场作用下,带电粒子一方面从电场得到能量,获得速度;另一方面,通过和气体原子发生碰撞而改变运动方向。在每一次碰撞时,带电粒子将在电场方向失去很大一部分速度。最终,当它们从电场得到的能量等于它们因碰撞所损失的能量时,它们的能量不再随时间而变,运动达到了稳定状态。此时,带电粒子定向运动的平均速度成为一个常数。通常把带电粒子在电场方向的定向运动的平均速度称为迁移速度。由上面的分析可知,带电粒子的平均迁移速度与电场强度成正比,而和气体的浓度成反比。

一般,将稳定状态下带电粒子在电场方向的迁移速度$\boldsymbol{\upsilon}_d$与电场强度E的比值称为带电粒子的迁移率μ,$\mu = \upsilon_d/E$。因此,迁移率也代表单位作用电场下的迁移速度。迁移率和带电粒子与气体粒子的碰撞频率ν成反比:

$$\mu = \frac{e}{m\nu} \tag{1-9}$$

式中,e 为电子电荷,m 为带电粒子的质量。由式可知,当气压上升时,ν 上升,带电粒子的迁移率下降。因电子的质量远小于离子的质量,因此电子的迁移率 μ_e 比离子的 μ_i 要大很多。

对于离子来说,其迁移率可看作是一个常数;然而,对电子来说,其迁移率不能看作是一个常数,因其迁移率和电场强度有关。

由式(1-8)和式(1-9),迁移率和扩散系数之间的关系为

$$\frac{D}{\mu}=\frac{kT}{e} \tag{1-10}$$

1.1.4.4 双极性扩散运动

在上面所讨论的带电粒子的扩散运动中,一般认为,带电粒子是通过一个均匀的中性背景气体进行扩散的。实际上,在气体放电中,由于正负带电粒子的浓度很高,它们之间存在着极强的库仑作用力,该力倾向于维持整个放电空间的电中性。因此,带电粒子的扩散运动将受到这个库仑场的影响。

对于圆柱形的放电器件,若放电空间存在着带电粒子的浓度梯度,轴心浓度高,管壁处浓度低,则在浓度梯度的作用下,电子和正离子将向浓度较低的管壁区域扩散。由于电子的扩散系数远远地大于离子的,电子的扩散将比离子的快,放电一旦发生,电子将比离子先到管壁,于是,在管壁附近将积累更多的电子。因放电器件轴心附近电子的缺乏,放电空间将出现过剩的正电荷,从而产生一个空间电荷场 E_r。由于管壁处带负电,放电空间带正电,空间电荷场的方向是从放电管轴心指向管壁。在空间电荷场中,电子将向轴心迁移,而正离子将向管壁迁移。于是,这个空间电荷场将使电子的扩散减速,使正离子的扩散加速。最终,电子和正离子将以同样的速率同时进行扩散。一般称这种扩散运动为双极性扩散运动。

定义 D_a 为双极性扩散系数,它是电子和正离子相互作用而一起扩散的扩散系数。对于低气压放电,电子温度 T_e 远远大于离子温度 T_i,D_a 为

$$D_a = k\mu_i\frac{T_e}{e} \tag{1-11}$$

式中,k 为玻尔兹曼常数,μ_i 为离子的迁移率,T_e 为电子温度,e 为电子电荷。

1.1.5 阴极的热电子发射[8]

1.1.5.1 固体的能带理论

如1.1.2节中所述,孤立原子中电子的状态都是一些分立的能级,电子只在其原子核附近运动。当 N 个原子彼此移近,并形成晶体时,电子不仅受到自己所属原子核的作用,还受到相邻原子的作用。于是,相邻原子的轨道发生不同程度的交叠,外层轨道(特别是价电子所处的轨道)交叠得多,内层轨道交叠得少。由于轨道交叠,各个原子的电子就可沿着相同的轨道从一个原子转移到相邻的原子上。于是,这些电子就可在整个晶体内的原子间运动,为整个晶体的原子所共有。共有化运动是价电子的主要运动形式。由于内层轨道交叠得少,轨道运动是内层电子的主要运动形式。最内层的轨道几乎不交叠,这些电子仍束缚于个别原子,不具备共有化的特点。

按泡利不相容原理,一个能量状态只允许有一个电子。于是,当 N 个原子彼此靠拢组成晶体时,每个原子的单个能级将分裂为 N 个间距很近的能级,因此就出现了能量的带状结构,被称之为能带。在实际的固体中,每立方米大约有 10^{29} 个原子。因此,在能带中容许的能量几乎是连续的。外层轨道和内层轨道交叠后所形成的能带之间被无容许能级的区域分隔开,这个区域被称为禁带。

共有化的电子同样遵守能量最小原理,它们将按能量由小到大的次序占据各个能带以及能带内的各个状态。一般来说,称所有状态都被电子所占据的能带为满带;称部分状态被电子所占据的能带为导带;而称所有状态都空着的能带为空带。

金属是具有导带的晶体。在导带内,仅有能量较低的一部分状态被电子占据,而能量较高的状态则是空着的。在外电场的作用下,导带中的电子立即产生方向性运动,形成电流,从而起到导电作用。

绝缘体是这样一类的晶体,它除了满带之外,就是空带,而且满带和空带之间的禁带很宽。由于导带中无电子,而满带中的电子不能起导电作用,故称之为绝缘体。

半导体是一类界于金属和绝缘体之间的晶体,它的能带结构近似于绝缘体,只有满带和空带,但两者之间相隔的禁带较窄。若在半导体内掺入杂质,则杂质原子的能级嵌在禁带中。这种半导体被称为是掺杂半导体。按杂质能级位于靠近空带之下或位于靠近满带之上,可将掺杂半导体分成两类:n型半导体和p型半导体。n型半导体是电子型半导体,它的杂质能级靠近空带。由于杂质能级和空带之间的能量差很小,在外界作用(受热、光照)下,n型半导体杂质能级上的电子将获得能量,从而跃迁到上面的空带中,于是,空带变成了导带,半导体导电了。

图1-4给出了金属、绝缘体和n型半导体的能带结构。

1.1.5.2 功 函 数

(1)金属的功函数

按金属的自由电子模型,当价电子在晶体点阵中运动时,它们既受到原子核的静电吸引力,也受到其它价电子的静电排斥力。在金属内部,由于四面八方是对称的,电子受的合力为零,因此,它们能在晶体内部自由运动;当电子到达边界时,受的力就不对称了,此时,总的合力是将电子拉回金属内部,此力被称为是镜像力。因此,为逸出金属,电子必须克服镜像力的作用。

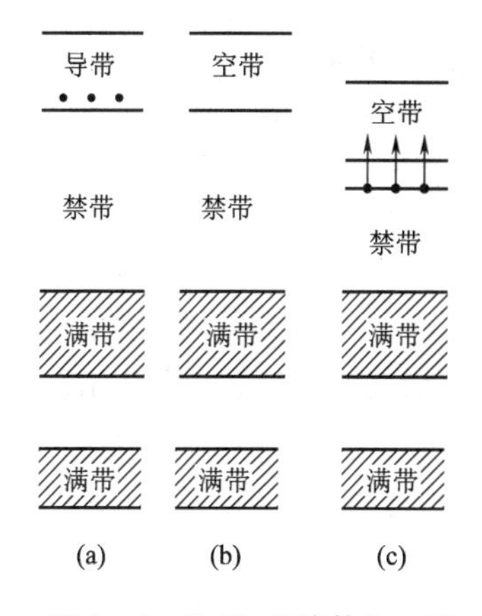

图1-4 金属、绝缘体和n型半导体的能带结构
(a)金属 (b)绝缘体 (c)n型半导体

根据电子受力的情况,可以画出在金属和真空界面处的势垒,如图1-5(a)所示。图中,势垒的高度为W_a,势垒的宽度为到镜像力等于零处。电子被束缚于势阱之中,并占据势阱内部的能级。在$T=0K$时,电子在导带中所具有的最大能量为E_{F_0},此能级被称为费米能级。W_a与E_{F_0}之间的能量差被定义为金属的功函数(逸出功)。因此,功函数就是在绝对零度时电子逸出金属所需的最小能量。在通常的情况下,电子不能克服由功函数所表征的势垒而离开金属,电子必须取得足以克服这个势垒的能量后,才能从金属逸出。

由于不同金属的原子结构和晶格结构不同,功函数也就各不相同。常用金属钨的功函数为4.52eV。

(2)半导体的功函数

在非金属晶体中,导带电子同样地被束缚在晶格中,如果不能从外界得到能量,它们也不能从表面逸出的。n型半导体的功函数由两部分组成:一部分是使电子跃入导带所必须的最小能量,称为内功函数,以ψ表示;另一部分是使电子克服半导体与真空界面之间的表面势垒而逸出半导体所需要的最小能量,它等于晶体外部静止电子的能量与晶体内部位于导带底能

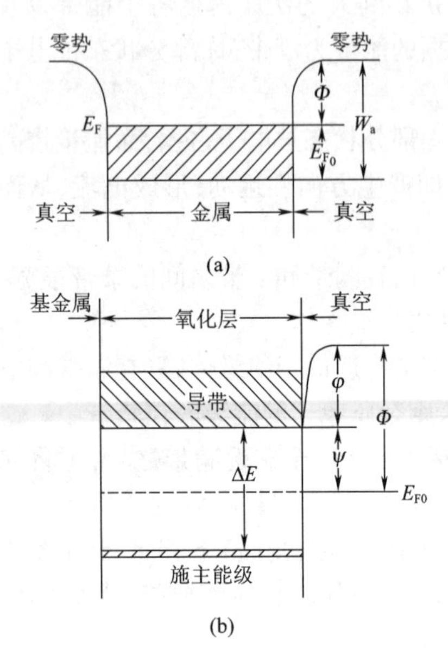

图 1-5　金属、半导体的功函数
(a)金属的功函数　(b)半导体的功函数

级的电子的能量之差,称为外功函数,以 φ 表示。因此,n 型半导体的总功函数 $\phi=\psi+\varphi$。对于 n 型半导体,费米能级位于导带和施主能级(杂质能级)之间。当 $T=0$K 时,$\psi=\Delta E/2$(ΔE 为施主能级的激活能)。于是,功函数 $\phi=\varphi+\Delta E/2$,如图1-5(b)所示。

n 型半导体氧化物阴极的内功函数约为 0.7eV,而外功函数比金属的要小很多,大约为 0.7~1.0eV,因此,总的功函数约为 1.4~1.7eV。三元氧化物阴极的功函数为 1.0~1.6eV。

1.1.5.3　固体的发射机理

可有很多方法使电子获得足够能量从固体逸出,从而导致电子发射。如加热固体、用正离子轰击固体等。在气体放电灯中,应用最多的是加热的方法。所以,这里只讨论固体材料的热电子发射。

当金属的温度大于绝对零度时,电子的能量将大于 E_{F_0},金属中的一小部分电子甚至具有足以克服在界面处由功函数所表征的势垒的能量而从金属逸出。温度越高,能克服势垒的电子数也就越多。所以,称这种金属因受热而产生的电子发射为热电子发射。

李查逊(Richardson)-德胥曼(Dushman)从理论上导出了纯金属的热电子发射公式,发射电流密度 j 为

$$j=\overline{D}A_0T^2\exp\left(-\frac{\phi}{kT}\right) \tag{1-12}$$

式中,$\overline{D}$($\overline{D}\approx1$)为平均透射系数,A_0 为发射常数($A_0=120\text{A}\cdot\text{cm}^{-2}\cdot\text{K}^{-2}$),$T$ 为金属的温度,ϕ 为该金属的功函数,k 为玻尔兹曼常数。由式可见,温度和功函数对金属的发射电流密度的影响很大。温度 10% 的变化会引起发射电流密度 10 多倍的变化。在相同的工作温度下,功函数低的材料的发射电流密度大,因此,对电子发射来说,一定要使用功函数低的材料。

和金属一样,当半导体受热后,它也将产生热电子发射。对于功函数为 ϕ、施主浓度为 N_d、温度为 T 的 n 型半导体,热电子发射方程式为

$$j=\overline{D}BN_d^{\frac{1}{2}}T^{\frac{5}{4}}\exp\left(-\frac{\phi}{kT}\right) \tag{1-13}$$

式中,$\overline{D}$ 和 B 为常数,j 为发射电流密度。

由于氧化物阴极的功函数特别低,它被广泛用作阴极的发射材料。然而,绝大多数材料在室温时的热电子发射都极低,只有当温度升高到 1000K 左右时,发射才变得显著起来。温度再继续升高时,发射迅速增加。因此,为了使阴极能产生足够的发射,必须将它加热到一定的工作温度。

1.2　低气压放电的基本特性[1-7]

在一般的情况下,气体是良好的绝缘体。然而当气体放电时,电流流过气体媒质,气体就变成了良导体。在日常生活中,夏天雷雨时的闪电就是在大气中的放电。

1.2.1 气体放电的伏－安特性

若在具有一对金属电极的低气压气体放电管两端加上足够高的电压，则在放电管内将有电流流过。随着电流密度的增加，可观察到许多有趣的现象，这就是气体放电现象。

图1－6给出了测得的气体放电的伏－安特性曲线。由图可见，当在放电管两端所加的电压较低时，在放电空间因剩余电离而产生的原始电子在电场的加速下向正电极（阳极）运动，形成饱和电流，如图1－6中*AB*段所示。如果逐步增加电压，当电子从电场获得的动能大于气体原子的电离能时，将发生电离碰撞，产生更多的电子。电离碰撞所产生的新电子又将继续上述过程。这样一来，电子数将迅猛地倍增，直到它们到达阳极为止。这个过程被称为是电子的雪崩。如图1－6中*BC*段所示，此区域被称为汤生放电区域。在电子雪崩的过程中，每产生一个电子同时就产生一个正离子，这些离子受电场的加速而撞向负电极（阴极）。由于正离子的轰击，金属阴极中的电子将得到能量而逸出，产生二次电子发射。二次电子和原始电子一起向阳极运动，将产生更为强烈的电子倍增。当外加电压上升到*C*点以上时，从*C*点到*D*点，电流可增大约10^6倍，而与此相应的电压却几乎不变。这种特变性的过渡被称为是气体的击穿，与*C*点相应的电压被称为是击穿电压，此点被称为是电流击穿点。击穿发生后，阴极发射的每个电子通过放电本身都能使阴极发出不止一个的新电子，放电可靠自身来维持，不再需要原始电子。此时，放电被称为是自持放电，放电电流也不再是间歇性的了。若进一步增加放电电流，放电管两端的电压反而下降，并伴有辉光辐射出现。此时，放电过渡到正常辉光放电区域，如图1－6中*EF*段区域，*D*点被称为是电压击穿点，*DE*段是过渡区。若再进一步增加电流，放电电流又随放电电压指数式增加，管电压也上升，放电进入反常辉光放电区域，如图1－6中*FG*段所示。从电压最大值*G*点开始，放电从反常辉光放电进入弧光放电区域。此时，电压大大下降，如图1－6中*GHI*段所示。这里，*GH*段为辉弧过渡区，*HI*段为弧光放电区。发生从反常辉光放电到弧光放电过渡的条件是阴极通过正离子轰击而被局部地加热到能产生大量热电子发射的高温。

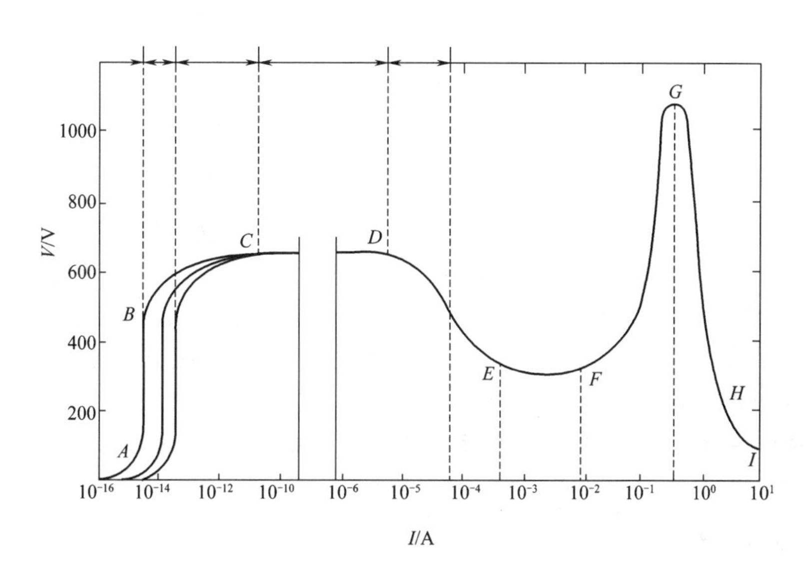

图1－6 气体放电的伏－安特性曲线

1.2.2 气体的击穿

1.2.2.1 汤生电流击穿理论

如前节所述，在汤生放电区域内，当施加在放电管两端电极上的电压 V 增加时，电流随即迅速地增加；当电压增加到 $V=V_b$ 时，电流击穿发生。此时相应于击穿电压 V_b 的电流 I_b 就是击穿电流。要使放电器件击穿，最基本的条件就是放电电流大于击穿电流。

由汤生的电子雪崩理论，击穿电流 I_b 为

$$I_b = I_o \exp[\eta(V - V_o)] \tag{1-14}$$

式中，I_o 为初始电子对电流的贡献，η 为汤生第一系数，外加电场增强时，汤生第一系数 η 增大；V_o 为修正常数，它和气体的电离电位及使带电粒子损失的消电离过程有关。

很清楚，只要提高放电管两端的外加电压 V，提高 I_o，增大 η，降低 V_o，这就可使 $I \geq I_b$ 的条件满足，使气体的击穿发生。

1.2.2.2 帕邢定律

帕邢发现，击穿电压 V_b 随管内气压 p 和电极距 d 的乘积 pd 而变化，并不分别随 p 和 d 的数值变化。V_b 随 pd 变化的规律被称为帕邢定律，如图 1－7 所示。由图可见，曲线在某一 pd 值时，V_b 有极小值。

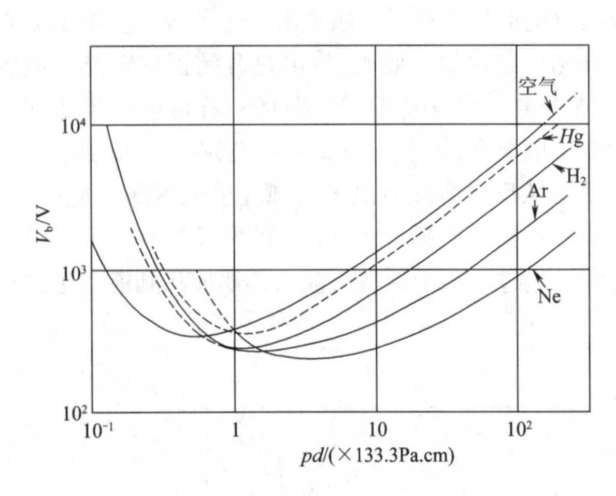

图 1－7　几种气体的击穿电压和 pd 的关系

由汤生放电理论可以定性解释帕邢定律：由 1.2.1 节可知，气体的击穿完全是由在放电空间所产生的电离数所决定的，在其它条件不变时，气压和极距的变化都会影响在两极间所发生的电离碰撞数目。只要两者的乘积不变，不管它们各自如何变化，两极间所发生的电离碰撞总数不会改变，于是，击穿电压也将保持不变。

曲线的极小值可解释如下：若气压 p 固定，当极间距 d 很短时，电子在放电空间经很少几次碰撞就打上阳极而消失，电离数太少；当极间距 d 很长时，电场强度下降，电子在连续两次碰撞间从电场获得的能量下降，再加上碰撞次数太多，电子经弹性碰撞而损失的能量增加，故电离数也极少。在这两个极端的情况下，电离几率都较小。为使气体击穿，都要求增加电场（增加极间电压），以达到足够的电离数。显然，在这两个极端值之间，存在某一极间距 d，在此 pd 下，击穿电压最低，V_b 有极小值。

为使气体放电器件易于击穿，对于电极间距离长的器件，要求充入气体的气压要低；对于电极间距短的器件，要求充入气体的气压要高些。

1.2.3 正常辉光放电

辉光放电是一种稳定的自持放电，它包括正常辉光放电和反常辉光放电，分别对应于图1－6 中伏－安特性曲线上的 EF 段和 FG 段。本处只讨论常用的正常辉光放电，不讨论反常辉光放电。

正常辉光放电以几个明暗交替区域的出现及恒定的极间电位差为特征。图 1－8 显示了一个正常辉光放电管电极间的明暗交替发光区域及与这些区域相应的电位分布。

1.2.3.1　正常辉光放电的阴极区

图 1－8 中，区域Ⅰ由阿斯顿暗区、阴极辉区和阴极暗区组成。电子在阴极暗区中受到电场的加速而产生强烈的电离碰撞。在阴极暗区和区域Ⅱ负辉区之间的边界处产生了较多的正离子空间电荷，形成了强的空间电荷场，从而在阴极和负辉区的边界处之间产生很高的电位差。区域Ⅰ被称为是阴极电位降区，在阴极位降区的电位降落称为是阴极位降，它占了管压降的绝大部分。通常，阴极位降值 V_c 约为几十伏到几百伏，其具体数值由阴极材料、气体种类和成分，以及放电形式等决定。在阴极位降区，正空间电荷场使正离子加速轰击阴极，使阴极产生足够的二次电子发射，以维持放电。因此，其它区可以不出现，阴极区是放电必不可少的区域。紧接阴极位降区后面的是负辉区Ⅱ和法拉第暗区Ⅲ。在负辉区中，电子因和正离子复合而发出明亮辉光；在法拉第暗区中，因电子动能小，很少产生激发和电离，发光微弱。

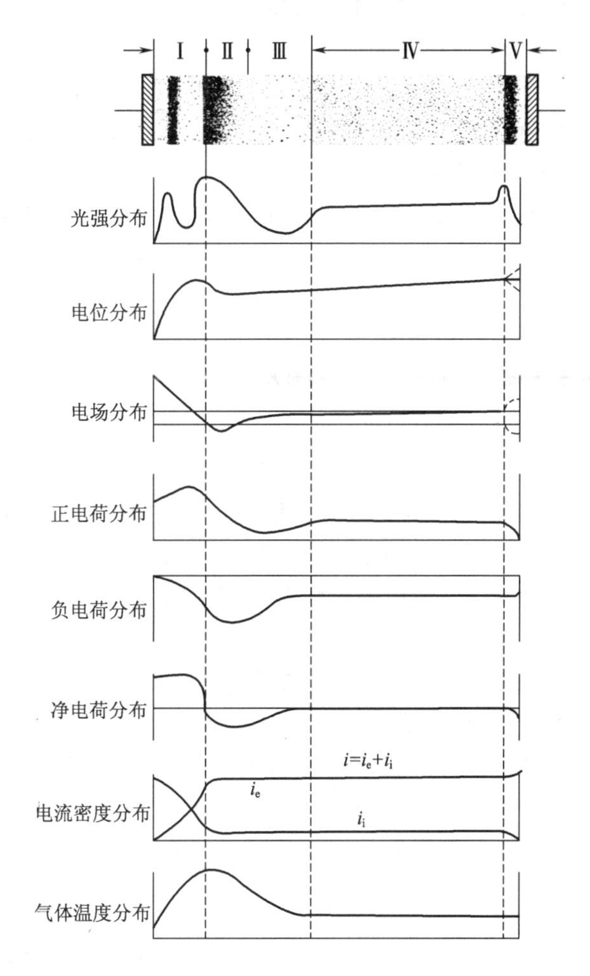

图 1－8　正常辉光放电的各种参量分布图

1.2.3.2　正常辉光放电的正柱区

紧接着法拉第暗区的是均匀发光的正柱区Ⅳ。由于电流较小，电子和正离子迅速地向管壁扩散，故放电充满整个放电空间。在正常辉光放电的正柱中，电子是放电电流的主要承载者，而正离子只起着中和电子空间电荷的作用。电子和离子的浓度很高，达 $10^{10} \sim 10^{12}/cm^3$，而且两者相等，故称其为等离子区。正柱区的轴向电位梯度较小，每厘米几伏的量级，这是由于等离子体必须维持电中性的结果。然而，这电位梯度又必须足够高，以使单位长度上新产生的电子数和离子数能够补偿扩散到管壁的损失数。正柱区的低的电场强度和均匀的外观说明，电离并非起因于电子在电场方向的迁移速度，而是起因于它们在电场中获得的动能。

(1) 电子温度和气体温度

在正常辉光放电的正柱中，电子可从电场得到能量，故电场强度越强，电子温度越高。电子温度 T_e 可达几万度，而正离子和气体原子的温度仅比环境温度略高些。

当放电管的半径减小时，由于扩散途径变短，电子和离子经由双极性扩散跑到管壁处的复合损失增加，此时，要求放电通过电离碰撞产生更多的带电粒子数，以补偿损失数的增加。于是，电场强度上升，电子温度增加。

与此相同，若气体的气压降低，则μ_i增加，由式(1-11)，双极性扩散系数D_a将增大，于是，双极性扩散而导致的带电粒子的损失将增大。于是，放电的电场强度将增加，以促使更多电离的产生。于是，电子温度上升。

(2)正柱的辐射

正柱中的原子受到激发后，处于激发态的原子是不稳定的，在很短的时间间隔(约10^{-8}s)后，将自发地返回能量较低的状态。当电子从激发态n(激发电位为V_n)自发跃迁回激发态m(激发电位为V_m)时，原子将以辐射的形式释放出相应于两能级电位差$\Delta V = V_n - V_m$的能量$E = e\Delta V$。若波长的单位为nm，电位的单位为V，则从高激发能级n跃迁到低激发能级m所辐射的波长λ为$\lambda\Delta V = 1239$。由于气压较低，相邻原子和带电粒子两者与辐射原子之间的相互作用小到可忽略，因此，所释出的辐射是大量独立原子辐射。事实上，低气压辉光放电所辐射的光谱是线光谱。

1.2.3.3 正柱区内放电理论分析

在低气压放电的正柱中，正离子和电子的浓度近似相等($n_e = n_i = 10^{14} \sim 10^{16}/m^3$)，正离子和电子的平均自由程比放电管半径小很多，带电粒子向管壁的运动由双极性扩散所决定。此时，可认为放电正柱处于扩散模式。由萧脱基(Schottky)扩散理论，可以得到如下一些结果。

(1)正柱中带电粒子浓度的径向分布

在低气压放电的正柱中，带电粒子的产生机构为电子和原子的电离碰撞；带电粒子的损失机构为电子和离子通过双极性扩散在管壁处的复合(因气压低，忽略电子和离子在放电空间的体积复合)。若k_i为电离碰撞速率系数，即单位体积内一个电子与一个原子碰撞每秒钟平均产生的电离数；D_a为双极性扩散系数；考察放电空间r到$r+\mathrm{d}r$的圆柱壳层，若n_e为带电粒子的浓度，N为气体原子的浓度，则带电粒子的产生数为

$$k_i N n_e \times 2\pi r \mathrm{d}r$$

带电粒子的损失数为

$$-2\pi D_a\left(r\frac{\mathrm{d}^2 n_e}{\mathrm{d}r^2} + \frac{\mathrm{d}n_e}{\mathrm{d}r}\right)\mathrm{d}r$$

在稳态条件下，由带电粒子的产生数和损失数相平衡，可导得正柱中带电粒子浓度的径向分布为

$$n_e(r) = n_0 J_0(x) = n_0 J_0\left(r\sqrt{\frac{k_i N}{D_a}}\right) \tag{1-15}$$

式中，n_0和$n_e(r)$分别为在放电管轴心处和离轴r处的电子浓度，$J_0(x)$是零阶贝塞尔(Bessel)函数。如图1-9所示，当自变量x为2.405时，J_0有第一个零点。因为在管壁处带电粒子的浓度为零，由$n_e(R)=0$(R为放电管的半径)可得

$$R\sqrt{\frac{k_i N}{D_a}} = 2.405 \tag{1-16}$$

此式即是放电中每秒电离数k_i与双极性扩散系数D_a之间必须满足的关系式，也称为电离平衡式。因为D_a是T_e的函数，$D_a = k\mu_i \mathrm{T_e}/e$，因此，电离频率$\nu_i$也是$T_e$的函数，则有

$$\nu_i = k_i N = D_a\left(\frac{2.405}{R}\right) \tag{1-17}$$

于是，式(1-15)可写成：

$$n_e(r) = n_0 J_0\left(\frac{2.405r}{R}\right) \tag{1-18}$$

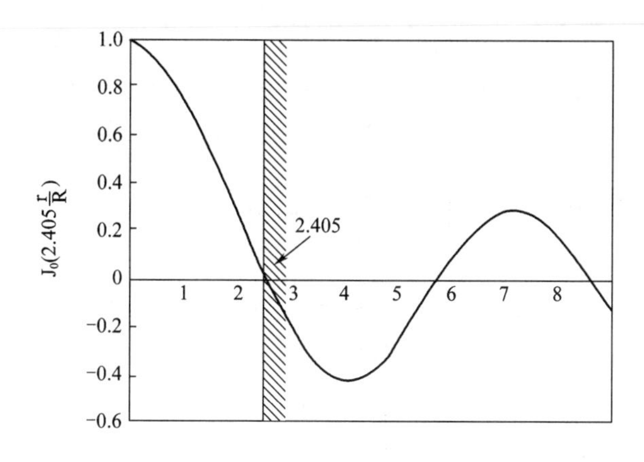

图 1－9　带电粒子浓度的径向分布

(2)电子温度 T_e 与 pR 的关系

由萧脱基扩散理论,可以导得

$$\frac{1}{\sqrt{\frac{eV_i}{kT_e}}}\exp\left(\frac{eV_i}{kT_e}\right)=1.16\times10^7(cpR)^2 \tag{1-19}$$

式中,e 为电子电荷,V_i 为电离电位,k 为玻耳兹曼常数,c 为常数。$c^2=a\sqrt{V_i}/\mu_i p$。

由式(1－19)可见,T_e/V_i 和 cpR 成反比。当 pR 值较大时,通过扩散损失的电荷数少了,因此,放电不必产生 pR 值较小时那么多的带电粒子,因此,放电的 T_e 下降。

(3)纵向电场强度 E

由在正柱中带电粒子能量得失的平衡方程,可以导得正柱纵向电场强度 E 为

$$E=1.83\times10^{-2}\frac{\sqrt{\delta}}{\lambda_e}T_e \tag{1-20}$$

式中,δ 为一个电子在一次弹性碰撞中平均能量损失的百分比,$\overline{\lambda_e}$为电子的平均自由程。

由式(1－20)可见,E 和 T_e 成正比,和 p 也成正比($\overline{\lambda_e}$和 p 成反比)。p 越高,E 越高,管电压就越高。因电子和氪气原子碰撞时的 δ 值比和氩气原子碰撞时的小,所以,充氪气灯管的电场强度 E(或灯管电压)比充氩气时的低。

(4)等离子体鞘层

如前所述,由于电子比正离子的扩散快,放电管管壁将带负电,于是等离子体紧靠管壁的一薄层将带正电,这层正电荷与管壁之处的负电荷将形成一层很薄的鞘层。可以算得,在等离子体和管壁之间的鞘层内的电位差 V_f 为

$$V_f=\frac{kT_e}{2e}\ln\left(\frac{T_eM_i}{T_im_e}\right) \tag{1-21}$$

式中,M_i 为离子的质量,m_e 为电子的质量。

由式(1－21)可见,等离子体鞘层内的电位差 V_f 和电子温度 T_e 成正比。若放电管的管径越小,电子温度越高,V_f 就越高。在紧凑型荧光灯中,由于玻管管径变细,T_e 上升,在鞘层电位差的加速下的汞离子将获得更大的动能,由于它们的轰击,管壁上的荧光粉层受损更为严重。

1.2.3.4　正常辉光放电的阳极区

区域 V 被称为是阳极位。阳极区可分为两个小区:阳极暗区和阳极辉区。阳极区的作用

是保证阳极接收到足够的电子而形成电流。阳极区内空间电荷造成的电位降就称为阳极电位降，它的数值大于气体原子的电离电位。在出现正的阳极位降时，大量电子的轰击使电极加热。当电极处于交流放电的正半周时，电子的轰击有助于电极保持发射温度。如果阳极电位降太高，会造成电极过热，此时要增大电极面积，以克服电极过热的问题。

1.2.4 低气压弧光放电

1.2.4.1 从辉光放电到弧光放电的过渡

当放电电流超过图1－6所示的伏－安特性曲线上 G 点相应的电流时，阴极被加热到能产生大量热电子发射的高温，放电进入弧光放电区域。由于热电子发射的发射效率远大于靠正离子在阴极位降区轰击阴极而产生的二次电子发射的发射效率，故弧光放电的阴极位降大大下降，其数值约为气体电离电位的数量级（十几伏），比冷阴极辉光放电的阴极电位降值低多了。

取决于放电器件的气压，弧光放电可分为低气压弧光放电和高气压弧光放电。当气压较低时，电子通过碰撞传给气体原子的能量少，因此低气压弧光放电的电子温度远高于气体温度；随着气压的提高和电流的增加，电子通过碰撞交给气体原子的能量越来越多，于是，电子温度下降，气体温度提高。当气体的气压达至某一数值时，电子温度几乎等于气体温度，放电脱离管壁而收缩，中心变成局部的高温区，而管壁附近则为低温区，放电变成了高气压弧光放电。如图1－6伏－安特性曲线上的 HI 段所示。

弧光放电的最显著的特征是具有负的伏－安特性，造成负特性的原因是在1.1.3节中所述的逐级电离过程。对此的解释如下：由于电子气的速度分布服从麦克斯韦分布，即电子气中带有能直接使基态原子电离的高能电子的数目是很少的，然而，电子气中能使激发态原子电离的电子数是很多的，因为使激发态原子电离所需的能量要小于使基态原子直接电离的能量，因此，当电流密度提高时，原子大量受激，使处于激发态的原子数增加。通过逐级电离过程，这些激发态原子被电离，产生出大量的电子，因此，逐级电离使每个电子的平均电离速率增加。与电子的产生过程不同，电子损失的过程并不随电流的提高而增加，因为电子损失的原因是它们经由双极性扩散在管壁处和正离子的复合，此过程仅取决于气体的气压，与电子的浓度无关。因此，随着电流的增加，电子温度要降低，使电子的平均能量降低，从而使电离速度恢复到电流未增加时的数值。由于电子温度的下降，灯管正柱中的电场强度下降，放电管的管电压也下降，这就造成了弧光放电的负的伏－安特性。

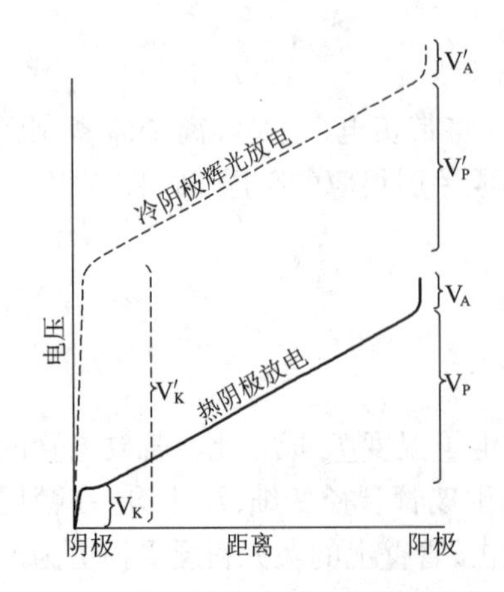

图1－10 在相同电流下工作的冷阴极和热阴极放电的阴极位降

1.2.4.2 低气压弧光放电的特性[9]

低气压弧光放电也有三个区域，它们分别为阴极区、正柱区和阳极区，如图1－10所示。热阴极的电子发射效率远大于靠正离子轰击而发射的冷阴极的电子发射效率，因此，热阴极时的阴极电位降 V_K 值比冷阴极时的 V'_K 值要小很多。为作比较，图中也显示了在相同电流下工作的冷阴极放电器件的电位。两者的正柱电位降和阳极电位降相同，但阴极电位降差很大。冷阴极放电的阴极位降和总电位降要比热阴极的大很多。因此，采用热阴极时，由于阴极位降低，在阴极上所耗费的电能（其值为阴极位降和放电电流两者数值的乘积，一般称其为电极损耗）也低，所以，利用热阴极放电可制造光效高得多的低气压放电灯。

在低气压弧光放电中，由于正离子和电子的平均自由程也比放电管半径小很多，带电粒子向管壁的运动仍由双极性扩散所决定。因此，低气压弧光放电正柱仍处于扩散模式，仍可用萧脱基扩散理论来描述低气压弧光放电的正柱区。所有正常辉光放电正柱区的理论结果都可用于低气压弧光放电的正柱区。

1.2.5 交流放电的特性

当灯工作在交流电源上时，气体或金属蒸气放电的电气性质取决于电源频率和镇流器的种类。由于放电灯的有效阻抗大致等价于一个非线性电阻和一个感抗的串联，电流的突然增加并不即刻影响气体放电的电导率。要经过一个短暂的时间后，放电才能达到新的电流平衡值。

1.2.5.1 低频交流放电

前面所讨论的放电都是直流放电，当外加电场周期地改变方向时，放电特性有什么不同呢？

当放电工作于频率小于100Hz的交流电源上时，灯的阻抗在整个周期内连续地变化，这就导致非正弦的电压和电流波形，从而导致谐波的产生。在交流电源上工作时，放电管的两电极交替地作为阴极和阳极，在正半周和负半周的变换中，放电管都要经历一次着火、放电、衰减和熄灭过程，因此放电的特性与前面分析的直流情况无本质不同，主要的区别在于当电流过零时，放电要熄灭。如果两个电极的状态相同，则放电区域可看成是对称的：阴极区在两电极附近，正柱区则处在它们中间。当电流过零时，在放电通道中仍残留有电离粒子存在，正、负电离粒子将复合，未复合的电离粒子将从等离子通道扩散出来。当电压再次上升时，在混合气（气体粒子中包含有前半周期内在放电通道中残留下来的电离粒子）的新的击穿过程中，放电被再次建立。残留下来的电离粒子数越多，则使放电再启动的电压越低。一旦放电被再启动，电压下降，电流上升。

低频交流放电的伏－安特性如图1－11（a）[10]所示。图中，*OA*段属于非自持放电，在*A*点着火后，即过渡到自持放电。*AB*段的放电电流随着电源电压的增加而变大，但极间电压反而下降。以后随着电源电压的降低，放电电流即开始减小。而随着放电电流的减小，极间电压也略减少（取决于外电阻），如图中特性曲线的*BC*段。放电进行到*C*点时，在给定的阴极发射电流和极间电压下，不能再继续维持自持放电，于是放电就熄灭了。在*C*点以后，非自持放电的电流与极间电压一起减少到零。电压经过零点后，原来的阳极变成了阴极，曲线重复原来的变化，只是电流和电压取相反的符号而已。

图1－11（a）中交流伏－安特性曲线*AB*段和*BC*段不能重合的原因如下：当电源电压迅速增加时，要求管内电流也迅速增加，但管内带电粒子浓度在短时间内不可能立即增大，即电离碰撞不可能立即跟上去，有一滞后效应，因此，管压降高于如图中虚线所示的直流情况下的静态值；当电源电压迅速下降时，要求电流也很快下降，但由于来不及消电离，因此管压降比虚线所示的静态值低。

1.2.5.2 高频交流放电

当频率增加到几千周以上时，放电特性发生了根本的变化。此时，电子和离子通过双极性

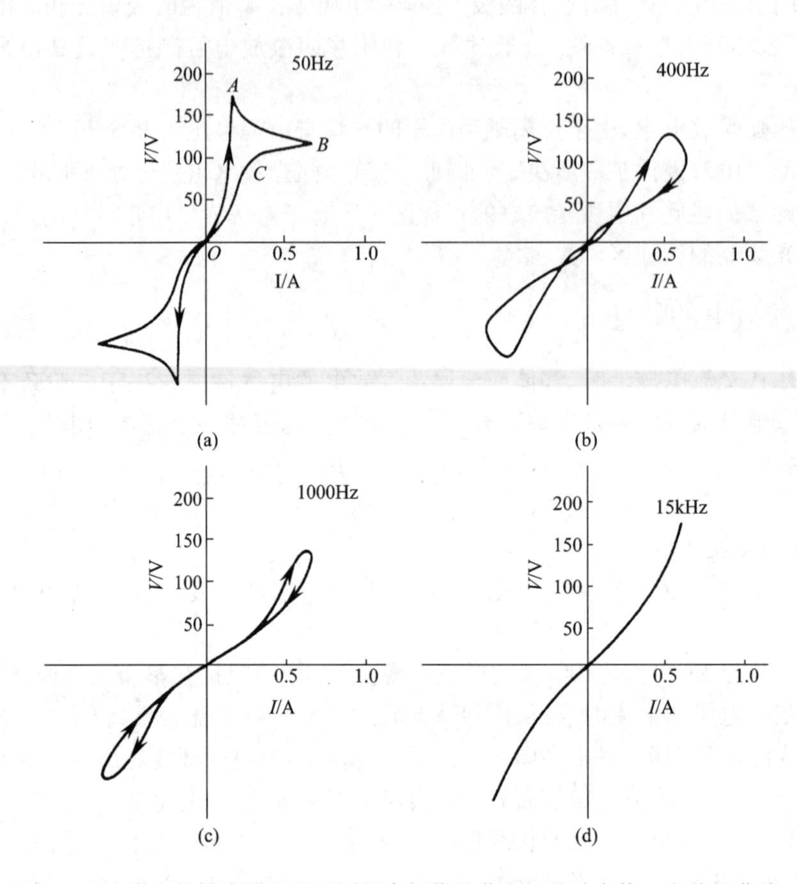

图1-11　在电抗镇流器上以不同频率工作的荧光灯的动态伏-安特性曲线

扩散在管壁复合而消失的衰减时间 $1/(2.4/R)^2 D_a$[见公式(1-17)]的值约等于交流频率的几个周期,即在电压过零的瞬间,电子和离子来不及通过双极性扩散在管壁复合而消失。由电离平衡公式(1-17),在整个半周期中平均的电离产生率与整个半周期中电离的损失率相等。于是,电离碰撞导致电子-离子对产生的过程也跟不上电源电压的变化频率。因此,在单个的半周期中,电子浓度改变很少,接近为一常数。因为在整个周期中电子浓度近似为常数,放电的电导率几乎维持不变,最终放电几乎可以用电压和电流之间的直线特征关系来描述[如图1-11(d)所示],放电等离子体的行为好像是一个欧姆电阻,而放电压降和电流则近似地变成了正弦波,并且相位近于相同。因为在零电流期间带电粒子的浓度几乎不变,因此,在每半周的开初不再需要击穿,正负半周之间不再经过着火、放电和熄灭的过程,而是稳定于一种不变的放电状态:正柱区分布在放电管的中间部分,在它的两边存在着法拉第暗区,而在每个电极附近则有负辉区。

与低频放电相比,高频放电有以下几大特点:

①击穿电压降低,管电压降低。由于部分电子在极间来回振荡,与气体原子的电离碰撞数目大大增加,电离增加,此时只要低的电场强度就可以维持放电,因此管电压下降;除了在正柱中大量的电离碰撞数目外,正离子在放电空间滞留所产生的空间电荷场与外加的高频电场相叠加,这就使灯管的击穿电压降低。

②阳极电位降消失,阴极电位降降低。当放电的频率达到几千周以上时,阳极振荡消失,

阳极电位降消失。于是，当电极处于阳极半周时，电极受到的加热功率减少，灯丝的温度要低于低频时的温度；在高频放电时，电子的极间振荡导致了大量电离碰撞，放电正柱中有大量的带电粒子，此时，就不再需要阴极发射低频时所需的那么多电子。于是，阴极电位降减少（约降低5V），当灯电极处于阴极半周时，受到的加热功率也降低，灯丝温度也将降低。鉴此，高频工作电极的灯丝应比低频工作时的细些，以维持灯丝热发射所需的工作温度。

③放电的辐射效率提高。高频放电时，带电粒子在两极间振荡，双极性扩散而导致的电离损失减少，再考虑到电极损耗的减少（阳极电位降消失，阴极电位降减少），放电的辐射效率提高。

④功率因数提高。高频放电时，灯电压和灯电流的波形接近正弦波，故波形畸变因数小，再考虑到电压和电流波形基本同相，因此功率因数大大提高。

1.2.6 热电子发射阴极

当放电器件在交流电源上工作时，在电源电压的每半周期内，放电器件两端的电极交替地成为阴极和阳极。因此，两个电极完全一样，且具有相同的功能。

1.2.6.1 电极的工作特性[11]

当电极处在阴极相位时，电极的主要任务是发射电子。在稳态放电中，电极的热电子发射占据主导地位。为产生热发射，电极所需要的热量来自于它作为阴极时受到的正离子轰击和作为阳极时受到的电子轰击，也来自于电流流过它自身时所产生的焦耳热。通过电子发射、热传导和热辐射，热量从电极处消耗掉。在器件稳态工作期间，电极获得的热量和消耗的热量相平衡。此时，电极维持一个恰当的温度，使之能产生所需的热电子发射电流。

一个好的电极必须满足三个要求：首先要保证器件有长的寿命，其次是不产生显著的电功率消耗（电极消耗），最后，要求电极发出最小的射频噪声。为了使器件具有低的启动电压和长的寿命，电极的电子发射是很重要的。电极所采用的电子发射材料的功函数一定要低，而且发射材料的功函数数值不能因化学反应而增加，也不能因强烈的离子轰击而导致的溅射以及因热蒸发而不适当地增加。然而，一般说来，蒸发速率低的电子发射材料的功函数比较高，这也就隐含着较高的电极消耗。因此，头两个要求是相互矛盾的。为此，必须仔细地选择发射材料，以适应特定场合的需要。

由于电极的热延迟，在电极作为阴极这半周的一部分期间内，电子发射电流 I_e 大于放电电流I所需的数值[见图1－12(a)曲线的第Ⅰ和第Ⅲ部分]。这就在阴极处形成了负的空间电荷，这个空间电荷限制了电子电流，如图1－12(b)所示。然而，在图1－12(a)中曲线的第Ⅱ部分，放电电流需要的电子比阴极能迅速提供的电子多。因此，负的空间电荷消失了，一个正的电场占据了它的位置[图1－12(c)]，从而引起阴极电子发射的增加。由于负空间电荷消失，正离子携带了部分的放电电流[在灯电流 I 和发射电流 I_e 之间的差 I_i，如图1－12(a)所示]。因为空间电荷区变薄了，离子不会通过和气体原子碰撞而失去它在阴极电位降中获得的能量，因此，它们以更大的能量轰击阴极。I_i 越高，电极受到离子的轰击也就越强。重的离子轰击将引起发射材料的溅射，从而强烈地破坏电极的发射性能，从这点考虑时，放电器件的启动方法是很重要的。电极必须被设计得能很快地达到一个高的温度，以缩短放电从辉光放电过渡到弧光放电的时间，使电子发射材料因离子轰击而导致的溅射大大减少。

电极的热量可通过辐射、电极本身的热传导和传给气体原子而损失掉，这就产生了电极损耗。若电极温度低，那么由此而产生的热损耗也低。显然，只有采用功函数低的发射材料才能

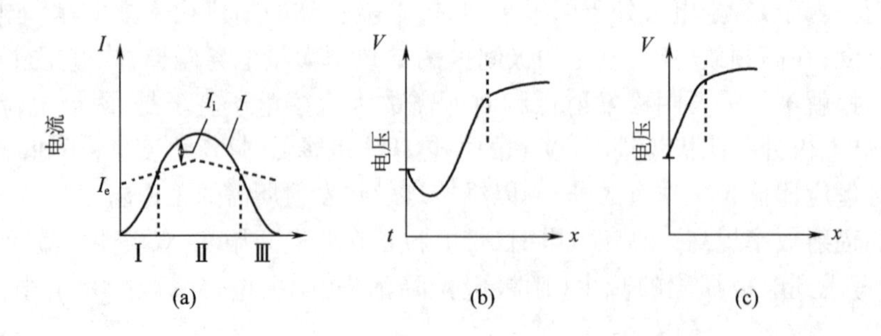

图 1-12　电源电压半周内灯电流 I 的波形图

(a)电源电压半周内灯电流 I 的波形图　(b)灯电流曲线第Ⅰ和Ⅲ区域内阴极前的电压变化

(c)灯电流曲线第Ⅱ区域内阴极前的电压变化

在低的工作温度下有足够的热电子发射。电极损耗在很大程度上取决于电极的尺寸,为了减少热导,要使用细直径的钨丝。虽然电极尺寸小时电极的工作温度较高,因而辐射损失较大,但净的效应是电极损耗的减少。然而,如果电极的工作温度太高的话,发射物质的蒸发也加剧,这对器件的寿命是不利的。因此,在选择电极的尺寸时,必须保证提供给电极的热能产生一个恰当的温度,此温度值恰好是电极作为阴极时电子发射所需要的温度。

在气体放电器件中,采用热阴极时需要考虑的问题主要是:阴极热发射的能力要足够大(功函数要足够低),工作温度要恰当(阴极不允许工作在温度不足的状态或温度过高的状态)。

1.2.6.2　氧化物阴极[8]

氧化物阴极是碱土金属(钡、锶和钙)氧化物所制成的发射体的简称。这三种氧化物的功函数各为 1.65、2.1 和 2.4eV,其中,氧化钡的功函数最低。因此,氧化钡是氧化物阴极具有良好发射性能的必需材料。在氧化物阴极发射体中,氧化锶和氧化钙的作用是改善发射体的发射特性,增强发射体和基金属的粘接,以及提高阴极发射材料耐正离子轰击的能力。

纯的氧化钡晶体是绝缘体,其能带结构如图 1-4(b)所示。氧化钡晶体中钡原子的价电子能级组成图 1-4(b)中上部的导带,由于钡原子的全部价电子已被氧原子所俘获,故导带成了没有电子的空带;氧原子的价电子能级组成导带以下的能带,由于氧原子最外层的电子轨道为从钡原子俘获来的电子所填满,故这个能带为满带。在导带和满带之间有几伏宽的禁带,因此,导带中没有自由电子存在,纯氧化钡晶体既不能导电,也不能用作为电子发射源。

如果使部分的氧化钡经高温激活过程还原出钡原子,情况就完全不同了,如图 1-13 所示。在氧化钡晶格中,这些额外自由钡原子的价电子因离核较远,它们极易脱离原子的束缚而

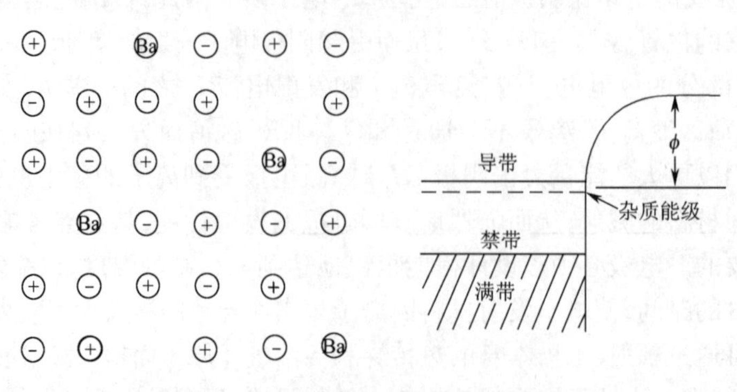

图 1-13　氧化钡半导体发射材料

成为自由电子。这些价电子的能级被称为杂质能级,它位于导带底以下 0.1 ~0.2eV 的地方,故也称为施主能级,如图 1 -4(c)所示。当发射体被加热时,这些价电子就有足够的能量跃迁到导带中,成为自由电子,于是,原来的绝缘体就变成了可以导电的 n 型半导体。当发射体被加热到较高温度时,更多电子将从施主能级迁跃到导带中,那些动能超过功函数的电子还能克服界面间的位垒而逸出发射体。

由于施主能级靠近导带底部,因此,带有过量钡原子的氧化钡的功函数是较低的,功函数的值可低至 1.0eV。按半导体的热电子发射公式(1 -13),用功函数低的氧化物发射体作阴极可在低的温度下得到高的发射电流密度。

氧化物阴极有功函数小、工作温度较低、发射效率高、寿命长、在连续状态下能工作几千到上万小时的优点,因此,氧化物阴极在低气压放电器件中获得了广泛的应用。

1.2.7 放电器件的启动和镇流

1.2.7.1 放电器件的启动[12]

所有的气体放电器件都有着一个共同的问题——启动。启动过程的第一个阶段是气体的击穿,也就是使气体从非导电状态转化为导电状态。为了完成这个转化过程,可采用高的开路电压,或是专门的启动脉冲装置,以产生所需的高的击穿电压;也可借助于启动辅助及专门的启动气体,以降低击穿电压。有时,将两者结合起来,以获得良好的启动特性。启动过程的第二个阶段是从辉光放电到弧光放电的过渡。为了使这个过渡发生,功率源一定要借助于导电的气体传给电极以足够的能量,使电极达到所需的发射温度。若电极的热惯性太大(比较粗壮的电极钨丝)的话,或是在辉光放电期间输给电极的功率太小的话,则过渡时间较长,发射材料在辉光放电期间将因正离子的轰击而溅射,使阴极的寿命缩短。

(1)启动气体的击穿

由式(1 -14),只要使放电电流 $I > I_b$,就会发生气体的击穿。为此,要增大 I_o(如采用含放射性元素的内导丝,以增加初始电子),提高外加电压 V,减小 V_o(采用电离电位低的气体、采用潘宁混合气、降低杂质气体的含量等)。

(2)从辉光放电到弧光放电的过渡

为了完成启动过程,放电回路不仅要引发电压击穿,而且要供给电极以足够的功率,促使从辉光放电到弧光放电的过渡。而且,只有当放电供给阴极斑的功率能补偿功率消耗,从而能维持发射温度,才能维持弧光放电。从辉光放电过渡到弧光放电后,器件的工作电压下降,电流上升。与时间有关的功率消耗主要由阴极材料的热导率、比热和密度所决定,而电弧供给的功率原则上是放电电流和阴极位降的乘积。阴极位降主要取决于阴极材料的功函数以及启动气体的气压和成分。

为了延长放电器件的寿命,要求过渡时间越短越好,以防止阴极上电子发射材料的溅射损失。为了在尽可能短的时间内完成这个过渡,要求阴极的某一部分在尽可能短的时间内达到其热发射所需的温度。为此,对放电的启动回路、阴极的结构和发射性能有一定的要求(足够大的启动电流,低的功函数和小的阴极热惯性),使电极在气体击穿的瞬间很快地热起来。

(3)电流过零时的再启动

对于交流放电,一旦击穿发生,在到辉光放电或弧光放电过渡的期间,启动过程受到电流反转的阻碍。对此的原因是电流反转后,电气回路不能提供在高辉光电压下维持电弧所必需的电流。于是,只要阴极未被加热到热发射足以发生的程度,在供给交流电压周期的一部分时间内，将出现辉光放电现象。击穿发生后，在周期内出现如此辉光现象的时间被称为是“启动时间”。“启动时间”是放电器件（启动气体和电极）和电气回路（电流和供给电压）参数的函数。电源电压越高，“启动时间”越短。若气压高，阴极受到更加有效的加热，启动时间将减少。

1.2.7.2　放电器件的镇流

正如1.2.4节所述，在较高的电流密度下，由于逐级电离过程，低气压放电器件一般具有负的伏－安特性。具有负的伏－安特性的放电器件在电网中单独工作时是不稳定的。因此放电器件一定要和镇流组件串联起来使用，才能克服负的伏－安特性放电所固有的不稳定性。

关于镇流组件的有关内容见第5章。

1.3　低气压汞蒸气放电[13]

1.3.1　惰性气体的添加

在低气压汞放电灯管内，除了汞以外，还必须充入一些惰性气体。充入惰性气体的作用如下。

1.3.1.1　帮助灯的启动

惰性气体的充入帮助了放电的启动。这是因为在一般的环境温度下，汞的蒸气压约0.1Pa，这时电子的平均自由程达5cm左右，即一个电子平均要经过5cm以后才和汞原子碰撞一次。器件的直径一般为数厘米，这样一来，很多电子在和汞原子碰撞之前就打到管壁上而损失。由于缺乏电子和汞原子的电离碰撞，放电就难于建立和维持。若在器件中充入133Pa的惰性气体（氦、氖、氩、氪和氙），情况就不同了。此时，电子的平均自由程减小到约0.01cm，从阴极发出的电子在向阳极运动的路途中将和汞原子发生频繁的碰撞，使汞原子电离和激发，从而使放电能在汞蒸气中建立起来。由于惰性气体的充入有利于器件的启动，故惰性气体也被称为是启动气体。

1.3.1.2　起到缓冲的作用

惰性气体的充入起到了缓冲作用。这是因为电子和惰性气体原子的频繁碰撞，电子不再容易打上器壁。另外惰性气体的充入也限止了电子的迁移率，使电子不能很快地进入阳极。这就减少了电子撞上器壁或电极的损失，使电子较长时间供放电使用。所以，惰性气体原子起到缓冲作用，故此也称它们为缓冲气体。

1.3.1.3　控制双极性扩散的过程

对低气压放电来说，放电的特性在很大程度上取决于双极性扩散和紧接着发生的电子和离子在器壁处的复合。在稳态情况下，电离和复合必须相互之间达到平衡。因此，电子的速度分布（或是电子温度）必须是如此，以致电子和汞原子的碰撞电离可精确地补偿经由双极性扩散而引起的电子和离子的复合损失。这也意味着，电子温度部分地是由双极性扩散所决定的。在上面所描述的低气压放电的整个图像中，扩散（双极性扩散和中性粒子的扩散）的重要作用隐含着：扩散改变后，放电的性质可被根本地改变。由上面的分析可知，通过碰撞过程，惰性气体的添加使电子和离子向器壁扩散的速率减慢。

1.3.1.4　调节放电器件的电压

充入惰性气体后，电子在放电中的迁移率减小，因而也就使电导率减小。因此，惰性气体的充入可在一个特定的电流值下影响放电器件的电压，使电压调整到合适的数值。

1.3.1.5 延长器件阴极的寿命

充入的惰性气体可抑制阴极上发射材料的热蒸发，其缓冲作用使汞离子轰击阴极发射材料层的动量减小，使发射材料的热蒸发和溅射损失减少，使阴极寿命延长。

由于惰性气体的激发电位和电离电位比汞的高很多，当电子温度约为 1eV 左右时，能量足以激发和电离汞原子的电子数比能量足以激发和电离惰性气体原子的电子数多得多。汞 – 惰性气体放电中的电子温度大致为 1eV，所以放电中极少惰性气体原子受激发和被电离，几乎所有的激发和电离都用于汞原子。因此，通常只说汞蒸气在放电，惰性气体可以说不参与放电。

1.3.2 低气压汞蒸气放电的谐振辐射

1.3.2.1 汞原子能级图及其特征辐射

早在 18 世纪末，已开始低气压汞蒸气放电的研究。在世纪之交的 1900 年，已有低气压汞蒸气放电灯出售。如 1.1.2 节所述，不同元素的原子结构不同，因而其能级图也不同。因此，它们所发出的光谱线也就不同。这些光谱线被称为是该元素的特征光谱。

汞原子的简化能级图如图 1 – 14 所示。汞放电的第一激发态 6^3P_1 离基态最近，其激发电位最低，电场中受到加速的电子在有足够的能量激发高能级之前，就有激发 6^3P_1 态的机会。因此，处于 6^3P_1 态的原子数最多。当受激汞原子从 6^3P_1 态跃迁到 6^1S_0 基态时，发出的辐射最强。通常将从第一激发态跃迁到基态所发出的谱线称为谐振线，因此，发射谐振辐射的放电可获得高的辐射效率。

低气压汞放电时，大部分的辐射能都集中在 253.7nm 这根谐振线上。图 1 – 15 给出了低气压汞放电的光谱。由图可见，汞的其它特征可见谱线 404.7nm、435.8nm、546.1nm 和 577nm 的强度是很低的。

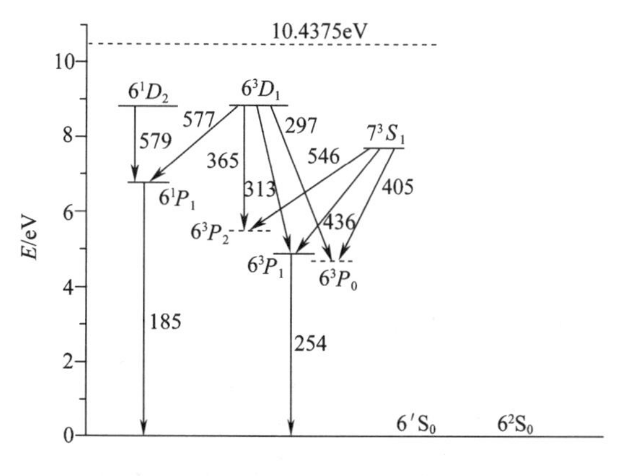

图 1 – 14 汞原子的简化能级图

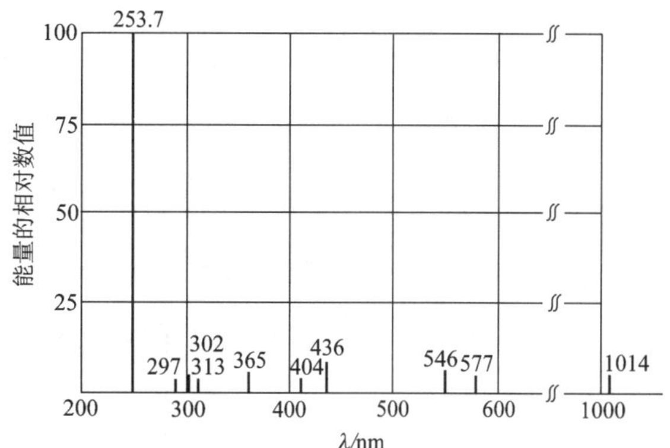

图 1 – 15 低气压汞蒸气放电的光谱

1.3.2.2 谐振辐射的禁锢[14]

谐振辐射是从最低激发态到基态跃迁时的发射，它极易被处于基态的同种相邻原子所吸收，即自吸收。由于放电中 99% 以上的原子处于基态，所以基态对谐振辐射的吸收几率较高。与汞原子激发态之间的跃迁所发射的其它谱线相比，谐振辐射受到基态的吸收最强烈。于是，单个汞原子所发射出来的谐振量子不可能无阻挡地跑出放电空间而到达管壁，而是在它跑了极短的路程之后为另一个处于基态的汞原子所吸收。通过对谐振光量子的吸收，这个原先处于基态的第二个汞原子将被激发到和第一个汞原子相同的激发态；同样，第二个受激汞原子又会发射和第一个汞原子所发出的谐振量子相同的谐振量子而回到基态。这种辐射的发射和再吸收过程的结果是激发能从一个原子转移到另一个原子。

由于汞原子的浓度可达 $10^{14}/cm^3$，激发能从中心最终跑出器壁要平均经受 $10^2 \sim 10^3$ 次的转移，从外界看起来，似乎谐振辐射被禁锢在放电空间中了，这就是辐射的禁锢现象。由于辐射禁锢效应，处于谐振激发态汞原子的有效寿命也得到了延长。然而这个延长对低气压汞放电紫外辐射输出将产生不利的影响，因为有效寿命延长后，处于激发态的原子将和电子碰撞，通过逐级激发过程被激发到更高的能级，或是通过其它碰撞（如和原子的猝灭碰撞）过程而使该原子的激发能损耗掉，最终导致谐振辐射的损失。汞的蒸气压越高，因禁锢效应而导致的谐振辐射的损失越大。

1.3.2.3　产生谐振辐射的有利条件

如前所述，为要获得高的谐振辐射，要求充入惰性气体的气压不能太高，即相应于此充气压力时的电子温度可以保证放电的总激发率中70%以上是激发 6^3P_1 第一激发态的，而且可以保证电子用于 6^3P_1 态激发的能量要高于因充入惰性气体而导致的弹性碰撞损失的能量的4或5倍。惰性气体的充气压一般为300～500Pa。

为要产生高的谐振辐射，要求汞蒸气压 p_{Hg} 要低，以克服前述谐振辐射被禁锢的不利影响。当然，p_{Hg} 也不能选得太低，因为 p_{Hg} 太低的话，电子与汞原子的碰撞机会将太少了，受激的原子数也将减少，谐振辐射输出也将减少。因禁锢效应和放电器件的尺度有关，管径越小，禁锢效应越小，越有利于谐振辐射离开放电空间。对于细的放电管管径，由于禁锢效应小，可采用高些的汞蒸气压，以使更多的汞原子处于 6^3P_1 态，从而产生更强的谐振辐射。一般说来，p_{Hg} 约为1Pa。

有利于高效率地产生谐振辐射的另一个条件是低的电流密度。在高电流密度时，处于 6^3P_1 态的汞原子在发射辐射以前就和电子发生碰撞的几率比低电流密度时的大。此时，6^3P_1 态将经由逐级激发而损失，也可能因第二类非弹性碰撞（6^3P_1 态激发能转化成相碰电子的动能）而损失。这两种情况都不产生所需的谐振辐射。

由上面的分析可知，只要汞的气压处于较低的数值，惰性气体的气压合适，在低电流密度的条件下就有高达70%的输入电能转换成谐振辐射。

1.3.3　正柱区253.7nm紫外辐射的效率和放电参数的关系[9]

1.3.3.1　紫外辐射效率和饱和汞蒸气压 p_{Hg} 的关系

图1－16给出了紫外辐射效率（相对值）和 p_{Hg} 的关系。在低气压汞蒸气放电器件中，汞的饱和蒸气压 p_{Hg} 由器件温度最低的那个区域（冷端）的温度所决定。当 p_{Hg} 较低时，随着 p_{Hg} 的升高，汞原子数增加，可供电子激发到 6^3P_1 谐振激发态的汞原子数增加，于是，紫外辐射效率上升；若 p_{Hg} 进一步上升，由于谐振辐射的禁锢效应，紫外辐射效率下降。相应于图中最大值的 p_{Hg} 被称为是最佳汞蒸气压，与最佳汞蒸气压相对应的冷端温度被称为是最佳冷端温度。放电管管径

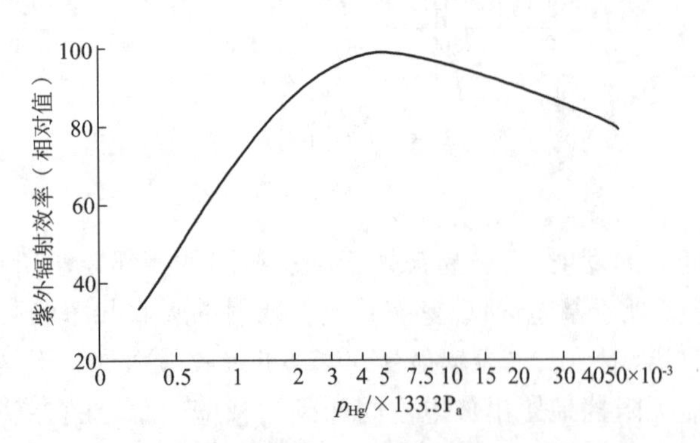

图1－16　紫外辐射效率和饱和汞蒸气压的关系

变小时，由于谐振辐射的禁锢距离变短，曲线峰值将向高的汞蒸气压（或高冷端温度）方向移动。

1.3.3.2　紫外辐射效率和放电管直径 *d* 的关系

图 1－17 给出了紫外辐射效率（相对值）和 d 的关系。图中曲线极大值的存在意味着两种过程间的竞争。当管径较大时，光子逸出放电空间的途径变长，禁锢效应显著，因而紫外辐射效率下降；当管径较小时，一方面，经由双极性扩散而导致的管壁损失上升，另一方面，为弥补电子－离子对的损失，放电的电子温度 T_e 将上升，以产生更多的电离。而 T_e 的上升提高了 6^1P_1 态激发数在总激发数中的比例，于是，185nm 紫外辐射上升，253.7nm 紫外辐射下降。因此，当管径变小时，253.7nm 紫外辐射效率下降。

1.3.3.3　紫外辐射效率和惰性气体充气压 *p* 的关系

图 1－18 给出了紫外辐射效率和惰性气体充气压 p 的关系。图中曲线极大值的存在意味着两种过程间的竞争。当充气压较高时，气体损耗上升，紫外辐射效率下降；当充气压很低时，双极性扩散加快，由此而导致的电离损耗上升，紫外辐射效率也下降。因此，充气压太高或太低时，紫外辐射效率都较小。当充气压为 133Pa 左右时，紫外辐射效率有极大值。

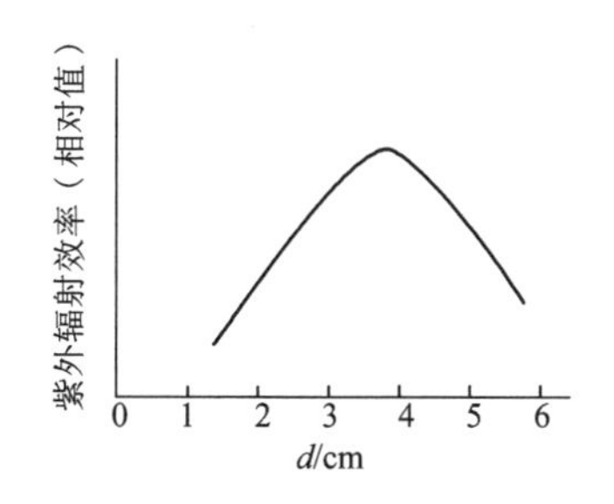

图 1－17　紫外辐射效率和放电管直径的关系

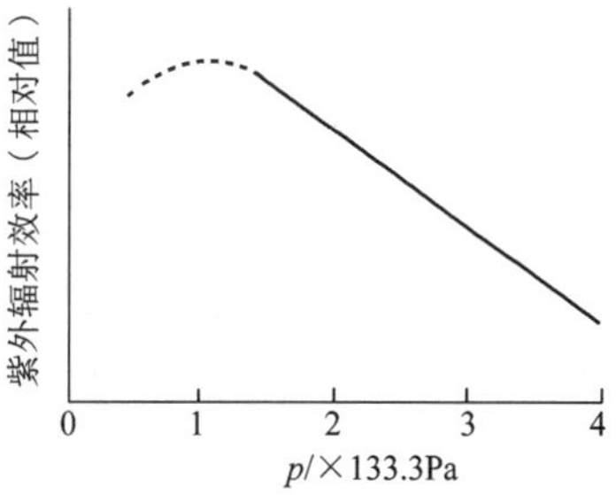

图 1－18　紫外辐射效率和惰性气体充气压的关系

1.3.3.4　紫外辐射效率和放电管电极间距 *l* 的关系

图 1－19 显示了紫外辐射效率和放电管电极间距 l 的关系。

由图可见，随 l 的增加，紫外辐射效率增加，最终趋于饱和。对此的解释如下：放电的电功率消耗可以分为两部分，一部分是电极上的功率消耗（阴极位降 V_c 和阳极位降 V_a 之和与放电电流 I 之乘积），这部分消耗几乎不产生紫外线；另一部分是放电正柱中的功率消耗（轴向电场强度 E、正柱长度 l 和放电电流 I 三者的乘积），这部分消耗是产生紫外辐射的。阴极位降和阳极位降基本上是一常数，电极消耗正比于放电电流。若放电的功率消耗不变，当电弧长度增加时，管电压上升，放电电流下降，电极损耗下降，紫外辐射效率上升。随着电弧长度的进一步增加，和正柱上消耗的功率相比，电极上消耗的功率变得越来越小，因此，紫外辐射效率的值趋于饱和。

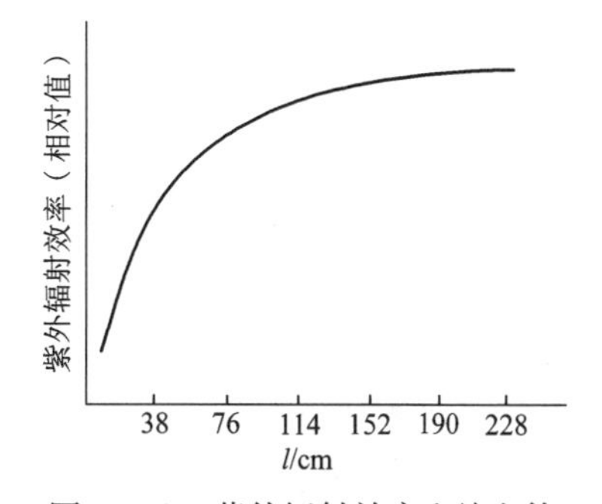

图 1－19　紫外辐射效率和放电管电极间距的关系

1.3.3.5　紫外辐射效率和放电电流 *i* 的关系

图 1－20（a）和（b）分别显示了紫外辐射输出强度和紫外辐射效率与 i 的关系。对某一固定直径的放电管，若汞蒸气压固定，随着管中电流的增加，受激的汞原子数目增加，故紫外辐射

输出强度逐渐增加,如图1-20(a)所示。当电流进一步增加时,首先,通过弹性碰撞,电子的体积损失增大;其次,电子浓度的增大使逐级激发和第二类非弹性碰撞的机会增大(参见1.1.3节),前者使汞的高能态的激发增加,使6^3P_1受激态的数目降低,后者使6^3P_1态的激发能转化成慢速电子的动能,也使6^3P_1态的数目减少。因此,紫外辐射输出强度随电流增加而上升的速度减缓,并趋于一个饱和值,如图1-20(a)所示。但由于体积损耗和无用非紫外辐射的增加,紫外辐射的效率下降了,如图1-20(b)所示。

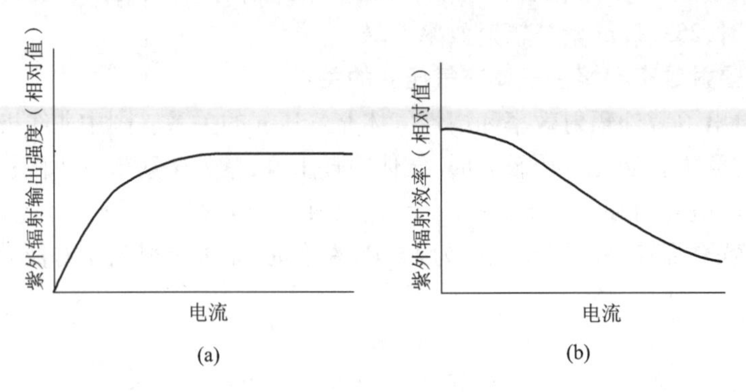

图1-20 紫外辐射输出强度和紫外辐射效率与放电电流 i 的关系
(a)紫外辐射输出强度和放电电流的关系 (b)紫外辐射效率和放电电流的关系

1.3.3.6 紫外辐射效率和放电管工作频率 f 的关系[15]

图1-21显示了紫外辐射效率和f的关系。由图可见,随工作频率的提高,紫外辐射效率很快上升;当频率进一步提高时,紫外辐射效率的上升变缓,最终趋于饱和。正如在1.2.5节所述,当频率提高时,由于阴极位降的降低和阳极位降的消失,放电的电极损耗减少;再加上频率提高后放电正柱中带电粒子损失的减少,放电正柱电能转化成辐射能的效率提高,故此灯的光效提高。

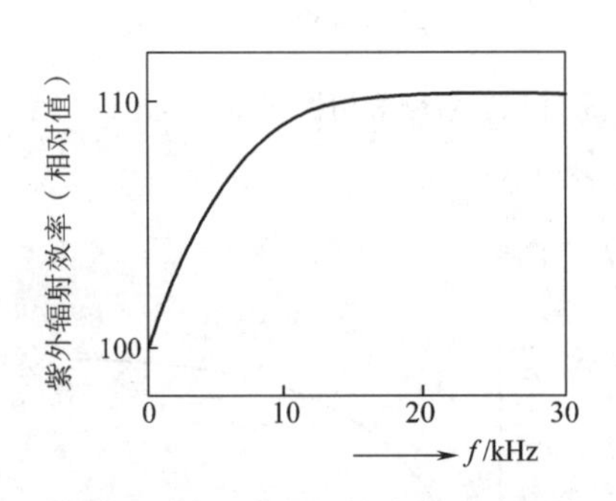

图1-21 紫外辐射效率和放电管工作频率的关系

1.3.4 低气压汞-惰性气体放电正柱模型

对低气压汞-惰性气体放电,前人做了大量的工作,其中较为著名的有Bitter和Waymouth[16]所建立的四能级汞原子放电直流稳态模型,Cayless[17]考虑径向分布的数值模型,Vriens[18]的双电子组模型,Verbeek[19]等的Hg-Ne-Ar放电正柱模型,Lama[20]等的解析模型,Winkler[21]等的碰撞-辐射模型,Lagushenko[22]等用于紧凑型荧光灯的模型,Wani[23]等的动态放电模型,Zissis[24]等的更加完善的碰撞-辐射模型。我国复旦大学电光源研究所也开展了对低气压汞-惰性气体放电正柱模型的研究,如方道腴[25]等的考虑轴心处汞耗尽的大电流密度放电模型和最近张善端[26]研究组对细管径(5.5mm)Ar-Hg放电能量平衡方程的研究等。前人的研究加深了人们对低气压汞-惰性气体放电机理的了解,紧凑型细管径高频工作荧光灯的发展又促进了对传统汞-惰性气体放电理论模型的修正。

Lama等人的低气压汞-惰性气体放电解析模型的特点在于给出了人们所感兴趣的放电的主要参数,如电子温度T_e、253.7nm紫外辐射强度P_r和轴向电场强度E的解析表达式,由这

些表达式可知 T_e、P_r 和 E 与放电参数之间的关系。但是，它们的模型仅适用于粗管径的放电，对于细管径的紧凑型荧光灯，由于管径变细后经由双极性扩散的管壁损失增加，电子温度的上升使 185nm 高能紫外辐射上升，再考虑到管壁负载的上升使放电管中汞原子的浓度增加，这些变化势必对放电的输运参数带来影响。因此，李福生等[27]对 Lama 等人的解析模型进行修正，使之适合于紧凑型荧光灯时的放电状态。采用经修正的 Lama 模型，李福生等得到了和实验基本相符的理论结果，这些理论结果可以用于紧凑型荧光灯的设计。

采用和 Lama 等[20]的数值模型相同的一系列假设，对于低气压 Hg－Ne－Ar 放电，李福生等对 Lama 等的数值模型作了修正[27]。考虑一个汞原子六能级模型，即基态 6^1S_0、253.7nm 谐振激发态 6^3P_1、亚稳态 6^3P_0 和 6^3P_2、185.0nm 谐振激发态 6^1P_1、及电离态（忽略相对而言浓度很低的 7^3S 和 6^3D 等能级），如图 1－22 所示（图中也给出了所考虑的能级之间的跃迁过程）。从电离平衡方程、6^3P_1 态浓度平衡方程以及能量平衡方程，可以得到低气压 Hg－Ne－Ar 放电的电子温度 T_e、单位弧长 253.7nm 紫外辐射输出功率 P_r 和放电轴向电场强度 E 和放电参数的解析表达式。

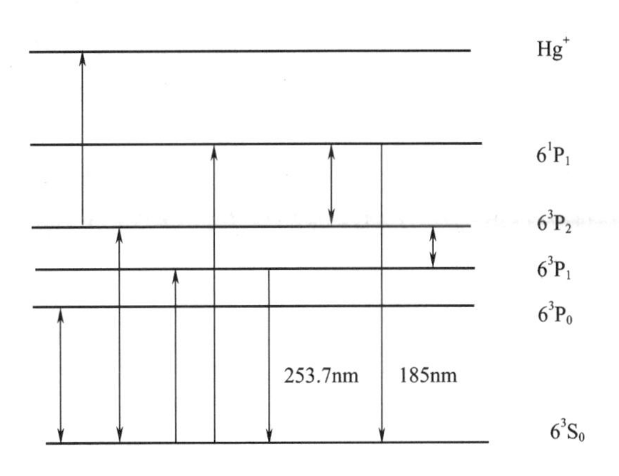

图 1－22　汞原子能级图及考虑的跃迁过程

1.3.4.1　电子温度 T_e

在稳定状态下，通过电子和汞亚稳态原子碰撞的逐级电离过程所产生的电子数应等于通过双极性扩散在管壁复合过程所损失的电子数。由电离平衡方程，可得放电电子温度 T_e 的表达式为

$$T_e = \frac{1.20 \times 10^3}{\ln[(C_0 - C_1\chi)N_A N_0 R^2]} \tag{1-22}$$

式中，C_0、C_1（$C_0 = 3.811 \times 10^{-36}$，$C_1 = 2.63 \times 10^{-36}$）是与灯管参数无关的常数，$\chi$ 为氖－氩混合气中氖原子所占的百分比，N_A 为惰性气体粒子的浓度，N_0 为汞原子的浓度，R 为放电管的半径。

由式可见，惰性气体浓度和汞原子浓度增加时，电子温度下降；放电管半径增加时，电子温度也下降。由式还可见，增加氖原子的百分比 χ 时，电子温度上升。

1.3.4.2　单位弧长 253.7nm 紫外辐射输出功率 P_r

在管内 r 位置处，汞原子 6^3P_1 态的产生有三项：汞 6^1S_0 态到 6^3P_1 态的跃迁，汞亚稳态 6^3P_0 和 6^3P_2 到 6^3P_1 态的跃迁，以及 253.7 辐射的自吸收；汞原子 6^3P_1 态的消激发的过程也有三项：前两项分别为汞 6^3P_1 态到基态和亚稳态的跃迁，第三项为汞 6^3P_1 态的自发辐射跃迁。由产生和损失相等的平衡方程，可得

$$P_r = \frac{C_1 N_A^{-0.4} N_0^{0.6} R^{1.2} n_e}{(1 + C_3 N_0^{1.1} R^{1.2} n_e)(1 - C_2\chi)^{0.4}} \tag{1-23}$$

式中，C_3 为常数，n_e 为电子浓度。

由式(1－23)可以看出，单位弧长 253.7nm 紫外辐射输出功率 P_r 随着电子浓度 n_e 的增加而缓慢上升，最后趋于饱和。因为放电电流的大小和电子浓度 n_e 成正比，式(1－23)即为 P_r

和放电电流的关系。由此式得出的结果和图 1－20(a)所显示的实验结果是完全相一致的。

由式还可以看出，随着汞原子浓度 N_0 的升高(也即随着汞蒸气压 p_{Hg} 的升高)，紫外辐射输出功率会有一个峰值出现，这也验证了汞－惰性气体放电有一如图 1－16 中所示的最佳汞蒸气压。在其它条件不变的情况下，随着氖气原子百分比 χ 的增加，单位弧长 253.7nm 紫外辐射输出功率会增加，这也是和实验结果相一致的(参见图 1－37)。

1.3.4.3　轴向电场强度 *E*

因为电流密度 $j = n_e e\mu_e E$，故输入放电的能量为

$$jE = n_e e\mu_e EE = n_e e\mu_e E^2 \tag{1-24}$$

式中，μ_e 和 n_e 分别为电子的迁移率和电子浓度。

在放电中损耗的能量有四项：第一项和第二项分别为 253.7nm 和 185.0nm 的辐射损耗，分别以 $W_{253.7}$ 和 W_{185} 表示；第三项为电子和稀有气体原子的弹性碰撞能量损耗，以 W_{el} 表示；第四项为带电粒子在管壁处的复合而产生的管壁损耗，以 W_i 表示。于是，放电正柱中的能量平衡方程可写成：

$$n_e e\mu_e E^2 = W_{253.7} + W_{185} + W_{el} + W_i$$

由能量平衡方程，可以推出轴向电场强度的解析表达式：

$$\begin{aligned} E^2 = {} & \frac{C_{11} N_A^{-0.4} R^{-0.8} N_0^{-0.6}}{(1 + C_{13} R^{1.2} N_0^{1.1} n_e)(1 - C_{12}\chi)^{0.4}} \\ & + \frac{C_{21} N_A^{-0.6} R^{-1.2} N_0^{-0.4}}{(1 + C_{23} R N_0 n_e)(1 - C_{22}\chi)^{0.6}} \\ & + C_{31} N_A \left[\frac{1.20 \times 10^5}{\ln[(C_0 - C_1\chi) N_A N_0 R^2]}\right](1 + C_{32}\chi) \\ & + C_{41}\left(\frac{2.4}{R}\right)^2 \frac{k}{N_A}(1 + C_{42}\chi)\left[\frac{1.20 \times 10^5}{\ln[(C_0 - C_1\chi) N_A N_0 R^2]}\right] \end{aligned} \tag{1-25}$$

式中，C_{11}、C_{12}、C_{13}、C_{21}、C_{22}、C_{23}、C_{31}、C_{32}、C_{41}、C_{42} 为与其它参数无关的常数。上式右边第一项和第二项分别为 253.7nm 和 185nm 辐射能量损耗对 E 的贡献，第三项是弹性碰撞损失对 E 的贡献，第四项是管壁损失对 E 的贡献。

1.3.4.4　放电电流 I_1

$$I_1 = \int_o^R n_e e\mu_e E^2 \times 2\pi r \mathrm{d}r \tag{1-26}$$

由式(1－25)和式(1－26)就可以算得电场强度和电流的关系及它们与灯管尺寸，惰性气体充气压和氖氩气压比，汞的饱和蒸气压等参数的关系。电场强度和放电电流的关系及它们和氖气的含量的关系将有助于紧凑型荧光灯、特别是大功率紧凑型荧光灯的设计。

1.3.5　低气压汞－惰性气体放电灯的阴极

由 1.2.6.2 节所述，低气压放电灯的阴极采用碱土金属钡、锶和钙的氧化物作为发射材料。由于该发射材料混合物的功函数很低，阴极的工作温度只要达到大约 1200～1300K 就可保证灯的正常工作。为了降低使电极活性部分的温度维持在上述温度时所必须消耗的功率，灯的阴极结构是用细钨丝绕制而成的笼状物，它一方面固定住发射材料，另外通过钨丝的电流可使发射材料涂层加热。最常用的阴极结构是双螺旋和三螺旋钨丝结构。螺旋结构的优点是可以储备大量的电子发射材料，缩短从辉光放电到弧光放电的过渡时间，减缓汞离子轰击阴极时发射材料的溅射以及减少电极损耗等。

如前所述,氧化物阴极具有低的功函数的原因是在三元氧化物晶体中出现了过量钡,它溶入氧化物,形成氧化物半导体所致。过量钡原子是由氧化钡和钨丝之间的化学反应而产生的:

$$6BaO + W \rightarrow Ba_3WO_6 + 3Ba \qquad (1-27)$$

对阴极的寿命而言,钨酸盐是重要的,它位于钨和发射涂层之间的界面上。该钨酸盐层被称为是中间层。在产生足够发射所要求的工作温度下,钨酸盐中间层的存在使式(1-27)的反应速率减缓,这就限止了过量钡原子的形成速率,使之更能适应长寿命阴极的要求。钨酸盐中间层必须有恰当的厚度和结构,如果中间层太薄,或结构太松,那么,钡原子将大量产生,于是钡原子很快蒸发,阴极很快发生钡耗尽,从而使阴极的发射性能变差;如果中间层太厚,或结构太紧,则钡原子产生的速率太慢,这就使功函数增加,于是,当中间层太厚时,为了达到所需的发射电流密度,离子轰击加剧,阴极的温度将提高,这就加剧了电子发射材料的蒸发和溅射。检测表明,钨酸盐的最佳厚度约为 1μm。

为了改善三元氧化物阴极抗离子轰击的能力以及减少材料的热蒸发,通常在三元氧化物中还添加5%~10%的二氧化锆。二氧化锆的颗粒度应小于氧化物的颗粒度,应和三元碳酸盐一同球磨,使其能均匀混合到发射涂层的每个角落中去。添加二氧化锆后,在阴极热处理的过程中,它会和三元氧化物反应,生成锆酸盐固溶体[28]$(Ba_{1-x-y}Sr_xCa_y)ZrO_3$,使发射材料因溅射和热蒸发的损失减少[29];另外,二氧化锆的添加还可抑止钨酸钡的过量生成,使阴极的寿命延长。

1.4 紧凑型荧光灯的特性

1.4.1 荧光灯的紧凑化

20 世纪 30 年代后期,直管荧光灯问世了,图 1-23 为灯的结构示意图。图中,灯玻管的内壁上涂有荧光粉,在灯管的两端各有一个芯柱,在芯柱的导丝上装有涂以热电子发射材料的钨螺旋丝电极,灯管内充有汞和惰性气体。灯管内发生低气压汞放电后,所产生的紫外线激发荧光粉,使荧光粉发出可见光。

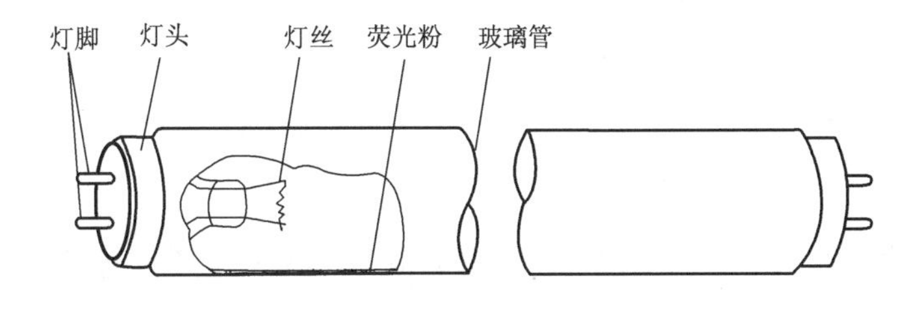

图 1-23　直管荧光灯的结构示意图

经过几十年的发展,直管形荧光灯以其高的发光效率(60~80lm/W)和长的寿命(10000h以上)而被广泛用于办公室、学校、车站、工业建筑等室内照明领域。然而,直至 1973 年,一直未能开发出既有高的光效、又有极好的显色性的荧光灯。在对装饰效果有高要求的商店、家庭和宾馆等场合,直管荧光灯的不足之处还在于附件多、体积大、使用不如白炽灯方便、装饰效果差。所以,在某些室内照明场合,荧光灯一直未能完全取代灯形小巧的白炽灯。

20 世纪 70 年代的能源危机促进了节能照明光源的研究。依据于为得到好的显色性所需的最小光谱功率分布的新观点，荷兰科学家在理论上确认，只要荧光粉发出的可见辐射位于几个特殊的窄发射带上，通过适当地选择发射带的波长（450nm、540nm 和 610nm）及这些发射带强度之间的比例，再加上适当地选取荧光粉，就可以制成既有高的发光效率又有非常好的显色性的荧光灯。20 世纪 70 年代中，飞利浦公司首先研制出具有所需的三个窄带发射的稀土荧光粉（俗称稀土三基色荧光粉），由于该荧光粉的辐射相对集中在人眼比较灵敏的区域、量子效率高、抗 185nm 短波紫外辐照的能力强、高温工作特性好，它的开发成功为荧光灯的细管化和紧凑化开辟了新的途径。

紧凑型荧光灯的基本结构和直管型的相同，但玻管形状各异。紧凑型灯的玻管直径比直管型的要细，经弯曲、平头和桥接加工，构成一个非常紧凑的单元。由于灯的体积和白炽灯相仿，在原有的采用白炽灯的照明装置和灯具中都可应用。图 1－24 显示了常用的自镇流荧光灯的外观特征。

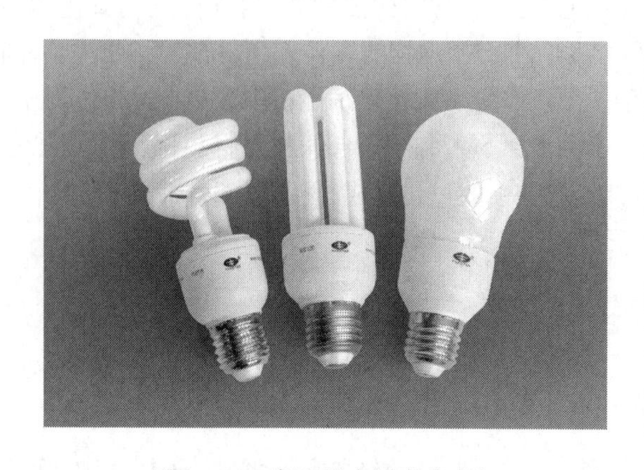

图 1－24　常用的自镇流荧光灯

紧凑型荧光灯大体可分为两大类：一类是将灯头、镇流器和灯管为一体的、不可拆卸的紧凑型荧光灯，国家标准称之为自镇流荧光灯，它带有与白炽灯相同的螺口或卡口式灯头，可直接替代白炽灯在市电下工作；另一类是带有插脚式灯头的单端荧光灯，它不能直接与市电连接使用，需要配合带镇流器的灯具和半灯具使用，这种半灯具类似于自镇流荧光灯，但其灯管和带镇流器的灯头部分是可以拆卸的，如果灯管坏了只要单独更换灯管就可以继续使用。目前单端荧光灯用量相对较少，普遍使用的紧凑型荧光灯是自镇流荧光灯，本书中所说的紧凑型荧光灯除特别说明外均是指自镇流荧光灯。

采用稀土荧光粉制成的紧凑型自镇流荧光灯兼有荧光灯和白炽灯的优点，具有光效高、寿命长、显色性好、使用方便和装饰美观的特点，用这种紧凑型荧光灯代替耗能的白炽灯，给室内照明带来了全新的变革。

1.4.2　紧凑型荧光灯的能量平衡[30]

图 1－25 给出了低气压汞放电荧光灯大致的能量平衡。由图可见，输入荧光灯的电能约 3% 转换成了低气压汞放电的几根特征可见辐射，约 70% 输入电能转换成了低气压汞放电的紫外辐射，约 27% 的电能转换成了热辐射（使气体加热，使电极加热）。70% 紫外辐射能中，有约 26% 经荧光粉转换成可见光，余下来的 44% 使荧光粉发热（转化成荧光粉的晶格振动能）而耗散。由图可见，输入荧光灯的电能只有约 29% 转变成了照明用可见光，高达 70% 的电能转变为热量而损耗（气体损耗

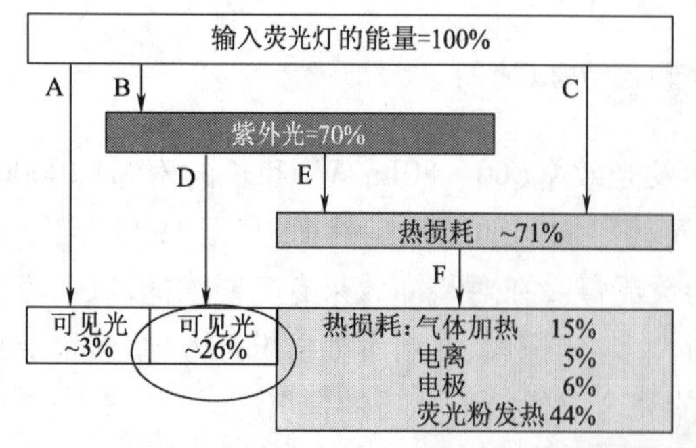

图 1－25　低气压汞放电荧光灯大致的能量平衡

15%，双极扩散的电离损耗5%，电极损耗7%，荧光粉发热44%）。为了提高紧凑型荧光灯的发光效率，要采用量子效率更高的稀土荧光粉。

1.4.3 紧凑型荧光灯的发光效率

紧凑型荧光灯的总效率取决于两个主要因素：首先是从电源所供给的电能转换成紫外辐射的效率；其次是紫外辐射转换成可见辐射的效率。前者取决于放电管的设计；后者取决于为获得所需光谱的荧光粉及这些粉的量子效率。

1.4.3.1 灯的发光效率和灯的设计参数的关系

（1）最佳汞蒸气压

由图1－16可见，当灯内汞蒸气压为最佳汞蒸气压时，253.7nm紫外辐射效率最高，因而灯的发光效率也最高。表1－1给出了不同管径时管内的最佳汞蒸气压。故此，对于给定管径的灯，应设法使管内的汞的蒸气压处于表1－1所给出值的附近。

表1－1　　最佳汞蒸气压和灯管管径的关系

灯管管径/mm	38	26	16	12	7
最佳汞蒸气压/Pa	0.8	0.94	1.18	1.3	1.69
最佳冷端温度/℃	40	42	45	47	50

（2）灯管的弧长

由图1－19可见，弧长越长，紫外辐射效率越高。因此，应根据使用的要求尽可能地增加弧长，使灯的管电压提高。在相同功率的条件下，灯管电压的提高意味着可以采用小的电流，这就使放电的辐射效率提高，使灯的光效上升。

（3）灯管的内径

由图1－17可见，在某一管径值时，紫外辐射效率最高。对于紧凑型荧光灯而言，管内径可选的范围为5～15mm，在此范围内，紫外辐射效率的差别不是很大。管内径的选择取决于单位弧长的输入功率。单位弧长的输入功率高时，所用管内径应大些；单位弧长的输入功率低时，所用管内径可小些。若在单位弧长输入功率高的场合采用小些的管内径，虽然灯管更紧凑，但是灯管的光通维持率将减少。

（4）惰性气体的充入量

对于扩散是主要电离损失机制的低气压汞－惰性气体放电，管径固定时，充气压的大小决定了电子温度 T_e。因此，可改变充入惰性气体的气压，将电子温度调节到所希望的最佳数值。所谓最佳数值可以这样定性地描述，即电子温度必须低到足以使汞原子向所需能态 6^3P_1 的激发比所有其它更高能态（例如 6^1P_1）的激发都多；同时又要高到足以使用于激发和辐射的能量（与 T_e 成指数关系）远远超过损耗于弹性碰撞的能量（与 T_e 成线性关系）。若充气压很低，则 T_e 较高，6^1P_1 态的激发效率高，于是，185nm的输出要比253.7nm的高；随着充气压的提高，T_e 下降。到某一充气压时，6^3P_1 态的激发效率超过 6^1P_1 态的，于是，253.7nm输出将高于185nm的。当气压进一步上升时，由于 T_e 下降得过多，总辐射输出将下降，253.7nm的输出也就下降。另外，随着充入惰性气体气压的提高，双极性扩散所导致的电离损失下降，然而，当充气压大于133Pa时，弹性碰撞损耗上升，紫外输出下降。因此，惰性气体的充入量是这些效应的折中，在某一充气压下，放电的253.7nm输出最高。对于氩气，充入气压为133Pa时，发光效率最高；对于氪气，充入气压可更低些。

由图1－18可见，当充气压约为133Pa时，灯有最高的发光效率。然而，因充气压低，灯阴极上的发射材料热蒸发厉害；再者，因缺乏惰性气体的缓冲作用，汞离子轰击阴极发射涂层的能量较高，发射材料将剧烈溅射，这就使灯管的阴极寿命降低。另外，充气压低时，双极扩散加剧，电子和汞离子在管壁复合数上升，复合时释放出的10.42eV电离能会将构成荧光粉发光中心的化学键打断，使荧光粉受损；再考虑到充气压低时，电子温度上升，汞放电185nm紫外线的强度上升，电子温度的上升使管壁处等离子体鞘层的电位 V_f 上升，如式(1－21)所示。于是，汞离子轰击荧光粉层的能量增加，这两者都使荧光粉劣化，使灯的流明维持率降低。为了使阴极的寿命延长，使灯的流明维持率改善，不得不牺牲灯的光效，采用较高一些的充气压。目前，紧凑型荧光灯常用的充气压为400～700Pa。

(5)充入惰性气体的种类

在一般的低气压汞－惰性气体放电中，都充入氩气。这是因为氩－汞混合气是潘宁混合气，如1.1.3节中所述。这里，氩原子的亚稳态 $^3P_2$ 的激发电位是11.56eV，汞原子的电离电位是10.42eV，由于氩的亚稳态电位与汞的电离电位最接近，因此，潘宁效应最为明显。氩－汞潘宁效应可用下式表示：

$$Ar^*(^3P_2)_{11.56eV} + Hg \rightarrow Ar + Hg^+_{10.42eV} + e$$

通过潘宁效应，产生了额外的电子，这就有利于电子雪崩的产生，使放电器件在低的开路电压下击穿，使放电启动。须注意，氩－汞潘宁混合气中，两者的比例要适当，汞原子在氩气中的浓度最好是万分之几。

除氩气外，在低气压汞－惰性气体放电灯中，也可充入氖气和氪气。但氖－汞和氪－汞混合气无潘宁效应，它们不构成潘宁混合气，灯的启动电压将大大提高。因此，一般不单独充入氖气和氪气，而是要和能与汞构成潘宁效应的氩气相混合，以氖－氩和氪－氩混合气的形式充入灯中。

如1.3.3小节所述，氖－氩混合气是潘宁混合气，采用氖－氩混合气的低气压放电器件的启动电压较低，而且，氖－氩潘宁混合气起作用的最佳氖氩比例不像汞蒸气那样受环境温度的影响。因此，在环境温度低的场合，采用氖－氩混合气仍能使低气压汞灯正常启动；另外，对于高单位弧长输入功率(0.8W/cm)的灯，采用氖－氩混合气可以获得高的低气压汞放电紫外输出效率(参见1.5.5.3小节)。

如1.1.3.2小节所述，惰性气体的原子量越大，则气体损失越小，灯的发光效率越高。因此，在低单位弧长输入功率(0.5W/cm)的场合，采用氪－氩混合气的灯可获得高的光效。除了充氪气灯的启动性能较差外，因氪气价格高，充氪气灯的成本将上升；再者，充氪的气灯的工作电压和灯功率要降低，灯的总光输出也要降低。因此，仅在单位弧长输入功率较低以及要求降低灯管工作电压的场合，才用氪－氩混合气。一般说来，氪氩混合气中氪气的比例大约为30%。

(6)工作频率

由1.2.5节，荧光灯高频工作时，电极损耗减少，正柱中的电离损失减少，因此频率的提高有利于灯发光效率的提高，如图1－21所示。但工作频率过高时，晶体管的功耗将随频率的上升而增大。目前通常采用的频率是40～50kHz。

(7)管壁负载

管壁负载 W_s 为单位灯管内表面积的功率。W_s 的值取得高的话，灯管可做得更为紧凑。然而，W_s 高时，玻璃管的工作温度提高，荧光粉层受到汞离子的轰击变强，灯的流明维持特性会受到影响。因此，W_s 值的选取要考虑诸多方面的因素。

1.4.3.2 灯的发光效率和荧光粉涂层的关系

为了得到高的发光效率,除了要求稀土荧光粉有高的量子效率和密实的堆积外,还要控制工艺条件,使其厚度为最佳厚度。若厚度太薄,则紫外线不能被荧光粉充分吸收;若粉层太厚,则最靠近放电的荧光粉所发出的可见光要被荧光粉层吸收而损失。所以,要调整粉浆的黏度和密度,使荧光粉层达到最佳厚度。最佳厚度的大小和荧光粉的颗粒直径有关,若粉的中心粒径小,则最佳的粉层厚度要薄些;若粉的中心粒径大,则最佳的粉层厚度要厚些。

图 1－26[31] 显示了最佳粉层厚度和卤磷酸钙荧光粉颗粒粒径的关系。由图可见,中心粒径为 6.5μm 的粉层的涂层质量(整根灯管所涂敷的荧光粉的克数)比中心粒径为 8μm 的粉层的涂层质量要小。

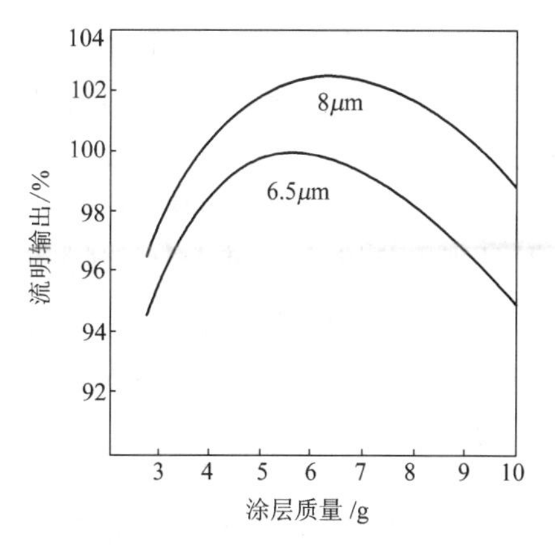

图 1－26　最佳粉层厚度和卤磷酸钙荧光粉颗粒粒径的关系

对于稀土荧光粉,采用中心粒径小的粉也可使最佳粉尘厚度变薄。因此,若细粒径荧光粉的光衰特性不差的话,采用中心粒径细的荧光粉可以降低稀土荧光粉的用量,以节约成本。

1.4.3.3 灯管制造工艺对灯光效的影响[32]

灯管制造工艺对灯光效的影响主要体现在荧光粉层内表面(紧贴放电)上由碳、氧化汞和汞原子组成的灰棕色薄膜的生成。该薄膜阻挡了放电所产生紫外线对荧光粉层的激发和受激荧光粉所发出可见光的传送,使荧光粉层所发出的光通减少,从而使灯的光效下降。

在玻璃管内表面涂敷荧光粉层时,粉浆中加入了暂时性的有机黏结剂(水性粉浆悬浮液采用聚氧化乙烯作黏结剂)。若烤管工序未将黏结剂从粉层中彻底去除,灯管封离后再点燃时,聚氧化乙烯在放电中因受带电粒子的轰击而继续分解,分解产物在放电中将进一步分解成碳和氧,氧将和汞反应,生成氧化汞,碳颗粒将吸附汞。于是,碳、汞和氧化汞等将沉积在荧光粉层表面,形成一层灰棕色的吸光薄膜。该薄膜阻挡紫外线对荧光粉的激发,吸收荧光粉所发的可见光,使灯的光效下降。

烤管的另一个作用是借助于高温去除玻璃内部吸附的杂质气体。故此,要求烤管工序到排气工序的周转时间应尽可能地短,防止多孔的荧光粉层和玻璃对杂质气体的再吸附,从而防止了在荧光粉层上灰棕色薄膜的形成。

排气工序应保证三元碳酸盐的彻底分解,以避免在电极附近形成黑斑及灯管两端环状黑带的过早生成,使灯的光输出下降。若分解很不彻底,在灯管封离后再点燃时,阴极上的碳酸盐将继续分解,分解产物二氧化碳导致在整个灯管的荧光粉层上形成灰棕色薄膜,使灯的输出减少。排气工序所充的稀有气体要高纯,充气不纯的影响在此就不再赘述了。

1.4.4 紧凑型荧光灯的寿命

紧凑型荧光灯单只灯的寿命为一只成品灯从点燃至"烧毁",或者灯工作至低于标准所规定的寿命性能的任一要求时的累计时间;紧凑型荧光灯的平均寿命为灯的光通量维持率达到标准要求并能继续点燃至 50% 的灯达到单只灯寿命时的累计时间,即 50% 灯失效时的寿命。为延长灯的寿命,要求灯的阴极的寿命长,灯的流明维持率高。

1.4.4.1 紧凑型荧光灯的阴极寿命[33]

正如在 1.3.4 节中所述，阴极的电子发射源是钨丝螺旋之间疏松的碱土金属氧化物半导体。如果荧光灯的两个电极中的一个的发射材料完全耗尽，由于整流效应，电极很快烧毁，灯的寿命也就终止了。因此，除了要求钨丝螺旋的尺寸要设计得使它通过放电本身能获得为维持电子发射所需要的恰当温度（不能过高，也不能过低）外，还要设法在钨丝螺旋内储存足够多的电子发射材料，而且要求两电极上储存相同量的发射材料。然而，为了得到较高的发射材料储存量而在钨丝螺旋内涂敷过多的发射材料的话，会造成排气时发射材料分解不足和激活的困难，反而达不到长寿命阴极的要求。因此，要根据市场和用户对灯寿命的要求来合理地选择发射材料的涂敷量。由于发射材料的损耗与放电电流的大小成正比，对于功率比较大的紧凑型荧光灯，由于工作电流大，要求较高的电子发射材料涂敷量；对于电流较小的小功率紧凑型荧光灯，电子发射材料的涂敷量可以少些。不管怎么说，发射材料的涂敷量应和排气时阴极的热处理规范相匹配，使发射材料彻底分解，最佳激活，以获得最佳的钨酸钡中间层厚度，从而获得较长寿命的阴极。

造成阴极发射物质损耗的过程基本上有三个：阴极发射涂层的溅射、热蒸发以及阴极发射涂层和气体杂质的化学反应。

(1)阴极发射材料的溅射

阴极发射材料的溅射发生在灯的启动阶段，若辉光放电时间过长，因汞正离子的轰击，发射材料将因溅射而损失。因此，如 1.2.7.1 节所述，要求从辉光放电到弧光放电的过渡时间尽可能地短。为此，要求最佳化设计钨丝螺旋（钨丝的直径、螺旋的螺距系数和芯线系数），使阴极的发射温度达到所需要的温度，使钨丝螺旋的热惯性降到最低，以保证在启动阶段阴极很快达到热发射温度；另外，要求电子镇流器和灯管相匹配，保证启动时钨丝螺旋的热电阻值为冷电阻值的 4.5~5.0 倍，使钨丝螺旋很快被预热到发射温度。研究表明，若启动前阴极的热阻未达到冷阻的 4 倍，则阴极将发生额外的溅射。因此，为获得最佳化的钨丝螺旋结构设计，对于每个规格的钨丝螺旋，应测量从辉光放电过渡到弧光放电的时间，进行结构设计的优化处理。

为减少发射材料的溅射损失，可增加惰性气体的充气压和改变三元氧化物的配比（增加氧化钙的成分，增加二氧化锆的添加量）。另外，要求电子镇流器被设计得使灯电流的波峰系数尽可能地低。

(2)阴极发射材料的热蒸发[29]

如前所述，要求阴极钨丝螺旋的尺寸设计得使它通过放电本身能获得为维特电子发射所需要的温度。若温度过高，则阴极发射材料将因热蒸发而损耗，灯的阴极寿命将缩短。事实上，阴极活性物质的蒸发是促使阴极寿命终止的一个重要原因。活性物质的蒸发速率随着阴极热点温度的上升而急剧增加，由 Arrhenius 方程，活性物质的蒸发速率 v 为

$$v = C\exp\left[-\frac{Q}{(RT)}\right]C\exp\left[-\frac{Q}{RT}\right] \tag{1-28}$$

式中，C 为常数；Q 为激活能，单位为 cal/mol；T 为热点温度，单位为 K；R 为气体普适常数。

由于热点温度位于指数项上，只要阴极的热点温度稍有降低，阴极发射材料的蒸发速率将显著下降。计算表明，只要热点温度降低 20~30℃，活性物质的蒸发速率将下降一倍。由此结果可以看出，蒸发速率对温度是十分灵敏的。阴极热点温度的降低就可以延长阴极的寿命，因此，应严格控制阴极的分解激活工艺规范，使阴极材料的功函数降低，从而在低的热点温度下工作。

另外，也要注意阴极在启动阶段不能过热。研究表明，若启动前阴极的热阻为冷阻的 6 倍

时，阴极发射材料将因过度蒸发而损耗。

(3)气体杂质对阴极发射涂层的影响

管内杂质气体对阴极寿命的影响体现在这些杂质气体对阴极毒化作用与溅射作用上。氧化性气体(如 O_2、CO_2 和 H_2O 等)会使阴极的发射性能变差(阴极中毒)，从而影响阴极的寿命；阴极位降高的气体(如 H_2、N_2 等)将促使阴极活性物质的过度溅射。因此，烤管工序后要立即排气，阴极发射材料要彻底分解，要尽量提高排气的真空度，以尽量减少管内杂质气体的影响。

使用有油系统排气时，若油蒸气反扩散到灯管中，阴极也要中毒。油蒸气压越高，阴极中毒也就越严重。因此，在排气过程中，应防止油蒸气反扩散到灯管中。

1.4.4.2 紧凑型荧光灯的流明维持率[34]

除了荧光粉本身的质量外，影响紧凑型荧光灯流明维持率的主要因素是：玻璃管的黑化，荧光粉层表面碳，氧化汞和汞等沉积薄膜的形成，荧光粉本身的劣化和灯管两端黑色环状端带的形成等。

(1)玻璃管的黑化

在低气压汞放电所产生的短波紫外线的辐照下，在灯的玻管内表面玻璃中会形成光电场，此光电场将加速汞离子向玻璃管内的迁移，汞离子在玻管内将和电子复合，形成汞原子。随着燃点时间的延长，玻璃中的这些汞原子将凝集在一起，从而在玻璃管内形成金属态的汞微粒，导致灯管玻璃的黑化，使灯管的光输出下降，流明维持率下降。

(2)荧光粉涂层表面灰棕色的吸光薄膜

由 1.4.3.3 节，若有机黏结剂在烤管工序未烤除、阴极分解不透、排气真空度不好、充入的稀有气体不纯、置入的汞含杂气等，就会在粉层表面形成吸光的灰棕色薄膜；另外，若玻璃管内含钠，玻璃管内表面未涂保护膜，那么玻璃中的钠离子将经由热扩散而从玻璃中扩散到荧光粉的表面，在那里它们将和汞反应，生成黑色的钠汞齐。在荧光粉涂层内表面上的吸光薄膜使灯的光输出下降，使流明维持率下降。

(3)荧光粉的劣化

在低气压汞放电荧光灯中，汞离子受放电管管壁处的鞘层电位的加速，从中得到约 8eV 能量；另外，汞正离子在管壁处和电子复合，又释放出 10.42eV 能量。在管壁处，高能的汞离子将轰击荧光粉，使荧光粉晶体表面受损，形成一个无序层。无序层中的发光中心遭到破坏，使粉的可见辐射减少；无序层的存在增强了对放电管中汞、氧化汞等的吸附，无序层中的金属原子将和汞反应，形成黑色的汞齐。另外，汞放电发出的 185nm 短波紫外线对蓝粉的辐照还会在蓝粉中形成色心，使蓝粉的光输出减少。

为了显示粉层表面吸光灰棕色薄膜对荧光灯光通维持率的影响，将燃点了 5000h 的灯进行加温试验[34]，结果发现，若将灯管加热到 100～200℃(除去荧光粉层表面吸附的汞)，则荧光粉层的相对亮度会得到一定恢复；若将灯管加热到 500℃(除去荧光粉层表面吸附的氧化汞)，则相对亮度可恢复到接近初始亮度，如图 1－27 所示。测试结果表明，汞和氧化汞灰棕色吸光薄膜在粉层表面

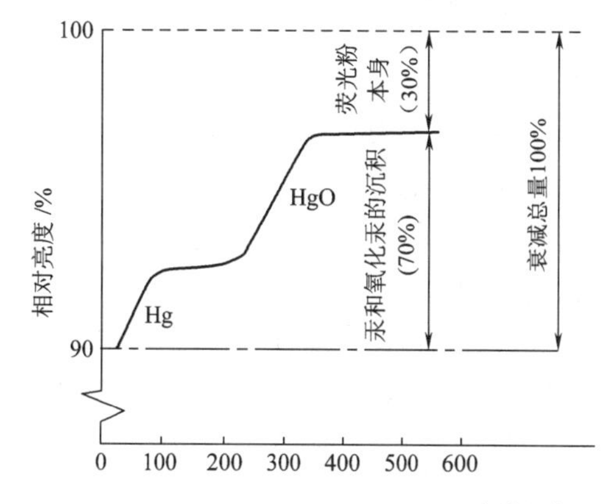

图 1－27　荧光粉层相对亮度的恢复和加热温度的关系

的吸附对荧光灯的光衰约有70%的影响,而荧光粉本身对灯的光衰的贡献只有30%。

(4)灯管两端黑色环带(端带)的影响

在灯的寿命期内,氧化汞的生成,电子发射材料的蒸发和溅射将在灯管的两端(起始于靠近法拉第暗区和正柱区的接壤处)形成黑化的环状黑带(简称端带),使灯的流明输出减少。

1.4.5 紧凑型荧光灯光输出的颜色[35]

紧凑型荧光灯的光谱是稀土三基色窄带发射荧光粉的发射光谱和低气压汞-稀有气体放电本身的可见光谱的叠加,因此,汞放电的可见辐射谱线,特别是波长为435.8nm这根蓝色谱线对灯的颜色有很大的影响。

实验发现,随着环境温度的下降,灯内的汞蒸气压下降,色坐标x和y的值都下降,灯的色温上升;当灯内充入的稀有气体的气压下降时,色坐标x和y的值同时下降,灯的色温上升;当灯的电流密度上升时,色坐标x和y的值同时下降(x值的下降比y要显著),灯的色温上升;当电子镇流器的工作频率下降时,色坐标x和y的值也同时下降(x值的下降较为显著,而y值的下降较少),灯的色温上升。

以上所述的灯的色坐标x和y值及色温随放电条件的变化都可由不同放电状态下汞蒸气放电435.8nm蓝色谱线强度的变化而得到说明。由汞原子的简化能级图1-14可见,这根蓝色谱线是从7^3S_1到6^3P_1的跃迁。当稀有气体的充气气压下降时,因双极扩散导致的管壁损失上升,电子温度将上升;当工作频率下降时,更多的带电粒子在电流交变过零期间将扩散到管壁而损失,为了补偿带电粒子的损失,电子温度也将上升。于是,相对于6^3P_1能级而言,高的电子温度使高能级7^3S_1的激发数上升,汞放电蓝色辐射上升,x和y值下降,色温上升。当放电电流上升时(若管内径不变,电流的上升也即电流密度的上升),电子数增加,逐级激发几率大增,汞原子6^3P_1激发态将被激发到更高的7^3S_1激发态,这就使汞放电蓝光的比例提高,使x和y值下降。同样地,环境温度的下降将使汞蒸气压下降,电离减少,为弥补电离的减少,电子温度上升,使7^3S_1态的激发数上升,故蓝光增加,x和y值下降。

1.5 紧凑型荧光灯的设计

1.5.1 紧凑型荧光灯放电管尺寸的设计

紧凑型荧光灯已发展了30年,从紧凑、节材和性能等诸多方面考虑,已形成了下面的共识:对于大功率的灯,一般采用内径约15mm的玻管;对于中等功率的灯,一般采用内径约10mm的玻管;对于低功率的灯,一般采用内径约5mm的玻管。因此,放电管尺寸的设计实际上是放电管极距的设计。按最新发展的汞-稀有气体放电理论模型,可以从理论上进行设计,但这要牵涉繁琐的理论和数值计算。在紧凑型荧光灯的研发和生产过程中,我国工程技术人员已积累了无数经验和实验数据,由此,也可以设计出放电管的极距,以满足新产品开发的需要。

对于采用电子镇流器高频工作的紧凑型荧光灯,波形畸变因子接近为1,电压和电流间位相差为零,灯功率P_1、灯电压V_1和电极间距离l为

$$P_1 = I_1 V_1 \quad (1-29)$$

$$V_1 = V_{AK} + El_c \quad (1-30)$$

$$l = l_c + l_d \quad (1-31)$$

式中，I_1 为灯电流，V_{AK} 为阴极和阳极电位降之和，E 为正柱区的电场强度，l_c 是灯正柱区的长度，l_d 是暗区（主要是法拉第暗区）的长度。从稳定性、灯效率、可靠性和电子镇流器的成本考虑，除大功率的紧凑型荧光灯外，灯管的管电压一般应低于150V。

管电压 V_1 选定后，由式（1-29）可算得 I_1；对于不同的放电管内径（分别为5mm、10mm和15mm），由图1-28（a）[36]和图1-28（b）[26]可查得对应放电电流 I_1 时的正柱区电场强度 E，由图1-29[37]查得相应条件下的阴极和阳极电位降之和 V_{AK}，就可由式（1-30）算得正柱区的长度 l_c，再考虑到暗区的长度 l_d（约为20～40mm），由式（1-31）就可以得到灯管的电极间距 l。

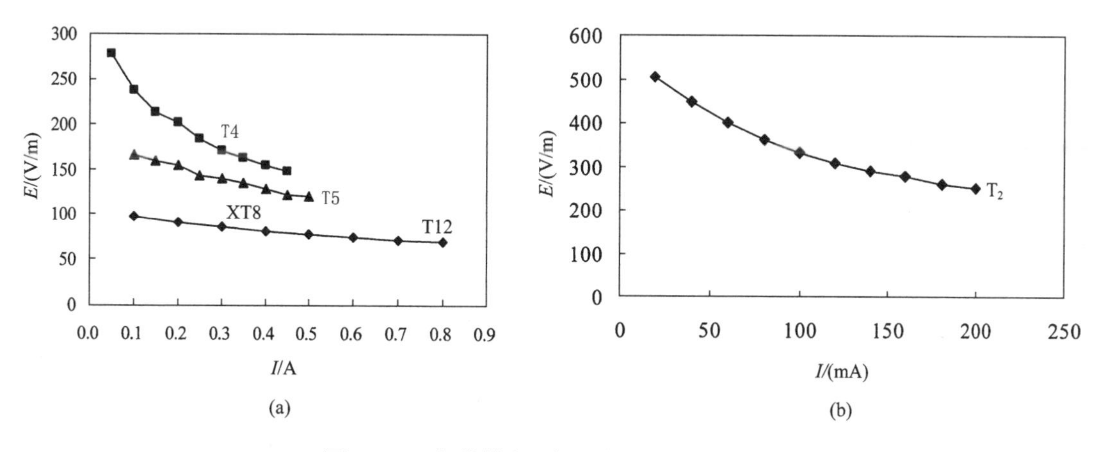

图1-28　灯管轴向电场强度和放电流的关系

（a）T4～T12灯管轴向电声强度和放电电流的关系　（b）T2灯管轴向电场强度和放电电流的关系

作为一级近似，也可采用修正的Lama模型进行紧凑型荧光灯的设计。由式（1-25）和式（1-26）就可以算得电场强度 E 和灯电流 I_1 关系的理论曲线。内径为15mm时，理论曲线和图1-28（a）中的实验结果基本符合。

1.5.2　紧凑型荧光灯阴极的设计

由于紧凑型荧光灯的管径较细，传统的单丝螺旋结构已不能满足其多方面的要求。目前，用得最为广泛的是主辅双丝三螺旋结构（俗称主辅丝结构或带钨芯丝三螺旋结构）。即将主钨丝（粗钨丝）和钼丝并排作为一次芯线，将辅钨丝（细钨丝）螺旋状地缠绕在此芯线上［见图1-30（a）］，再将此螺旋丝绕在二次钼芯线上［见图1-30（b）］[29]，形成二次螺旋；最后，将二次螺旋丝在无芯绕丝机上绕成三次螺旋丝，经高温定形和化除钼芯线等处理后，最终形成带有钨芯丝的三螺旋结构。该结构的特点是可以增加发射材料的储存量，减少发射材料因正离子轰击而导致的溅射损失，防止发射材料在寿命期内的脱落，从而保证在整个寿命过程中电子发射材料消耗的减少；另外，该结构

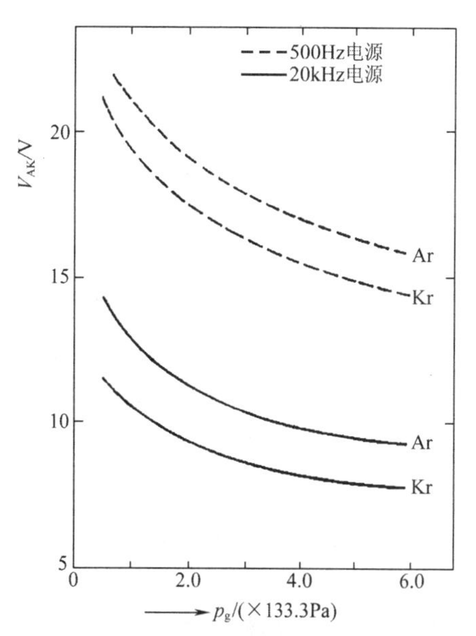

图1-29　阴极位降和阳极位降之和与稀有气体充气压的关系

的热惯性小，启动电流迅速使钨芯丝周围的电子发射材料受热，再加上外绕的细钨丝的热容量小，启动时很快能达到发射温度，这就能缩短从辉光放电过渡到弧光放电的时间，使电子发射材料的损失减到最小；最后，该结构的冷阻小，可使阴极上的功率损耗下降，使灯的光效提高。

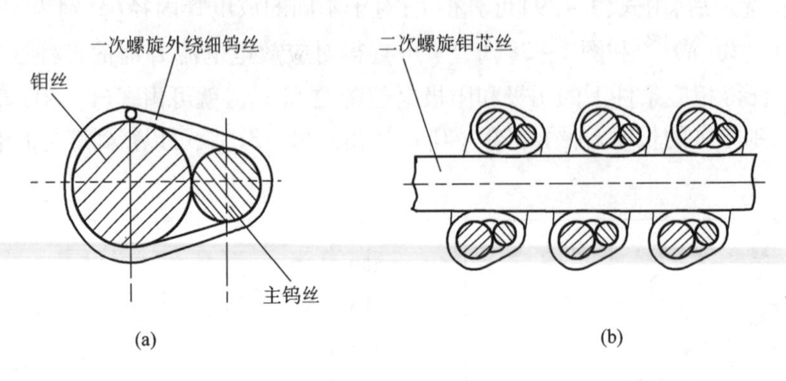

图 1－30　主辅双丝三螺旋结构的芯线

对于这种主辅丝结构的电极，由于辅钨丝的电阻要比主钨丝的大很多，所以电流主要从主钨丝通过。主钨丝的直径由灯的工作电流所决定，因丝径和电流的三分之二次方成正比，因此，电流越大，要求直径越大。灯丝的冷电阻主要由主钨丝决定。若冷阻大，灯丝预热时间短，灯的启动快，但启动过程中发射材料的蒸发加剧；若冷阻小，灯丝预热温度低，温升速度慢，从辉光放电到弧光放电的过渡时间长，这就加重了阴极材料的溅射。因此，冷阻值要恰当选取，以有利于阴极寿命。主钨丝的直径通常为 0.05～0.25mm；辅钨丝要求细些，此时，钨丝的热惯性小，对灯的快速启动有利，但辅钨丝也不能太细，否则会引起灯丝变形，其直径通常为 0.015～0.025mm。绕制灯丝时，螺距系数和芯线系数的选取也要仔细考虑。若灯丝的螺距系数和芯线系数小时，灯丝温度上升快，灯管启动快；但螺距系数和芯线系数过小的话，发射材料粉浆不易进入螺旋内，使涂敷量减少；另外，绕制也比较困难，成形后的灯丝长度长，装配后灯丝离灯玻管壁较近，易导致管壁黄黑。因此，绕制灯丝时螺距系数和芯线系数也要恰当选取。

如 1.3.4 所述，发射材料是掺以亚微米大小高纯二氧化锆的三元碳酸盐，三元碳酸盐的颗粒度也要细，平均粒径应为 1μm 左右。

1.5.3　灯内汞蒸气压的控制

荧光灯紧凑化后，管径变细，管壁负载提高，灯在工作时灯管冷端部位的温度将高于由表 1－1 给出的最佳的灯管冷端温度，因而光效下降。为此一定要控制灯内的汞饱和蒸气压，使其处于最佳数值附近。

对于裸露在大气环境中的、或管壁负载不是特别高的紧凑型荧光灯，一般采用液态汞或释汞用汞齐（锌汞齐、锡汞齐和锌锡汞齐等）。此时，要采用标准镇流器，在国标规定的温度下测量光通随时间变化的曲线。若光通量上升到峰值后开始下降，这就表明灯管的冷端温度大于最佳灯管冷端温度，灯管未工作在最佳状态。为此，应设法降低灯管冷端处的温度，使其在灯点燃时处于最佳的灯管冷端温度。专门人为制造冷端的方法有多种，根据灯的品种而定，例如让螺旋灯管顶端玻璃管截面的形状从圆形变成椭圆形、延长桥接灯管桥到平头的距离、采用长的芯柱和留长排气管等。

紧凑型荧光灯的管径变细后，由于自吸收的距离变短，谐振辐射的禁锢效应变小，于是，可在较高些的汞蒸气压下达到最大光通输出。因此，对于不同的管径，应将灯内的汞蒸气压或灯管的冷端温度控制在如表 1 – 1 所示的值。

近几年来，为了克服因采用传统液态汞注汞工艺所带来的过量注汞和汞到处流散而严重污染环境的问题，已用释汞用汞齐（锌 – 汞齐、锌 – 锡汞齐和钛 – 汞齐等）来代替液态汞。

对于管壁负载特别高的灯和带外玻壳（罩）的自镇流荧光灯，因管壁各处的温度远高于最佳的灯管冷端温度，上述采用的人为制造灯管冷端的办法已不可行，此时，要用可控制汞蒸气压用汞齐（铋 – 铟 – 汞、铋 – 铅 – 锡 – 汞、铋 – 铟 – 锡 – 汞等）来控制灯内的汞饱和蒸气压，使其在最佳数值的附近。在较高的环境温度下，液态汞的蒸气压很高，远远偏离在表 1 – 1 中所给出的最佳值；与液态汞不同，控制汞蒸气压用汞齐在较高的温度环境下，汞齐上方汞的蒸气压却不高，这就可以在较高的温度环境下仍能维持放电所需的最佳汞蒸气压，仍能得到高的发光效率，如图 1 – 31[38] 所示。用这类汞齐代替液汞，除了可以降低汞的蒸气压外，还有使汞蒸气压在一个较宽的温度范围内保持变化不大的优点（这是因为在汞齐固 – 液两相共存的温度范围中，温度对汞齐上方汞蒸气压的影响远小于纯汞时的情况）。因此，使用汞齐就可使在较高温度环境下工作的紧凑型荧光灯的光输出在一个较宽的温度范围内维持基本不变。实验发现，汞齐的不同种类和配比对获得 90% 最大光通的温度范围的大小有很大的影响。对于不同的环境温度，应采用不同种类的汞齐和配比，以得到最高的光输出。图 1 – 32[39] 给出了几种汞齐在不同环境温度下的汞蒸气压及 90% 最大光通时的温度范围。

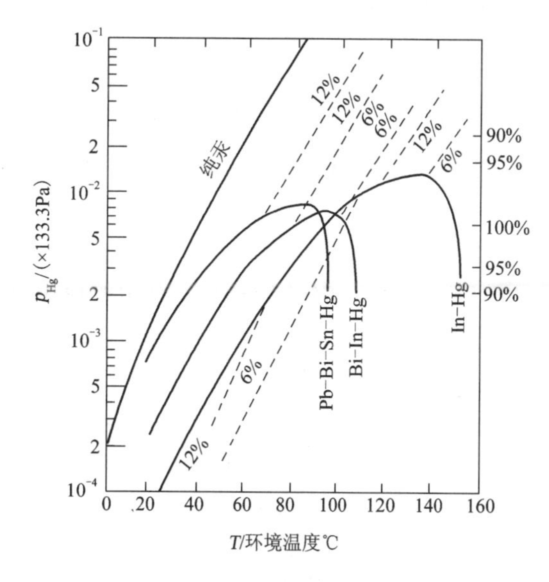

图 1 – 31　几种常用汞齐特性的比较

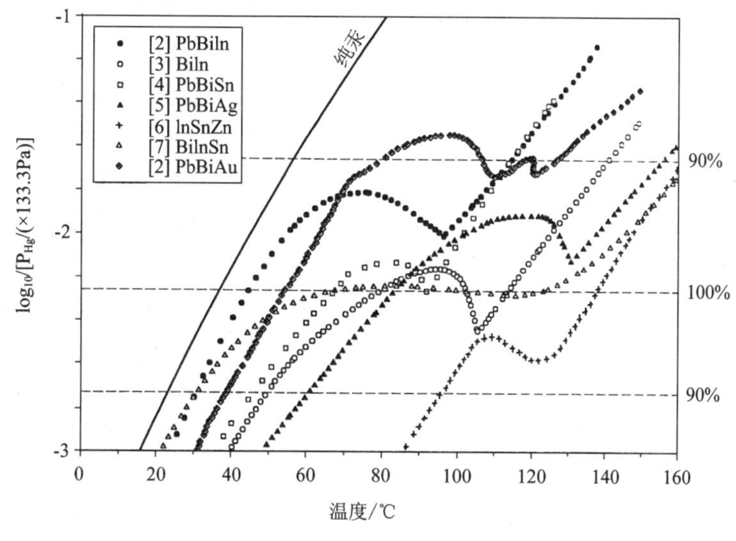

图 1 – 32　商用汞齐在不同环境温度下的汞蒸气压及 90% 最大光通时的温度范围

采用控制汞压用汞齐的缺点是灯点亮后要等数分钟才能达到其稳定光通量的 80%，即光通的爬升时间较长。为了缓解这个问题，应采用主 - 辅助汞齐配合使用的办法。铋 - 铟 - 汞齐为主汞齐，它被放置在远离电极的排气管内；铟 - 汞齐为辅助汞齐，它被安置在靠近阴极灯丝之处，如图 1 - 33 所示。

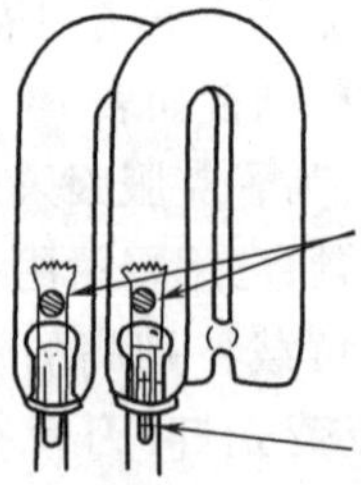

辅助汞齐（In-Hg）

主汞齐（Bi-In-Hg）

图 1 - 33　主、辅汞齐在灯中的装置

1.5.4　紧凑型荧光灯的最佳涂层设计

为了得到最大的光效和最高的流明维持率，对灯的涂层应进行最佳设计。理想涂层应由三部分组成：紧贴玻管玻璃的第一层是透明导电膜层，第二层是带紫外反射功能的保护膜层，第三层是荧光粉层。

透明导电膜层的涂敷可使靠近放电管电极处的电场强度增强，使汤生第一发射系数 η 上升，由式（1 - 14），可以在低的外加电压下使灯启动。启动电压的降低可减少阴极上发射材料的损失，有利于灯管寿命的延长；由于灯管启动性能的改善，就可以采用氪气作为缓冲气体，使灯的发光效率提高。

为了减少汞的用量，降低灯管的光衰，减少稀土荧光粉的用量，应在透明导电层上再涂一层保护膜涂层。保护膜涂层所用的材料是德国 Evonik - Degussa 公司[40]采用气相法生产的 γ 和 δ 相纳米氧化铝，其原始粒径为 12nm。采用 Kubelka - Munk 理论对氧化铝粉 - 稀土荧光粉复合涂层的光学特性的研究表明[41]，当仅仅是荧光粉涂层时，涂层厚度有一最佳值（相应于 9.3mg/cm^2 的荧光粉用量），如图 1 - 34 中的曲线 1 所示；当涂层为氧化铝 - 稀土荧光粉复合涂层时，理论研究显示，氧化铝涂层的厚度相应于 2.2mg/cm^2 时，荧光粉层产生的可见光的相对透出量达到最大值。保护膜层存在最佳厚度是可以理解的。当保护膜层很薄时，透出荧光粉层的 253.7nm 紫外线没有被保护膜层充分地反（散）射，紫外线的利用率未达到最大，故此灯的可见光输出就降低；而当保护膜层很厚时，保护膜层对荧光粉层产生的可见光的吸收将导致荧光粉层产生的可见光的相对透出量降低。对于最佳氧化铝涂层厚度（相应于2.2mg/cm^2）时的氧化铝 - 荧光粉复合涂层，图 1 - 34 中曲线 2 给出了按 Kubelka - Munk 理论算得的可见光的相对透出量与每平方厘米稀土荧光粉质量之间的关系。

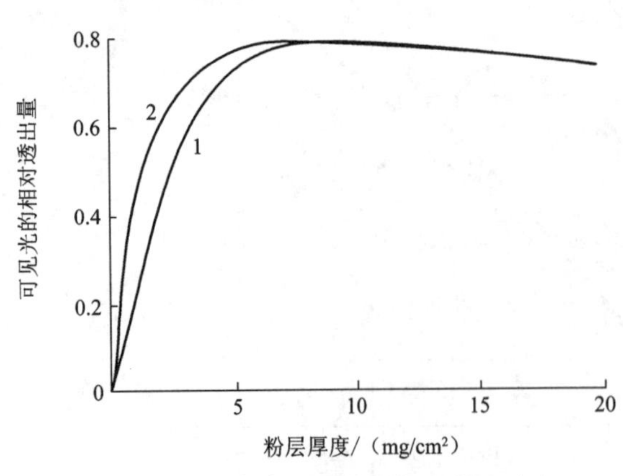

图 1 - 34　氧化铝 - 荧光粉复合涂层可见光的相对透出量和粉层厚度

由图 1 - 34 可见，对于相同的可见光透出量，采用氧化铝保护膜层后，荧光粉层的厚度薄了，每平方厘米的粉重仅为 6.9mg，比无氧化铝保护膜时的荧光粉层的厚度（相应于9.3mg/cm^2）薄了不少。由此可以看出，对于相同的可见光透出量，当保护膜层的厚度相应于 2.2mg/cm^2 时，荧光粉层的厚度可以减少约 25%。

对于两种涂层，一种只涂稀土荧光粉，粉层厚度为常规厚度；另一种为氧化铝 - 荧光粉复合涂层，但其中荧光粉层的厚度为常规厚度的 70%。分别用不同的涂层在相同条件下制成一批灯管，然后进行测试。结果表明，无保护膜涂层灯的平均初始光通量比有保护膜涂层灯的平均初始光通量仅高2.7%，但2000h燃点后，无保护膜涂层灯的平均光通量比有保护膜涂层但荧光粉层厚度为常规厚度70%灯的平均光通量要低5.4%，光通维持率要低8%。由此说明，氧化铝保护膜涂层的应用可降低昂贵的稀土荧光粉的用量，提高灯的2000h流明维持率。

氧化铝保护膜涂层中除了Evonik－Degussa公司的纳米氧化铝外，最好再添加一定量的α相球形亚微米氧化铝。α相球形亚微米氧化铝将反射未被荧光粉吸收的253.7nm紫外线，使荧光粉层受到进一步的激发而发光，使灯的光效提高。γ及δ相纳米氧化铝涂层可以防止玻璃管中钠离子向放电空间的扩散和汞原子向玻管玻璃内部的扩散，从而防止了在荧光粉表面处钠汞齐的形成而导致的黑化和玻管玻璃因汞原子的渗入而导致的黑化，使灯的光通维持率提高。

需要注意的是，所用的纳米氧化铝要具有高的比表面，要在具有高剪切力的条件下高速（2900r/min以上）分散，这样才能得到孔度低、无裂纹的接近连续的氧化铝保护膜涂层。Evonik－Degussa公司牌号为VPAlu 3的纳米氧化铝的比表面为130m^2/g，用该牌号的氧化铝可得到好的涂层。

若荧光粉颗粒未被纳米氧化铝包膜处理的话，最好在荧光粉层的内表面上再涂一层气相法生产的纳米氧化铝保护涂层。该种纳米氧化铝带正电，它的涂敷可使荧光粉层带上正电，从而防止汞和氧化汞在荧光粉层表面的吸附。另外，它的涂敷可使荧光粉涂层免受放电中带电粒子的轰击和185nm短波紫外线的辐照，使荧光粉的发光中心不受破坏，使其本身的劣化减小，避免了在荧光粉表面灰棕色吸光薄膜的形成，从而使灯的光通维持率提高。

1.5.5 大功率紧凑型荧光灯的设计考虑

1.5.5.1 紧凑型荧光灯的大功率化

灯的功率为电压和电流的乘积，为要提高紧凑型荧光灯的功率，就要提高灯电压，或是灯电流。由图1－19，增加放电正柱的长度有利于得到高的发光效率，另外，增加正柱的长度可以得到高的灯管电压，从而可得到高的灯管功率。然而，由于实际应用条件的限制，对灯管的所占空间有紧凑化的要求，因此，灯管的长度不可能很长。于是，为使紧凑型荧光灯大功率化，只有增加灯管单位弧长的输入功率P_1、（$P_1=EI$，其中E为轴向电场强度，I为放电电流）。由此可见，增加单位弧长输入功率有以下两种途径：增加电流强度，或增加电场强度。

（1）增加放电电流强度

灯管电流强度的增加可使灯的功率增加，但是，由图1－20（a）可见，随着放电电流的增加，253.7nm紫外辐射输出逐渐增加，当增加到饱和值后，就不再上升。而且，由1.3.4节的论述可知，放电电流的增加将使253.7nm紫外辐射的效率下降［见图1－20（b）］。再考虑到电流的增加将增加电极损耗，增加镇流器的能量损失，从灯－镇流器系统来看，紫外辐射输出效率将更低。因此，用增加放电电流的方法来提高单位弧长的输入功率是有限度的。

（2）增加轴向电场强度

低气压放电灯的轴向电场强度取决于放电的电子温度，如式（1－20）所示。为使电场强度提高，应当提高放电的电子温度。另外，电子温度的提高还能增加放电紫外输出的饱和值。为使电子温度提高，应当设法提高电子的双极性扩散损失速率。由式（1－19），减小放电管管径R和增加双极性扩散系数D_a就可提高电子温度。

1.5.5.2 提高电场强度的最佳途径

放电管管径的减小将使电子扩散损失的速率上升，就得提高电子和离子的产生速率来弥补，因此电子温度上升，从而使电场强度上升。管径的缩小还可以减少灯管原材料的耗费，有利于降低成本。然而，灯管管径的减小是有限度的，因为管径的减小使电流密度上升，从而使电子浓度上升。由 1.3.4 节，电子浓度的上升使体积损失上升；另外，电子浓度的上升使电子和汞的 6^3P_1 态发生逐级激发的几率增加，也使处于 6^3P_1 态的受激汞原子和慢速电子的第二类非弹性碰撞的机会增加，从而使汞 6^3P_1 态的数目下降，使紫外辐射输出的效率下降。再者，管径的减小使单位面积荧光粉层经受更强的 185nm 紫外辐照和带电粒子的轰击，灯管的光衰将上升，灯的有效寿命将减少。因此，管径不能缩得太小。

双极性扩散系数 D_a 主要取决于汞离子在放电管内所充稀有气体中的迁移率，如式(1－11)所示。汞离子在三种较轻稀有气体中的迁移率的近似数据如表 1－2 所示。

表 1－2　汞离子在氦气、氖气和氩气中的迁移率

气体	He	Ne	Ar
汞离子迁移率/(cm^2/V·s)	19.6	5.9	1.85

从这些数据可以看出，稀有气体越轻，汞离子在其中的迁移率越大。因此，只要在灯管中充入轻的稀有气体（氦气和氖气），就可以使汞离子的迁移率增大，使 D_a 增大，使电场强度 E 提高，从而使单位弧长的输入功率提高，达到紧凑型荧光灯大功率化的目的。

1.5.5.3 大功率紧凑型荧光灯的充气

图 1－35[9] 给出了用各种稀有气体做成的放电器件（充气压都是 267Pa）在固定的汞蒸气压下放电时 253.7nm 紫外输出和放电器件单位弧长输入功率 P_1 的关系。由图可见，当 P_1 的值较低时（低于 0.5W/cm），与充氖和充氩时相比，充氪时的紫外输出要高。很清楚，这是因弹性碰撞损失减少所致（具有能量 1eV 的电子与氪和氩作弹性碰撞时，能量损失之比为 4.8∶7.5）。然而，当 P_1 的值大于 0.8W/cm 时，尽管电子和氖原子碰撞时产生的弹性碰撞损失比和氩时的为大，在氩中添加氖后的紫外输出反而比充纯氩时的要高，其原因是：当 P_1 值大时，对于相同的功率，在氩气中添加氖气后放电灯的电场强度提高，灯管的工作电压提高，对于同样的功率，所需的工作电流变小，由于放电电流的变小，一方面电极损耗下降，另一方面通过逐级激发使 6^3P_1 态消失的碰撞数减少，这就导致添加氖气后紫外辐射效率的提高要超过添加氖后因弹性碰撞损失的增大而导致的紫外辐射效率的下降，于是，添加氖气后紫外辐射的效率反而要高。

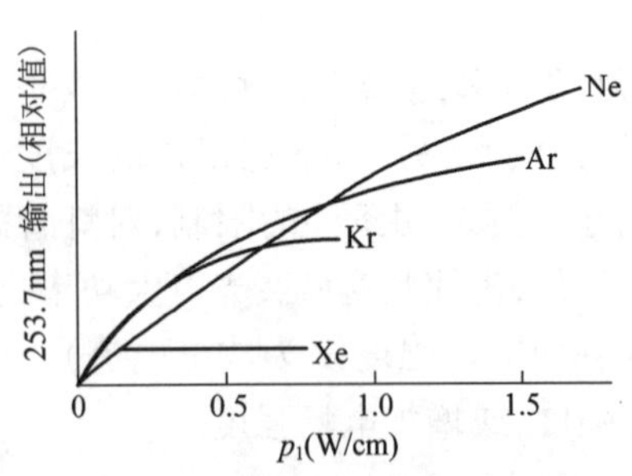

图 1－35　253.7nm 紫外输出和单位弧长输入功率 P_1 的关系

图 1－36[42] 给出了按修正了的 Lama 等人的解析模型（见 1.3.4 节）理论上算得的充氖气和充氩气时 253.7nm 紫外辐射效率和单位弧长输入功率的关系。由图可见，对于较高的单位弧长的输入功率值，采用氖气作为缓冲气体可以得到比采用氩气为高的 253.7nm 紫外辐射效率。理论和实验结果表明，对于一定的单位弧长输入功率，氖的添加量有一最佳值。

图 1－37[42] 给出了充气压为 470Pa、单位弧长输入功率为 0.85W/cm、灯管半径为 7.5cm、

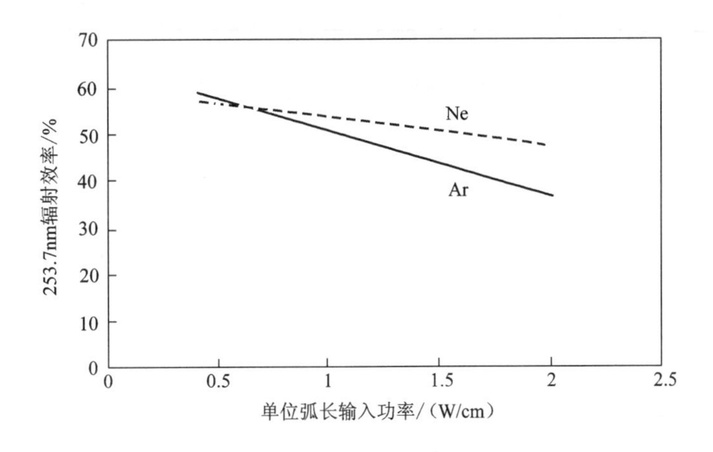

图 1－36 253.7nm 辐射效率与单位弧长输入功率的关系

冷端温度为 45℃时，按修正的 Lama 解析模型算得的 253.7nm 紫外辐射效率与所充氖氩混合气中氖气所占百分比的关系。由图可见，当氖气含量约为 40% 时，效率最高；进一步提高氖气含量时紫外辐射效率下降，这是因为氖气比例的提高增加了弹性碰撞损失、管壁损失和 185nm 的辐射损失所致。然而，随 P_1 值的进一步增加，氖气在氩氖混合气中的比例应上升；当 P_1 值极高时，用纯氖气作充入气体会得到高的 253.7nm 辐射效率。

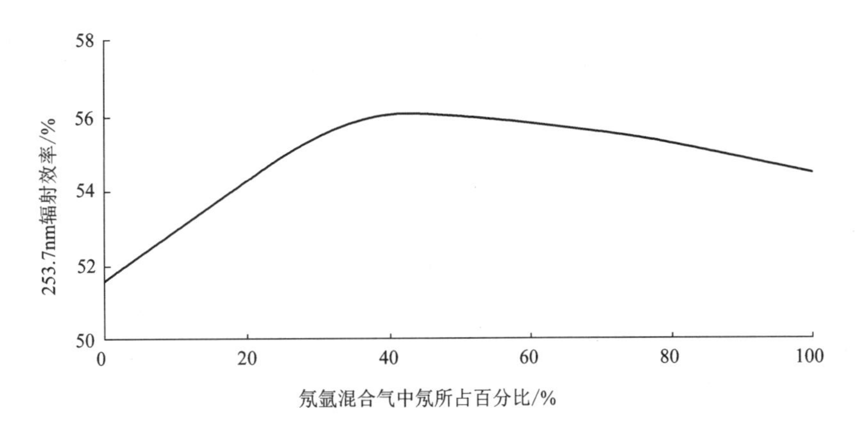

图 1－37 253.7nm 辐射效率与氖氩百分比关系

1.5.5.4 整流效应的防止

大功率紧凑型荧光灯的工作电流较高，一般可达 0.5A 以上。由于较大的电流，电极上的电子发射材料的损失速率较高。如果灯管两端电极上的发射材料的涂敷量相差较大，那么涂敷量少的那端电极上的发射材料将较快耗尽；如果灯管两端的电极在分解和激活过程中有一端处理得不好，这一端作为阴极时的发射性能较差，要在比另一端更为高的工作温度下才能维持所需的发射电流，那么这一端电极上的发射材料也将较快耗尽。当发射材料耗尽的电极作为阴极半周时，在相同的温度下，它不能发射放电所需的那么多电子，不再能起到阴极的作用。于是，放电灯近乎变成了一个半波整流器件，电流的直流分量大增。由于电流较大，当该端电极在下一半周作为阳极工作时，放电的 30% 左右的功率都将消耗在阳极上。于是，发射材料耗尽的那端电极将很快烧毁，严重时芯柱都烧融了，易于发生安全问题。因此，对于大功率紧凑型荧光灯，特别要注意防止整流效应。电极上发射材料的涂敷量的误差要严格控制，排气时要保证灯管两端电极上的发射材料都能彻底的分解，最佳地激活。

参考文献

[1]Nasser E. Fundamentals of Gaseous Ionization and Plasma Electronics. New York: Wiley Intersciences, 1971

[2]Brown S C. Introduction to Electrical Discharges in Gases. John Wiley & Sons, 1966

[3]Smirnov B M. Physic of Weakly Ionized Gases. Moscow: Mir Publishers, 1981

[4]Meek J M, Craggs J D. Electrical Breakdown of Gases. John Wiley & Sons, 1978

[5]Von Engel A. Electric Plasmas, Their Nature and Uses. London: Taylor& Francis, 1983

[6]Raizer U P. Gas Discharge Physics. Berlin: Springer, 1991

[7]Crompton R W. Gaseous Electronics and its Applications. Dordrecht: Kluwer Academic, 1991

[8]江剑平等. 阴极电子学与气体放电原理. 北京：国防工业出版社，1980

[9]Waymouth J F. Electric Discharge Lamp. Massachusetts: MIT Press,

[10]Cayless M A, Marsden A M. Lamps and Lighting(3rd ed.). London: Edward Arnold Publishers LTD, 1983

[11]Bouwknegt A et al. Philips Tech. Rev., Vol. 35, 1975: 356

[12]Nguyen D N, Bensoussan M. Light. Res. & Technol., 1977, 9: 112

[13]Elenbaas W. Light Sources. London: Macmillan And Co. LTD, 1972

[14]方道腴，蔡祖泉. 钠灯原理和应用. 上海：上海交通大学出版社，1990

[15]Coaton J R, Marsden A M. Lamps and Lighting(4th ed). London: Edward Arnold Publishers LTD, 1997

[16]Waymouth J F, Bitter F. J. Appl. Phys., 1956, 27(2): 122 ~ 131

[17] Cayless M A. Proc. 5th Conf. Phen. Ionized Gases. Amsterdam: North Holland Publishing Co., 1961, 262 ~ 277

[18]Vriens L et al. J. Appl. Phys., 1978, 49(7): 3807 ~ 3813

[19]Verbeek TG, Drop PC. J. Phys. D: Appl. Phys., 1984, 7(12): 1677 ~ 1683

[20]Lama W L et al. Appl. Opt., 1982, 21(10): 1801 ~ 1811

[21]Winkler RB et al. Ann. Phys., 1983, 40(2/3): 90 ~ 139

[22]Lagushenko R, Maya J. J. Illum. Eng. Soc., 1984, 14(1): 306 ~ 314

[23]Wani K L. J. Appl. Phys., 1994, 75(10): 4917 ~ 4926

[24]Zissis G et al. Phys. Rev. A, 1992, 45(2): 1135 ~ 1148

[25]方道腴，黄陈宏. J. Phys. D: Appl. Phys., 1988, 21(10): 1490 ~ 1495

[26]韩秋漪等. J Phys. D: Appl. Phys., 2008, 41(14):

[27]李福生，方道腴. 照明工程学报，2001，12(1): 5 ~ 8

[28]Shi J, Bernecker C A. J. Illum. Eng. Soc., 1995, Winter: 100 ~ 105

[29]方道腴，蔡祖泉. 电光源工艺. 上海：复旦大学出版社，1990

[30]Lister G G. Lectures on frontiers of advanced light sources, Shanghai: Fudan University, 2008

[31]Shigeo S, William M Yen. Phosphor Handbook(2nd ed) Boca Raton: CRC Press, 1997

[32]方道腴. 照明工程学报，1998，9(3): 25 ~ 30

[33]《荧光灯生产基本知识》编写组. 荧光灯生产基本知识. 北京：轻工业出版社，1981

[34]方道腴等. 光源与照明技术研讨会论文集. 上海：复旦大学电光源研究所，1994

[35]Young R G. J. Illum. Eng. Soc., 1982, July: 194 ~ 199

[36]朱绍龙，朱培元. 光源与照明，1985，(2): 1 ~ 6

[37]周太明,周详.光源原理与设计(第二版).上海:复旦大学出版社,2006
[38]Bloem J et al. Philips Tech. Rev. ,1978/1979,38(3):83 ~ 88
[39]Hansen S C,Chen S L. APL Engineered Materials,
[40]张贤利,方道腴.照明工程学报,2001,12(1):9 ~ 12
[41]Degussa AG. Technical Bulletin Pigment,1995,56
[42]李福生.大功率紧凑型荧光灯设计[硕士论文].复旦大学,2001

2　紧凑型荧光灯灯管材料

2.1　玻　　璃

玻璃是电光源产品用得最多的材料，主要用于制造玻管、芯柱、排气管等。用玻璃材料制作的玻管和芯柱构成了荧光灯气体放电的密封容器。随着电光源产品性能的提高和环境保护的需要，全球三大照明产品生产公司 Philips、Osram、GE 以及我国的许多大的光源玻璃生产厂都在不断的开发新型玻璃品牌以适应电光源市场的需求。近年来，世界各国都很重视对环境的保护，陆续出台了限制铅等重金属含量的法规，甚至不允许含铅。荧光灯用铅玻璃的含铅量也在逐年减少，无铅玻管也已经用于制灯。

荧光灯用玻璃分为两种。一种是荧光灯玻管用玻璃。不同品种的荧光灯玻管的外形不同，其中，直管型荧光灯的玻管外形简单，通常选用钠钙玻璃材料；环形荧光灯和紧凑型荧光灯的玻管外形比较复杂，要求玻璃的加工性能要好，通常选用铅玻璃材料。另一种是芯柱用玻璃。芯柱由喇叭口和排气管组成，因为需要加工成较复杂的形状，通常选用铅玻璃材料，并且根据制造荧光灯的工艺要求不同，选用含铅量不同的铅玻璃。

2.1.1　电光源用玻璃

电光源用玻璃主要用来制造玻壳（管）、芯柱、排气管、灯具面罩等零部件。

2.1.1.1　玻璃分类

按照膨胀系数可分为石英玻璃、钨组玻璃、钼组玻璃、铂组玻璃、焊料（接）玻璃、特种玻璃等类型。其中石英玻璃、钨组玻璃、铂组玻璃用量较大。

（1）石英玻璃

线膨胀系数为$(5\sim6)\times10^{-7}/K$，主要用作高压汞灯、氙灯、金属卤化物灯、卤钨灯和杀菌灯的外壳玻璃材料或放电管材料。

目前部分制灯企业为了降低成本，常常大量使用不合格品的石英玻璃，主要是气线多一些，公差大一些，对光效影响不是很大，用这种石英玻璃制成的灯降低售价，争夺市场。而石英玻璃生产企业为了降低成本，则用低档原料，快速熔化，快速拉管。部分石英生产企业为了降低成本，不煅烧就出售，影响了石英玻璃的封接质量。用连熔炉生产石英，用氢作保护气体，氢熔入石英玻璃中形成羟基，这种羟基制灯封接时很容易跑出来，使气线胀大，影响封接质量。因此，提高石英玻璃的质量，扩大低羟基石英玻璃管的生产，满足高质量照明产品的需求，是今后石英生产企业的关注重点。

（2）钨组玻璃

线膨胀系数为$(36\sim40)\times10^{-7}/K$，与钨的膨胀系数相近，它能够和钨杆直接封接而不易炸裂。钨组玻璃主要是硼硅酸盐和铝硅酸盐玻璃，广泛应用于制作大功率特种白炽灯、高压汞灯、金属卤化物灯、冷阴极荧光灯、无极放电灯和芯柱。

目前背光源用的冷阴极荧光灯在日本、欧美等国家和地区主要用钨组玻璃制的灯管，在我国台湾、大陆仍主要使用铂组玻璃或中间玻璃制的灯管。由于铂组玻璃中所含杂质气体较多，而铂组玻璃的软化温度较低，不能进行较高温度除气，玻璃中的活性金属如钠、钾、钙等容易析出而与汞产生化合物，这样用铂组玻璃制的冷阴极荧光灯因使用过程中排放的杂气较多，对汞的吸收较多而限制了灯管的使用寿命和发光亮度。随着冷阴极荧光灯的快速发展，对冷阴极荧光灯用的玻璃管的需求量有了大量的增长。而冷阴极荧光灯由于管径细，它对玻璃管的管径、壁厚、透过率等要求较高。研制生产高质量的冷阴极用玻管是国内玻管生产厂家的一个重要研究课题。

(3)钼组玻璃

线膨胀系数为(46~50)$\times 10^{-7}$/K，在20~400℃范围内和金属钼的膨胀系数接近，因此能和钼杆或可伐合金直接封接而不炸裂。钼组玻璃的主要组成是硼硅酸盐玻璃，二氧化硅和氧化硼的含量占85%~90%。因此，这钼组玻璃的热稳定性好，可用作大功率特种灯泡和高强度气体放电灯的外玻壳和芯柱。

(4)铂组玻璃

线膨胀系数为(86~93)$\times 10^{-7}$/K，主要用于白炽灯、直管荧光灯、紧凑型荧光灯和一些小功率气体放电灯的外玻壳、玻管和芯柱生产。铂组玻璃的主要成分为钠钙硅酸盐玻璃和铅硅酸盐玻璃。钠钙硅酸盐玻璃俗称"石灰"料，在电光源工业中用量最大，主要用于各种普通白炽灯玻壳和荧光灯玻管。铅硅酸盐玻璃俗称"铅玻璃"(红丹料)，一般含有5%~30%的氧化铅，由于氧化铅不易分解，铅玻璃有着良好的绝缘性能，故特别适用于做白炽灯和荧光灯的芯柱。

(5)过渡玻璃

做过渡用，使膨胀系数差得很远的两种封接材料结合起来。一般说来，膨胀系数相差10%以下的两种玻璃或玻璃与金属封接后，可获不炸裂的气密封接件，因此通称为匹配封接。如白炽灯、日光灯都普遍采用这种封接。但当金属与玻璃的膨胀系数相差很大时，它们之间需采用过渡玻璃作"桥"，使两者封接起来。过渡玻璃是成组配套使用的，过渡层次由两种玻璃或金属和玻璃之间的膨胀系数差别大小而定。例如，氙灯中电极引线钨杆与石英玻璃外壳的封接，卤钨灯、白炽灯压封部分的钨杆引线与石英玻璃的直接封接等，中间常采用过渡玻璃封接形式。

(6)焊料玻璃

焊料玻璃主要指的是那些用于粘接、气密封接的玻璃。此大类玻璃有着许多不同的系统和组成，它们广泛地被用作玻璃、金属、陶瓷、云母以及其它无机非金属材料的粘接材料，以及玻璃(或陶瓷)-玻璃(或陶瓷)、玻璃(或陶瓷)-金属、金属-金属之间的气密封接材料。这类玻璃在真空电子器件、在电光源等科技领域中得到了广泛的应用。

这类玻璃具有玻璃态物质的一系列优良性能，通过成分的变化、工艺控制以及各种处理方法，可在很大的范围内调整它们的物理、化学性能，以满足各种特殊要求。因此，焊料玻璃在最近十年来发展较快。

2.1.1.2 玻璃的化学组成

按照玻璃的化学组成可分为钠钙硅酸盐玻璃、铝酸盐玻璃、硼硅酸盐玻璃、铅硅酸盐玻璃、石英玻璃等。

由于不同的玻璃有着不同的物理和化学性质，因此不同品种的电光源产品和部件应选择不同的玻璃材料来制造。其中，钠钙玻璃用作普通白炽灯、荧光灯和小功率气体放电灯的玻壳材料；铅玻璃用作灯的芯柱材料；硼硅酸盐玻璃用作工作温度较高的大功率放电灯的玻壳；铝硅酸盐玻璃则用作需要更高工作温度的单端卤钨灯；石英玻璃则用作体积小、功率大的金属卤化物灯的电弧管材料。

硅酸盐玻璃是电光源制造中用得最为广泛的玻璃。表 2-1 给出了这些玻璃典型样品的基本成分和一些物理性质。

表 2-1　　灯用硅酸盐玻璃的化学成分和物理性能

玻璃类型		钠钙玻璃	钠钙玻璃	铅玻璃	硼硅酸盐	铝硅酸盐	石英
各成分的质量分数/%	SiO_2	71.5	71.0	56.5	75.5	51.2	~100
	Al_2O_3	2.0	2.4	1.4	2.6	22	
	Na_2O	15.5	14.2	4.25	3.7		
	K_2O	1.0	1.5	8.25	1.7		
	CaO	6.6	5.7			9.0	
	MgO	2.8	3.0			5.4	
	BaO		1.7			5.3	
	PbO			29.0			
	B_2O_3				1.6	1.5	
	P_2O_5					4.5	
物理性能	线膨胀系数*/($\times10^{-6}$/K)	9.4	9.2	9.0	3.75	4.3	0.5
	变形点**/K	768	743	663	763	1008	1333
	退火点***/K	798	788	708	833	1033	1463
	软化点****/K	988	983	903	1043	1243	1903
	电阻率的对数(523~623K 时)	6.5~5.1	6.6~5.3	9.6~7.8	8.7~7.1	14.~11.8	11.7~9.6
用途		普灯玻壳	荧光灯管	灯部件	灯的耐热外壳		

注：* 在 323~573K 的温度范围内；** 相应于 $10^{13.6}$ Pa·S 的动态黏度；*** 相应于 10^{12} Pa·S 的动态黏度；**** 相应于 $10^{5.6}$ Pa·S 的动态黏度。

2.1.1.3　无铅玻璃

铅玻璃在生产过程中铅尘、熔制时铅挥发物、再加工中铅的挥发等，都造成操作环境的污染；铅玻璃的碎玻璃遇酸后铅溶出会造成对自然生态环境的污染。随着科技的进步和环保意识的增强，铅对人类的毒害和对环境的污染，越来越引起各方面的重视。许多国家对铅玻璃等含铅物质的生产及使用制定了相关的法规，如欧盟出台的《RoHS 指令》(详见本书附录)对电子产品、玩具和焊料均提出无铅的要求。从环境保护角度看，照明行业所使用的铅玻璃将由无铅玻璃取代是大势所趋。表 2-2 所示为相关企业无铅玻璃的组成。

表 2-2　　相关企业无铅玻璃的组成　　单位：%

质量分数＼公司	Philips	NEC	GE	Toshiba	Panasonic
SiO_2	60~72	60~75	60~70	60~75	65~73
Al_2O_3	1~5	1~5	1.5~4.5	1~5	1~5

续表

质量分数 \ 公司	Philips	NEC	GE	Toshiba	Panasonic
B_2O_3		0~2	1~5	0~3	
MgO	1~2	0~5	2.1~4	0~2	0.5~2
CaO	1~3	0~5	3.5~4.5	0~3	1~3
SrO	1~5	1~12		0.5~10	1~10
BaO	7~11	0~3.5	5.5~9.0	4~6.5	1~15
ZnO			<3.5	0.3~5	
Li_2O	0.5~1.5	0~3	0.4~1.4	0~3	0.5~2
Na_2O	5~9	3~10	5~6.9	3~11	5~10
K_2O	3~7	5~11	7.2~11	1~10	3~7
其它			<1.2TiO_2 <0.8P_2O_5	0~5ZrO_2	

无铅玻璃的特点：

以碱土金属氧化物 CaO、MgO、SrO、BaO 等取代 PbO；为提高玻璃的电性能而在玻璃中引入了 Li_2O，利用 Li_2O、Na_2O、K_2O 的混合碱效应以提高其体积电阻，同时 Li_2O 的引入还降低了玻璃的高温黏度；组成中引入 CaO 可提高玻璃的绝缘性，但使玻璃转变温度 T_g 提高，而影响玻璃的再加工性，这可通过适当提高 MgO、K_2O 含量，并引入 BaO、ZnO、TiO_2 等氧化物以使其可加工性得到提高。

降低玻璃中铅含量，采用无铅芯柱和玻璃管，玻璃的无铅化是发展趋势，已取得较大进展，须大力推广。

今后的研究方向是采用新的硼酸盐、磷酸盐、钒酸盐等多元成分系统，利用多元成分系统中的共熔点来降低黏度和软化温度；同时利用多种碱土金属氧化物如 BaO、SrO 等的阻塞效应，碱金属氧化物的双碱效应、三碱效应来提高玻璃电阻率，减少介电损失；引入 TiO_2、ZrO_2 高价氧化物以及稀土元素玻璃成分，以提高折射率；同时尽量采用含铁量低的钛、锆矿物原料，既有利于熔化，又能降低成本。V_2O_5、WO_3、MoO_3 也尽量引入含低铁的廉价矿物，使无铅玻璃价格与铅玻璃价格相近，为大量生产创造条件。

2.1.2 电光源玻璃的主要特性

根据电光源玻璃的不同用途，考量的主要特性包括：黏度、透光性、热稳定性、化学稳定性、介电性能、除气性、封接性和加工性能。

2.1.2.1 黏度

液体在流动时，在其分子间产生内摩擦的性质，称为液体的黏性，黏性的大小用黏度表示，是用来表征液体性质相关的阻力因子。黏度是玻璃最主要的特性之一。玻璃黏度与玻璃的熔制、澄清、成形、热处理、加工等过程有密切的关系，温度升高时，黏度随之下降。图 2－1 给出了电光源常

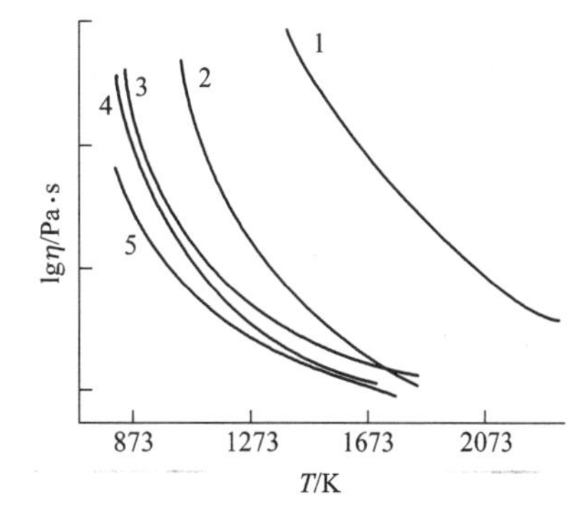

图 2－1 各种硅酸盐玻璃的黏度－温度曲线
1—透明石英 2—铝硅酸盐玻璃
3—硼硅酸盐玻璃 4—钠钙玻璃 5—铅玻璃

用玻璃的黏度和温度的关系曲线。

2.1.2.2 透光性

电光源产品是在玻璃壳(管)内发光,光源透过玻壳(管)提供光照,因此在同等条件下,玻璃的透光性越好则光源的光效越高。透光性的好坏用可见光透过率(T)衡量:

$$T = \frac{E_2}{E_1} \times 100\%$$

式中,T 为玻璃透过率,E_1 为入透光通量,E_2 为透过的光通量。

不同化学组成的玻璃,对同一种波长光的透过率不同;同一种化学组成的玻璃,对不同波长光的透过率也不同。一般玻璃对于可见光的透过率大于80%。

2.1.2.3 热稳定性

玻璃在加工、使用和停放过程中需要承受高低温度的快速变化,容易造成炸裂,影响产品的合格率,因此要求玻璃材料具有良好的热稳定性。热稳定性越好的玻璃其产品合格率越高。热稳定性的好坏用玻璃热稳定性系数(K)来衡量:

$$K = \frac{P}{\alpha E}\sqrt{\frac{\lambda}{cd}}$$

式中,K 为玻璃的热稳定性系数,P 为玻璃的抗张强度极限系数,α 为玻璃的线膨胀系数,E 为玻璃的弹性系数,λ 为热导率,c 为热容量,d 为玻璃的密度。

玻璃热稳定性(K)与玻璃线膨胀系数(α)成反比,即 K 越大,玻璃的热稳定性越好。通常,电光源产品按其工作条件不同,选择不同膨胀系数的玻璃以满足电光源产品及相应工作条件对热稳定性的需求。

2.1.2.4 化学稳定性

电光源玻璃的化学稳定性是指其抵抗碱、酸、水、盐、气体等物质侵蚀的能力。玻璃的化学稳定性主要取决于其化学组成。

电光源玻璃的主要化学组成是硅酸盐,这就决定了其耐碱性最差。碱对玻璃的侵蚀是通过 OH^- 破坏硅氧骨架,使 SiO_2 溶解,$-\overset{|}{\underset{|}{Si}}-O-Si$ 键被破坏产生 $-\overset{|}{\underset{|}{Si}}-O^-$ 群。玻璃中R—O键的强度大,即 R^+、R^{2+} 离子半径增大,耐碱能力降低。

酸对玻璃的侵蚀,是通过水的作用侵蚀玻璃,由于稀酸中含水量大,因此稀酸比浓酸对玻璃的侵蚀能力更强。高碱玻璃耐酸性小于耐水性,而高硅玻璃耐酸性大于耐水性,除氢氟酸(HF)以外,一般酸不与玻璃直接反应。氢氟酸反应如下:

$$SiO_2 + 4HF = SiF_4\uparrow + 2H_2O$$

水对玻璃侵蚀反应为

$$-\overset{|}{\underset{|}{Si}}-O-Na^+ + H^+\ OH^- \xrightarrow{\text{交换}} -\overset{|}{\underset{|}{Si}}-OH + NaOH$$

$$-\overset{|}{\underset{|}{Si}}-OH + \frac{3}{2}H_2O \xrightarrow{\text{水化}} HO-\overset{OH}{\underset{OH}{Si}}-OH$$

$$Si(OH)_4 + NaOH \xleftrightarrow{\text{电解}} [Si(OH)_3O]^- Na^+ + H_2O$$

气体对玻璃的侵蚀,如 CO_2、SO_2 等,有水汽条件下才易于进行,水汽比水溶液的侵蚀性更大。水汽的侵蚀:先以离子交换为主的释碱过程,随着碱浓度的增加而后是以破坏网络为主的类似碱的侵蚀过程。水溶液的侵蚀：在离子交换后，形成硅氧膜后，随玻璃表面 Na^+ 减少而渐止。

2.1.2.5 电性能

电光源玻璃的主要电性能包括电阻率、介电损耗、介电强度和电解性。

(1)电阻率

常温下玻璃是电的绝缘体，随温度升高导电性也升高。温度达到玻璃软化温度时，导电率突变急增，达到熔融温度时，玻璃已成为电的良导体。

电光源玻璃的电阻率常以 T_k-100 衡量。T_k-100 是指玻璃体积电阻率为100(MΩ·cm)时的温度。T_k-100 越大，绝缘性越好。

(2)介电损耗

玻璃作为电介质时，因交流电场的作用，玻璃会极化或吸收而使部分电能转变为热能而损耗。玻璃的介电损耗是由于离子极化、分子极化和空间电荷极化所引起的，因此，绝缘性好的玻璃，也即体积电阻率大的玻璃，介电损耗小。

玻璃化学组成决定其介电损耗。Na_2O、K_2O 含量高，玻璃介电损耗则大；含 PbO、BaO、CaO 等，玻璃则介电损耗小。

(3)介电强度

玻璃承受电致击穿的临界电压称介电强度。玻璃的介电强度取决于玻璃的化学组成。碱性氧化物增加，介电强度降低，SiO_2 增加，则介电强度升高。玻璃内部缺陷(如气泡、结石)均会降低介电强度。

玻璃击穿分为热击穿、电击穿和电化学击穿三类。热击穿是因电流产生的热量加热玻璃，使电阻下降，以致玻璃局部发生热破坏，甚至局部熔化而击穿。电击穿是因电压直接加速玻璃内电子对原子的冲击而击穿。电化学击穿是因电场中的玻璃产生不可逆的化学变化，改变了电极附近的玻璃成分，使玻璃中的电场变得不均匀产生巨大的应力破裂而击穿。

(4)电解性

是指在有电位差作用的情况下，玻璃中含有的 Li^+、Na^+、K^+、Ca^{2+}、Mg^{2+} 等金属离子，当玻璃温度升高到一定值后，会定向移动，发生的电解现象。电光源玻璃出现电解现象后，会影响产品的合格率。主要电解现象有：

①在阳极和阴极处的玻璃，因 Na^+ 离子向阴极方向运动，阳极析出钠离子减少，玻璃成分的变化，使两电极处玻璃的膨胀系数不同，当温度改变时，可能引起玻璃产生微裂纹。

②随着阳极处的钠离子的减少，电导降低电阻加大，如超过临界值则可能被击穿。

③当钠离子获得一个电子还原为钠原子时，因其化学活性大，可能使阴极引线如杜美丝中的氧化亚铜被还原而造成漏气。如是铅玻璃芯柱，钠原子还原 PbO 中的铅后，使引线在封接处变黑。为避免电解现象出现，芯柱应考虑电阻率大的玻璃。

2.1.2.6 除气性

电光源的发光体或电极需要工作在真空状态或特定组成成分气体的气氛中。玻璃中存在的气体或在工作状态下释放出来的其它杂质气体，对灯的特性参数和使用寿命都会带来危害。

玻璃材料本身的蒸气压很低，对气体的吸附能力很弱。但是，当玻璃表面吸附水汽，形成水汽膜，与玻璃中某些组分发生化学反应后，会放出杂质气体。在玻璃熔制过程中，也会留有细微的气泡，存留的气体包括 H_2、N_2 和 O_2 等。因此，在生产过程中，需要对玻璃内外表面进行很好的去气，以保证灯的质量。

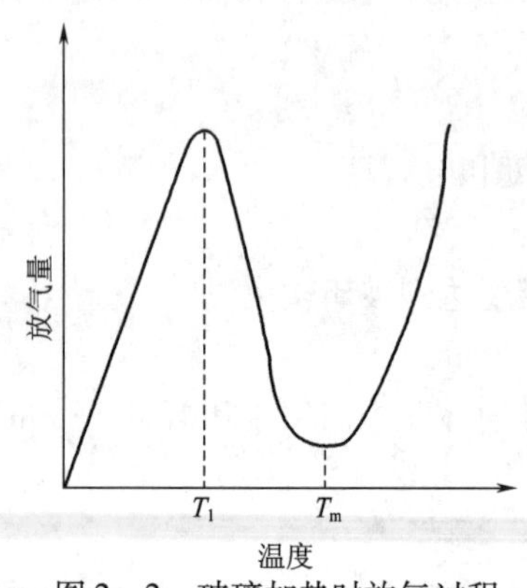

图 2－2　玻璃加热时放气过程

使玻璃除气的方法，是对玻璃进行真空加热烘烤。玻璃加热时，从表面放出水蒸气、CO_2，从内部放出 N_2、H_2 和 O_2。

玻璃在加热时的典型放气过程见图 2－2 曲线所示。在温度升高时，首先放出的是表面的水蒸气和 CO_2，随温度升高，放气量增加，当温度到 T_1 时，放气量达到最大。温度再升高时，因水蒸气和 CO_2 吸附逐渐消耗，放气量减少了，在某一温度 T_m 时，放气曲线达最小值。这时，可以认为表面吸附层已完全蒸发，同时溶在玻璃内的气体开始放出，但数量还很小。随温度继续升高，不但溶解在玻璃内部的气体放出，而且高温使玻璃分解所形成的气态产物（主要是水蒸气）也大量放出。

2.1.2.7　封接特性

玻管和芯柱构成了荧光灯气体放电的密封容器，玻璃与玻璃、玻璃与金属的封接要求达到气密性良好、热稳定性好并具有足够的机械强度。因此，玻璃封接特性的好坏直接影响电光源产品的质量。按照被封接部件材质，主要分为玻璃与玻璃、玻璃与金属的封接。

（1）玻璃与玻璃的封接

分为匹配封接和非匹配封接。

匹配封接包括同种玻璃封接和不同种但膨胀系数相近的玻璃封接（α 值相差小于 10%）。这种封接比较容易，也不易产生封接应力。

非匹配封接是指两种玻璃的 α 值差异过大情况下的封接，通常采用过渡玻璃进行封接。过渡玻璃的膨胀系数介于所需对接两种玻璃之间。

（2）玻璃与金属的封接

匹配封接：玻璃与金属的 α 值相近，如钨与钨组玻璃，钼与钼组玻璃，铂、杜美丝与铂组玻璃封接。

非匹配封接：玻璃与金属 α 值相差大于 10%。一种方法是直接封接，如铜与玻璃封接。用于封接的金属材料尽可能加工的细、薄，这样处理可使封接后产生较小的应力。另一种方法是采用过渡玻璃封接。

2.1.2.8　加工性能

电光源玻璃应具有加工方便、易于成形、灯工加热封接操作过程不失透、尽可能宽的成形温度范围（称为料性长），就说这种玻璃具有良好的加工性能。

在玻璃中加入铅，能够大大改善玻璃的加工性能。随着环保要求的提高，铅玻璃逐渐被禁用。寻找料性长且经济的电光源玻璃替代品已成为电光源玻璃制造新要求。

2.1.3　电光源玻璃的应力及退火

电光源玻璃在高温成形或经过加工后，冷却时都会产生不同程度的应力。这种应力在玻璃中分布不均匀，它会大大地降低玻璃制品的机械强度和热稳定性。当制品遇到机械碰撞或受到急冷急热时，就会导致玻璃制品的炸裂。

玻璃的退火是玻璃热处理工艺的一种，将玻璃制品加热到一定的温度，保温若干时间，然后缓慢冷却。其加热温度和保温时间、冷却速度，决定于玻璃的成分和玻璃的厚薄以及几何形状的复杂程度等。玻璃退火可以消除或减少玻璃中热应力至允许值，提高其光学均匀性。

玻璃中的应力，一般可分为三种：热应力、结构应力和机械应力。结构应力和机械应力是由于化学组成不均匀和外力作用而产生的。玻璃中的热应力是由于存在温度差而产生的，按其存在的特点，又分为暂时应力和永久应力。暂时应力可随玻璃温度梯度的消失而消失，而永久应力不随玻璃温度梯度的消失而消失，在玻璃中一直存在着。

为了消除玻璃中的永久应力，必须将玻璃加热到低于玻璃转变温度附近的某一温度进行保温均热，以消除玻璃各部分的温度梯度使玻璃组成均匀分布。这个选定的保温均热温度，称为退火温度。

不同牌号的玻璃，有不同的退火温度范围。一般规定玻璃制品在某一温度下能在15min内消除其全部应力或3min内能消除95%的应力，该温度谓之退火上限温度；如果在15h内才能全部消除或在3min内仅消除5%的内应力，此温度称为退火下限温度。最高退火温度至最低退火温度之间称为退火温度范围。退火温度上限与下限温差一般为50～150℃。实际生产中，一般采用的退火温度比退火上限温度要低20～30℃，以免制品产生变形。

玻璃制品的退火包括加热、保温、缓冷及急冷四个阶段，如图2－3所示。

在实际生产中，退火温度曲线的制定是要综合考虑的。玻璃的应力与玻璃的化学组成、制品的厚度以及几何形状等有关，因此退火工艺就要因产品的不同而不同。如钠钙玻璃的退火曲线与铅玻璃的退火曲线就不同，厚壁制品与薄壁制品也不同。当同一炉内对同一玻璃牌号不同厚度制品进行退火时，退火温度要根据壁厚最小的制品来确定，而缓冷速度则要根据壁厚最大的来制定。

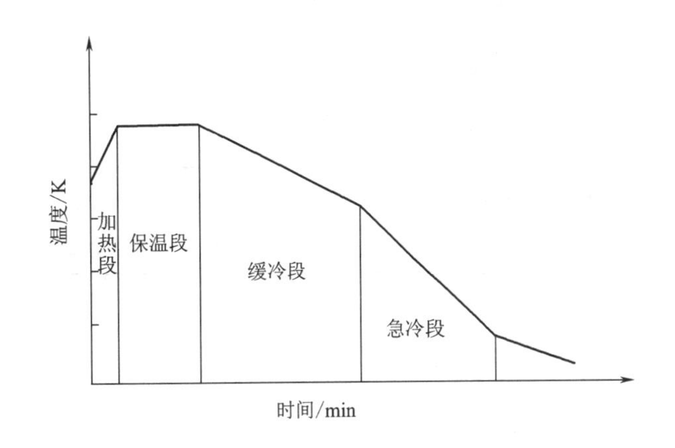

图2－3　玻璃退火温度曲线

2.1.4　紧凑型荧光灯用玻璃

紧凑型荧光灯用玻璃分为外玻管玻璃和芯柱玻璃。外玻管玻璃和芯柱玻璃均分为铅硅酸盐玻璃（铅玻璃）和无铅硅酸盐玻璃两种。

外玻管玻璃经历了从低铅玻璃（6%～10% PbO）到无铅玻璃的发展历程。芯柱玻璃经历了从中铅玻璃（19%～23% PbO）到无铅玻璃。

作为荧光灯用的外玻管的玻璃不应和荧光粉层发生化学作用，而且不能损害荧光粉转换紫外辐射成可见光的效率；同时，玻璃管应在受不很强的短波紫外照射时，无很大的影响，以保证在灯的寿命期内玻璃的透光率不致大幅度地下降。对于普通的直管荧光灯（内径为36mm）来说，钠钙硅酸盐玻璃基本上能满足要求，其基本化学成分见表2－1。国内常用荧光灯玻璃的牌号是DB－437。

紧凑型荧光灯的玻管并非是简单的直管形，而是被加工成紧凑的U形、Π形、H形、螺旋形等。钠钙硅酸盐玻璃的软化温度较高，玻璃要在较高的温度下才能加工，这促进了钠的扩散；另外，紧凑型荧光灯采用细管径的放电管，工作时的温度高，钠易于扩散；再加上细管径条件下单位玻璃表面受到的185nm辐照加剧。因此，紧凑型荧光灯的光衰较普通直管荧光灯严重。传统的钠钙硅酸盐玻璃不能满足紧凑型荧光灯的使用要求。为了适应紧凑型荧光灯的要求，采用低铅硅酸盐玻璃来代替钠钙硅酸盐玻璃。低铅玻璃的软化温度低一些，从而加工温度低，钠的扩散就小；另外，铅玻璃有较小的光致劣化特性，在185nm辐照下不易劣化，因此，用低铅玻璃作紧凑型荧光灯的玻璃管材料可获得好的流明维持特性。紧凑型荧光灯用玻璃管的主要尺寸及公差以及外观缺陷数量控制标准，见表2－3～表2－6。

表2－3　　紧凑型荧光灯用排气管的主要尺寸及公差　　单位：mm

外径 D		圆度 ΔD	壁厚及偏差	偏壁度 Δb	弯曲度%
中心值	极限偏差	≤	b	≤	≤
$2.5<D\leq3.0$	±0.15	0.15	0.500±0.005	0.005	0.30
$3.0<D\leq3.5$			0.600±0.005	0.005	
$3.5<D\leq4.0$			0.700±0.075	0.075	
$4.0<D\leq4.5$	±0.20	0.20	0.800±0.075	0.075	
$4.5<D\leq5.0$			0.900±0.100	0.100	
$5.0<D\leq5.5$	±0.25	0.25	1.000±0.100	0.100	
$5.5<D\leq6.0$					

注：可根据用户需要变更中心值，极限偏差不宜变更。

表2－4　　紧凑型荧光灯用喇叭管的主要尺寸及公差　　单位：mm

外径 D		圆度 ΔD	壁厚及偏差	偏壁度 Δb	弯曲度%
中心值	极限偏差	≤	b	≤	≤
$6.0<D\leq8.0$	±0.25	0.25	0.700±0.075	0.075	0.30
$8.0<D\leq10.0$			0.800±0.075	0.075	
$10.0<D\leq12.0$			0.900±0.075	0.075	
$12.0<D\leq15.0$			1.000±0.075	0.075	
$15.0<D\leq18.0$	±0.30	0.30	1.300±0.100	0.100	
$18.0<D\leq20.0$			1.500±0.150	0.150	
$20.0<D\leq25.0$			1.800±0.200	0.200	

注：可根据用户需要变更中心值，极限偏差不宜变更。

表2－5　　紧凑型荧光灯用外玻管的主要尺寸及公差　　单位：mm

外径 D		圆度 ΔD	壁厚及偏差	偏壁度 Δb	弯曲度%
中心值	极限偏差	≤	b	≤	≤
$10.0<D\leq12.0$	±0.20	0.20	0.900±0.10	0.10	0.20
$12.0<D\leq15.0$			1.000±0.10	0.10	
$15.0<D\leq20.0$	±0.25	0.25	1.300±0.10	0.10	
$20.0<D\leq25.0$			1.50±0.15	0.15	

注：可根据用户需要变更中心值，极限偏差不宜变更。

表 2-6　　紧凑型荧光灯用玻管外观缺陷数量控制标准

名称 \ 缺陷	节瘤		结石		气线*	
	直径/mm	允许数/个	直径/mm	允许数/个	宽度/mm	允许累计总长/mm
玻璃杆	>1.5	不允许	>1.5	不允许	>0.2	不允许
	0.1~1.5	5	0.1~1.5	3	0.1~0.2	<150
	<0.1	不计	<0.1	不计	<0.1	不计
喇叭管	>1.5	不允许	>1.5	不允许	>0.4	不允许
	0.1~1.5	5	0.1~1.5	3	0.1~0.4	<300
	<0.1	不计	<0.1	不计	<0.1	不计
玻管	>1.5	不允许	不允许		>0.3	不允许
	0.1~1.5	5			0.1~0.3	<管长的1/3
	<0.1	不计			<0.1	不计
排气管	>1.5	不允许	>0.5	不允许	>0.4	不允许
	0.1~1.5	5	0.1~0.5	3		
	<0.1	不计	<0.1	不计	≤0.4	不计

注：*气线长度，单根小于10mm的不计，10~40mm的按表2-6的规定或不超过5根。

(1)在同一根玻管上，节瘤和结石不可超过4个。

(2)表中“直径”表示缺陷的有效直径，用(长轴+短轴)/2来确定。

2.2　荧　光　粉

2.2.1　荧光粉发光原理

发光是物体把吸收的能量转化为光辐射的过程。当构成物质的粒子(团)受到诸如光照、外加电场或电子束轰击等的激发后，吸收外界能量，处于激发状态，它在跃迁回到基态的过程中，吸收的能量会释放出来，如果这部分能量是以光的电磁波形式辐射出来，即为发光。

2.2.1.1　发光的分类

根据激发方式的不同，发光分为：光致发光、阴极射线发光、电致发光、摩擦发光、X射线发光和化学发光。紧凑型荧光灯用荧光粉的发光属于光致发光。

2.2.1.2　荧光粉的发光过程

发光过程：基质从外部吸收能量→能量传递给发光中心→发光中心的电子吸收能量，从基态 E_0 跃迁到发光中心的某个激发态 E_3 上，当电子从 E_3 退回 E_2 或 E_1 较低能态时，将发出光；还有另一种可能，被激发到高能态 E_3 上的电子，以热或者晶格振动的形式失去部分能量，达到 E_1，然后从 E_1 跃迁回基态 E_0，发出光。荧光粉的发光过程见图2-4。

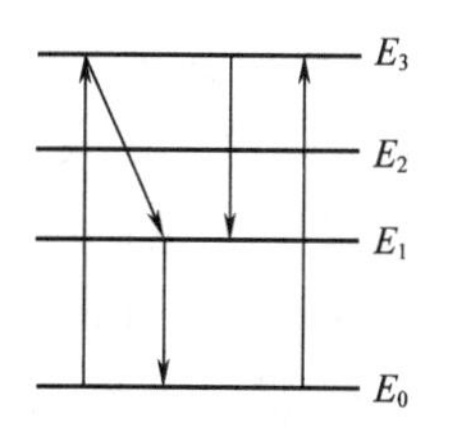

图2-4　荧光粉的发光过程

2.2.1.3　稀土发光材料的发光特性

稀土元素，是指镧系元素加上同属Ⅲ$_B$族的钪Sc和钇Y，共17种元素。这些元素具有电子结构相同，而内层4f电子能级相近的电子层构型、价电子数多、半径大、极化力强、化学性质活泼及能水解等性质，故其应用十分广泛。当4f电子从高的能级以辐射驰骋的方式跃迁至低能级时就发出不同波长的光。稀土元素原子具有丰富的电子能级，为多种能级跃迁创造了条件，从而获得多种发光性能。

稀土元素可用作发光（荧光）材料的基质成分，也可用作激活剂、敏化剂或掺杂剂，所制成的发光材料，一般统称为稀土发光材料或稀土荧光材料。

稀土发光材料优点是发光谱带窄，色纯度高，色彩鲜艳；吸收激发能量的能力强，即转换效率高；发射光谱范围宽，从紫外到红外；荧光寿命从纳秒跨越到毫秒6个数量级，磷光最长达10多个小时；材料的物理化学性能稳定，能承受大功率的电子束、高能射线和强紫外光的作用等。今天，稀土发光材料已广泛应用于显示显像、新光源、X射线增感屏、核物理探测等领域，并向其它高技术领域扩展。

2.2.1.4 荧光粉的组成

荧光粉的基本组成如下：

①基质　荧光材料主体成分，如 $Y_2O_3:Eu^{3+}$ 中有 Y_2O_3。

②激活剂　在基质中作为发光中心而掺入的离子，即发光中心。如 $Y_2O_3:Eu^{3+}$ 中的 Eu^{3+}。

③敏化剂　或者称为共激活剂，引入某种离子的能级，起协同激活的作用。如 $LaPO_4:Ce^{3+},Tb^{3+}$ 中的 Ce^{3+}。

④猝灭剂　损害发光性能的杂质，或者称为毒剂，如Fe、Co、Ni等。

⑤惰性杂质　对发光性能影响较小的杂质，如碱金属、碱土金属、硅酸盐等。

在荧光粉中，杂质和结构缺陷起到了极其重要的作用。如激活剂、敏化剂等均以杂质或者结构缺陷的形式存在于基质中，激活剂离子或原子往往以置换固溶、间隙原子的形式存在而空位缺陷、错位缺陷等对发光效率也有很大贡献。

2.2.2 稀土荧光粉的特性

紧凑型荧光灯常用的荧光粉都是光致激发荧光粉，荧光粉是否符合实际使用要求，与荧光粉的特性密切相关。荧光粉的特性分为一次特性和二次特性。

2.2.2.1 荧光粉的一次特性

（1）吸收光谱

灯用荧光粉在低气压汞放电的荧光灯中，将紫外线转变成可见光。所以常用荧光粉一定要具备充分吸收253.7nm紫外线，同时也能够将185nm紫外线转换成可见光的特性。特别是细管径的紧凑型节能荧光灯，两种紫外线强度都明显增高，而185nm相对于253.7nm紫外线强度的增量更高，所以荧光粉晶体应具有有效吸收185nm紫外线，却又不会引起晶体破坏的特点。吸收光谱只说明荧光粉的吸光特性，而不反映其相应的发光特性。荧光粉辐射的可见光通过荧光粉层时，希望吸收可见光的能力较低，透过可见光的能力较高。

（2）激发光谱

受激荧光粉发光中的某一谱线或谱带的强度与激发光波长之间的关系，称为激发光谱。它是表明不同波长的辐射激发荧光粉时，其转变成其它光辐射的效果，从而找出使荧光粉发光的有效的激发光的波长范围。荧光灯管中对荧光材料起重要作用的激发光的波长在253.7nm附近；在荧光高压汞灯中，要求激发光谱峰值为365nm、313nm和253.7nm。

（3）发光光谱

荧光材料发射光的能量随波长变化的分布，称为发光光谱。对于照明用的荧光灯，不仅要求荧光材料的发光效率高，而且要求显色性好，或显色指数高。荧光灯的光色是由荧光粉的发光光谱和汞放电时发射的可见光谱的两者叠加所决定，光谱越接近太阳光谱，就越正确地显现出物体的本色。

(4)体色

在自然光照明下，直接观察荧光粉所反应的荧光粉粉体的颜色。

(5)余辉

激发停止后的发光称为余辉。要求用于照明荧光灯荧光粉的余辉时间，应远长于交流电源的周期，以降低闪烁。

(6)量子效率

荧光粉发射的光子数与所吸收的激发光子数之比称为量子效率。比数越高越好。

(7)发光效率

荧光粉发光的流明数与激发能量之比称为荧光粉的流明效率，简称光效。它与激发光的波长有关。显色性和光效，都是发光光谱所要求的指标，但它们存在着反比的关系。在实际应用时，在一定显色指数下，希望获得高的流明效率；或是在一定的光效下，希望获得高的显色性。

(8)粉体反射率，荧光粉粉体反射光的强度和入射光强度之比。

(9)相对亮度

在规定的激发条件下，荧光粉试样与同牌号标准样品的亮度之比。

(10)颗粒度

荧光粉的粒径有一个统计的选取标准值作为准则，其确定法如下：画出粒径——累积质量百分曲线，找出50%累积质量所对应的粒径值(d_{50})——中心粒径作为选粉标准。荧光粉的颗粒数或质量分数随粒径大小的分布叫做颗粒级配，又称粒径分布。描述颗粒级的主要特征是中心粒径，它反映了粉体粒径分布的集中位置。

颗粒级配的测试方法有显微镜法、沉降法、库尔特法等。电子显微镜法是借助于电子显微镜对每个颗粒进行粒径测试与计数，再通过数学统计处理，得到颗粒级配的结果。此方法是直接、准确的经典测试法，是其它测试方法判定比较的基准。可是这种方法需要昂贵仪器，测试工作量大，因而生产实际中往往选用价格便宜、操作方便的仪器。

沉降法是根据流体力学的理论，颗粒在液体中的沉降速度与粉粒大小有关，颗粒大的易沉降。由此，利用光透射过沉降系统后的强度与粉粒浓度有关的特性，经光电效应转换，将透射光的强度转变成相应电信号，再通过微机的数据处理，从而得出荧光粉的颗粒级配。

库尔特法原理：悬浮在电解液中的颗粒随电解液通过小孔管时，取代相同体积的电解液，在恒电流设计的电路中，导致小孔管内外两电极间电阻发生瞬时变化，产生电位脉冲。脉冲信号的大小和次数与颗粒的大小和数目成正比。

(11)温度特性

一般荧光粉在高温下激活剂之间的相互作用增强了，引起温度猝灭效应，使无辐射的跃迁几率增加，当温度较高时，亮度将急剧下落。

2.2.2.2 荧光粉的二次特性

(1)分散性

荧光粉应有好的分散性，在配制成荧光粉涂敷液后，避免出现集聚成团，造成涂敷困难。

(2)涂敷性

涂敷性的评价指标包括粉层外观的均匀平滑性、干湿粘着性、涂层是否含有针孔、气泡等。

(3)稳定性

热稳定性:荧光粉在完成涂敷之后,必须经过烤管工序,这就要求荧光粉中的激活剂在烤除粘结剂时不被氧化或被还原,减少荧光粉的亮度衰减。现在紧凑型荧光灯大多采用水涂粉工艺,粘结剂主要采用聚氧化乙烯高分子化合物,它可以任意比例溶解于水中,它的烤管温度为500~520℃,而硝化纤维约为650℃,所以水涂粉对荧光粉的热稳定性有利,高温烤管中荧光粉亮度损伤小。

化学稳定性:在制灯工艺流程中,荧光粉与水和各种化学试剂相配制,要求它有高的化学稳定性。

紫外辐射稳定性:荧光粉层受到185nm和253.7nm紫外线辐照后,会破坏荧光粉的晶体结构。有时在光化学反应的作用下,形成类似猝灭杂质那样的陷阱,吸收激发能量而不发光,在某特定波长附近出现亮度很低的光吸收带,该带就称为色心。所以要求荧光粉晶体具有耐高紫外线辐照的能力。

(4)光衰特性

是指在使用条件下,光输出强度随时间而下降的特性。通常总是以灯的发光输出随时间的维持特性来说明使用寿命,所以常用流明维持来表征光输出与寿命的关系。荧光粉的发光是粉晶体表面产生的,表面特性的良好程度综合反映了基质制造、烧结条件和后处理过程的得当与否。如果粉粒不完整,晶形不好、表面不光滑等,则荧光粉几乎无法有好的发光性能。为了改善中期发光衰减,提高抗185nm紫外线辐照的能力及阻止汞吸收膜的形成,可在荧光粉表面分散吸附某些氧化物(Y_2O_3、Al_2O_3等)颗粒,进行包膜处理。荧光粉包膜能耐受185nm紫外线辐照,对紫外线的散射作用弱。

荧光粉对荧光灯流明维持率的影响有多种因素,主要影响因素包括:

①荧光粉制粉中造成的原因:荧光粉的原材料不纯;荧光粉原材料配比不合理,使结构不稳定;制作反应不完全或结晶不完整的粉粒表面容易吸附汞气,形成汞膜,阻碍发光中心的发光;荧光粉表面残存有某些未能进入晶格的金属氧化物和激活剂元素及其化合物,使荧光粉稳定性变差;荧光粉内存在着在工作气氛下不稳定的化合物;荧光粉内吸留有害气体。

②荧光粉与周边环境的综合作用:紫外185nm的光化学作用,在荧光粉中形成干扰中心或陷阱,造成激发能量损失,光亮度衰减;汞离子和电子复合发出10.43eV能量,以及185nm紫外线都会破坏荧光粉中某些金属与氧之间的化学键,成为粉的污染物,或与汞生成汞齐,使荧光粉的发光强度降低;在多钠玻璃中,钠原子会扩散迁移至玻壁内表面,然后进入荧光粉层的晶粒,它将改变激发状态,同时也会发生与汞生成灰色钠汞齐,粉粒表面形成吸光膜,严重影响发光效果;灯管内杂质气体如H_2O、CO_2、CO及碳氢化合物等,当发生裂解后,生成自由碳C沉积在荧光粉层上,氧与汞生成HgO、Hg_2O的黄黑斑圈,造成光通降低;在放电气氛中,氢分子可以被离解成原子氢,它与荧光粉中呈氧化态的激活剂发生还原反应,造成活性降低,使紫外线转变成可见光的效率降低;荧光粉在较高温度下及在紫外线的作用下,会使晶粒中激活剂中毒,发光强度逐渐变小。

2.2.3 照明用稀土三基色荧光粉

1974年Philips公司发明了稀土铝酸盐系的三基色荧光粉:Y_2O_3:Eu^{3+}(红粉)、$MgAl_{11}O_{19}$:Ce^{3+},Tb^{3+}(绿粉)、$BaMgAl_{10}O_{17}$:Eu^{2+}(蓝粉)。几年之后日本日亚公司将稀土磷酸盐蓝色和绿色荧光粉成功地用于荧光灯,形成了稀土磷酸盐系三基色荧光粉。后稀土硼酸盐绿色荧光粉开发成功，使三基色荧光粉色的品种进一步拓展。到 80 年代后期，回应市场对光源的显色性能需求的提高，开发了四基色和五基色的荧光粉，提高了 490nm 波长的蓝绿色发射，引入 650nm 波段深红色发射荧光粉，使显色指数从 80 提高到 90 以上。

国内外对稀土三基色荧光粉的研究很多，归纳起来为：红色荧光粉目前基本使用 $Y_2O_3:Eu^{3+}$，其量子效率接近于 100%，有较好的色纯度和光衰特性；蓝、绿荧光粉主要有铝酸盐、磷酸盐、硅酸盐及硼酸盐体系，比较成熟的是铝酸盐体系和磷酸盐体系。蓝、绿粉国内目前是以铝酸盐体系为主，日本、欧洲则以磷酸盐体系为主。绿粉对荧光灯的光通和光通维持率起主要作用，绿粉的量子效率尚有提高的余地。绿粉主要利用 Ce^{3+} 敏化 Tb^{3+} 的原理，即 Ce^{3+} 吸收 Hg 的 253.7nm 的紫外辐射，然后将吸收的能量传递给邻近的 Tb^{3+}，发出绿光。所报道的绿粉种类较多，但目前实用的还是铝酸盐体系和磷酸盐体系。

2.2.3.1 稀土三基色单色荧光粉

(1) 紧凑型荧光灯常用单色荧光粉化学组成、结构和物理性能见表 2-7。

表 2-7　紧凑型荧光灯常用荧光粉化学组成、结构和物理性能

发光颜色		荧光粉名称	化学式	简称	晶体结构及晶系	密度/(g/cm^3)	中心粒径/μm
红		氧化钇铕	$Y_2O_3:Eu$	YOX	方铁锰矿 六方晶系	5.18 ± 0.2	5.0 ± 0.5
绿	铝酸盐	铝酸镁铈铽	$MgAl_{11}O_{19}:Ce,Tb$	CAT	磁铅矿 六方晶系	4.22 ± 0.2	6.0 ± 0.5
	磷酸盐	磷酸镧铈铽	$LaPO_4:Ce,Tb$	LAP	独居石 单斜晶系	5.20 ± 0.2	5.0 ± 0.5
蓝	铝酸盐	铝酸钡镁铕	$BaMgAl_{10}O_{17}:Eu$	BAM	β-氧化铝 六方晶系	3.85 ± 0.2	5.5 ± 0.5
		铝酸钡镁铕锰	$BaMgAl_{10}O_{17}:Eu,Mn$				
	磷酸盐	氯磷酸锶钡钙铕	$(Sr,Ba,Ca)_5Cl(PO_4)_3:Eu$	SCA	磷灰石 六方晶系	4.15 ± 0.2	5.0 ± 0.5

(2) 常用单色荧光粉的激发光谱和发射光谱

如图 2-5 ~ 图 2-14 所示。

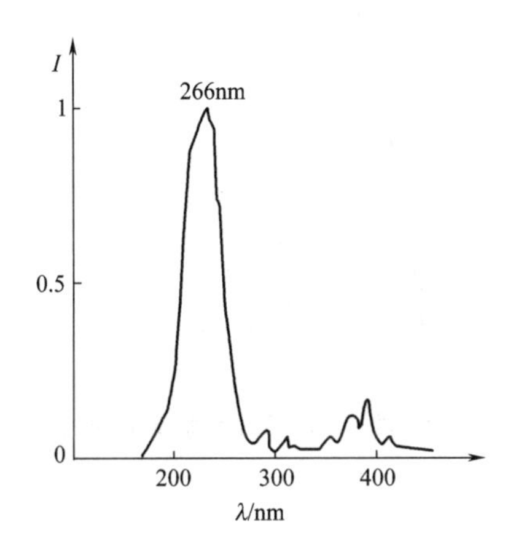

图 2-5　氧化钇铕红粉的激发光谱

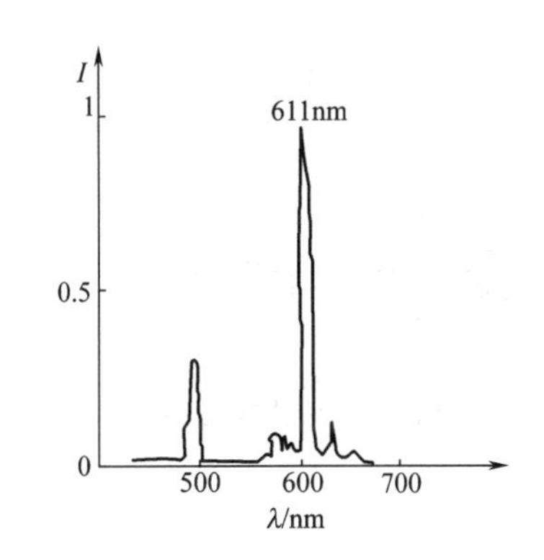

图 2-6　红粉在 253.7nm 紫外光激发下的发射光谱

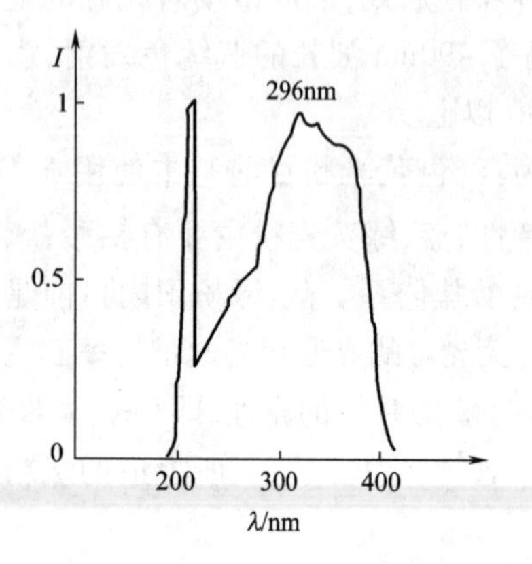

图 2－7　铝酸盐绿粉的激发光谱

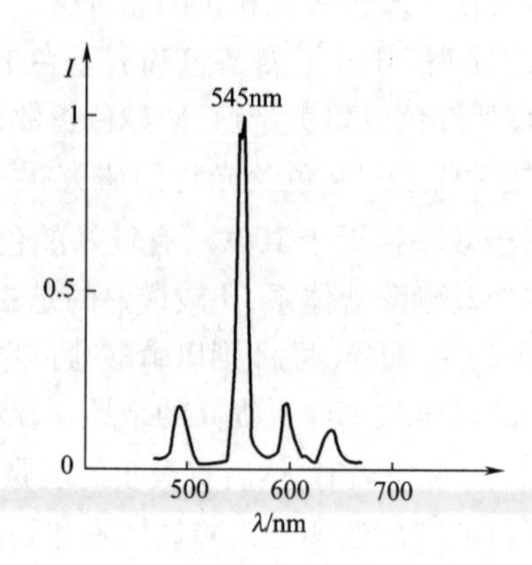

图 2－8　铝酸盐绿粉在 253.7nm 紫外光激发下的发射光谱

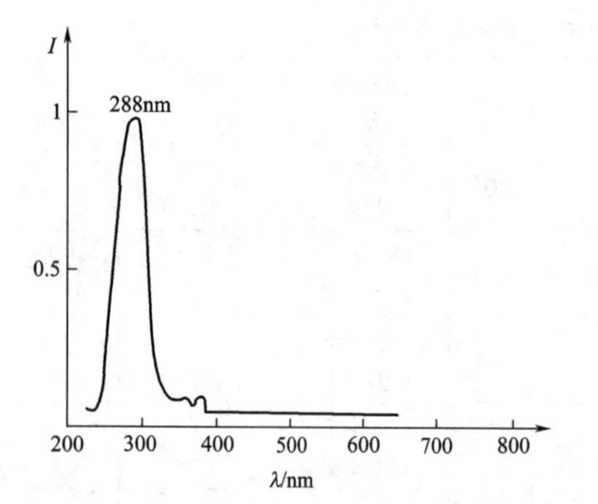

图 2－9　磷酸盐绿粉的激发光谱

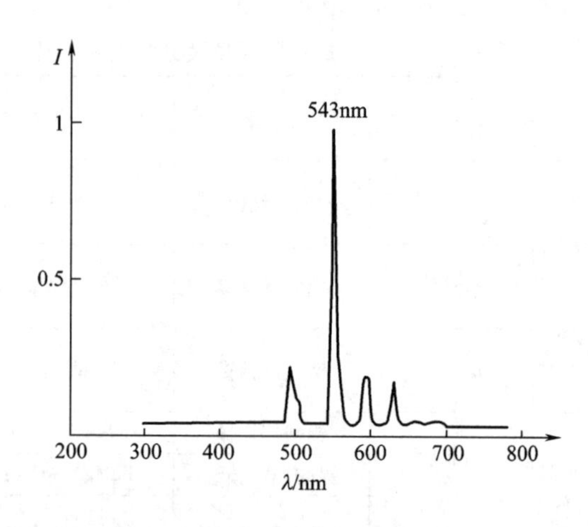

图 2－10　磷酸盐绿粉在 253.7nm 紫外光激发下的发射光谱

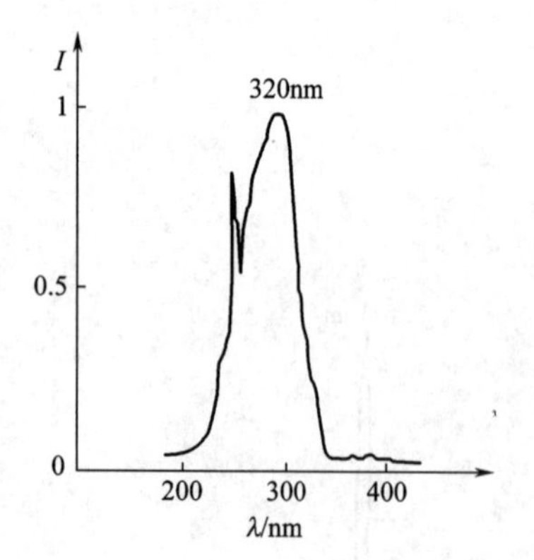

图 2－11　铝酸盐蓝粉的激发光谱

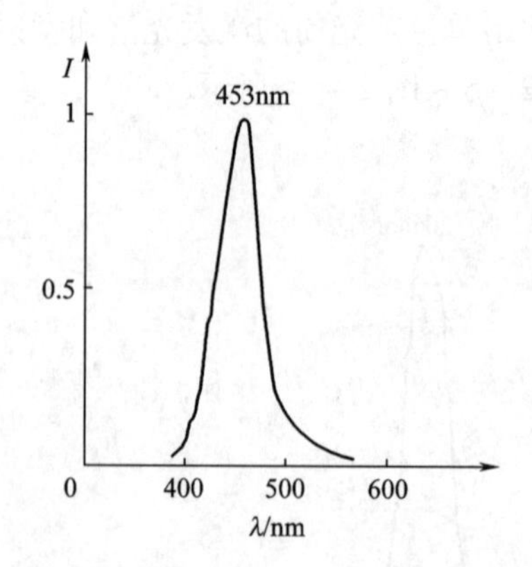

图 2－12　铝酸盐蓝粉在 253.7nm 紫外光激发下的发射光谱

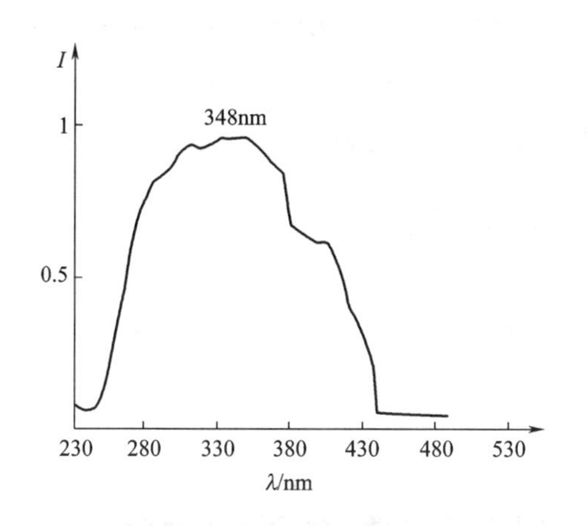

图 2-13　磷酸盐蓝粉的激发光谱

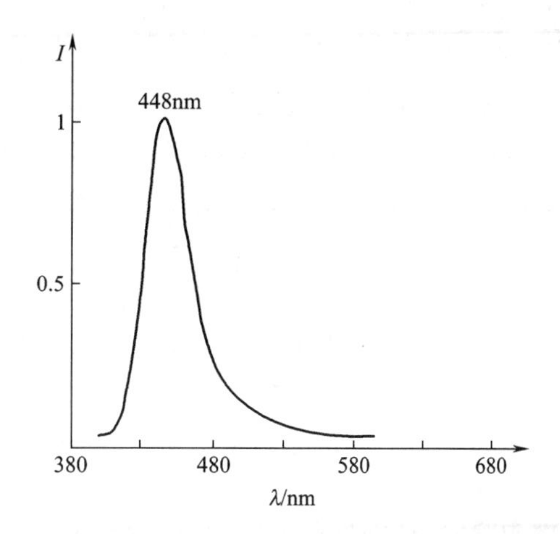

图 2-14　磷酸盐蓝粉在 253.7nm 紫外光激发下的发射光谱

(3)三基色荧光粉单色粉的主要光学物理性能

常用的三基色荧光粉外观均为白色晶体,化学性质稳定,不溶于酸和水。三基色荧光粉的主要光学性能见表 2-8。

表 2-8　三基色荧光粉的主要光学性能

发光颜色	名称	色坐标		峰值/nm
		x	y	
红色	氧化钇铕	0.654 ±0.01	0.346 ±0.01	611 ±2
绿色	铝酸镁铈铽	0.335 ±0.01	0.595 ±0.01	543 ±5
	磷酸镧铈铽	0.351 ±0.01	0.581 ±0.01	544 ±5
蓝色	铝酸钡镁铕	0.144 ±0.02	0.07 ±0.02	450 ±5
	铝酸钡镁铕锰	0.145 ±0.02	0.140 ±0.02	450,515
	氯磷酸锶钡钙铕	0.151 ±0.02	0.055 ±0.02	448 ±5
		0.155 ±0.02	0.150 ±0.02	453 ±5

(4)三基色荧光粉单色粉涂敷性能

荧光粉的颗粒大小明显影响着发光效率、涂敷性能、粉层外观。颗粒偏大,粉层粗糙,易脱粉;颗粒偏小,易涂敷,粉层外观好,但光效降低。所以颗粒大小必须兼顾涂层质量和发光效率。粒径分布越窄越好。

另外,荧光粉在水中的电导率及 pH 也影响着发光效率、涂敷性能、粉层外观,应尽量选择在水中低电导率及 pH 呈中性的粉。电导率高,有些离子会毒化荧光粉造成灯的光衰大,或者有些离子会与粉浆敷料中的离子作用造成粉浆团聚;pH 最好呈中性,为了防止粉浆团聚,单色粉在水中的 pH 尽量保持一致,并与粉浆的 pH 一致,而一般水涂粉浆的 pH 呈弱碱性,但碱性太强也会加大灯的光衰,因此粉在水中的 pH 应呈中性。

(5)三基色荧光粉单色粉带电特性

一般来说,荧光灯的光通量随点灯时间的增加而降低,光通量降低的主要原因是荧光粉自身的劣化。由于在灯中放电气体的离子对荧光粉的轰击,使荧光粉表面晶体结构发生劣变;着色物质汞或氧化汞在荧光粉表面的附着也产生光通量的降低,对于这种附着,可在荧光粉表面进行包膜以减少吸附;荧光粉的种类不同,表面的带电倾向也不同,附着量也不同。荧光粉对汞和氧化汞的吸附可能起因于它们带电倾向的不同。一般而言,两种不同物质接触时会在两物质的表面产生正负电荷,不同物质之间产生的电荷量随着两者带电倾向的差异越大而越大,两者之间的静电引力也随着带电倾向的增大而增大。另外,越是酸性强的金属氧化物越是容易带负电,越是碱性强的金属氧化物越容易带正电。Hg 原子与灯中氧反应产生的 HgO 与 Y_2O_3 和 Al_2O_3 具有相同程度的带正电的倾向。

由于 HgO 有正电倾向,因而极易沉积到带负电倾向的荧光粉表面。荧光粉的负电倾向越强,HgO 沉积的覆盖面就越大,引起的光损失也就越大。这主要表现有两个方面:一是黑化物的覆盖阻挡了 253.7nm 紫外线对荧光粉的激发,二是可见光因不能通过 HgO 膜而损失。

一般在汞蒸气气体放电灯中,或多或少都有一定量的 HgO 存在。点灯时,当荧光粉的电性倾向很强时,特别是负电倾向,荧光粉与 HgO 就形成比较紧密的结合,不易脱离荧光粉表面,形成较牢固的阻光层。同样,过强的正电倾向也会使 HgO 与荧光粉结合。因为两者电性差异较大时,同样容易在接触表面产生相反的电荷,过强的正电可能使光衰降低很多,只不过与带负电倾向的荧光粉相比,正电倾向的粉与 HgO 作用产生相反电荷的过程相对要难一些,因此光衰也会小一些。

荧光粉带电倾向与荧光粉制造过程有关。带电倾向的不同与荧光粉表面的某一种物质有关,不同的物质有不同的倾向特性。荧光粉是多种化学成分固相反应的结果,理想的情况是各种成分配比恰到好处,但实际上往往会有多余的成分,它们或形成杂相或迁移到粉表面,影响荧光粉的表面性能。另外,后处理工艺也会对表面特性产生影响,一般是用水洗掉未进晶格的水溶性成分,用稀酸洗掉未进晶格的金属氧化物或其它可溶性成分。也可在荧光粉表面分散吸附某些氧化物(Y_2O_3、Al_2O_3 等)颗粒,进行包膜处理,以减少 HgO 的吸附。

(6)三基色荧光粉单色粉光效和显色性

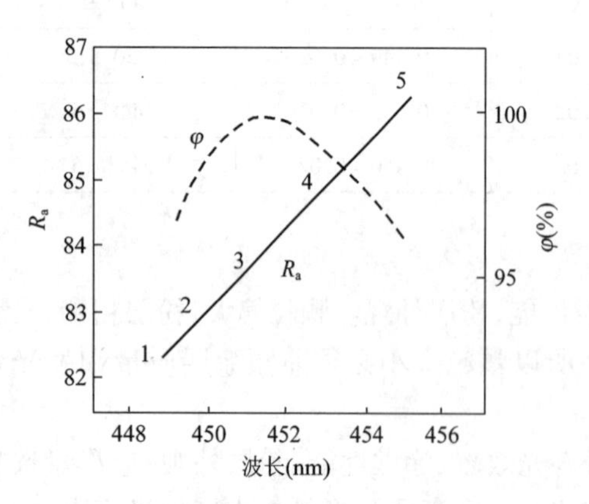

图 2 - 15　三基色荧光粉的光效和显色性关系图

稀土三基色荧光粉中,蓝粉的发射主峰或色坐标 y 值,对三基色荧光粉的光效和显色性 Ra 有着不同的影响,如图 2 - 15 所示。蓝粉发射主峰波长红移或发射谱带波长拖尾,则蓝粉的 y 值增大,三基色荧光粉的显色性能提高,但其光通不表现为单向变化,而在 451nm 出现极大值。增加蓝粉和绿粉的相对含量,灯的色温升高,光衰增大(因为蓝粉和绿粉耐 185nm 短波紫外线辐射的性能较红粉差),灯的光色在使用期间也将发生变化。增加红粉和双峰蓝粉的含量,灯的显色指数增大。

(7)三基色荧光粉单色粉热稳定性的差异

在三基色粉中,红粉、绿粉、蓝粉的热稳定性不一致,其中红粉最好,在空气中 1000℃ 的高温下仍能保持稳定;绿粉次之,800℃ 时亮度下降 7%,超过 800℃ 时 Ce^{3+} 和 Tb^{3+} 可能被氧化为 Ce^{4+} 和 Tb^{4+};蓝粉最差,大约 500℃ 就开始氧化,800℃ 亮度下降约 30%。短时间的热处理,对亮度的影响不太明显,但时间较长或温度过高,会造成亮度显著下降。

(8)三基色荧光粉单色粉光衰性能的差异

三基色粉中各单色粉的光衰性能不一致，其中红粉光衰最小，100h 光衰可小于1%；蓝粉、绿粉光衰约为5%～10%。造成光衰的原因，除荧光粉自身的固有特点外，主要原因是粉的制备工艺不完善和配方不合理，导致产品中混有杂相或在基质结构中形成缺陷。蓝粉、绿粉往往混有 Al_2O_3 杂相，在灯的点燃过程中形成色心，吸收汞的253.7nm 紫外线辐射和荧光粉的可见光发射，降低光通维持率。

2.2.3.2 稀土三基色混合荧光粉

(1)汞谱线对三基色混合粉和紧凑型荧光灯色坐标的影响

三基色稀土荧光粉用于紧凑型荧光灯，它们能承受高负荷，并有优异的温度特性。但由于管中电流密度增加，汞的紫外线及可见光谱强度大大增加，特别是汞谱线中的405nm、436nm蓝色和紫色光强度增加，这些可见光通过荧光粉层射出，影响了荧光粉显色指数的进一步提高，而且易使灯管的“相关色温”偏离黑体辐射的色坐标曲线，使光源的颜色特性变差。

荧光灯的色坐标值是由两部分组成的：一是荧光粉在253.7nm 紫外线激发下发出的可见光谱；二是汞谱线在可见光范围内的四条线光谱。荧光粉管汞谱线透过率，与粉层厚度、粉层的致密程度、涂层的均匀程度等因素有关，一般很难具体测定。

根据色度学原理，两种颜色光的任意混合的色度坐标值，将落在连接表示这两种光的各自色坐标点的直线上。通过色坐标计算，求出不同透光率下的 x、y 的位移值，在荧光粉配比时增加这一位移值，使制灯后，荧光灯在点燃状态下，它的颜色特性（灯的 x、y 值）尽可能位于黑体辐射曲线上。

为了让荧光灯的色点(x,y)值位于黑体辐射曲线上，这一点必定在荧光粉色点 $C_2(x_2,y_2)$ 和汞可见光谱色点 $C_1(x_1,y_1)$ 的连线上，即荧光粉色点(x_2,y_2)必须在 C_1C 的延长线上，如图2－16所示。图中 C 点与 C_2 点色坐标值差数 Δx、Δy 即为根据补色原理需求出荧光粉配比的色点(x_2,y_2)与黑体辐射曲线上标准点(x,y)值的增加值。C 点（灯）的光通量 Q 应是汞可见光透出的光通量和荧光粉层发出的光通量之和，即荧光粉发出的光通量 Q_2 应是灯的光通量 Q 和汞可见光透出的光通量 Q_1 之差。

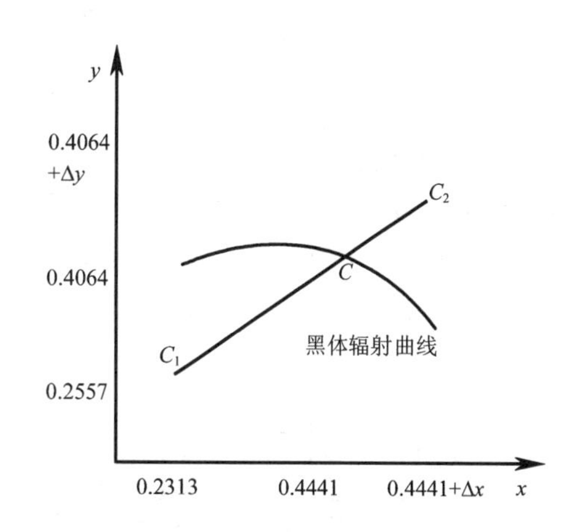

图2－16　汞对三基色混合粉色度的影响

C_1—汞可见光谱色点(x_1,y_1)

C_2—荧光粉配比时色点(x_2,y_2)

C—位于黑体辐射曲线的标准点(x,y)

利用补色原理，增加黑体辐射曲线上标准点 Δx、Δy 值，虽能抵消汞可见光谱透射的影响，使荧光粉的色表尽可能接近黑体辐射曲线，对提高光源的颜色特性有所帮助，但目前使用的三基色荧光粉，其光谱特性缺少深红色光和490nm 附近的青绿色光，显色性仍不可能大幅度提高，而且部分汞谱线可见光被荧光粉层过滤或反射仍然是一种能量损失。

图2－17、图2－18 示出在相同工艺条件下制作的两种灯的光谱图。图2－17 为3U－24W 灯不涂荧光粉的光谱图，图2－18 为涂有 $T_c=2900K$ 荧光粉的3U－24W 灯的光谱图。从图2－17 可知，未涂荧光粉的玻璃管制灯，汞的可见光谱线相对强度较高。图2－18 显示出

涂有 Tc = 2900K 荧光粉的灯的光谱图，其中 404.7nm、435.8nm 光谱线仍很强烈，可见它们透过荧光粉层的透光率很高，这些可见光谱使灯的颜色特性变差，影响显色指数。由于这些谱线存在，使荧光粉的色坐标和制灯后灯的色坐标有明显位移。

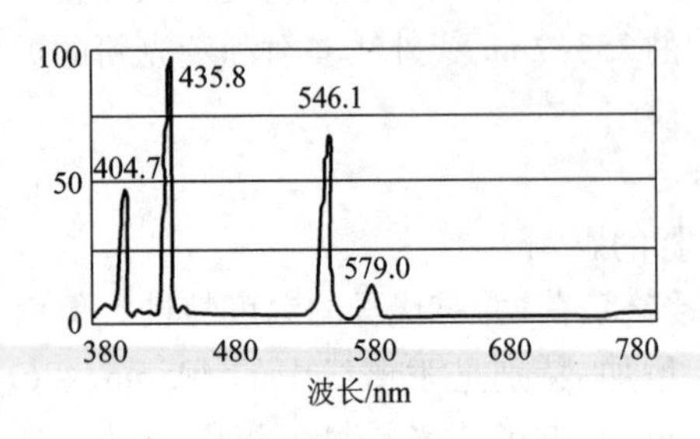

图 2－17　不涂荧光粉的 3U－24W 灯的光谱

（色品坐标：$x=0.2313$，$y=0.2557$，$u=0.1651$，$v=0.2737$。相关色温：$T_C=2500$K）

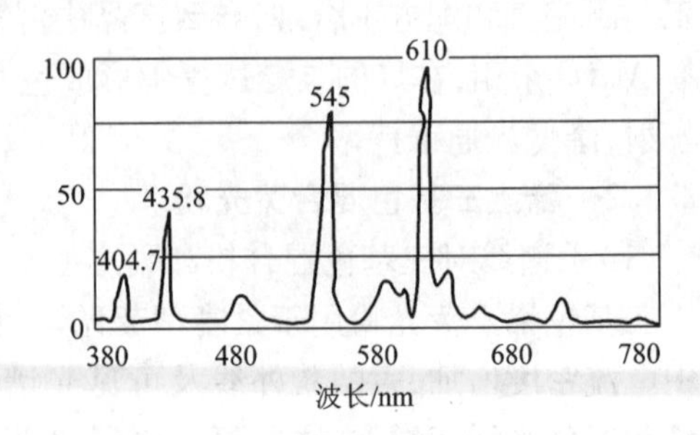

图 2－18　涂 2900K 荧光粉的 3U－24W 灯的光谱

（色品坐标：$x=0.4467$，$y=0.4117$，$u=0.2536$，$v=0.3505$。相关色温：$T_C=2900$K）

（2）三基色混合粉色坐标的计算方法

对于混合粉的色坐标，现都采用电脑软件进行计算，主要依据三刺激值的公式计算。

x、y、z 色度系统光源色的三刺激值 X、Y、Z 按下式计算：

$$\left.\begin{aligned} X &= \int_{380}^{780} P_{(\lambda)}\bar{x}(\lambda)\,\mathrm{d}\lambda \\ Y &= \int_{380}^{780} P_{y(\lambda)}^{B}\bar{y}(\lambda)\,\mathrm{d}\lambda \\ Z &= \int_{380}^{780} P_{(\lambda)}\bar{z}(\lambda)\,\mathrm{d}\lambda \end{aligned}\right\}$$

随着三基色荧光粉生产水平的不断提高，测试技术也在不断进步。三基色荧光粉配色预测的自动化，提高了荧光粉生产厂家产品质量的一致性，提高了生产效率。三基色荧光粉预配粉系统可以提供光谱功率分布、色坐标、相关色温、显色指数、混合粉配比数据，在生产中具有较大的应用价值，详见图 2－19、图 2－20。

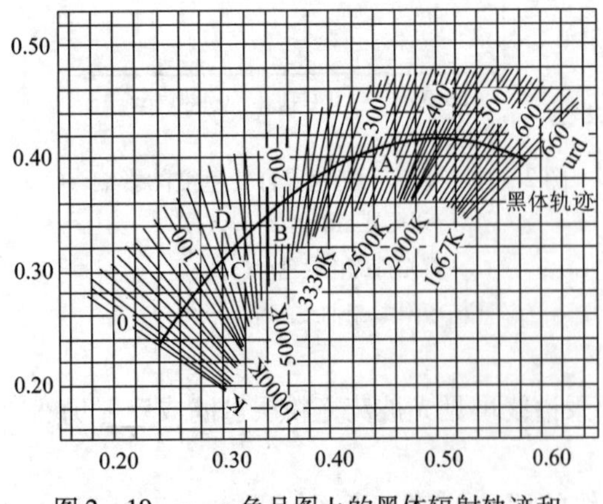

图 2－19　$x-y$ 色品图上的黑体辐射轨迹和等相关色温线

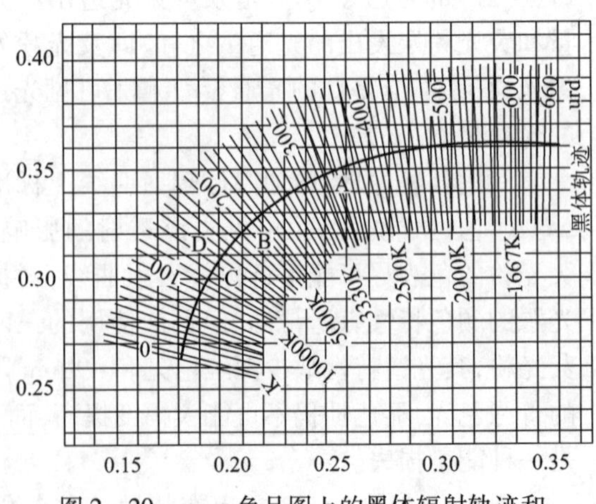

图 2－20　$u-v$ 色品图上的黑体辐射轨迹和等相关色温线

(3)不同色温的混合粉所用 R、G、B 单色粉配比

构成稀土三基色荧光粉的红、绿、蓝单色粉的发光性能各不相同,它们的配比直接影响着荧光灯的色温、光通量、显色指数、光衰特性。对于给定的色温,应确定最佳光谱能量分布,以便在一定的光效(光通量)下得到最高的显色指数,或在一定的显色指数下得到最大的光效。

不同的色温需要不同比例红、绿、蓝单色粉配制。单色粉的发光强度、粒径及其分布,都会影响混合粉的光谱能量分布。只有相同的光谱能量分布,才能得到完全相同的灯色。但由于同色异谱的存在,相同的色温可能有不同的光谱分布。表 2-9 列出了 GE 和 Nichia 不同色温的混合粉其 R、G、B 三基色的配比和相应的色温坐标,表 2-10 列出了常用的混合粉的色坐标和显色指数。

表 2-9　GE 和 Nichia 不同色温的混合粉的配比

色温/K	GE 型号	Nichia 型号	R	G	B	x	y
2700	Sp27	Np92	71	29		0.49	0.45
3000	Sp30		68	29	3	0.47	0.43
3200		Np93	66	29	5	0.44	0.42
3500	Sp35		62	30	8	0.42	0.40
4200	Sp42		49	38	13	0.38	0.38
5000	Sp50	Np95	42	38	20	0.35	0.37
6500	Sp65	Np96	33	37	30	0.32	0.35

表 2-10　常用的混合粉的色坐标和显色指数

色温/K	主峰波长/nm	色坐标		显色指数
		x	y	
3000	610	0.476 ±0.003	0.441 ±0.003	≥83
4000	610	0.397 ±0.003	0.400 ±0.003	≥85
6400	545	0.320 ±0.003	0.352 ±0.003	≥85
7000	545	0.310 ±0.003	0.340 ±0.003	≥85

一般说来,增加蓝粉和绿粉的相对含量,灯的色温升高,光衰增大(因为红粉耐 185nm 短波紫外线辐射的性能优于蓝粉和绿粉),灯的光色在使用期间也将发生变化。

(4)不同色温三基色粉和灯的色坐标及差值

不同色温稀土荧光粉和灯色坐标的变化荧光粉制灯后,由于汞的四条可见区谱线的叠加,灯的发光色坐标同粉相比,x、y 值均减小。

从表 2-11 可见,Δx 随着色温的升高显著减少,6500K 和 2900K 相比,相差近 5 倍,Δy 在 2900K 至 5000K 范围很少变化。

在同样制灯工艺条件下,Δx 和 Δy 随不同色温变化有如此大的差异的原因,主要是不同色温三基色粉的 x,y 值差异就很大。由表 2-11 可看出,6500K 和 2900K 粉的 x 值之差为 0.162,而 y 值差异为 0.064,两者之比为 2.53。另外,不同色温三基色粉的蓝、绿、红单基色粉配比不同,将引起汞的四条可见区谱线透过粉层的比例有所变化。

表 2-11　　不同色温三基色粉和灯的色坐标及差值

色温/K	粉号	荧光粉色坐标		制灯后色坐标		色坐标位移值	
		x	y	x	y	Δx	Δy
2900	7	0.496	0.462	0.459	0.413	0.037	0.049
	8	0.481	0.468	0.445	0.418	0.036	0.050
3200	9	0.466	0.481	0.436	0.430	0.030	0.051
	10	0.472	0.458	0.436	0.405	0.036	0.053
5000	11	0.365	0.423	0.352	0.381	0.013	0.042
	12	0.364	0.422	0.342	0.371	0.022	0.051
6500	13	0.331	0.401	0.324	0.369	0.007	0.032
	14	0.313	0.400	0.306	0.362	0.007	0.038

(5)三基色荧光粉对紧凑型节能灯色容差的影响

三基色荧光粉是由铕激活的氧化钇(红粉)和铈、铽激活的多铝酸镁(绿粉)和铕激活的多铝酸钡镁(蓝粉)三种单色粉按不同比例混合而成的,这三种粉的配比变化直接影响荧光灯的光通量、光衰、色温和显色性,特别是对荧光灯的色容差和光通量影响相当大。三种粉的密度不同(红粉 5.18g/cm^3,绿粉 4.22g/cm^3,蓝粉 3.85g/cm^3),多加红粉可提高显色指数(R_a),但因红粉密度比绿粉和蓝粉大,混合粉配成粉浆时红粉易于沉淀,使荧光灯的色温偏离设计值;多加绿粉可提高光通量,色坐标一般偏中心位置上方;多加蓝粉可提高色温,但光衰较大。使用时,根据各个生产厂家的生产工艺、色坐标漂移趋势来调整色容差和光通量的关系。

(6)三基色荧光粉粒径的配比

对于三基色荧光粉而言,单色粉的粒径也必须匹配合理,否则粉浆易分层,涂敷性能不好。如铝酸盐系列的红、绿、蓝单色粉的中心粒径应按从左至右的顺序递增,这样制成的粉浆才能减少因密度不同而分层。

2.2.4 特殊光源用荧光粉

紧凑型荧光灯除了用于照明外,还广泛用于医疗保健、文化教育、农业生产和装饰等领域。所采用的荧光粉也都是光致发光荧光粉。

2.2.4.1 紫外及近紫外荧光粉

紫外及近紫外荧光粉是在波长较短的紫外线激发下发出波长较长紫外线的发光材料。如在 253.7nm 紫外线激发下发出 280~400nm 紫外线的荧光粉称为紫外荧光粉或紫外灯用荧光粉,也叫黑光粉;波长 400~420nm 附近的荧光粉统称近紫外或紫色荧光粉。紫外荧光粉按用途分为治疗灯用荧光粉和诱虫紫外灯用荧光粉。紫外线波长范围在 300~400nm 可用来治疗牛皮癣和白癜风,还可诱杀蚊子和昆虫;保健灯用荧光粉波长范围在 280~350nm,有助于身体新陈代谢;近紫外荧光粉用作重氮复印灯用荧光粉,它可促使复印纸上重氮盐分解。常用紫外及近紫外荧光粉见表 2-12。

表 2-12 常用紫外及近紫外荧光粉

产品名称	化学组成式	激发波长/nm	峰值波长/nm	用途
铝酸锶:铅	$Sr_{0.2}Al_2O_3:Pb$	253.7	303	保健灯用
氟磷酸钡:铅,钆	$Ba_5(PO_4)_3F:Pb,Gd$	253.7	312	保健灯、特殊用途紫外灯
六硼酸锶:铅	$SrB_6O_{10}:Pb$	253.7	313	保健灯治疗皮肤病
磷酸镧:铈	$LaPO_4:Ce$	253.7	318	保健灯
偏硼酸镧钆:铋	$La_{0.59}Gd_{0.4}Bi_{0.01}B_3O_6$	253.7	330	诱杀昆虫
焦磷酸钙:铈	$Ca_2P_2O_7:Ce$	253.7	350	黑光灯用
磷酸钇:铈	$YPO_4:Ce$	253.7	350	黑光灯用
重硅酸钡:铅	$BaSi_2O_5:Pb$	253.7	351	诱捕昆虫或黑光灯
氟硼酸锶:铕	$SrFB_4O_7:Eu^{2+}$	253.7	368	治疗用紫外荧光灯

(1)特种诱虫、诱蚊光源用荧光粉

环境中的化学农药污染,主要来源于农田的施用。由于长期使用农药,使许多害虫的基因产生变异,农药药效下降,必须通过不断增加施药量才能确保药效,因而进入恶性循环。推广物理杀虫方法应是行之有效的途径。

利用诱虫灯杀虫是一种物理杀虫的方法,诱虫灯是根据昆虫行为中的趋光性原理诱捕昆虫的一种特制光源。诱虫灯是监测昆虫的重要工具,也是害虫综合治理的有效措施之一。目前诱虫、诱蚊灯的主要用途有以下几个方面:监测昆虫迁飞、扩散、发生期和发生量,有效防治虫害。在253.7nm紫外线激发下发出300~500nm紫外线为主的荧光,峰值330nm。它是诱杀昆虫最佳的紫外粉,主要用于制造诱捕昆虫用的紫外灯。

(2)皮肤保健灯专用荧光粉

在253.7nm紫外线激发下发出峰值波长位于313nm紫外光,半宽度26nm。用于保健荧光灯,在医疗中可用于治疗皮肤病。

(3)重氮复印专用荧光粉

发光主峰:420nm和395nm,发蓝紫色,制作复印机专用紫外光源。

(4)养殖灯专用荧光粉

能发射利于圈养动物生长的紫外光,可提高动物免疫、抗病能力,降低死胎率,改善肉质品质,提高产蛋率。

(5)保健灯专用荧光粉

能发射一定比例的保健紫外线,改善人体新陈代谢,达到强身健体的作用。

(6)补钙灯专用荧光粉

能发射一定比例的保健紫外线,可促进钙吸收。

2.2.4.2 植物生长专用荧光粉

光在植物生长发育过程中具有特殊重要的地位。因为它不仅影响着植物几乎所有的发育阶段,还为光合作用提供能量。光调节的发育过程包括发芽、茎的生长、叶和根的发育、向光性、叶绿素的合成、分枝以及花的诱导等。各种波段的光起的作用不同,人工光源对植物照射类型的分类取决于所希望达到的作用分为:补充自然光的强度;延长自然光照射的时间;完全替代自然光。通过人工光源达到:满足植物生长特殊目的所需的能源;温室、生长室或生长棚的规模的光照需求。

用促植物生长专用荧光粉制成的光源，可以科学合理地对植物进行补光，它适用于植物生长的各个阶段，可使植物根系发达、长势良好，增强抵抗力和免疫力，促进植物早熟、增产，改善果实品质；还可以抑制棚内病菌和虫卵的生长及繁殖，减少农药和化肥用量，减轻对环境和作物的污染，符合当前的"绿色"潮流。

2.2.4.3 水族灯用荧光粉

是一种养鱼和装饰灯用新型发光材料，用于制作促进水草、鱼类生长及观赏的新型光源。

2.2.5 紧凑型荧光灯用荧光粉的选择方法

由于紧凑型荧光灯的特点，对荧光粉提出了更高的要求，具体有：

①能有效地吸收253.7nm的光辐射，又能耐185nm紫外线辐照，对紫外线的散射作用弱，透过可见光的效率高。

②量子效率高，要能有效地将紫外线转变为可见光。具有高的发光效率和优良的光衰特性。相对亮度高，制出的灯初始光通量高。

③发射光谱与灯内放电产生的微弱蓝绿光叠加成所需要的可见光色和光谱分布。色坐标偏离小。

④荧光粉晶相结构好，杂相少，多晶颗粒小，免球磨，形貌完整，表面光滑，不结团。粒度分布呈狭窄的正态分布，颗粒分布在5～12μm范围，当两种以上粉混合时，粒度尽量接近，或者粒度与密度成相反对应。

⑤在水中的电导率要小，不含游离杂质，因有害杂质离子对荧光粉的毒化作用会造成灯管光效低、光衰大、寿命短。在灯管的整个寿命期间，对真空气氛和阴极性能不产生有害作用。

⑥具有良好的热、化学和辐照的稳定性，能够经受制灯工艺过程中的苛刻条件，高温烘烤后，粉体本身的亮度衰减少。具有高的猝灭温度，在423K下必须保持高而稳定的发光效率。

⑦在水中的pH要求中性。因碱性容易带进Na^+，Na^+与Hg^+形成Na－Hg齐，使灯管发黑，造成灯管光衰大，碱性越大，光衰越大。

⑧不同批次的粉，粉体性能指标的一致性要好。

2.3 阴 极 材 料

气体放电的先决条件，是要有提供电子源的电极，气体放电灯中，把发射电子的电极称为阴极，接受电子的电极称为阳极。而紧凑型荧光灯是在交流电下工作的，电极交替充当阴极和阳极，所以通称为阴极。阴极是紧凑型荧光灯的一个极其重要的部件，灯管的寿命，主要取决于阴极的损坏程度。阴极材料由两个部分组成，即金属材料和热电子发射材料，这两种材料的结构和选用，决定了阴极的特性和寿命。

2.3.1 金 属 材 料

金属钨是最适宜作为低压气体放电灯热阴极的基金属材料，钨丝被绕成螺旋状，热电子发射材料涂敷在钨丝的螺旋中。钨具有熔点高、强度大、稳定性好等优良特性，在白炽灯中，是作为发光体，在气体放电灯中，是作为电极。钼在卤钨灯中，是作为支架，在气体放电灯中，是作为灯丝制造中的芯线来使用。

2.3.1.1 灯丝

(1)灯丝材料

灯丝材料主要有钨丝和钼丝。

钨的熔点 3683K,具有极高的高温电阻率,在高温时蒸发速率小,是制造高温白炽体的最好材料。钨在高温下的蒸气压力很低,不易挥发,极适合作高真空中的高温体用。钨在常温下不与干燥的空气起反应,但在潮湿气体中钨会慢慢地被氧化;钨在高温下与氧气、一氧化碳、水蒸气、氮气、卤素作用,但不与汞蒸气和氢气作用。

钼的熔点 2620℃。在高温下,钼的蒸气压很低,蒸发速率也较小。钼在常温时有优良的耐蚀性能,它能耐大多数碱溶液、盐酸和氢氟酸的侵蚀。在硝酸、硫酸、王水、熔融氧化盐中,钼很快被侵蚀。

荧光灯用的钨丝一般选用 W61 牌号公差等级 Ⅰ 级以上(GB/T23272—2009)的钨丝为原材料。黑钨丝表面应光滑,呈均匀的黑色,允许有轻微发蓝;外观应无裂纹、毛刺、划痕、凹坑、脏乱、油污等不良缺陷;直径小于 150μm 的钨丝,手摸应无不平滑现象。白钨丝表面应光滑、干净、呈均匀的银灰色,具有金属光泽;不应有划痕、毛刺、裂纹、凹坑、不平滑等现象。荧光灯灯丝一般采用三道螺旋,故对钨丝的高温抗变形性能、机械加工性能及热脆性能要求比较高。另外,还需检验钨丝的直径一致性、直线性、抗拉强度等指标(详见表 2-13 和表 2-14),通常所选取的较细辅钨丝直径为 $\phi0.015 \sim \phi0.025$mm,较粗主加热钨丝直径为 $\phi0.025 \sim \phi0.25$mm。

钼丝是在绕制螺旋灯丝时,作为芯线来使用的。钼丝的直径一致性、直线性及抗拉强度等指标,会影响成品灯丝的冷阻、螺距、形状、脆性等主要参数。一次螺旋常用的钼芯丝直径较细,一般为 $\phi0.035 \sim \phi0.15$mm,二次螺旋或三次螺旋常用的钼芯丝直径较粗,一般为 $\phi0.15 \sim \phi0.50$mm。

表 2-13　　钨丝直径允许偏差

钨丝直径 d/μm	钨丝 200mm 丝段质量/mg	200mm 丝段质量偏差/%			直径偏差/%		
		0 级	Ⅰ 级	Ⅱ 级	0 级	Ⅰ 级	Ⅱ 级
$8 \leq d < 15$	$0.19 \leq m < 0.68$	±3.0	±4.0	±5.0	—	—	—
$15 \leq d < 25$	$0.68 \leq m < 1.89$	±2.0	±3.0	±4.0	—	—	—
$25 \leq d < 50$	$1.89 \leq m < 7.57$	±2.0	±2.5	±3.0	—	—	—
$50 \leq d < 80$	$7.57 \leq m < 19.39$	±1.5	±2.0	±2.5	—	—	—
$80 \leq d < 130$	$19.39 \leq m < 51.21$	±1.0	±1.5	±2.0	—	—	—
$130 \leq d < 200$	$51.21 \leq m < 121.20$	±1.0	±1.5	±2.0	—	—	—
$200 \leq d < 390$	$121.20 \leq m < 460.86$		±1.0	±1.5	—	—	—
$390 \leq d < 500$	—	—			±1.0	±1.5	±2.0
$500 \leq d < 1800$	—	—			±0.5	±1.0	±1.5

注:(1)超过 0 级公差要求由供需双方协商议定。

(2)钨丝两端 200mm 丝段质量差不应超过同级公差的 1/2。

(3)钨丝任意连续两端 200mm 丝段质量不应超过标准规格的 0.5%。

(4)直径大于 150μm 的钨丝的椭圆度不应超过 3%。

表 2-14　　**钨丝抗拉强度**

规格范围		C/D/E/S 状态抗拉强度/(N/mm^2)	H 状态抗拉强度/(N/mm^2)
钨丝直径 d/μm	200mm 钨丝质量/mg		
$8 \leqslant d < 15$	$0.19 \leqslant m < 0.68$	3200~4600	2500~3800
$15 \leqslant d < 25$	$0.68 \leqslant m < 1.89$	3000~4400	2300~3500
$25 \leqslant d < 50$	$1.89 \leqslant m < 7.57$	2800~4100	2200~3400
$50 \leqslant d < 80$	$7.57 \leqslant m < 19.39$	2500~3800	2000~3200
$80 \leqslant d < 130$	$19.39 \leqslant m < 51.21$	2200~3500	1800~3000
$130 \leqslant d < 200$	$51.21 \leqslant m < 121.20$	2000~3200	1600~2800
$200 \leqslant d < 390$	$121.20 \leqslant m < 460.86$	1800~3000	1400~2600

注:(1)直径大于等于 390μm 钨丝的抗拉强度由供需双方协商议定。

(2)钨丝不应出现断丝、开裂、毛刺等缺陷。

(3)钨丝很容易从线轴上放出,允许单位长度(600mm)的钨丝存在一个反圈。

(4)直径小于 100μm(30.3mg)的矫直型钨丝,每 500mm 丝段的自然下垂高度应不少于 450mm;直径大于等于 100μm 的矫直型钨丝,切取 200mm 的丝段,弯曲状态下,每 100mm 弦长的最大高度不应超过 10mm。

(2)灯丝结构

荧光灯的灯丝,一般有双螺旋和三螺旋之分。在紧凑型荧光灯中,普遍采用三螺旋灯丝,即由钼丝作为芯丝,钨丝作为外绕丝,按照一定的螺距绕制成螺旋状,经高温定型后,把绕制好的螺旋丝作为外绕丝,在第二道粗一点的钼芯丝上,绕制二道螺旋,二次高温定型后,再把绕制好的螺旋丝,在无心绕丝机上,绕制第三道螺旋,并切割成型、高温定型、熔丝(由硫酸、硝酸和水按一定比例混合成腐蚀液将钼芯丝熔化),清洗、烘干、检验、包装后,形成最后的成品灯丝。

图 2-21　单丝三螺旋灯丝

三螺旋灯丝的结构一般分为三种:单丝三螺旋、缆索式三螺旋和主辅式三螺旋,如图 2-21、图 2-22、图 2-23 所示。

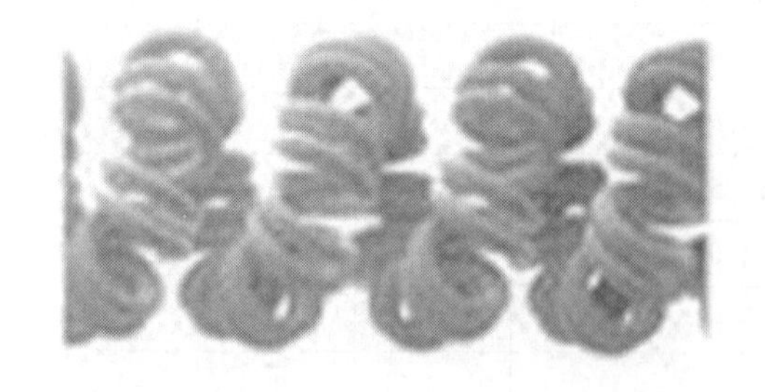

图 2-22　缆索式三螺旋灯丝

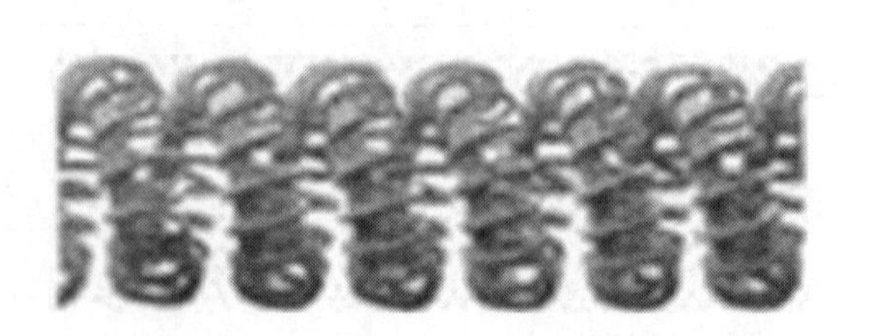

图 2-23　主辅式三螺旋灯丝

单丝三螺旋,是用一根钨丝绕在一根钼芯丝上,按照一定的螺距绕成螺旋丝,把绕制好的螺旋丝作为外绕丝,在另一根钼芯丝上绕制二道螺旋,第三道螺旋丝是在无心绕丝机上完成,每道螺旋丝之间需要高温定型,第三道定型后的螺旋丝用腐蚀液溶去钼芯丝,清洗、烘干、检验、包装即为成品灯丝。

缆索式三螺旋区别在于第一道螺旋丝，是由两根钨丝并排绕在一根钼芯丝上，后面的流程和单丝三螺旋一致，依次进行第二道和第三道螺旋丝的绕制，同样需要高温定型、溶丝、清洗、烘干、检验、包装。

随着对紧凑型荧光灯灯管要求的不断提高，对灯用材料的要求也相应提高，灯管的管径要明显缩小，寿命要显著加长，使得灯丝的长度随之缩短，而电子粉的储存量却要增加。为了提高灯管的质量和寿命及灯的启动特性，目前普遍采用主辅式三螺旋灯丝，也称之为长寿命灯丝。这类灯丝的特点是用一根主加热钨丝和一根钼丝同时作为芯丝，另用一根辅加热细钨丝作为外绕丝，绕制第一道螺旋，然后在钼芯丝上绕制第二道，经第三道无心绕丝机成形，高温定型、溶丝后的成品灯丝，细钨丝绕成的螺旋体中间保留有一根略粗一点的主钨丝。与常规灯丝相比较，这种网状结构的灯丝，能够使得电子粉的储存量增加 50%，电子粉大部分储存在细钨丝圈的内部，附着牢固，线圈之间被电子粉填满，降低了彼此之间的相互辐射，冷却效果好，热点温度低，有效地减少了发射材料的蒸发损失，提高了发射材料的利用率。另外，主辅式灯丝中细钨丝的直径很小，减少了钨丝的用量；在灯管启动时，细钨丝快速加热表层的电子粉，使其达到热辐射温度，有利于灯的启动。

(3)灯丝选用

绕制灯丝的材质、灯丝的设计结构、灯丝的制作工艺以及灯丝储存的条件，都会影响成品灯管的质量和寿命，选用合适的灯丝是至关重要的环节。灯丝的主要参数有三个：几何尺寸、电阻和脆性。

灯丝的长度受灯管管径的限制，框定了可绕制钨丝的长度，从而决定了电阻值的大小范围。钨丝直径的减小和长度的增加，都能增大灯丝的电阻，阻值越大，阴极温度越高，启动越容易，但热蒸发也越大，灯丝越容易断裂；阻值越小，阴极温度越低，启动越困难，虽然热蒸发小，但辉光溅射增大，灯丝的寿命随之缩短。另外，同样电阻的灯丝，若结构设计不同，电子粉涂敷量就会不同，电子粉的涂敷量是由灯丝的丝径大小和灯丝的螺旋圈数来决定的，只要绷丝不变形，应尽可能增加灯丝圈数。灯丝的网状结构可以改变灯丝与电子粉的有效接触面积，表面积越大，电子粉的涂敷量越多越牢固，有效利用率也越高。因此，灯丝的电阻值及结构应合理选择，并能储存足够多的电子粉，才能保证灯管的质量和寿命(详见表 2－15 和表 2－16)。

灯丝的脆性主要决定于两个方面：钨钼材料的质量和灯丝的制作工艺，首先材料的直径一致性要好，这样灯丝的条重和电阻就相对稳定，其次材料的杂质含量要低、有较高的再结晶温度，这样灯丝不易变形脆断。还有，灯丝绕制过程中的机械损伤和烧氢定型温度过高，也会造成灯丝的脆断。最后，成品灯丝的储存也很重要，灯丝应放置在干燥的地方，保持周围环境的清洁，尤其不要受到水汽和有害物质的侵蚀。

表 2－15　　常用单丝三螺旋灯丝适用范围表

规格	管电流/mA	管径/mm	圈数/圈	长度/mm	冷阻/Ω
5～11W	155～180	12～13	2～3	9.0～9.5	11～11.5
7～13W	155～180	9～10	1～2	8.5～9.0	11.5～12
13～18W	180～230	12～13	2～3	10～10.5	7.5～8
16～22W	195～200	12～13	2～3	9.5～10	10～10.5
22～28W	230～285	12～13	2～3	10～10.5	7.5～8

表2－16　常用主辅式三螺旋灯丝适用范围表

规格	管电流/mA	管径/mm	圈数/圈	长度/mm	冷阻/Ω
13~18W	250~350	12~13	2~3	11.5~12	3~4
28~36W	330~430	15~17	4~5	8.5~9	2~3
13W/110V	285~300	12~13	2~3	9.5~10	3.5~4
13W/110V	260~285	15~17	4~5	11.5~12	4~4.5
18~22W/110V	370~430	12~13	2~3	10.5~11	3~3.5
32~40W	370~430	17~26	4~6	12.5~13.5	2.5~3
45~65W	450~700	17~26	4~6	12.5~13.5	1.8~2.3
80~100W	800~900	17~38	5~7	13~16	1~1.5

(4)灯丝检验

外形、颜色：灯丝的总长一致且符合要求（长度偏差小于±3%）；灯丝两边丝脚长度相等并平行且 R 角一致呈一条线；灯丝的颜色为灰白色，丝圈之间不得有残留物，不能有氧化和发黑现象；灯丝的外形一致。

脆断要求：螺旋圈轻轻拉直后，松手必须恢复原状；钨丝拉直后不得有断丝现象，三螺旋灯丝可拉长8~10倍，废品率不超过3%。

冷阻要求：一致性要好，误差范围不大于±5%。

2.3.1.2　封接导丝

将电流引入放电空间的金属丝叫导丝，由内导丝、封接导丝和外导丝三部分组成，称为三节导丝；内导丝也可和封接导丝合二为一，则称为二节导丝。制作芯柱的关键工艺，就是封接导丝和玻璃的封接技术，它是制灯工艺中一个重要的基本技术，封接的优劣取决于导丝材料和玻璃材料的热膨胀系数是否相匹配以及金属和玻璃封接部位是否气密。最初的导丝采用铂丝，但金属铂稀有且昂贵，不利于大规模生产使用，因而促使研究使用其替代品：一种复合合金丝，在我国按其音译，读作杜美丝（dumet wire），在电子管、气体放电灯、半导体器件等诸多领域得到广泛的应用。

(1)杜美丝的构成

杜美丝是以Fe－Ni合金为芯丝（铁58%、镍42%），外层以纯度大于99.9%的高导无氧铜包覆（质量比18%~28%），然后将铜覆表层在一定温度下加热使其氧化后，形成氧化亚铜，以便于封接；为防止合金芯丝在封接或存放过程中被氧化成黑色的氧化铜，同时也为能使玻璃与金属更好地融合在一起，再经加热的硼砂溶液拉涂，经高温烘烤后，在杜美丝表面形成硼砂薄膜保护层。

(2)杜美丝的特性

杜美丝是一种包覆丝，它的表面呈砖红色，径向热膨胀系数与软玻璃的热膨胀系数非常接近，能够与高、低铅玻璃和碱石灰玻璃形成气密封接，具有高熔点和良好的抗腐蚀性能。常用杜美丝的规格一般为0.15~0.80mm，具体规格要求详见表2－17和表2－18。

表2－17　杜美丝直径允许偏差　单位：mm

直径范围	直径间隔	直径允许偏差	圆度
0.15~0.35	0.05	±0.01	0.01
0.40~0.60		±0.02	0.02
0.65~0.80		±0.03	0.03

表 2－18　　杜美丝的机械性能

直径范围/mm	抗拉强度/MPa	最低延伸率/%
0.15～0.35	441～637	18
0.40 以上		20

(3)杜美丝的选用

杜美丝的表面层由氧化亚铜和非晶态的硼层所构成，硼酸物层是起保护作用的，氧化亚铜膜的厚度应芯柱的加工工艺而变化，最佳范围应控制在(1±0.03)μm之内，铜层的厚薄比应小于2.5:1，在满足要求的前提下，厚度应尽可能薄。合格的杜美丝应色泽均匀，表面光滑、洁净，不能有任何污物、灰尘、油脂等沾浮物，不能有明显的机械损伤或外表层铜线剥落露出芯丝的现象，也不能出现气泡、霉点、纵向发黑条纹和连续的硼酸盐损伤斑点。杜美丝应存放在封闭的容器中，避免含酸、碱等有害气体的侵蚀；不要直接暴露在阳光下，引起颜色的变化而影响判断；周围环境的相对湿度不超过65%，以免受潮后表面出现白点；不要长期存放，使用期限最好在30天内；使用时不要直接用裸手接触，更不能沾染油污。

20世纪末，随着电光源行业的发展，又衍生出了杜美丝的另外一种复合物，即铁镍铜合金丝。它的主要区别在于芯线中42%镍的含量不变，减少了铁的含量，增加了8%～10%铜的含量。它的机械性能和杜美丝相当，但制备工艺简单，成本低、容易储存，而且还解决了杜美丝热膨胀系数在径向和轴向上与玻璃匹配的差异，使得封接气密度更好。因此，杜美丝的使用限制在小于Φ0.8mm的范围内，而这种合金丝可以使用在0.1～4.0mm的任何规格。

2.3.2　热电子发射材料(电子粉)

电子在物体内无序热运动的能量随温度的增高而增大，加热物体使其中的电子克服表面势垒而逸出的现象称为热电子发射。

由于荧光灯的工作电流很低，正离子对阴极的轰击较弱，而阴极又工作在较低的温度下，因此，它们的发射材料广泛采用逸出功低、工作温度低、发射效率较高和寿命较长的碱土金属氧化物阴极。荧光灯的电极是由细钨丝织成的螺旋(双螺旋或三螺旋)构成，发射材料被充填在钨丝螺旋之内。

氧化物阴极是碱土金属(钡、铅、钙)氧化物制成的发射体的简称。由于碱土金属氧化物在空气中很不稳定，所以氧化物阴极的原始发射材料大多是碱土金属碳酸盐(俗称电子粉)。

2.3.2.1　氧化物阴极(电子粉)材料的种类

氧化物阴极不能直接采用氧化钡、氧化锶和氧化钙材料，因为在空气中它们很不稳定，会强烈地吸收周围的水汽，形成氢氧化物，反应如下：

$$BaO + H_2O \rightarrow Ba(OH)_2$$

由于生成的氢氧化钡的体积变大，材料涂层发胀，粉层强度变差，易发生掉粉现象。此外，含有水汽的粉层在加热分解和激活过程中，还会毒化阴极。所以，在生产实践中，阴极的原材料不是直接选用碱土金属氧化物，而用碱土金属的碳酸盐，在真空中加热后，将它们分解成氧化物。

碳酸盐材料的化学稳定性好、易于制造，当加热分解时释出二氧化碳，它与电极材料反应极微，而且能够与粉层中粘结剂分解生成的碳元素反应生成一氧化碳，有利于钡的还原。$BaCO_3$是氧化物阴极具有良好电子发射性能的必要材料，可是在单一碳酸钡的分解过程中，生成的氧化钡与碳酸钡作用形成碱式碳酸盐($BaO \cdot BaCO_3$)，这种盐类的熔点很低(1175K)，在阴极的分解过程中，会发生电子粉的熔化烧结。如果加入适量 $SrCO_3$ 后，情况就可改变，因为碳酸锶的热分解温度低，在真空中加热时，先生成极难熔化的氧化锶，这样氧化锶的存在阻止了粉层的烧结，粉层比较疏松，有利于电子的发射。$CaCO_3$ 的加入，有助于阴极的抗正离子轰击，而且阴极涂层与钨基金属的粘着性能提高，活性物质蒸发减少，因此为了提高电子粉耐离子轰击能力，可以适当增加 $CaCO_3$ 的比例。

实践表明，碳酸钡、碳酸锶、碳酸钙的比例对电子发射、蒸发和溅射有较大的影响。荧光灯所用的三元碳酸盐比份的配方大致为

$$BaCO_3 : SrCO_3 : CaCO_3 = 50 : 40 : 10 (\text{摩尔比})$$

通常在三元碳酸盐中还加入二氧化锆粉粒，它能形成锆酸盐，可以提高耐正离子轰击的能力，发射材料的蒸发降低。其次，锆酸钡（$BaZrO_3$）的存在，对钨酸盐界面处反应所产生的金属钡原子的扩散速率产生影响，并且还能提高阴极的抗氧化性气体的能力。所以，ZrO_2 能改善阴极的发射性能，抑制了电子材料的蒸发和溅射，管端发黑减轻，寿命延长。ZrO_2 的含量约占碳酸盐总质量的 5%，它的粒径远小于碳酸盐的粒径，要求均匀地掺混于碳酸盐之中。

碳酸盐的制造方法分为单元沉淀法和三元沉淀法。前者是用硝酸钡、硝酸锶、硝酸钙分别和碳酸盐反应，制得碳酸钡、碳酸锶、碳酸钙，然后按比例机械混合，得到所需的电子粉；后者是将硝酸钡、硝酸锶、硝酸钙按比例混合后，再和碳酸盐反应，得到三元共晶碳酸（钡、锶、钙）。一般来说，三元共晶碳酸盐，钡、锶、钙的分布均匀，球磨后的晶粒一致性好，分解温度单一，可根据需要，制备碳酸钙、锶、钡比例不同的电子粉。

目前部分紧凑型荧光灯生产厂家自己配制电子粉浆使用，大多数的紧凑型荧光灯生产厂家采用市售的电子粉浆直接用于生产。

电子粉浆料的分类：

（1）按电子粉浆涂敷方法分

可分为电泳粉浆和浸涂粉浆：

①电泳粉浆：电泳涂敷法广泛用于热阴极荧光灯。它是借助于外加电场的作用下，使悬浮液中带电的碳酸盐微粒移动，并沉积到阴极的钨灯丝上。一般碳酸盐悬浮液的微粒带正电荷，因此采用阴极电泳法，即将钨灯丝接负极，电泳杯中另一电极接正电位。通常电泳的负电极为镍丝，正电极为镍片，电子粉浆注入小型陶瓷坩埚中，电泳电压控制在 80～150V。

②浸涂粉浆：浸渍涂敷是没有外界电场力的作用，纯粹依靠电子粉浆与钨灯丝的粘附作用。选用的溶剂应具有良好的分散能力以及溶解硝棉的能力强，而对介电系数和导电率不作过高要求。浸涂粉浆可得到结实、牢固、稳定和粉量足够的涂层，显然有别于电泳的粉浆。

（2）按电子粉浆的组成材料分

可分为白色电泳粉浆、灰色电泳粉浆、白色浸涂粉浆和灰色浸涂粉浆，见表 2－19。

表 2－19　电子粉浆的组成

涂敷方法	外观	组成	
		电子发射材料	溶剂材料
电泳	白色	碳酸（钙、锶、钡），氧化锆	甲醇，丙酮，乙酸丁酯
	灰色	碳酸（钙、锶、钡），氧化锆，金属锆	乙酸丁酯
浸涂	白色	碳酸（钙、锶、钡），氧化锆	甲醇，丙酮，乙醇丁酯
	灰色	碳酸（钙、锶、钡），氧化锆，金属锆	乙酸丁酯

2.3.2.2 材料的选择

(1)电子粉(浆)的技术要求

电子粉:电子粉杂质含量越少越好,见表2-20。

表2-20　　电子粉的技术要求

项目		指标/%
碳酸盐含量		≥99.5
杂质	硝酸盐(NO_3^-)	≤0.7
	水溶物	≤0.02
	钠总量(Na)	≤0.25
	盐酸不溶物	≤0.01
	铁(Fe)	≤0.003
	氯化物(Cl^-)	≤0.002
	硫酸盐(SO_4^{2-})	≤0.005
	重金属(以Pb计)	≤0.003
	灼烧失重(573K)	≤1.00
平均粒径		≤5μm

电子粉浆:电子粉浆由固相碳酸盐、粘结剂、有机溶剂和增塑剂所构成,粉浆液中各处组分应均匀一致,不应发生固相质点的下沉,或固相质点互相作用聚合而沉积,它是有着良好分散性的悬浮液体(详见表2-21)。

表2-21　　电子粉浆的技术指标

技术指标	外观	密度/(g/cm^3)	黏度(涂4杯)/s	电导率/(μs/cm)	粒度/μm
浸涂电子粉浆	白色/灰色	1.70±0.2	15±2	<0.06	1~2.5
电泳电子粉浆	白色/灰色	1.70±0.2	15±2	10~25	1~2.5

(2)影响电子材料发射性能的因素

①碳酸盐的晶体形状:碳酸盐的结晶形状有针状和球状两种,针状晶体的发射性能优于球状,晶粒较小;球状晶体的涂层较为平滑、密实,晶粒较大。钠法沉淀得到的碳酸盐以针状晶体为主,铵法沉淀得到的碳酸盐以球状晶体为主。钠法制得的碳酸盐中含杂质较多,残留的碳酸钠很难清除;而铵法制得的碳酸盐的纯度高、杂质少,紧凑型荧光灯阴极所用的电子粉都是用铵法沉淀。在保证良好的电子发射能力的同时,提高阴极耐离子轰击能力。

②碳酸钙在碳酸盐中的比例:$CaCO_3$ 的作用是加强涂层与基金属的粘接,从而减弱电子粉因离子轰击造成的脱落。但是 $CaCO_3$ 分解温度低(873K),而且分解后生成的CaO易升华,在排气过程中有损失,可能造成钙盐不足,影响灯的寿命。因此,在配制过程中将三元碳酸盐中的钙盐含量适当增加,以弥补钙盐在分解、激活、排气过程中的损失。

③粒度:直径小的粒子使颗粒分布得更加密实,从而导致更均匀的发射性能,可以防止因局部电子粉损失过多而造成阴极寿命的完结。添加物的粒径不同,其在三元碳酸盐中的最佳质量百分比也不同。电子发射主要是由具有最低有效电子逸出功的各个小区域来完成的,这

些发射域遍布在整个电子发射材料层上。添加物颗粒的表面尺寸可影响形成发射域的数量。粒度小其总表面积增大,相应的添加物的量也可以减少。

(3)电子粉量

涂敷电子粉时,内导丝上不得沾上电子粉(俗称吸脚),灯丝螺圈之间不能有结粉现象。由于在阴极分解时,这些部位的温度较低,灯丝螺圈之间的结粉达不到碳酸盐的分解温度(873~1223K)。当排气封离后,灯管点燃时,在离子轰击下,就会发生分解,释放 CO_2,此时灯丝附近的玻壁上出现黄黑斑。有些部位受离子作用较小,它将缓慢的分解,最终灯管杂质气体较多,阴极中毒,发射电子能力差,管压降升高,启动困难。

电子粉量的一致性好,排气分解时就比较彻底。若粉量差异太大,必然出现粉量过多的阴极分解不足,粉量过少的分解过度。电子粉量的多少会影响灯管的寿命,不同功率的灯种和灯丝结构涂敷的电子粉量不相同。表 2-22 列出了不同灯种的电子粉参考量。

表 2-22　　不同灯种电子粉量的参考值

类型	管径/mm	功率/W	电子粉量/mg
紧凑型	16~17	4~13	2.2~2.6
		14~32	3.5~4.0
		40~65	5.0~5.5
		80~100	6.0~6.5
紧凑型	11~13	5~13	1.5~2.4
		15~18	3.0~3.5
		20~26	3.5~4.0

2.4 汞及固态汞

汞是唯一在常温下呈液态的金属,具有银白色的金属光泽,又称水银。汞是极易蒸发的物质。汞的第一激发电位为 4.86eV,电离电位为 10.42eV,比稀有气体和普通气体低,在放电中容易电离。常被用作放电灯中的放电发光物质。在室温下,汞蒸气压很低,这就有利于含汞放电灯的室温启动;在高温下,汞蒸气压很高,这就有利于汞蒸气作为放电灯中缓冲气体的缓冲作用。因此在一些放电灯中,汞有着其它元素所不能替代的作用。

我国古代将“合金”称为“齐”,汞与其它金属组成的合金叫汞齐。许多金属都能和汞形成汞齐,汞齐在室温下为固态,称为固态汞合金,简称固态汞。广义来说,将以固态颗粒的形式将汞注入灯内的含汞包容物(汞包)也称为固态汞。在电光源中使用较广的有钛汞齐、锌汞齐、锡汞齐、铋铟汞齐和钠汞齐等。

2.4.1 汞和固态汞的性能

2.4.1.1 汞的主要物理性质

汞的主要物理性质见表 2-23。

表 2-23　汞的主要物理性质

性质名称	数量
密度(293K)/(g/cm^3)	13.55×10^3
熔点/K	234.23
沸点/K	629.9
汽化热/(J/Kg)	3.3×10^5
比热容/[J/(kg·K)]	1.4×10^2
体膨胀系数/(1/K)	1820×10^{-7}
热导率(293K)/[W/(m·K)]	11.3
蒸气压/Pa	
273K	2.47×10^{-2}
293K	1.60×10^{-1}
373K	36.39
573K	2.3×10^3
673K	3.29×10^4
792K	1.013×10^6
电阻率/μΩ·cm	95.78
电阻温度系数(273～773K)	9.1×10^{-4}
逸出功(293K)/eV	4.52

2.4.1.2　常用固态汞的主要性质

(1)固态汞汞蒸气压温度特性曲线

固态汞汞蒸气压温度特性曲线如图 2-24 所示。

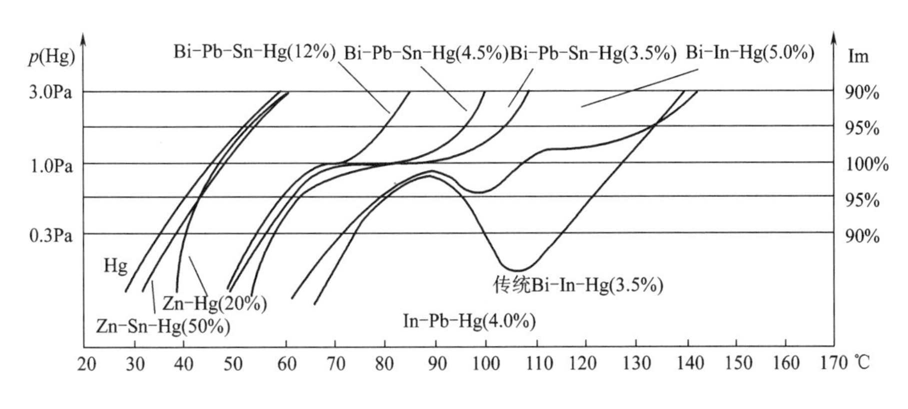

图 2-24　固态汞汞蒸气压温度特性曲线(后面的数字表示含汞比例)

(2)固态汞的有效率

汞的有效率指特定的工作温度下,固态汞能不断释放的汞量占固态汞含汞量的百分比。

(3)固态汞的蒸发速度

固态汞因其结构不同,合金性能不同,汞的蒸发速度也不同。如 Sn-20 在 50℃时,达到饱和汞蒸气压的时间较长;Zn-Hg(含 Hg50%)、Zn-Sn-50(含 Hg50%)达到饱和汞蒸气压的时间较短。同一固态汞在不同温度下，达到饱和汞蒸气压所需的时间也不同。

(4)固态汞熔融温度

指固态汞加温到可以流动的起始温度。熔融温度低于液相点温度。液相点温度表示合金完全为液态的临界温度。带罩紧凑型荧光灯中固汞熔融流动，会破坏原有设计，引起光电参数变化。

(5)固态汞的光衰特性

随灯燃点时间延长，固态汞中汞被消耗，释放一部分汞后的固态汞汞蒸气压温度特性会发生变化，引起灯的光效、光通量降低，这种光通量的变化称为固态汞光衰。在设计、选择、使用固态汞时，要考虑灯的光衰由灯固有的光衰(杂质气体、荧光粉等的工艺因素决定)、汞原子的迁移过程、固态汞特性变化引起的光衰综合决定。

(6)固态汞吸汞特性

不同固态汞对灯内汞原子的回吸量和回吸速度不同，同一固态汞在不同温度下回吸量和回吸速度也不同。固态汞回吸灯内的汞原子会导致再次燃点时灯的光输出爬升慢。

2.4.1.3 汞和固态汞的使用性能对比

(1)液汞

由于颗粒小，难于微量准确称量；表面张力大，难于注入灯内；液汞耗散在生产场地难以清理干净，不利环保；液汞在高于60℃温度下，汞蒸气压大于3.0Pa，紧凑型荧光灯的光输出明显降低。

(2)固汞

能微量、准确控制灯内的注汞量；固体颗粒容易注入灯内；能有效降低灯寿命期结束后对环境造成的污染，降低生产场地的汞污染；能使高管壁负载的紧凑型荧光灯获得高光效；成本高，光输出爬升慢。

2.4.2 固态汞的种类

紧凑型荧光灯目前常用固态汞包括汞合金和汞包。汞合金有：Zn－Hg、Sn－Hg、Bi－Pb－Sn－Hg、Bi－In－Hg等；汞包包括玻璃汞包和金属汞包，主要以金属汞包为主。当灯内含汞量标准进一步降至3mg、1mg以下时，严格控制汞包的含汞量变得非常困难。

2.4.3 固态汞的选用

2.4.3.1 固态汞的选择

选择的主要步骤：根据管径、填充气体确定最佳汞蒸气压；根据管电流密度、固态汞放置的位置、灯的结构确定固态汞的温度；根据灯燃点方式及相应的参数要求，确定固态汞的工作温度区域；根据最佳汞蒸气压及固态汞的工作温度区域确定汞合金的类型，具体选择见表2－24。

表2－24　T4荧光灯管不同工作温度下固态汞选择

工作温度/℃	适用的固态汞	备注
38～60	Zn－Hg、Zn－Sn－Hg、Bi－Zn－Hg、Sn－Hg、Bi－Sn－Hg、Zn－Ni－Hg、Fe－Cu－Hg	
50～75	Bi－Pb－Sn－Hg(12%)	
65～95	Bi－Pb－Sn－Hg(4.5%)	由于熔融温度的原因建议低于95℃使用

续表

工作温度/℃	适用的固态汞	备注
65～100	Bi－Pb－Sn－Hg(3.5%)	由于熔融温度的原因建议低于100℃使用
75～110	Bi－In－Hg(5%)	①T3、T2中缺乏连续的工作温度区域 ②由于熔融温度的原因建议低于110℃使用
95～130	Bi－In－Sn－Hg(2.5%)	可调节使其在T3、T2中特性较好
100～135	In－Pb－Hg(4%)	T4、T3、T2中特性均较好
>135	In－Pb－Hg	

注:()内的百分数表示含汞百分比。

2.4.3.2 不带罩和带罩紧凑型荧光灯用固态汞

紧凑型荧光灯分为不带罩紧凑型荧光灯和带罩紧凑型荧光灯。

不带罩紧凑型荧光灯工作温度较低,一般在30～80℃,可使用Zn－Hg、Zn－Sn－Hg、Bi－Zn－Hg、Sn－Hg、Bi－Sn－Hg等固态汞。

带罩紧凑型荧光灯工作温度较高,一般在80～140℃。工作温度100℃以下,选用Bi－Pb－Sn－Hg;工作温度100～110℃,选用Bi－In－Hg;工作温度110℃以上,选用In－Pb－Hg。

2.4.3.3 铟网

铟网是以不锈钢、镍、钼网作为基体镀铟而形成的镀铟网。铟网俗称辅助汞齐,在未装配入灯管前不是汞齐,装配到灯内经过烤汞或燃点冷却后,由于铟具有较主汞齐更强的吸汞能力,因此铟网能吸附灯内的汞原子。铟网吸汞后产生一定量的In－Hg合金,变成汞齐,再次燃点时,靠近灯丝的铟网受热释放出汞,弥补灯内汞原子的不足,快速提升光输出。使用Bi－Pb－Sn－Hg、Bi－In－Hg、Bi－In－Sn－Hg、In－Pb－Hg时,灯冷却后,残留灯内游离的汞原子浓度低,这几类固汞均需要使用铟网,以减少光输出的爬升时间。

铟网表面镀铟量越多、比表面积越大,铟网吸汞量越多。当铟网吸汞量过少时,光输出爬升到最大值的80%所需时间长,需要等主汞齐上升到一定温度,光输出才上升到较大值;当铟网吸汞量过多时,光输出从最大值下降再回到最大值时间长。灯熄灭时间越长,铟网吸汞越多。

优质的铟网材料、正确的生产工艺,应保证铟网初始、封口后、排气后、老炼后、燃点过程均光亮。

铟网使用注意事项:

①减少铟的蒸发。铟的熔点为439K,沸点为2353K。铟在433K以上与空气接触很容易氧化,氧化后吸汞、载汞能力降低。铟氧化生成In_2O_3,In_2O_3与液态铟混合加热,生成低价铟的氧化物,低价铟的氧化物具有较大的挥发性,真空条件下,反应的起始温度为653K。为了避免铟氧化,封口时注意火头角度、位置、火的大小,应避免铟网温度过高,另外在封口时应用气体保护。

②减少铟的溅射。处于熔融状态下的铟受离子轰击易发生溅射,排气时灯丝两端放电(通称拉弧),灯丝被旁路,部分离子轰击熔融的铟表面,铟易溅射到玻管内壁,引起铟网附近黄黑。

③铟网应安装在主回路端(热点端)。

④合理选择铟网,不同的灯应使用不同的铟网。

2.4.4 带罩紧凑型荧光灯用固态汞新发展

欧盟规定，荧光灯中不应含 Pb 或含 Pb 量 $<10^{-3}$，而 Bi－Sn－Pb－Hg、In－Sn－Pb－Hg 因含 Pb 量超标被禁止使用；光输出从 95% 到 100% 波动对应的连续的工作温度区域称为 ΔT95，工作温度区域 ΔT95 越大越好，一般要求 ΔT95 >30℃；固态汞失汞后，ΔT95 与初始范围重叠的温度区域越宽越好，一般要求 ΔT95 >20℃；固态汞的熔融温度高于或接近 ΔT95 的最高工作温度。

根据上述这些要求，目前已设计出 Bi－In－Sn－Hg，Bi－In－Sn－Hg 可通过调节 In、Hg 含量来改变工作温度区域的汞蒸气压值，以满足汞蒸气压接近最佳汞蒸气压要求。

Bi－In－Sn－Hg 的熔融温度介于 110～130℃，合理选择 Bi、In、Sn、Hg 的比例，可将 Bi－In－Sn－Hg 的熔融温度提高至 130℃，满足固态汞熔融温度高于或接近 ΔT95 的最高工作温度要求。

Bi－In－Sn－Hg 与 Bi－In－Hg 特性对比见图 2－25。从图可看出，Bi－In－Sn－Hg (2.5) 释汞 50% 时，ΔT95 变化不大，光效几乎不发生变化，而 Bi－In－Hg(4.5) 释汞 50% 时，ΔT95 只有少量与一开始的 Bi－In－Hg(4.5) 有交叉，光效大幅降低。

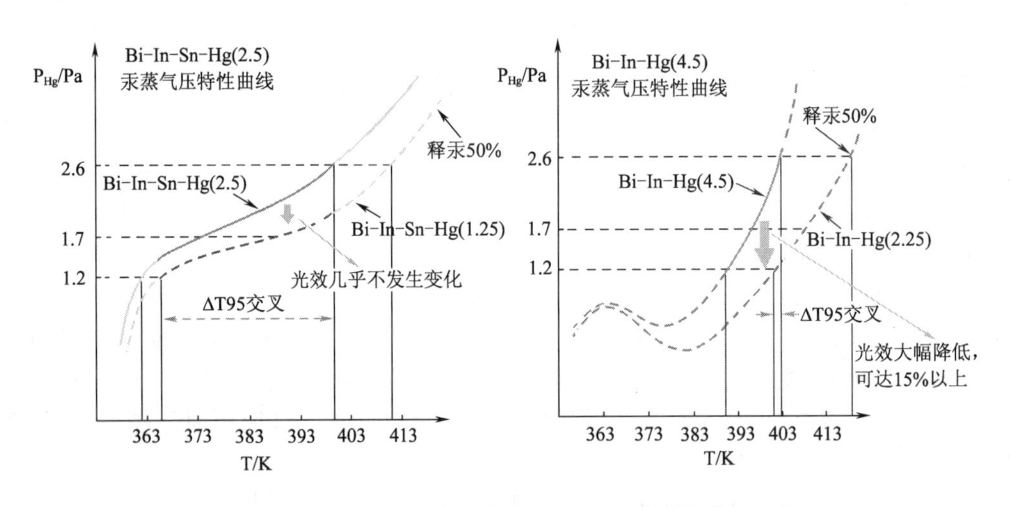

图 2－25 Bi－In－Sn－Hg 与 Bi－In－Hg 蒸气压特性对比

Bi－In－Sn－Hg 工作温度区域约为 95～135℃，调整固态汞使其实际温度处于工作温度区域，可取代 Bi－Sn－Pb－Hg、Bi－In－Hg、In－Pb－Hg。随着未来对带罩灯光效、光衰、一致性等质量要求的提高，Bi－In－Sn－Hg 是带罩灯用控制汞蒸气压型固态汞的较好选择。

2.5 稀有气体

2.5.1 稀有气体在紧凑型荧光灯中的工作原理

在紧凑型荧光灯中，一定要充入一些稀有气体。如果灯中没有稀有气体，放电就很难发生。这是因为紧凑型节能灯中，汞的蒸气压约为 10^{-1}Pa，电子的平均自由程长达 5cm。也就是说，平均一个电子在经过了 5cm 以后，只和汞原子碰撞一次，可见和原子碰撞的机会很少。灯的直径一般只有几厘米，这样一来，极大多数电子根本没有机会和原子碰撞就打到管壁上去了。既然电子和原子碰撞的机会很少，原子被电离和激发的机会当然也少，那么放电就很难建立和维持。

充入一些稀有气体后，情况就不同了。如果在低压汞灯中充入 10^2Pa 氩气，就会发现电子在这种汞－氩混合气中的平均自由程大为缩短，只有 0.01cm 左右。此时，电子就会和氩气原子发生频繁的碰撞，使电子从阴极向阳极运动的路径变长，从而增加了和汞原子碰撞并使之激发、电离的机会。另外，汞－氩混合气的潘宁效应也有助于紧凑型荧光灯的启动。

在紧凑型荧光灯中，氩气能帮助启动，但对辐射并无多大贡献，称为启动气体或辅助气体。启动气体不仅增加了汞原子的激发，而且减少了电子与管壁碰撞造成的损失，有助于提高辐射效率；如果启动气体充得太多，也会降低辐射效率。电子在和氩原子作弹性碰撞时，虽然能量损失很少，只有十万分之几，但是随着氩气气压的升高，碰撞的次数越来越多（可达 10^3 次/s）。这样，稀有气体从和电子反复碰撞中所获得的总能量就变得相当可观，结果使辐射效率下降。在不同的氩气气压 p_{Ar} 下，η_{uv} 的变化如图 2－26 所示，在 100Pa 左右 η_{uv} 达到最大。在实际中，由于考虑到气压高时对防止电极溅射、减少阴极蒸发、延长灯的寿命有利，充气气压要适当提高。

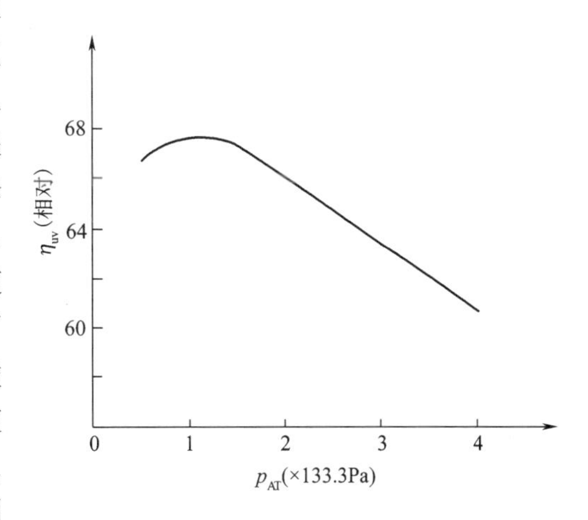

图 2－26 η_{uv} 随 p_{Ar} 的变化

在低压汞灯中，其它稀有气体（如氖、氪、氙等）也可作为启动气体。不同的启动气体对 η_{uv} 的影响都不一样。在一定的气压下，具有 1eV 能量的电子与氩气、氪气和氙气碰撞几率之比为 300∶400∶700，而产生一次碰撞所造成的能量损失反比于气体的原子量，因此这几种气体所造成的弹性碰撞损失之比就是 300/40∶400/84∶700/130 = 7.5∶4.8∶5.4。可见，充氪气对提高效率是有利的，氙气次之。这一结论已为实验所验证。氪气作为低压汞灯的启动气体时，由于不产生潘宁效应，启动比充氩时困难，这是它的一个主要缺点。当需要在单位长度上获得高功率的 253.7nm 辐射时，应使用氖作为启动气体。

2.5.2 稀有气体的种类和性质

氦、氖、氩、氪、氙、氡六种元素，化学性质极不活泼，都是单原子分子，被称为惰性气体。它们在自然界中的存量极微，在大气中它们占整个大气的比例小于 1%（体积百分比），故称稀有气体。稀有气体在大气中的含量见表 2－25。

表 2－25　　稀有气体含量表

含量 \ 气体种类	氦	氖	氩	氪	氙
质量分数/%	0.93	0.001			
含该气体一个分数的空气分子数	106.8	80800	245300	2 × 10^7	7 × 10^7

稀有气体都是无色、无臭、无味的，微溶于水，溶解度随分子量的增加而增大。它们的熔点和沸点都很低，随着原子量的增加，熔点和沸点增大。它们在低温时都可以液化。稀有气体原子的最外层电子结构为 ns2np6（氦为 1s2），是最稳定的结构，因此，在通常条件下不与其它元素作用，长期以来被认为是化学性质极不活泼，不能形成化合物的惰性元素，过去称为惰性气体。直到 1962 年，英国化学家 N · 巴利特才利用强氧化剂 PtF_6 与氙作用，制得了第一种稀有气体的化合物 $Xe[PtF_6]$，以后又陆续合成了其它稀有气体化合物，并将它的名称改为稀有气体。稀有气体的物理性质见表 2 - 26。

表 2 - 26　　稀有气体的物理性质

性质	He	Ne	Ar	Kr	Xe	Rn
原子序数	2	10	18	36	54	86
原子半径/pm		131	174	189	209	214
熔点/K	0.9	24	84	116	161	202
沸点/K	4.2	27	87	120	166	211
在水中溶解度(293K)/(mL/L)	13.8	14.7	37.9	73	110.9	4.933
临界温度/K	5.1	44.3	153	210.5	289.6	377.5
气体密度(标况)/(g/L)	0.1785	0.9002	1.7809	3.708	5.851	9.73
最小激发电位/eV	21.2	16.6	11.6	9.9	8.1	
电离电位/eV	24.6	21.6	15.8	14.0	12.1	10.748
放电时发光颜色	黄	红	红或蓝	黄绿	蓝绿	
发现年份	1868	1898	1893	1880	1900	1900

2.5.3　紧凑型荧光灯用主要气体

主要气体的各项性能指标见表 2 - 27 ~ 表 2 - 29。

表 2 - 27　　氩气主要性能（GB/T4842—1995；GB/T10624—1995）

项目 \ 指标		纯氩	高纯氩		
			优等品	一级品	合格品
氩纯度/($\times 10^{-2}$)	⩾	99.99	99.9996	99.9993	99.999
氢含量/($\times 10^{-6}$)	⩽	5	2	4	5
氧含量/($\times 10^{-6}$)	⩽	10	1	1	2
氮含量/($\times 10^{-6}$)	⩽	50	0.5	1	1
总碳含量(以甲烷计)/($\times 10^{-6}$)	⩽	10	0.5	1	2
水分含量/($\times 10^{-6}$)	⩽	15	1	2.6	4

表 2-28　　氮气主要性能(GB/T5829—1995)

项目 \ 指标		高纯氮	纯氮	
			一级品	合格品
氮纯度/($\times10^{-2}$)	≥	99.999	99.995	99.99
氮含量/($\times10^{-6}$)	≤	3	10	20
氧与氩含量/($\times10^{-6}$)	≤	2	5	5
氢含量/($\times10^{-6}$)	≤	0.5	1	2
总碳含量/($\times10^{-6}$)	≤	1	2	3
水含量/($\times10^{-6}$)	≤	2.6	3	3
氙含量/($\times10^{-6}$)	≤	4	30	50
总杂质含量/($\times10^{-6}$)	≤	10	50	100

表 2-29　　氙气主要性能(GB/T5828—1995)

项目 \ 指标		高纯氙	纯氙	
			一级品	合格品
氙纯度/($\times10^{-2}$)	≥	99.999	99.995	99.99
氮含量/($\times10^{-6}$)	≤	3	10	20
氧与氩含量/($\times10^{-6}$)	≤	2	4	5
氢含量/($\times10^{-6}$)	≤	0.5	1	2
总碳含量/($\times10^{-6}$)	≤	1	2	3
水含量/($\times10^{-6}$)	≤	2.6	3	3
氪含量/($\times10^{-6}$)	≤	4	30	50
氧化亚氮含量/($\times10^{-6}$)	≤	0.5	1	1
总杂质含量/($\times10^{-6}$)	≤	10	50	100

2.6 其它材料

2.6.1 配粉用材料

水涂粉工艺是指以水为溶剂,以水溶性胶为粘结剂,将荧光粉配成悬浮液,涂于玻管内壁的工艺。主要材料有粘结剂、加固剂、表面活性剂等。

2.6.1.1 粘结剂

粘结剂是荧光粉悬浮液的一个主要组分,其作用是将荧光粉粘在玻管上。粘结剂的成分和结构如何,直接影响荧光粉涂层的质量。

(1)粘结剂的种类

制备荧光粉粉层传统的工艺是用醋酸丁酯为溶剂,硝化纤维为粘结剂的有机涂粉工艺。这个工艺的优点是溶剂挥发快,涂层光滑,工艺过程易于控制,还可涂敷不能水涂的荧光粉。

缺点是醋酸丁酯挥发造成强烈气味，对人体有危害，对环境污染大；同时硝化纤维易燃易爆，危险性大。

水浆涂粉工艺是用去离子水作溶剂，聚氧化乙烯、聚甲基丙烯酸铵等为粘结剂。它的优点是粘结剂的分解温度低、成本低、对环境污染小。目前这种工艺已被广泛采用。

(2)聚氧化乙烯的主要性能

聚氧化乙烯的外观为白色粉末，相对分子质量从10万到几百万，易溶于水，聚氧化乙烯水溶液是非离子型，它适合作三基色荧光粉粉浆的粘结剂。聚氧化乙烯分解温度较低，残留灰分小。在200～300℃条件下，聚氧化乙烯发生剧烈分解；当温度为300℃时，聚氧化乙烯90%以上分解完毕；温度为550℃时，残留只有0.17%。

目前，世界上有多家公司能生产聚氧化乙烯，主要有日本住友精化公司、美国道化学公司和日本明成公司，其产品的牌号分别为PEO、Polyox和Alkox。Polyox、Alkox、PEO主要物理性能见表2－30。

表2－30　Polyox、Alkox、PEO主要物理性能

性质＼牌号	Polyox	Alkox	PEO
外观	易流动的白色粉末	白色粉末	白色粉末
相对分子质量	10万～800万	10万～500万	15万～800万
熔点/K	335～340	338～340	338～340
密度/(g/cm^3)	1.15～1.26	—	1.2
表观密度/(g/cm^3)	0.2～0.5	0.2～0.45	0.3
脆化点/K	—	218～223	223
粒径	通过10目	10～30目	通过1000μm
碱金属(以CaO计)/%	1	无	无
灰分/%	—	2.5以下	1以下
溶液pH	8～10	7.5(10%)	中性至弱碱性

2.6.1.2　加固剂

粘结剂从涂层中分解后荧光粉在玻璃上的粘着力会减小许多倍，为使荧光粉涂层具有良好的质量，就要在荧光粉悬浮液中添加加固剂，以提高粘着力。

加固剂常用的是德国Degussa公司的纳米级氧化铝粉末，其主要物理性能见表2－31。

表2－31　$\gamma-Al_2O_3$的主要物理性能

外观	白色粉末	外观	白色粉末
平均粒径/nm	13	Al_2O_3含量/%	>99.6
比表面积/(m^2/g)	100±15	SiO_2含量/%	<0.1
密度/(g/cm^3)	3.2	Fe_2O_3含量/%	<0.2
摇实密度/(g/m^3)	0.05	TiO_2含量/%	<0.1
燃烧失重(1273K,2h)/%	<3	HCl含量/%	<0.5

2.6.1.3 表面活性剂

水性悬浮液中固相颗粒凝聚成团的程度取决于颗粒之间的伦敦分散力和范德华吸引力。在水性悬浮液中添加表面活性剂的作用在于表面活性剂会改变颗粒的表面化学性能，从而改变分散相固体颗粒之间的相互作用。一方面，添加表面活性剂可以影响分散相固体颗粒的表面化学性能，让分散相颗粒表面带有相同的电荷，基于同性相斥的原理，保持颗粒在水中的均匀分散；另一方面，让分散相颗粒表面定向吸附上合适分子量的高分子聚合物，锚定在固相颗粒上，高分子聚合物柔软的亲水链伸入水中，产生空间位阻效应，可使分散体系稳定。因此，所添加的表面活性剂同时具有上述两个功能为最佳，也即上述两个机理的交叉，称之静电空间位阻（Electrosteric）稳定，即让分散相的颗粒表面吸附上带负电的高分子聚合物。采用静电空间位阻机理，使水中颗粒分散所需的表面活性用量最少。为使采用非离子型水溶性粘结剂的水性荧光粉悬浮液稳定，一定要在悬浮液中加入离子型的表面活性剂。

采用表面活性剂，除了分散体系稳定外，还使水性悬浮液的流变性质改善，使悬浮液的黏度降低，使悬浮液中的固态成分增加，使悬浮液不发生沉淀等。在有气泡的场合，还需加入消泡剂。

（1）分散剂

目前普遍采用由澳大利亚 Ciba 公司生产的牌号为 Dispex A40 的阴离子型表面活性剂作分散剂。Dispex A40 是羧酸聚合物的铵盐（多元羧酸铵），它是浅棕色的低黏度液体，浓度为40%，与水良好混溶，具有良好的稳定性，在高温及碱性条件下黏度稳定。它是由多元羧酸和氨水反应制得。Dispex A40 的相对密度为 $1.16g/cm^3$（水为 $1.0g/cm^3$），pH 为 7.5～8.5。

Dispex A40 为低分子量的羧酸共聚物的铵盐，这些阴离子将会吸附在粒子的表面上，使整个粒子带负电。粒子间互相排斥，产生稳定均匀的分散效果。采用 Dispex A40 有良好的分散效果，但用得太多的话会使初始光通下降，其原因是它在 550℃ 的烤管温度下的残留物为黑色残渣。它的热释重测量，550℃ 下的残留百分比为 0.6%。因此，Dispex A40 的用量应经过测量得到，在获得良好分散性能的前提下用量越少越好。

（2）润湿剂

目前普遍采用由德国生产的牌号为 Arkopal N080 的非离子表面活性剂作润湿剂。Arkopal N080 学名为壬基酚聚氧乙烯醚，$n=9$，活性组分含量为 100%，外观为低黏度甘油状液体。用了 Arkopal N080 后，水的表面张力减小，粉浆从管端流出时不易产生气泡，因此，不少企业称其为消泡剂。事实上，Arkopal N080 也是一种乳化剂，易发泡，若用得太多的话，则粉浆中会产生很多小气泡，因此称 Arkopal N080 为消泡剂是不合理的。为了避免粉浆中产生过多的小气泡，Arkopal N080 的用量不能太多。Arkopal N080 的热释重测量表明，550℃ 高温烤过后无黑色残留物，残留百分比为 0.1%。

2.6.2 保护膜用材料

随着荧光灯的紧凑化，灯管的管壁负载进一步提高，灯管的工作温度也不断提高。玻管温度提高加速了玻璃中钠离子的热扩散，这些钠离子从玻璃内部扩散到玻璃表面，并和那里经由双极性扩散从放电区域来的电子复合，形成中性的钠原子；在玻管内壁形成的钠原子又通过热扩散而跑到荧光粉层的表面，并在荧光粉的表面和汞原子反应，生成黑色的钠汞齐。另一方面，由于紧凑型荧光灯的管径变小，185nm 短波紫外线占总辐射输出的比例提高，导致单位玻管表面受到 185nm 辐照的能量增加；玻璃内产生光电场使放电中产生的汞离子向玻璃内部转移，与玻璃内部的光电子复合成汞原子，在玻璃中大量的汞原子逐渐凝聚成微小的汞滴，从而使玻管黑化，导致灯管的光输出减少。

在玻管内表面与荧光粉层之间涂敷一层保护膜，该膜层阻挡了玻管内表面的钠原子向荧光粉表面扩散，减少了荧光粉表面钠汞齐的形成。保护膜层还降低了辐射到玻管内表面的185nm 紫外线的强度，阻止汞离子向玻璃内表面的渗透，从而防止玻管玻璃的黑化。一般将保护膜分成透光保护膜和透明保护膜。

2.6.2.1　透光保护膜

透光保护膜是由下述方法形成的：将颗粒超细的（粒度小于0.1μm）高纯的某些金属的氧化物（如 Al_2O_3、TiO_2、ZrO_2、SiO_2、CeO_2、Sb_2O_3 等）配制成有机或水浆悬浮液，采用吸涂、灌注或喷淋法，可以在玻管内壁形成某些金属氧化物的透光保护膜层。由于膜层是由厚度约为几个微米的超细的氧化物颗粒堆积而成，因此膜层看起来是不透明的（光的直线透过率低），但若构成膜层超细氧化物颗粒的纯度极高的话，由于可见光经过这些颗粒时几乎不被吸收，这就可使膜层对可见光的总透过率仍然很高。

目前普遍用作透光保护膜用的氧化物为 γ 相和 δ 相纳米 Al_2O_3，原始颗粒约为0.02μm，比表面积为 $100m^2/g$，化学性能稳定，不吸收紫外线和可见光，已经采用其作为保护膜材料。德国的德古萨公司（Degussa AG）生产的 $\gamma-Al_2O_3$ 是通过气相反应合成的，其颗粒度细、纯度高、分散性好，因此得到广泛应用。

2.6.2.2　透明保护膜

透明保护膜是由下述方法形成的：将某些金属（如钛、铈、锆、铝、锡、锑、镧、钇等）的有机化合物溶于某些有机溶液，然后用与透光保护膜相同的水涂法，就可在玻管内壁形成有机溶液膜层，经水解和烘烤，就可以在玻管内表面形成相应金属的氧化物膜层。由于用此法形成的氧化物膜层连续、致密，因此，膜层看起来是透明的，光的直线透过率和总透过率都很高。目前可用作透明保护膜的氧化物有氧化铈、氧化钛、氧化铝、氧化钇、氧化镧等。透明保护膜涂液所用原材料已经国产化，产品性能可以满足要求。

透明保护膜的特点包括：

①金属氧化物和玻璃牢固地结合在一起，形成连续、致密的膜层，Al_2O_3 是靠细颗粒的自然堆积，颗粒之间有空隙。

②1μm 以下厚度的连续致密的膜就能起到很好的保护作用，薄膜层对封口和对接工序影响很小，不必增加擦管工序。

③透明保护膜的涂敷操作很方便，通过涂液浓度和涂制工艺的变化，可以控制保护膜的厚度在设计范围。对于 U 形灯管，其 U 形弯头处也可保证有足够的厚度。

④价格比水基的 $\gamma-Al_2O_3$ 透光保护膜要高。

参 考 文 献

[1]屈素辉、道德宁．荧光灯用玻管生产技术及质量水平的现状及分析．中国照明电器，2005，(3)：1～5

[2]张兵，陈奇，宋鹏，陆剑英．含铅玻璃及其无铅化的研究．玻璃与搪瓷，2006，(2)：50～53

[3]方道腴，蔡祖泉．《电光源工艺》．上海：复旦大学出版社，1988

[4]稀土三基色荧光粉．广东有色金属学报，2002，152

[5]徐燕，黄锦裴，王惠琴，吴茂钧，余兴海，胡建国．稀土三基色荧光粉的合成、性质及应用．发光与显示，

1981,(1):52~62

[6]闫世润,胡学芳,马林,胡建国. 中国灯用稀土三基色荧光粉发展历程与动向. 长三角照明科技论坛暨上海市照明学会2008年年会论文集,52~54

[7]顾竞涛,张晓明,王振华. 灯用三基色荧光粉回顾与发展动向. 中国长三角照明科技论坛论文集,2004,213~216

[8]姜辉译. 荧光粉的带电倾向和荧光灯的光衰现象. 光源与照明,1994,(1):20~26

[9]周太明,麦长,卞娟,苏丽. 荧光粉表面带电倾向特性的研究. 光源与照明,1995,(2):20~22

[10]陈森洁. 水银可见光对荧光灯色坐标的影响及其消除. 灯与照明,1998,(1):33~35

[11]黄志伟,陈金铠,郑蔚,陈利永,方良栋. 光谱光度法高精度测定稀土三基色荧光灯色坐标及相关色温. 光谱学与光谱分析,16(3):27~33

[12]刘裕宽. 电真空玻璃. 北京:电子工业出版社,1986

[13]唐明道,关中素. 稀土三基色荧光粉和灯的色坐标差值变化规律及其原因分析. 灯与照明,1994,(3):20~22

[14]丁有生,汪晖. 稀土荧光灯的色容差调整对光通量的影响. 灯与照明,29(4):46~47

[15]侯民贤,邝江涛. 三基色荧光粉预配方系统设计. 中国照明电器,1999,(10):6~8

[16]曹铁平. 稀土发光材料的特点及应用介绍. 白城师范学院学报,2006,20(4):42~44

[17]孙家跃,杜海燕,胡文祥. 固体发光材料. 北京:化学工业出版社,2003

[18]张中太,张俊英. 无机光致发光材料应用. 北京:化学工业出版社,2005

[19]周太明,邵红,凌平. 灯用荧光粉的工艺和理论. 上海:复旦大学出版社,1990

[20]固体发光编写组. 固体发光. 1976

[21]徐光华,卢继锋,王彬生,史美谊. 电光源制造工艺. 上海:上海科学技术文献出版社,1992

[22]曹波,林晓,戴彤孚. 玻璃与金属封接用杜美丝. 材料科学与工程,1994,(01)

[23]何志明. 固汞在低气压气体放电灯中的应用. 中国照明电器,2008,(2):12~15

[24]曹新民. ZnHg紧凑型荧光粉性能分析. 照明工程学报,1998,(6):22~26

[25]周太明,周详,蔡伟新. 光源原理与设计. 上海:复旦大学出版社,2006

[26]于冰,陈大华,何开贤,蔡祖泉. 霓虹灯原理与制造技术. 北京:中国轻工出版社,1993

[27]王旭. 水涂粉工艺的应用. 中国照明电器,2005,(6):7~9

[28]何志明. Al_2O_3—Polyox水涂法. 中国照明电器,2002,(9):14~16

[29]方道腴. 紧凑型荧光灯用保护膜. 中国照明电器,1999,(1):1~4

[30]方道腴. 紧凑型荧光灯用水浆涂粉工艺. 中国照明电器,1999,(4):1~3

[31]周立华,李艳军,李树山. 水涂粉黏结剂的发展. 河北化工,2003,(4):16~17

3 紧凑型荧光灯灯管工艺

3.1 概　　述

目前紧凑型荧光灯灯管的形状主要有U形、H形、Π形、螺旋形等,典型的就是U形和螺旋形两种,这两种类型灯管的生产工艺有所不同,2U以上U形灯管比螺旋灯管多增加平头、接桥工艺。螺旋灯弯管工艺基本由专业的明管厂家生产,灯管生产厂家直接采购弯好的明管生产。

图3-1所示的工艺流程图作为典型模式仅供参考。因各企业生产设备配置不同,工艺流程也不尽相同,应根据企业的实际情况设计工艺流程。

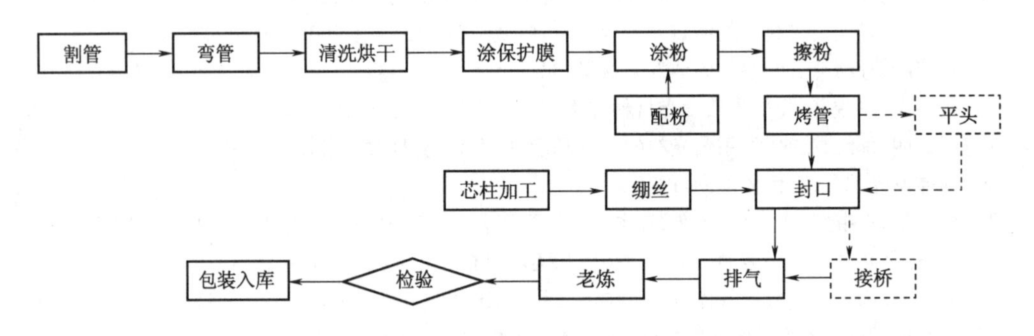

图3-1　灯管工艺流程图

注:虚线为U形管(单U管除外)专有工艺

3.2 明 管 制 备

紧凑型荧光灯外玻璃管种类分为含铅硅酸盐玻璃和无铅硅酸盐玻璃;随着环保要求的逐步提高,各国陆续推出限制铅、镉、砷等含量的法律法规,无铅玻璃的应用越来越普及。明管制备就是将直的玻璃管制成各种紧凑型荧光灯所需的外形玻璃管,并清洗干净为荧光粉的涂敷做准备,因为未涂敷荧光粉所以称为明管。

本节主要介绍U形和螺旋形结构的明管制造工艺。U形和螺旋形的明管在加工工艺中最大的区别体现在弯管这一道工序。由于U形紧凑型荧光灯问世时间比螺旋形早许多年,因而U形的制造工艺相对比较成熟,尤其在自动化加工方面,U形已普遍使用自动弯管方式,而目前螺旋弯管还是以手工或半自动化弯管居多。

3.2.1 割　　管

割管是将玻管切割成各种紧凑型荧光灯规格所需的长度。割管的方式有好多种,有砂轮切割、金刚刀切割、火焰冷爆切割、电热丝爆管等。砂轮切割会造成玻管内壁吸附玻璃屑难以清洗;金刚刀切割会造成管口不光滑、易破裂;电热丝爆管也会产生管口不光滑、易破裂。目前行业内基本都是采用火焰冷爆切割加烧口工艺，火焰冷爆切割是用冷却过的刀片接触经火焰加热的玻管，让热玻璃受到骤冷，产生应力而冷爆断裂；烧口是用火焰灼烧切割后玻管两端，使管口更光滑。

由于企业一般要考虑充分利用玻管来料，因而会根据各种规格产量和长度的情况来要求玻管厂家提供一个合适的来料玻管长度，以便割管时玻管两端的余料最小化。而在割管这道工序，割管机往往根据两种以上规格的长度进行适配调机，即同一根玻管往往被分割成两种或两种以上长度，使得玻管的利用率高，两端的余料最小。

火焰冷爆切割加烧口工艺的具体操作流程如下：

①首先需做好开机前的准备工作，检查自动割管烧口机器转动是否正常，割刀口部是否锋利，否则应调整。

②根据生产需要加工的直管长度，调好定位挡板的位置。

③开启机器，用吸球将切割冷却水槽加满水，开气（先开液化气或煤气或天然气、低压风，再开氧气），点上并调整好火头，确保割管火焰与割刀对齐，玻管应与割管火焰、割刀垂直；烧口时以火苗中心烧到玻管端面为宜。要求割口平整无裂纹、圆滑无毛刺，烧口要求无缩口变形现象。一般需做工序首件，首件通过后再进行批量生产。

④生产过程中应经常注意割管、烧口质量，经常注意火头变化并调整，及时补充水位以保证质量。若割刀有问题应及时更换。

⑤生产过程需保持清洁卫生，成品管应整齐叠放于塑料周转箱内并放上相应的规格标识。

⑥操作人员应戴防护手套，注意防止烫伤，被玻璃割伤、划伤。

⑦生产完毕后应注意不要使机台空转，及时关气（先关氧气，后关液化气、低压风）、关机。

此工艺过程最关键的是调机、调整火头以及割管处理。由于割管需要经过投料、割刀、割管火焰、烧口预热、强热、退火等很多条轨道，因而需要确保每一条轨道都要对齐，以防割完的玻管产生斜口、缺口等缺陷。火头的调整也非常重要，若割管火焰调整不当，往往无法顺利冷爆；若烧口火焰调整不好，玻管端口会产生缩口、烧不熟或烧太熟以至于黑化的现象。注意经常整理料道，避免滑料及收管过程冷热相碰使玻管产生应力而导致炸裂。

加工完成的明管需进行检验，确保玻璃透明、管口平滑，不得有炸裂、失透、偏生、变形等，玻管内不得有杂物等，不得有超标的结石、气线、擦伤、划伤等缺陷。一般U形明管的管口要求比螺旋明管的要求要更高些，U形要求割完的管口一定要平整光滑。

3.2.2 分　选

制造U形灯管的玻管一般有管径分选工序。由于U形管在弯管的过程中其精度要求相当高，管径与弯管模具如果不匹配，会出现直管部位与U形拐弯部位的过渡不光滑，影响上粉外观。玻管的外径每相隔0.1mm，就要换一挡模具，所以对每根玻管的粗细要进行分选。分选的形式一般有两种，一是机械型分选，二是激光分选，两种形式各有优劣，目前大部分企业采用的是激光分选。这里主要介绍激光自动分选方式。

具体操作流程如下：

①调好料仓宽度与玻璃长度相符，进料口与管径相符；

②开启激光扫描仪电源，检查分挡设定值；

③戴上手套关闭卡栓，将玻管整平放入进料仓；

④开启控制柜电源，机器自检完成后进入正常运行；

⑤放开卡栓开始分选。用游标卡尺检测分选玻管合格后方可连续生产。

注意事项:运行时,应及时整理接料仓中玻管,防止电机卡死。当出现电机卡死时,应及时关闭控制柜电源,将轨道和进料拨轮中心玻管清理干净后,重新启动。本机不得在没有人员看护情况下运行,人走前须停机。

3.2.3 弯管(成形)

弯管也叫做成形,就是将玻璃直管弯成各种紧凑型荧光灯的所需外形的明管,如U形明管和螺旋形明管。由于U形和螺旋形结构差异非常大,在弯管(成形)方面,采用的弯管(成形)设备也是完全不同的。

3.2.3.1 U形管成形

由于U形结构较简单,在自动化生产方面设备也很成熟,自动弯管机的应用较普遍,主要原理是对玻管进行二次加工,玻管经过预热、强火软化、成形、退火等工序的控制,弯成各种规格所需的单片U形明管。

主要工艺操作如下:

①选取与玻管相对应的弯管模具,调整好自动弯管机的投料仓,整平直管放进料仓。

②根据U形灯管具体规格尺寸及所要求的封口端长度确定挡板、推杆以及充气头位置。

③启动机器检查运行情况,机器运行良好后,开气(按照液化气、低压风、氧的顺序)并调整好各个火头。

④启动退火炉加热源加热,退火有用煤气或电加热退火,退火炉温度的设定是根据玻璃管的退火要求而定的,以消除应力为核心。一般退火高温区在400~450℃,保温区在300~350℃。在正式批量生产前一般都需进行首样确认,检查弯部的应力情况。

⑤作业结束后停止供应玻管时,先关氧气、关低压风和液化气。将温控开关关闭,待退火炉温度低于200℃之后,再将转速开关关闭,并对设备进行维护保养。

弯管后要进行检验,主要检查的内容为:尺寸要符合设计要求;外观要求两管平行、工整(置于平板,不应翘斜);模线不可过粗,圆弧对称、不可以明显鼓出;弯部不可太薄,最薄处厚度应大于0.35mm(用百分表测量),否则在后道的加工过程中易破裂;弯部不可集料、夹料,以免应力较大,易炸裂。

U形弯管制造工艺产生的主要缺陷、产生原因和解决方法见表3-1。

表3-1　U形弯管主要缺陷、产生原因和解决方法

缺陷	产生原因	解决方法
炸管	成形模具合力过大	减小成形模具气缸压力
	玻管未烧熟	调节加大后三道火力
	机械手夹歪	调整机械手角度
	下料槽有油污	清洁下料槽油污
集料	玻管烧太熟	调节减小后三道火力
	机械手夹歪	调整机械手角度
夹料	玻管未烧熟	调节加大后三道火力
	成形模具过早或太晚闭合	调节成形模具气缸压力,使之与机械手动作相协调
	机械手夹歪	调整机械手角度

续表

缺陷	产生原因	解决办法
长短	用于调整尺寸的挡板出现偏差	调整该挡板
	传送轮间距偏宽或偏窄	调整传送轮间距
	后三道火力不足或太大	调节后三道火力
翘斜	机械手不对称	调整机械手角度

3.2.3.2 螺旋管成形

螺旋管明管的整个成形过程一般包括下列步骤:弯螺旋、弯脚、退火、吹小泡、割脚。

(1)弯螺旋

就是将直管弯成螺旋形状。对于螺旋形结构的弯管方式主要有两种,人工成形和机器成形。按成形模头的个数可分单工位成形机和多工位成形机,这里主要介绍多工位成形机。

具体步骤:作业前检查并确定液化气、低压风、电源开关及设备是否正常,炉内应无杂物。按不同规格长度将各区的调压器调至合适的电压;打开液化气和低压风,并调试合适的火力给要成形的模具预热至微红,待电炉通电一定时间后,看炉芯的热量及温度达到一定程度时,开始作业。

弯螺旋的质量要求:不得有冷炸及明显模印现象;螺圈应平整,无粘炉,无麻点,螺距均匀,无变形现象;内圆均匀不变形,不得有拉细、脱节现象,无宝塔形现象。不管是U形还是螺旋形,在弯管时都必须注意不要引入杂质进入明管内壁,以免在后道的清洗工序无法清洗干净,从而影响灯的上粉外观及灯的内在品质。

(2)弯脚

就是按照产品的要求,把不同规格的弯好螺旋的管做成不同开挡的两只脚,有朝上的、有斜的、也有不做弯脚为全螺的。弯脚工序基本上还是以手工为主。

弯脚需调整好火头,保持火力均匀,避免外圆不光滑、变形、冷炸等不良品产生。弯脚部位角度要自然,外圆必须光滑;弯脚拐弯处不得有凹凸不平;两脚应统一高度,吹气大小应和管径大小相符;弯脚部位不得有扁脚和严重变形;开挡必须正确,两脚应平行于中轴线。

(3)退火

弯好脚的明管应立即进行退火处理,退火就是把产品在弯螺旋和弯脚二次加工过程中所产生的应力通过退火炉消除或减小应力。

退火的种类有几种,一种是箱式退火,一种是隧道式退火,还有一种节能型爬坡式隧道退火。小规模企业刚开始生产时一般都采用简单、成本低的箱式退火,这种形式的退火往往局部位置应力退不清,时间长且容易变形,但操作简单。规模大一点的企业采用隧道式退火,此方法速度快,应力消退均匀。目前一般都采用节能型爬坡式隧道退火,结构更加合理,更加节能,对控制退火的质量和成本起一定的作用。

退火步骤:调整好退火炉温度及转速,首样需用应力仪进行检验,确保消除应力后开始作业,生产过程中也需不定时对产品进行应力抽测,确保整个生产过程正常。作业结束后将温控开关关闭,待退火炉温度低于200℃之后,再将转速开关关闭,并对设备进行维护保养。

(4)吹小泡

不同的紧凑型荧光灯企业根据自身产品设计的需求,往往需要在螺旋明管上吹小泡作为冷端,以达到控制汞蒸气压的效果。针对不同的产品设计,小泡大小和位置也有不同。小泡也有在弯螺旋时自动成形,这样形成的小泡一致性好且节省一道工序,但该方法由于合格率不高尚未被普遍采用,所以目前吹小泡基本上还是以手工或半自动为主。

具体方法是在要形成小泡的部位用火焰加热让该部位玻璃软化,并在玻管内吹入低压风让软化的玻璃鼓出,形成小泡。通过控制火焰和风量的大小来控制小泡的大小与突出的高度。

吹泡时注意避免开挡变形,同时放管时注意摆放整齐,以免产生炸管和小泡变形。保持火力均匀,避免小泡外圆不光滑、偏大或偏小、凹陷、尖泡等不良品产生。

(5)割脚

为方便弯管、弯脚等工艺操作需要留比较长的管脚,割脚工序就是割去过长的管脚。螺旋明管的割脚经历了多次的变革,早先是用电加热爆管割脚、电动砂轮爆管割脚、水砂轮切割脚(电动),后用手摇单支割脚,再到电动双支割脚明管清洗。

割脚时需根据不同的规格以及脚长要求进行定位,作业时确保明管总高、脚高尺寸在要求的范围内,且管口光滑平整、不得歪斜。

3.2.4 明管清洗

明管在运输、存放、加工成形过程中,会有灰尘、污染物和析出物沉积于表面,这将影响涂层的质量以及影响紧凑型荧光灯的品质,所以对弯管成形后的U形或者螺旋明管都必须进行清洗。

此道工序一般要先用低浓度的氢氟酸浸泡,然后用水进行多道冲洗。随着现代社会对环保与职业健康要求的提高,用氢氟酸浸泡的方式已逐步被淘汰,很多企业都选用热水浸泡和高压热水反复循环冲洗内外壁的方法进行清洗,有些企业采用超声波清洗。目前较好的是采用隧道式自动清洗烘干一体机,一头进一头出,从而完成从喷吐溶液到自动清洗、烘干的全过程,大大减轻了员工的劳动强度,而且彻底解决了氢氟酸对人体的危害,稳定了清洗的质量。

明管清洗时需注意水温的控制(不低于60℃),并适时更换热水,避免温度不够影响清洗效果。不管用任何方式进行清洗,都需确保每道水都能充分进入整个管内,从而有效清洗整个明管内壁,洗好的明管应清洁、无水花纹、油污、白雾状等物。另外,不管是用哪种清洗方式,都需要相应的防护措施,以防止酸对皮肤的损伤、防止热水烫伤、防止超声波的噪声等。清洗完后的明管需进行烘干,此烘干工序将会直接影响后道上粉工序的质量。尤其是螺旋明管,烘干时盛明管的容器以及明管的放置都会影响明管内水分的顺畅流出,因而使得杂质沉积在管内影响灯的质量,假如明管残留水滴或水迹,容易引起粉层发花,影响外观。烘干的温度和时间需调整合适,避免肉眼看不见的不干的现象。烘干的明管未及时投入使用需放入除湿间,以防受潮。

3.3 涂敷与擦粉

涂敷工序主要是将保护膜材料或发光材料涂敷在成形好的明管内壁,使其在内表面形成一层均匀的保护膜层或荧光粉层。荧光粉层的厚度有一个最佳值,太薄,灯的光通量较低且光通维持率差;太厚,灯的光通量也下降。不同的荧光粉、不同的灯管形状,最佳厚度值有所不同,紧凑型荧光灯荧光粉量一般控制在4~7mg/cm^{2}范围。

擦粉工序主要是将粉管(即涂敷了荧光粉的明管)管口的荧光粉擦除,以保证平头、封口的气密性。

3.3.1 保护膜预涂

为了减少汞的用量和提高流明维持率，有时需要在玻璃和荧光粉层之间涂一层透明或半透明保护膜，以阻挡汞进入玻管玻璃内部及汞与玻璃中的钠离子等起反应生成汞齐。工艺上是在荧光粉涂敷之前先预涂保护膜。

3.3.1.1 保护膜预涂材料的配制

目前广泛采用纳米氧化铝悬浮液作为保护膜预涂材料，它的配制就是将氧化铝与去离子水混合后用搅拌机搅拌分散后备用。悬浮液配制推荐采用具备高剪切力的搅拌设备，高速搅拌分散形成的氧化铝悬浮液与普通的低速搅拌机分散的悬浮液相比较，氧化铝分散更均匀、粒径更细，保护膜涂层更加致密。氧化铝悬浮液为乳白色均质悬浮液，呈弱酸性，二次粒径100～150nm，配制浓度为1%～6%。

3.3.1.2 保护膜预涂工艺

保护膜的涂敷工艺与下述荧光粉涂粉工艺类似，使用的设备也与荧光粉涂敷设备类似。采用喷涂或吸涂的方式将保护膜材料悬浮液涂敷在明管内表面，再通过吹风和加热方式烘干。烘干温度较低，一般为40～80℃之间。涂敷后保护膜涂层应呈现淡蓝色，膜层应致密均匀，有较好的保护效果和良好的透光性。保护膜涂层不均匀，积料、开裂、漏涂的管应剔除。

3.3.2 荧光粉涂敷

紧凑型荧光灯性能的好坏与荧光粉及其涂层质量有着密切的关系。使用优质荧光粉制成的灯管光效高、显色性好、色漂移小、光衰小；使用劣质荧光粉则相反。荧光粉涂层质量的好坏直接影响灯的外观，对灯的光色参数及流明维持率也有着重大的影响。

荧光粉涂敷工艺分为两类：醋酸丁酯涂敷工艺和水涂粉涂敷工艺。醋酸丁酯涂敷工艺由于刺激性气味大，黏结剂硝化纤维分解温度高，对环境造成污染，光衰大，目前基本不采用。下面仅介绍水涂粉工艺。

3.3.2.1 荧光粉、辅助材料的准备

配制荧光粉粉浆需要的材料甚多，除荧光粉之外，还需要有黏结剂、加固剂、分散剂、润湿剂等。为了制成紧凑型荧光灯粉管，首先将一种或数种荧光粉混合，再置入溶剂和其它辅助材料，经适当的搅拌，制备成悬浮状的粉浆，涂敷到玻管内壁上。

（1）荧光粉配制

根据设计要求选择好需要的荧光粉型号，按照色温、色参数控制所需要的三基色粉配比进行称量，将称量好的荧光粉进行混合。

（2）黏结剂胶液配制

使用黏结剂有两个目的：在涂敷前，它可使荧光粉粒均匀弥散于悬浮的浆液中，不沉积；涂敷于玻管内壁后，它又能让荧光粉牢固、均匀地黏附于管壁。目前紧凑型荧光灯厂家水涂粉工艺中广泛选用的暂时性黏结剂是聚氧化乙烯（Polythylene Oxide），聚氧化乙烯能以任意比例溶解于水，根据分子量的大小，一般按3%～5%的比例进行配制。

溶解槽的材料建议使用塑料、不锈钢、搪瓷槽，不能使用铁槽。搅拌设备最好可以调速。

溶解方法：先在溶解槽中加入规定水量1/5的去离子水（只要能正常搅拌还可适当减少水量），为了使粉末能迅速在水中分散，刚开始投料时宜快速搅拌在水中形成涡旋，边搅拌边加水边投料。加完粉末，等粉末被水润湿后，适当降低搅拌速度（切线速度为1.5～2m/s），并

加入剩余的水量继续慢速搅拌4h以上，直至粉末完全溶解。

注意事项：为使溶液黏度更加稳定，使用前建议静置12h。为防止黏结剂分子链受损而断裂，导致黏度永久下降，不宜长时间高速搅拌，不宜高温操作（温度应低于40℃），不宜长时间暴露在太阳光或紫外线下，避免引入杂质，特别是应注意避免铬、铁、镍、铜等游离金属离子存在。

（3）加固剂悬浮液配制

荧光粉层经高温烤管后，暂时性黏结剂受热后分解，荧光粉与玻壁的黏附力大大减小，容易发生掉粉现象。为此，需要在荧光粉浆中加入加固剂，提高粉层与玻壁以及粉粒之间的黏附力。

加固剂在悬浮液粉浆中应化学性能稳定，对任何荧光粉不产生影响；透光性好；受185nm短波紫外线照射时，物理性应稳定；粉状加固剂的粒度要细。因其对光通、流明维持率及上升时间有影响，用量要加以控制。

目前水涂粉工艺常用的加固剂与保护膜的材料相同，均为纳米氧化铝，它的搅拌配制也与保护膜预涂材料的配制相同。加固剂在粉浆中能更好地包裹荧光粉颗粒，减少脱粉。荧光粉浆用的氧化铝悬浮液一般配制成10%～20%的浓度备用，配制时也可添加少量的分散剂使得氧化铝分散效果更理想。

（4）分散剂水溶液配制

现有水涂粉工艺常用的分散剂为Dispex A40，该类分散剂能够以最基本又是最经济的方法对荧光粉浆起到分散和稳定的作用。Dispex A40易溶解于水，可以直接添加到粉浆中使用也可稀释后使用，但其完全分解温度较高有残留，不宜多添加。

（5）润湿剂水溶液配制

润湿剂是一种特殊的非离子型活性剂，表面活性能力强，具有润湿、渗透、乳化、消泡等作用，能够提高粉浆对玻管管壁的润湿作用，防止粉层涂敷不均匀。它是一种无色液体，能以任何比例溶于水，一般按1‰稀释后备用。

3.3.2.2 三基色荧光粉的水涂配方

三基色荧光粉：1000g；

去离子水：200mL（初始添加量，后续根据黏度、密度调整需要进行补加）；

氧化铝悬浮液：200～400mL（不同管型需要的氧化铝用量略有差异）；

黏结剂胶液：500mL（初始添加量，后续根据黏度、密度调整需要进行补加）；

分散剂：1.5～4.5mL（因氧化铝添加量的差异及不同荧光粉涂敷性的差异而不同）；

润湿剂稀释液：20mL。

3.3.2.3 粉浆配制过程

将水和氧化铝悬浮液置入粉浆搅拌桶中，加入分散剂，搅拌一定时间后，将称量好的三基色荧光粉倒入桶中一起搅拌，再加入黏结剂胶液，继续搅拌一定时间后测量粉浆的黏度、密度。不同的灯管所要求的粉浆黏度、密度不同，一般黏度在20～40s（涂4杯），密度35～65Be；范围。经过搅拌后的粉浆用200～300目尼龙丝网过滤待用。配置好的粉浆必须先试管后再投入使用，并根据后续粉层质量的反应做必要的调整。

3.3.2.4 涂粉工艺

涂粉是将荧光粉均匀牢固地附着在玻管内壁上。目前涂粉设备主要分为两大类。一类是普通的涂粉机，玻管垂直上挂或插入各工位，采用喷涂法或喷涂、吸涂结合的方式进行涂敷，之后进行吹风和加热让粉层烘干。这种普通涂粉设备结构简单、生产效率高，但在螺旋灯管的涂敷时，由于重力的作用，荧光粉会在螺旋管的底部沉积，形成挡光的带状积料，既浪费荧光粉又影响灯的外观和光通输出。另一类是新型的无积料螺旋管涂粉设备，向明管内定量注入荧光粉浆，通过边旋转、边吹风、边加热的方式使整个管内部均匀地涂满荧光粉。这种设备涂敷的螺旋灯管无积料，但设备成本较高，生产效率较低。

由于重力的作用，传统的涂粉工艺粉浆沿着管壁下淌，为了得到合适的厚度和上下尽可能均匀的粉层，一般在粉管进入隧道式烘箱时，先对粉管的上端局部加热，让上部粉层尽早干燥，中、下部仍处于流畅状态，然后逐步往下加热，使粉层自上而下依次干燥，得到均一粉层。无积粉螺旋管涂粉机由于采用旋转涂敷的方式，荧光粉不会沉积在底部，可以直接进烘箱进行吹风干燥。两种涂粉方式都需要建立不同温度、不同风量的区域，温度在 70 ~ 150℃，吹风的方向应调整到粉层面都有风通过，否则吹不到的部位会出现粉层偏薄的缺陷。鼓风机的进风口应置有过滤装置，防止尘粒带入，污染粉层，而且过滤装置应定期更换或清洗。由于三种稀土荧光粉的密度不同，颗粒分布也有很大差异，如果粉浆长时间静置将出现分层现象，所以在涂粉过程中必须将桶中的粉浆不停地搅拌，以免出现色差。

荧光粉层的质量直接影响外观，粉层厚度是影响光输出、光衰的重要因素之一，需要进行控制。U 形管可以采用光电测厚仪对粉层厚度及其分布进行测量，螺旋管通过目测和称重法进行控制。

3.3.2.5 涂粉常见缺陷、产生原因及解决方法

荧光粉涂层的质量除与粉浆的固态质点颗粒度、密度和黏度有关外，还与涂粉环境的温度、湿度、风速、洁净度以及被涂玻管清洁度有关。表 3 – 2 列出了涂粉工艺荧光粉层常见的缺陷、产生原因和解决方法。

表 3 – 2　　涂粉常见缺陷、产生原因和解决方法

缺陷	产生原因	解决方法
顶部粉层偏薄	普通涂粉设备的烘箱上部温度偏低或粉浆黏度偏低，导致 U 形管拐弯部位或螺旋管顶部粉层偏薄	提高烘箱上部温度和调整粉浆黏度
阴影：粉层局部过厚	吹风过大造成粉层起皱或明管变形造成粉浆流动不畅，导致粉层不均匀，局部过厚产生阴影	调小前几道吹风的风量或剔除变形明管
露白：粉层局部过薄	夹具温度过低，造成夹具接触部位明管温度与其它部位不一致造成	提高夹具温度或采用导热性差的夹具
	明管外部沾上粉浆造成明管局部温度过低	调整粉浆喷涂的压力或调整涂粉操作方法
	明管内表面有油污或水分造成粉浆黏附不上	加强明管清洗工序的控制
积料带过宽	普通涂粉设备生产螺旋管时顶部、侧部温度过低或粉浆流动性差	通过改变顶部、侧部吹热风或调整粉浆的黏度和密度
积料带开裂	生产过程中溶剂和分散剂的挥发，导致粉浆黏度、密度发生变化，流动性变差	加少量分散剂或添加去离子水
漏白：靠近积料带的位置有明显的粉层厚薄差异的分界	粉浆流动性差	调整粉浆黏度、密度
	涂粉操作工操作方法不当或不熟练	培训操作工
	夹具不正涂粉时明管歪斜	调整夹具

续表

缺陷	产生原因	解决方法
内空：螺旋管内侧粉层偏薄	分散剂过量或粉浆浓度偏低	调整粉浆
	风管吹风偏离	调整吹风管
脱粉：粉管经烤管后出现局部粉层脱落	荧光粉颗粒过大	使用细粒径的荧光粉或适当球磨
	粉浆中加固剂添加量不够	适当增加加固剂
	烤管温度分布不恰当	调整烤管温度分布
气泡：粉层中有气泡	涂粉气压系统漏气或气压过大不当	检查调整气压系统
	粉浆搅拌速度过快	调整搅拌速度，粉浆静置适当时间，添加少量润湿剂
	涂粉操作方法不当	调整操作方式
粉粒、砂粒、油污、黑点等	粉浆受污染引起的；配粉、涂粉设备和工装器具的不洁；配粉和涂粉环境卫生问题；明管不洁	应注意保持设备、工装器具的卫生，明管清洗应干净，粉浆使用前或机边的回收流时得需先过滤

3.3.3 擦　粉

擦粉是将粉管管口的荧光粉擦去。为保证在封接和平头工艺中，玻璃熔接时不会由于夹入荧光粉而产生慢性漏气，需要将粉管内表面平头和封口部位的荧光粉擦掉。在涂粉时粉管外表面和管口端部常常也会沾有些许荧光粉，为保证有良好的气密性，除了擦除粉管内部的荧光粉外，粉管外表面和端部也需要擦干净。目前U形粉管擦粉已自动化或高速化，而螺旋形粉管的擦粉基本上是人工。内表面通常是采用固定在电机转轴上的橡胶片快速旋转来进行擦粉的，外表面和端部采用旋转的毛刷来清洁。

擦粉也可在烤管工序之后进行，烤管后黏结剂分解，粉层与玻璃的黏附力减小，荧光粉比较容易被擦除干净。但由于涂粉时粉管的管口部位往往黏附着比较多的荧光粉，堵着管口部位不利于烤管时空气或氧气的流通，影响烤管的效果，而且烤管后擦粉可能引起其它部位荧光粉脱落，出现脱粉。

擦粉常见的缺陷是粉层擦不干净。它主要是橡胶片磨损造成，所以橡胶片要及时更换。选择相对硬些、抗磨损的橡胶片材，但太硬易导致玻璃擦破。

3.4 烤　管

烤管是将粉管通过500℃左右的高温加热烘烤并向粉管内通以一定温度（40～70℃）的热风，使荧光粉层中的暂时性黏结剂受热分解。目前粉管烤管设备有卧式椭圆形烤管机、桥式烤管机、柜式烤管机、圆形烤管机、卧式隧道烤管机等。

3.4.1 烤管工艺

目前大多数紧凑型荧光灯生产厂家都采用聚氧化乙烯作为水涂粉黏结剂，根据聚氧化乙烯的分解原理，温度在300℃左右就开始大量分解，温度为550℃时，残留物只有0.17%。所以烤管温度一般设为500℃左右(最高温度应略低于玻璃的软化温度),为了加速黏结剂的燃烧挥发,清除残留碳,在早期加热阶段可向粉管中通入空气或氧气。为使送风不影响烤管温度,送入空气或氧气需要先适当加热。在后道降温阶段可适当减少空气通入量,防止荧光粉中的激活剂被氧化。

烤管温度和时间应合理选择,温度太低,时间太短,黏结剂分解不彻底,必将成为成品灯管的杂质气体释放源,导致灯管启动困难,出现黄黑,发光效率低;如果烤管温度过高、时间过长,荧光粉中处于中间价态的激活剂将被氧化,导致发光效率下降,玻璃中钠离子逸出至表面,迁移到荧光粉层,造成荧光粉层"黑化",有时还会发生明管的几何尺寸变形。在烤管工序中,切忌污染荧光粉层表面,特别当选用煤气火焰烤管时,决不允许有害物硫、碳等玷污发光层,通常采用电热烤管较为理想。经烤管后的粉管应立即投入下道工序使用,不应在大气中存放较长时间,否则因吸附大气中杂气、水汽过多,在排气工序中很难彻底清除,造成灯管品质差。实际生产中有时难免需要存放,为了减轻存放期间的有害影响,粉管储存室应具有保温、除湿的功能。

3.4.2 烤管指示剂的使用

为判断烤管是否充分,黏结剂是否彻底分解,在烤管前需要对烤管设备的设置进行验证,定期测试烤管炉的温度分布曲线。工艺中通常还采用烤管指示剂验证烤管的效果。烤管指示剂是一种专用温度指示剂,它在黏结剂的分解温度下颜色变化敏感,通过其颜色的变化和分布,及时、准确、直观的检验粉管表面实际温度,从而判断烤管质量的优劣。

烤管指示剂的使用方法:

①使用前滚磨或摇匀;

②制造指示管:将指示剂灌满明管后倒出,迅速置入涂粉机烘干或用热风枪烘干,以保持涂层厚度均匀;

③将指示管按正常烤管工艺要求放入烤管炉的不同工位进行烤管;

④烤管后观察指示管颜色的变化和分布,并对照指示剂的使用说明进行判断。

3.4.3 烤管的常见缺陷、产生原因及解决方法

烤管的缺陷主要是烤不透和烤过头,有的烤管问题在烤管工序中就可以发现,有的问题要到灯管制造完成后灯燃点时才能发现。表3-3列出烤管的常见缺陷、产生原因和解决方法。

表3-3 烤管的常见缺陷、产生原因和解决方法

缺陷	产生原因	解决方法
粉层不洁白、发黄、发灰	烤管温度和时间不够、温度分布不均匀	调整烤管温度,掌握好烤管时间,注意不同工位间温度的均匀性
	气氛不对,烤管时黏结剂未彻底分解	烤管时通入空气或氧气促进黏结剂彻底分解,注意气体一定要进入管内
	粉层太厚,导致黏结剂分解不完全	控制荧光粉层的厚度
粉管变形	烤管温度超过玻璃的软化点	如果玻璃料性没有问题,注意控制最高烤管温度应略低于玻璃的软化点;玻璃料性出现问题相应解决材料问题
	温度分布不均匀,局部温度过高	调节烤管设备的温度设置,使温度均匀

续表

缺陷	产生原因	解决方法
灯管老炼后出现黄斑	烤管温度或时间不够，气氛不好，氧气不足，黏结剂分解不充分	提高烤管温度并注意温度的均匀性，注意送空气和氧气的效果
光效低、色坐标偏移	烤管温度过高、时间过长，玻璃中的钠析出，和汞结合成钠汞齐或荧光粉蓝粉绿粉劣化	控制温度和时间，防止钠析出，采用低钠玻璃；控制烤管后道的送风量
灯管启动困难	烤管不彻底，黏结剂没有彻底分解	提高烤管温度并注意温度的均匀性，注意通气效果

3.5 制 芯 柱

紧凑型荧光灯芯柱的作用是支撑灯丝（电极或辅汞齐）、传导电流并与玻璃管密封，在制造过程中通过它的排气孔进行排气、冲洗和冲入填充物（①工作气体，如高纯氩等，②液汞或固态汞等）。它的质量的好坏决定着灯管的内在质量和制造成本的高低。

芯柱由三部分组成：喇叭管、排气管和导丝，这三个半成品在芯柱机上自动熔封而成。

3.5.1 喇 叭 制 造

喇叭的制造就是将玻璃管切成一定的长度，再将切好的玻璃管的一端扩大，使整体呈喇叭形状。在大批量生产中，我国现在大多数厂家都采用自动喇叭机制造喇叭，因而对喇叭管的外形尺寸要求比较严。这里重点介绍采用12工位自动立式喇叭机生产喇叭的加工工艺要求。

生产前应检查设备运行情况，润滑油应保持流通，检查扩针，并调整好火头（开启顺序为先开液化气、低压风、氢气，后开氧气），做好生产前准备工作。将芯柱所要求的玻管分别插入到12工位喇叭机机头内，调试好所要求的喇叭高度、喇叭大小和角度。每台机批量生产前须先做首样确认，检查喇叭管切口、喇叭口直径和角度及喇叭长度等符合要求后方可批量生产。

将玻管（约1200mm）插入机头之内，该机头能自动旋转，公转到定位工位进行尺寸定位。在前几个工位对喇叭管的被切割部分进行加热到微红，使玻管有了塑性，然后对喇叭管进行切割。切割加热火嘴与大、小刀片需保持在同一水平线上，大小刀片之间的距离要调整适当，否则容易产生废品或者缩短刀片的使用寿命。切割之后对管口进行均匀加热使之软化，然后用铸铁或合金钢制成的喇叭锥子自动使喇叭成形。成形后的喇叭需要进行退火消除应力，以免喇叭出现炸裂。常用的退火方式是转盘式，火焰大小要掌握适当，使喇叭的切口端要烧圆滑无毛刺，但也不得把喇叭口烧得过厚或缩口。

喇叭制造关键在调火和淬火。调火烧喇叭管，首先要将所翻起部分玻璃烧熟、烧透并且还要将喇叭管和所翻起部分的交叉点也烧熟，以免机械的强行翻起喇叭使喇叭拐弯处形成机械应力，导致在制灯过程中炸裂喇叭圈或炸喇叭。翻完喇叭之后，应立即进入淬火工序，淬火的过程，就是喇叭在高温下成形之后，立即进入与喇叭面垂直的均匀的冷风吹冷，它的目的是通过骤冷，使玻璃内部应力外移，外表面应力增大，形成玻璃表面无数的微裂，这样在二次热加工时喇叭表面会由于微裂而可以吸收较高的温度。

制成的喇叭应进行检验，检验桌上最好装有荧光灯照明的磨砂玻璃板，这样便于发现制品的瑕疵。检验时须戴防护手套,防止被喇叭割伤、划伤手及手上油渍污染喇叭。

喇叭的质量要求:①不得有破裂和沙粒;②喇叭口不得有不圆,口部高低差不能超过0.5mm;③喇叭管口要平整并烘烧光滑;④喇叭的尺寸及扩口角度应符合设计要求,一般扩口的角度在90°左右;⑤喇叭切割端口应圆滑平整,不得有缩口、厚边、毛刺等现象;⑥喇叭扩口应圆滑平整,无裂口等;⑦退火后的喇叭不应有明显的应力。

3.5.2 切排气管

排气管是为通过排气孔进行排气、充气和冲入填充物所设计的空心玻璃管。在芯柱的制造之前,需要将排气管切成所需要的长度。为了大规模连续生产的需要,除了它的料性一致性要求严格外,它的尺寸规格要求也高。切排气管比较简单,可以手工切割也有机器自动切割。

工艺要求如下:生产前先试做几只看长度、割口是否符合要求。试做合格后,再正式生产。将割好的材料整齐排列于料槽,去掉不平的料端。要经常检查产品的质量并及时纠正,注意割刀不锋利时应更换修整。

3.5.3 制导丝

导丝是紧凑型荧光灯中输入电流、支撑灯丝的部件,它的结构一般由内导丝和外导丝焊接而成。根据灯的功率和客户的具体要求,选用合适(直径、长度)的镍丝(内导丝)和杜美丝,通过电火花焊接机,将两种不同材质的导丝焊接在一起。

3.5.3.1 内导丝

内导丝是封入灯内直接支撑灯丝的部分。目前国内各个厂家大量采用纯镍丝作为内导丝而不用镀镍铁丝,这主要是生产高品质灯真空工艺要求决定的,因为镀镍铁丝与玻璃封接时容易产生连续性的气泡,这种芯柱在以后生产的紧凑型荧光灯产生慢漏的可能性会加大。

3.5.3.2 外导丝

外导丝一般采用杜美丝。杜美丝也叫代铂丝,是在镍铁合金外面包一层铜外壳的合金丝。杜美丝表面的正常颜色为砖红色,烘烤温度不足时表面呈草黄色,温度过高时呈樱红色。杜美丝表面的硼砂在湿空气中有吸水性,吸收后的硼砂层会裂开,与玻璃熔封时就会形成一连串的气泡,造成慢性漏气。因此,杜美丝应保存在真空干燥器中,防止表面硼酸盐受潮变质。变了质的杜美丝颜色发暗或发霉,有时还产生黑色的斑点。

3.5.3.3 导丝的加工要求

导丝加工主要是把镍丝及杜美丝通过碰焊成形,在加工时需要注意电流大小以及时间的调整设置。成型后的导丝必须确保满足质量要求,杜美丝表面不应有发黑、泛黄和硼砂层脱落现象;镍丝表面不应有斑点或锈蚀现象;导丝的焊接点应光滑牢固,能经受弯折90°后再拉直而不断裂;镍丝和杜美丝的焊接点直径不应大于杜美丝直径的110%。

3.5.4 芯柱制造工艺

芯柱的制造是将排气管、喇叭管、导丝放在自动芯柱机台机上,自动熔封而成。自动芯柱机有24、28、32工位,目前大部分厂家采用28工位自动芯柱机。

生产前应做好以下准备工作:检查设备运转情况,各部件是否正常,检查送料各部件是否干净,否则易造成应力;生产前要先预热夹钳和退火炉,调整好各道火焰,注意火焰大小及位置高低,并先做首件,用量规检测各尺寸并做好记录。

生产工艺流程：先投放喇叭，喇叭定位完成后，依次投放导丝和排气管，经过预热火、强火逐步熔化喇叭管和排气管，当熔化到熟透后，在夹扁工位的一定位置把喇叭管和排气管压扁；同时，针对有孔芯柱和无孔芯柱的不同，要求内外吹风也要相应的调整；生产时要注意调整火焰强弱、内外吹风大小、压板高低及厚度，零件封接处要烧透，杜美丝要呈鲜红色，防止开五、断芯（注：开五为芯柱中喇叭管与排气管熔合处出现横向炸裂；断芯为排气管靠喇叭内一端断裂）等废品产生；每天检查和校正夹钳，导丝排气管及喇叭管要调整在同一中心，不能有偏差，两导丝高低一致；退火炉火焰要对准芯柱压扁处，火焰由大到小，由密至疏，视机台不同相应调节，出口部分以杜美丝开始变红为参考。

表3－4列出芯柱制造中常见的缺陷、产生的原因和解决的方法。

表3－4　芯柱制造中常见缺陷、产生的原因和解决的方法

缺陷	产生原因	解决方法
炸芯柱	芯柱生，没有烧熟，夹扁处玻璃没有很好地与杜美丝熔合在一起	调整火头温度，保证在夹扁工位前使芯柱烧熟
芯柱瘪	肩部吹得不鼓，两边不对称，夹扁偏向一边，火头位置偏高，吹风压力低，吹鼓火头温度不当（过高或过低）	调整夹扁夹钳和各工位的喇叭钳口、导丝钳口、排气管钳口在同一轴线上；调整火头位置高低，使火头加热在需夹肩的部位；调节适量风压、或调节吹鼓部位的火头温度来保证吹鼓
炸喇叭	挡火板位置不当、破损，造成在喇叭圆周上导丝一侧呈指甲形纹	调整挡火板位置或更换挡火板
	喇叭配合不良，造成不规则的乱炸	加强退火处理，使之基本消除应力
	芯柱机预热火头太大，使之经受不住过大的热冲击造成一块块炸裂	调整预热火头
开五	在芯柱热加工过程中，因冷喇叭被热的喇叭钳口钳住，使喇叭管局部受热形成应力，而退火温度偏低无法消除此应力	调整喇叭烘箱温度，保证达到足够的退火温度以消除喇叭管的应力。喇叭管无规则的乱炸一般属于料性不好
炸排气管	有孔芯柱孔眼过大，使封接玻璃吹得很薄，力学强度不够	调整打孔风压和打孔火焰，使孔眼大小与排气管内径一致又不大于排气管内径
	无孔芯柱小气泡吹得过小或过大	调整打孔风压和打孔火焰
	排气管与喇叭管处呈夹角，没有吹鼓，造成肩部玻璃堆积过多	调整吹鼓风压和吹鼓火焰
芯柱压扁处炸	镍丝封入玻璃部位过长	调整导丝托盘高低位置，使镍丝封入玻璃的长度为1～1.5mm
	排气管插得过低	调整排气管位置高低，排气管长度应在要求的公差范围内
	未烧熟	调整火头大小，使其在夹扁处前烧熟，而不是靠夹扁钳硬夹在一起
	排气管、喇叭管、杜美丝的膨胀系数不匹配造成炸裂	控制每批排气管、喇叭管、杜美丝的膨胀系数在一定的范围内

续表

缺陷	产生原因	解决方法
慢性漏气	杜美丝和玻璃封接不良,有尖角	调整火头温度,使喇叭管排气管烧熟烧透,使杜美丝呈鲜红色
	杜美丝受潮变质,产生连续气泡	加强杜美丝的保管防止受潮发霉,受潮严重的应停止使用
断镍丝	根部断裂:主要由于芯柱加工过程中温度过高,玻璃收缩过快,使镍丝暴露在火焰下灼烧而发脆。导丝钳口台阶处烧坏同样也产生断裂	调整火焰温度火头位置,使玻璃收缩不致太严重,更换导丝钳口
	整个镍丝断裂发脆:主要由于退火烘箱温度过高,直接烧到镍丝上使其发脆	调整烘箱温度,既保证消除应力,又不烧致镍丝发脆,火焰喷射角度及火焰位置要适当

3.6 绷　　丝

绷丝是紧凑型荧光灯制造中比较关键的工序。此工序主要是将灯丝装架在芯柱的内导丝上,并且在灯丝上涂敷适量的电子粉。目前绷丝基本上都采用自动绷丝机。

涂敷电子粉方法有电泳法和浸涂法,所以必须将碱土金属碳酸盐制成悬浮状的电子粉浆。电子粉浆有白色粉浆、灰色粉浆和稀土粉浆,根据工艺和设计的不同采用不同的电子粉浆。

电子粉浆由固相碳酸盐、粘结剂、有机溶剂和增塑剂构成,粉浆中各组分应均匀一致,不应发生固相质点的相互作用聚合而沉积,它是有着良好分散性的悬浮液体。

3.6.1 电子粉浆的准备

电子粉浆在使用前需要在滚瓶机上滚动(滚动时间一般不少于24h),使粉浆均匀,然后倒入电子粉浆杯内使用,剩余的继续在滚瓶机上滚动。

3.6.2 绷　　丝

绷丝的真空卫生要求:绷丝工序中涂敷电子粉是制灯的关键工序,必须严格控制确保真空卫生,防止受环境的污染;或者人为的误操作引入一些杂质和油污导致阴极中毒,使阴极发射特性变差,甚至整个放电状态不稳定,管端出现早期黄黑,而影响阴极的活性和灯的寿命。

3.6.2.1 绷丝工艺步骤

开始生产前用酒精擦拭设备中需与芯柱、灯丝相接触的部位;开启设备,打开高压风,启动加热和旋转装置,粉浆处于搅拌状态。排入灯丝,试做首样,检查装架、浸涂情况,合格后方可投入大批量生产。生产中应定时抽检电子粉量,注意电子粉浆的变化。下班前应关掉电源,将剩余粉浆倒回瓶中继续滚动,剩余的芯柱放进干燥橱内保存;下班前洗净一切用具,与灯丝、粉浆直接接触的所有用具用酒精清洗干净。

3.6.2.2 绷丝工艺要求

装架好的灯丝应不变形、位置中正不偏移,电子粉涂敷到灯丝上应做到粉层厚度适中均匀,无并圈、吸脚、结块、漏圈、喷点等缺陷。

涂敷电子粉时,灯丝两端应各留数圈螺旋圈不涂电子粉,内导丝上不得沾上电子粉(俗称吸脚),灯丝螺旋圈上不能有结块和并圈现象。这是因为在阴极分解时,这些部位的温度较低,达不到碳酸盐的分解温度,当排气分离后,灯管燃点时,在离子的轰击下就会发生分解,释放 CO_2,此时灯丝附近的管壁上出现黄黑,使得灯管内杂气较多,阴极中毒,发射电子能力差,灯管寿命减短。

涂敷电子粉的一致性要好,电子粉量要控制在合适的范围内,排气分解就比较彻底;若粉量差异太大,必然出现过多的阴极分解不足,粉量过少的分解过度。

涂敷电子粉后,应将灯丝上多余的粉浆用手轻轻甩去。在自动浸涂机上,多余粉浆用一个恒定清洁的小风吹掉或用恒定负压吸除,防止螺旋圈间结粉发生。

电子粉量的多少会影响灯管的寿命,不同功率的灯和灯丝结构涂敷的电子粉量也不相同,应定时抽检。每天应定期的抽检,使用量程为 50mg 的扭力天平进行称重。剪下灯丝,先称涂有电子粉的灯丝重量,随后将灯丝浸入稀盐酸或醋酸丁酯中清除粉层,再将吹干的钨灯丝的重量称得,两次重量差就是所涂电子粉的重量。

3.6.2.3　绷丝常见缺陷、产生原因及解决方法

表 3－5 列出了绷丝工序常见的缺陷、产生原因及解决方法。

表 3－5　　绷丝工序常见缺陷、产生原因和解决方法

缺陷	产生原因	解决方法
吸脚	电子粉黏度不足	加强电子粉检验,调整黏度密度
	粉槽堵塞	清理料槽
	稀释过度	更换电子粉浆
喷点	电子粉黏度密度不当	调整电子粉浆黏度密度
	吸风量不足	加大吸风量
	搅拌速度过快	降低搅拌速度
漏圈	吸风量太大	减少吸风量
	电子粉料槽堵塞	清理料槽
	丝形不正	调整机台
并圈	丝形不正	加严材料检验
	扣丝夹具太紧	放松扣丝夹具
	吸风针堵塞	清理吸风针
结块	电子粉浆黏度太大、结块或稀释不够	加强检验,使用前滚动或加大稀释力度
	吸风量太小	加大吸风量
电子粉层偏厚	稀释不够	加大稀释力度
	吸风量太小	调大吸风量
丝尾巴没切断	切刀不锋利	更换切刀,加强检验
内导丝的开口太大	芯柱歪芯或机台整形的开口太大	加强检验,机台调整
内导丝歪一边	芯柱歪芯	加强检验
	整形的底座偏一边	机台调整
两根灯丝(俗称“双胞胎”)	排丝人员没排好	加强培训和检验
内导丝熔接点玻璃裂(俗称裂肩)	内导丝开门太大或芯柱漏检	调整模具开门大小或严格检验

3.7 平　　头

平头是针对2U及以上U形管的专有工序，螺旋管和单U管无需平头。平头是把烤过管的粉管一端用火焰加热封死，因为封后的端部一般呈平面状故称为平头。为保证气密性，粉管平头前应按工艺要求擦粉。目前一般采用自动设备生产，有专门的平头机也有平头封口一体的平头封口机（简称平封机）。

3.7.1 平头工艺要求

不管是平头机还是平封机，针对平头工艺来说其调机和调火的要求都是一样的。平头工艺关键是调好机台和火头，观察各工位火头是否在同一高度，应将各工位火头调在同一高度，确保平头端和封口端的高低差在 ±1mm 之内。平头质量要求：端部平整光滑、厚度均匀、不漏气、不积料，无明显烧黑。

3.7.2 平头常见缺陷、产生原因和解决方法

表3-6列出平头工序常见的缺陷、产生的原因和解决方法。

表3-6　　平头工序常见的缺陷、产生的原因和解决方法

缺陷	产生原因	解决方法
平头漏气	端部有荧光粉夹入导致粉漏，或粉管在各工位加热时受热点不在同一点	调整擦粉高度使封离部位粉擦干净；调整各火头高度一致
平头炸	端部厚度不均匀、厚度过厚造成平头端部冷炸或退火不好，有过大应力造成火焰加热边界处冷炸	调整加热火焰大小；调整退火火焰大小
端部烧黑	火焰中低压风、氧气过小，液化气燃烧不充分使碳夹在平头端部发黑或铅玻璃中的铅还原出来发黑	调整风、氧气的风量大小

3.8 封　　口

封口工序主要是将粉管（烤管、擦粉、平头后的粉管）和灯芯（绷丝后的芯柱）通过加热熔封在一起。U形和螺旋的封口设备不同，U形管一般是自动化设备，有的采用平头封口一体的平封机；但螺旋封口基本以半自动和手工为主，针对不同的螺旋管管脚外形结构，封口设备也有些差别。

3.8.1 封口工艺要求

封口主要工艺流程：

①检查各种气源是否泄漏。

②领取粉管及对应规格的灯芯。

③用点动开关点动试运行数圈，观察主机及各运动部件是否正常，特别是机头中的芯轴是否上下顺畅，旋转夹具在旋转工位是否打滑。若有异常应即时处理。

④确认机器运转正常后,方可按下连续运转按钮。然后点火调好各工位火头并试做几只合格后方可进行生产。

应注意封口与退火后灯丝不可被氧化,可解剖样品抽查。

3.8.2 封口工序常见缺陷、产生原因和解决方法

表3－7列出了封口工序常见缺陷、产生原因和解决方法。

表3－7 封口工序常见缺陷、产生原因和解决方法

缺陷	产生原因	解决方法
封口炸	加热工位火焰没调好造成封口部位冷炸	调整各工位火焰
封口漏	粉管封口部位粉层擦不干净造成封口粉漏,或各工位火焰没调好(火力不够,或是各工位火头没有调在同一热点)造成封口漏	调整擦粉高度或使封离部位粉擦干净;调整各火头大小、高度一致
喇叭炸、开五	预热喇叭的火焰没调好,或设备轨道不平,或芯柱质量问题	调整预热喇叭工位的火焰;调整轨道使管口与喇叭合拢后轨道走水平线;控制芯柱质量
管脚冷炸	工位夹具太紧或火头没调好	放松工位夹具拉簧;调整各工位火焰大小、高度一致
歪芯、碰壁	工位的中心点及垂直度没调好造成灯芯不正,碰到粉管管壁	调整工位的中心点和垂直度
大头、粘模	封口时灯芯上顶高度过高造成封口端直径变大,或灯芯支承轴内孔氧化、不洁净导致熔融的玻璃粘在模具内使封口端有毛刺	调整灯芯支承轴上顶的高度;去除灯芯支承轴内孔的氧化层和异物

3.9 接　　桥

接桥工序主要是针对U形管而言,螺旋管不需要这道工序。U形管外形结构有2U、3U以及4U等,接桥(也叫对接)即是将各个单片U形粉管通过加热爆孔对接使它们两两联通起来,整个灯管形成一个放电通路。目前接桥机有手动接桥机、半自动接桥机和自动接桥机。手动接桥机用于异型灯管和小批量生产,半自动和自动接桥机用于大批量、大规模生产。

3.9.1 接桥工艺要求

各种规格接桥工艺基本相同,这里主要介绍3U自动对接工艺。其主要工艺流程:

①检查各种气源的密封性,准备要接桥封口好的粉管。

②开启设备试运转数周,注意观察机器各运动部件运转情况。若机器运转正常,依次打开液化气、压缩空气、氧气,然后点火调好各工位火头,并试做几只,经检验合格后方可投入生产。

③将待对接粉管垂直卡入自动对接机相应的夹具内,待夹具自动夹紧后方可松开。

④不生产时应停机关气(先关氧气,后关压缩气、液化气)。

接桥质量要求:接桥的大小和位置符合工艺要求,对接后粉管相互平行、不变形能顺利套入下壳、U形部位无高低差;接桥处表面光滑、牢固,不发黑,厚薄均匀,桥孔畅通,不得有漏孔,

封口、接桥、平头处无炸裂不烧黑，不起泡。

3.9.2 接桥常见缺陷、产生的原因和解决方法

表3－8列出了接桥工序常见的缺陷、产生的原因和解决方法

表3－8　　接桥工序常见的缺陷、产生的原因和解决方法

缺陷	产生原因	解决方法
桥炸	接桥玻璃积料过厚或退火不够造成接桥附近粉管冷炸	调整吹风时间；调整退火温度
不通	火焰温度不够或吹孔的风量不够	调整火焰和吹风量
桥漏	设备夹具位置没调好、或火头位置偏、或火焰大小不适、或吹风过大造成桥接处有漏孔	调整夹具位置；调整火焰位置和大小；调整吹风量大小
变形	上管位置不正、或夹具不正、或下管时接桥未固化造成尺寸不符合标准	上管时夹到位；调整设备夹具；调整下管时机
弯部炸	设备推杆没调好，接桥角度不对；机械手上下管压管力太大，造成U形管薄弱部位弯部炸	调整推杆行程；调整机械手动作
桥黑	火焰含氧量不够，液化气燃烧不充分，碳夹在接桥中使接桥发黑	调整风量、氧量

3.10 排　　气

在紧凑型荧光灯的生产过程中，排气是最重要的工序，其工艺的合理与否，对产品的质量有极大的影响。目前紧凑型荧光灯的排气设备主要分为长式排气设备(下文简称“长排车”)和圆形排气机(下文简称“圆排车”)两种。长排车用于手工操作，具有结构简单、制造和维护方便的优点，缺点是生产效率低，排气质量受人为因素影响比较大，一致性也差，只适用于小样制作和小批量生产；圆排车采用半自动或全自动方式排气，工艺过程采用电脑控制，生产效率高，排气质量一致性好，适用于大批量生产。

由于设备配置、设计上的差异性，致使国内各荧光灯生产企业采用的排气工艺略有不同。但是万变不离其宗，综合来讲，紧凑型荧光灯排气的工艺流程主要为：

真空检漏→烘烤除气→阴极分解和激活→注汞→充稀有气体→封离

而其中最重要的是系统真空度的控制、阴极分解和激活的过程控制。下面分别介绍各工艺步骤。

3.10.1 真空及检漏

这里所讲的真空，是指荧光灯灯管内的气体压力较低。真空度是指灯管内除了汞蒸气和适量的填充气体(氩气、氖气等)外，其它杂质气体的分压强越低越好。荧光灯灯管内的杂质气体主要有氢、氧、氮、一氧化碳、二氧化碳和碳氢化合物等，一旦电离放电，它们的活性大大提高，在灯管内发生复杂的化学反应，引起阴极发射电子的能力变差，导致灯管启动困难、管压降升高、光效降低、光衰加大、寿命缩短。

在排气分解过程中，如果系统中有漏气或放气源存在，则系统就不能达到所需的真空度。事实上，排气设备的真空系统难免有微量的漏气和放气，系统所能达到的真空度是在抽气、漏气、吸气和放气之间达到平衡状态时的真空度。但在排气系统中应避免出现明显的漏气和放气，保证排气时能够在尽量短的时间内达到并维持所需的真空度。

3.10.1.1 真空检漏的方法

一般在生产开始前，必须对设备的真空系统进行检查，查看是否存在漏气。真空检漏的方法有如下几种。

(1)高频火花检漏法

在紧凑型荧光灯生产中最广泛使用的检漏设备是高频火花检漏器(又简称“高频枪”或“火花枪”)，它可以进行粗略估计排气系统的真空度，又能进行漏气孔的查找。当高频火花检漏器尖端靠近玻璃真空系统壁面时，高频电场会透过玻璃壁，使玻璃管内气体被电场激发引起放电。如果存在微小漏气孔，大气从小孔漏入，经过高频火花电离的气流也被引入系统内，此时，出现一个明亮的小点，当火花稍微移动时，火花仍旧停留在亮点处，该亮点就是漏气孔。

也可以通过观察高频火花在真空管内的放电颜色，可以粗略估计气体压强。表3－9给出不同气体压强与放电颜色的关系。

表3－9 气体压强与放电颜色的关系

压强/Pa	放电颜色	压强/Pa	放电颜色
$10^5 \sim 10^4$	无放电，无颜色反应	10	白色辉光，带轻微红色
10^4	细线状紫红色放电	10^0	玻璃壁上有荧光
10^3	玫瑰红	10^{-1}	玻璃壁上有轻微荧光
10^2	整管呈淡红色辉光	$\leqslant 10^{-2}$	无色

但是此法仅适用于玻璃系统，对于金属系统，不能直接用火花检漏器直接检漏。但是，如果在金属系统的前级部分串接一段玻璃管，用火花枪激励管内气体放电，再将蘸有乙醚(或丙酮等易挥发的有机溶剂)的棉花放在可疑处，如有漏气，乙醚蒸发漏入系统，则玻管中的放电颜色将变成乙醚蒸气发电的蓝白色(丙酮蒸气放电是蓝色)。

(2)真空计法

高频火花检漏法仅能粗略估计系统真空度大小。如果在系统上装上真空规管，连接数显真空仪器，我们可以非常直观地知道系统的极限真空度。现在的圆排车都配有数显真空计，可以精确的测量出系统的真空度大小。圆排车利用这个原理实现自动检漏、剔除漏气灯管，为解决排气过程的工艺问题提供很大的帮助。

(3)加压法

对于金属真空系统部件，如用于氩气管路的铜管等，可以向管道中充入高压气体，在可疑处涂以肥皂水或浸入水中，若有漏孔，则在漏孔处就会有气泡逸出。

除上述的检漏方法外，还有氦质谱检漏法、荧光检漏法等。因氦质谱仪能检出很小的漏气量(1.3×10^{-8}Pa. L/s)，它有很高的灵敏度，对于漏气率很小的部件，特别是带有金属的部件，如圆排中心盘上下盘之间的气密性，可用氦质谱检漏仪检测。

3.10.1.2 真空度问题的判定和解决办法

紧凑型荧光灯的排气真空度要求达到10^{-1}Pa 级别，如果真空系统经过一段时间抽气后，

仍达不到预期的真空度,可能有以下几种情况:

①抽气系统出现不良:即真空系统的抽气泵工作有异常,如泵油氧化或太脏、加热功率不适合,机械泵因泵油氧化或内部零件磨损导致极限真空度下降。

②系统放气:即真空系统内部存在放气源,如真空卫生不好、系统清洗不彻底。

③漏气:即真空系统外部的大气通过漏洞或间隙进入内部。其主要原因是加工或安装不良所致,如系统衔接处、焊接处。

为了确定真空系统真空度上不去的具体原因,可以采用静态升压法来判别。具体步骤如下:先开启泵体对真空系统进行抽气,使系统达到一个稳定的最小压强,然后将系统与泵隔开。由于漏气和放气,系统中的压强将随时间的推移而上升。由此,可以画出一条气压对时间的关系曲线,大致有如图 3-2 所示的四种情况:

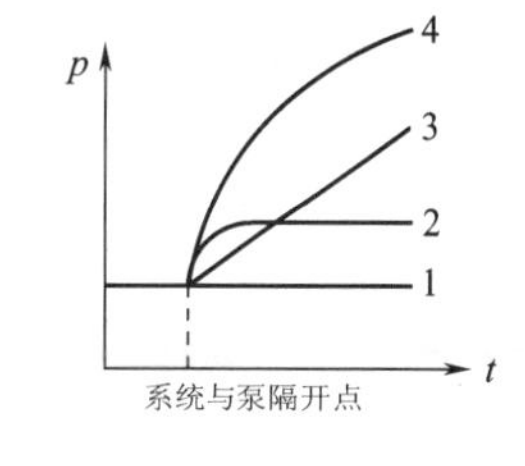

图 3-2　气压-时间关系曲线图

①直线 1:气压不随时间而变。说明系统不漏气,也无放气源,系统真空度不高的原因在于抽气系统工作不良。为此,应检修抽气系统。

②曲线 2:气压开始很快上升,而后处于稳定。说明系统不漏气,但是存在放气源。因放气速率随气压的升高而降低,故曲线逐渐处于稳定。为此,应烘烤除气或拆卸系统进行彻底清洗。

③斜线 3:气压随时间线性上升。说明系统漏气,无放气。为此,应先检漏,找出漏气位置并堵塞住。

④曲线 4:为曲线 2 和曲线 3 的叠加。说明系统既有漏气又有放气。为此,应采取如上②、③所述的相应措施。

3.10.2　烘烤除气

烤管后的粉管冷却后具有吸潮性,荧光粉层会吸附杂质气体。当粉管进入烘箱重新加热后,首先会释放出吸附的水蒸气和杂质气体。

一般来讲,在长排车上排气时,烘烤温度要大于 400℃,烘烤时间要足够,要求在尽可能短的时间内使温度上升到 400℃以上。可以用高频检漏器来识别系统的除气状态。

在圆排车上排气,由于抽速快、除气时间短,温度可大于 500℃。烘烤除气时,要求玻管上下温度差不超过 50℃。另外,要求整个排气过程中,灯管应保持相当高的温度,保证已经除气的灯管不再吸气。我们可以采用自动测温仪测试和记录灯管在各个工位的温度分布状态,同时配合真空测试仪检测对应工位的真空度,结合这两者就可以确定圆排的烘烤时间和开始阴极分解的工位。

紧凑型荧光灯在阴极分解前必须确保除气完成,要求的排气真空度达到 10^{-1}Pa 级别。为加快排气的过程,一般使用氩气冲洗法来提高系统的真空度。所以无论是长排车还是圆排车,一般要求灯管烘烤除气完成、开始通电分解前,必须对灯管进行一次氩气冲洗,通电分解结束后也要进行一次氩气冲洗。

3.10.3　阴极分解与激活

在前面的章节中已经阐述了电子发射材料(即三元碳酸盐)的组成及制造方法和原理。本节将主要介绍三元碳酸盐的阴极分解、激活的工艺原理。

装入灯管以前的氧化物阴极，涂层还不是碱土金属氧化物，需要在封口以后的真空中对其进行热处理，碳酸盐才能变成所需的氧化物，所以热处理的第一步，是在排气过程中对处于低气压的阴极加热，使碱土金属碳酸盐分解为这些金属的氧化物，称为分解；氧化物本身是绝缘体，并不具备发射电子的能力，所以还要进行热处理的第二步，使氧化物涂层内形成一定量的盈余金属钡原子，具有良好的电子发射能力，这一步称为激活。

阴极分解和激活所需的温度，由通过钨丝螺旋的电流提供，温度、真空度和时间是阴极分解和激活的三个要素。阴极分解激活是荧光灯制造中重要的一环，它直接影响灯管的启动性能、光电特性和寿命。

3.10.3.1　阴极分解

灯丝涂敷发射物质悬浮液之后，溶剂挥发，涂层由三元碳酸盐、二氧化锆和硝化棉等物质组成。当阴极在真空中通电加热到500℃左右时，硝化棉在供氧不足的情况下分解。分解反应式为：

$$C_6H_3O_3(ONO_3)_2 \longrightarrow 2NO_2\uparrow + 4H_2O + CO\uparrow + 5C$$

分解产生的各种气态物质被抽走，而碳则以自由碳的形式残留在涂层中，阴极呈淡灰色。这个碳将对阴极有激活作用，同时，在分解温度下，碳会与以后分解中生成的 CO_2 作用生成 CO 而被抽走，所以分解完了的涂层又成白色。

碳酸盐的分解是一个复相反应过程，如下所示：

$$(Ba,Sr,Ca)CO_3 \longrightarrow (Ba,Sr,Ca)O + CO_2\uparrow$$

这是一个可逆反应方程，反应能否向右进行与 CO_2 气体的压力（p_{co_2}）有关。在一定温度下，当反应达到平衡时，CO_2 气体的压力 p_{co_2} 称为该反应的平衡压力（K_p），即 $K_p = p_{co_2}$，它与温度有关并且随温度升高而增大（吸热反应的特性）。由热力学原理可知，要使反应向右进行，真空系统内的二氧化碳的实际压力必须小于平衡压力，碳酸盐才能分解，否则反应会向左进行。

对于共晶三元碳酸盐（Ba，Sr，Ca）CO_3 来说，在同样温度下的分解压力是不一样的。由热力学原理可知，碳酸钙的平衡压力最大，碳酸锶次之，碳酸钡最小。由此可见，在阴极分解时，三种碳酸盐不是同时进行分解的。首先分解的 $CaCO_3$，大约600℃温度以上就开始分解，根据平衡移动原理，它所释出的会抑制 $SrCO_3$ 和 $BaCO_3$ 的分解。所以为了使得另两种碳酸盐得以分解，温度必须继续上升（增大 K_p），一般 $SrCO_3$ 在800℃左右、$BaCO_3$ 在950℃左右开始分解。

分解放出的 CO_2 不断被抽走，涂层中首先得到的是难熔的 CaO 和 SrO。由于 $BaCO_3$ 最后分解，而后得到密实的 BaO，待分解完全后，便得到疏松多孔、结构牢固的氧化物涂层。到最高分解温度时，阴极不再放气，真空度继续增高，分解过程也就完成了。

提高分解温度，可以缩短分解时间，对生产效率有利。但是，温度过高时，由碳酸盐分解所得的氧化物的蒸发量也增加了。BaO 的蒸发速率比 SrO、CaO 的大得多，在高温下，BaO 先蒸发，涂层中的 BaO 减少，这将导致阴极发射性能的下降。所以分解温度也不宜太高（不超过1350℃）。

在上述分解过程中，同时还进行下面的反应，生成阴极的中间阻挡层——钨酸钡：

$$3BaO + 3CO_2 + W \longrightarrow Ba_3WO_6 + CO_2\uparrow$$

反应所生成的钨酸盐对阴极的发射和寿命是很重要的，它处于表面氧化物和基金属之间，称为中间层或阻挡层。钨酸钡的存在阻碍了氧化物的还原，限制了过量钡的形成，减缓了阴极寿命过程中钡的扩散，从而可以延长阴极寿命。如果中间层太薄或结构太松，那么自由钡容易产生，早期阴极发射性能较好，但是钡的蒸发率也加快，那样阴极上的钡很快耗尽，从而使得发射性能变差;如果中间层太厚或太紧,那么自由钡产生速率变慢,导致阴极激活不充分,发射能力变差,导致正离子对阴极的轰击加剧,结果造成发射材料的严重溅射,缩短阴极寿命。

由此可知,阴极分解的温度应该由低到高,即分解电流要由小到大,逐步增加,让三种反应逐步完成,形成疏松多孔的结构涂层。同时要控制分解时 CO_2 的压强,以便生成适宜厚度的中间层。如果分解电流上升过快,两种或三种反应同时进行,释放的 CO_2 气体太多,使得电子粉涂层出现膨胀、开裂和掉粉。同时由于系统中 CO_2 压力过高,导致中间层太厚、致密,自由钡的产生和扩散缓慢,阴极活性变差,燃点时阴极位降高,溅射损耗大。

所以我们在拟定分解规范时,应该用数显真空计测量系统中压强的变化,结合泵体的抽气速度来调整分解电流的大小和时间。如果系统抽速快,通电电流上升可以快一些,时间可以短一些;反之,如果系统抽速慢,通电电流上升要慢一些,时间要长一些。一般而言,分解速度不宜过快。从对灯寿命影响的角度看,要求碳酸盐必须分解彻底,所以分解时的电流大小宁愿比额定值高 5%,以免分解不彻底。

对于长排车手工排气操作者而言,如果要用高频火花放电颜色来判定气体压强时,操作者必须经过专业培训,掌握不同压强下玻璃管内放电颜色。

对于圆排车,由于每个工位的停留时间较短、抽速大、通电时间很短,则应选用较大的分解电流。另外考虑到紧凑型荧光灯单端抽气,抽气端的气压低、分解速度快,另一端气压高、分解慢,应适当增加后者的分解电流。

阴极分解规范的确定需要经过反复试验,结合灯管性能的测试结果来拟定出分解电流大小和时间长短,既要保证阴极分解彻底,又不过头。

3.10.3.2 阴极激活

经过排气分解的阴极,在一定的温度下具有发射电子的能力,但数值很小,性能也不稳定。只有经过进一步的激活处理,提高阴极活性,才能获得良好而稳定的电子发射。紧凑型荧光灯的阴极激活方式主要是还原激活(热激活)。

还原激活是把阴极加热到 1200 ~ 1350℃,基金属钨与涂层中的 BaO 反应,生成自由钡。反应方程式如下:

$$6BaO + W \longrightarrow Ba_3WO_6 + 3Ba$$

这些自由钡沿着多孔涂层中的缝隙向外扩散,一部分钡就和 BaO 形成固溶体,另一部分钡就从表面蒸发掉了。可见氧化物阴极的激活过程以至寿命过程都是钡原子的产生、扩散和蒸发(包含中毒)这三种现象的动态平衡过程。而影响这一过程的主要因素是阴极激活温度。选取阴极激活温度的原则是使钡的还原和扩散足够迅速,而蒸发却不甚厉害。

阴极激活需要良好的真空环境,尽量把分解后的杂质气体抽尽,并用氩气冲洗一次。真空度高,激活温度选得低,涂层中活性物质储存多,阴极寿命就长。激活温度太高,会导致 Ba 的大量蒸发和灯丝发脆。所以在实际生产中,对给定的阴极,为了确定最佳激活温度范围,必须在不同激活温度和时间下测量发射电流,用试验求出能得到良好发射的激活温度和时间的规范。

3.10.4 注汞、充稀有气体以及封离

3.10.4.1 注汞

对于紧凑型荧光灯来说,有两种方法将汞填充到灯管中去:一种是直接将液汞或固态汞注入灯管内;另一种将固态汞外置在灯管排气管内。液汞或固态汞的注入方法又分为手工注汞和自动注汞。

手工注汞常用于长排车。具体方法是先用自动设备或人工将一定质量或数量的液汞或固态汞装入一段封闭的玻璃管内,然后将此玻璃管在排气前预先熔接在排气管一端。排气时带有汞的一端位于烘箱之外(为了减少汞的热蒸发),如图3-3所示。阴极处理完成后,灯管充入氩气后将抽气的排气管烧封下车;然后将灯管倒转,使灯管在下、注汞管竖直在上,并在橡皮垫上轻敲或在振动机上振动,使排气管中的液汞或固态汞掉入灯管内。

自动注汞适用于圆排车。阴极分解激活完成后,排气机的自动注汞装置会在电磁阀的控制下将定量的液汞或固态汞注入荧光灯管内。

对于大功率的紧凑型荧光灯以及带外罩的荧光灯,由于管壁负载大、温度高,一般采用固态汞外置的设计。固态汞外置的注入方法跟上面的一样,只是最终固态汞没有掉入灯管内而是在排气管的某个设定位置。定位的方法有两种:一种是采用玻璃珠或玻璃柱;另一种是对排气预先进行压扁处理,如图3-4所示。

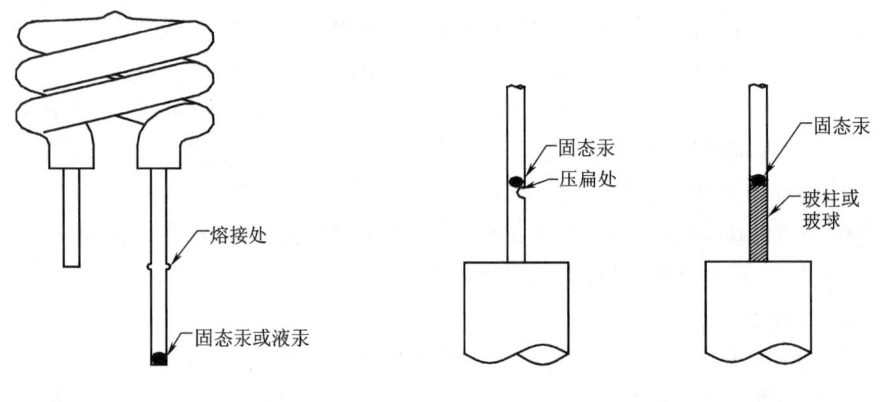

图3-3 手工注汞示意图

图3-4 固态汞外置示意图

3.10.4.2 充入稀有气体

紧凑型荧光灯管排气封离前都要充入适量的稀有气体。稀有气体的作用在于帮助灯管启动,缓冲汞离子对阴极的轰击,同时,还可以减少阴极上钡原子的蒸发,延长灯的寿命。

用充气压力的高低来调整各种粒子的平均自由程,控制了双极扩散过程以便得到较高的254nm的紫外辐射值。

荧光灯管内充气压力要适当。压力太低时,电子自由程大,它可以很高速度飞向管壁或电极,从而使管壁损耗增大,荧光粉老化加快,阴极容易损坏,启动也困难;若压力太高,电子的弹性碰撞损耗增大,光效下降,灯管启动也困难。

紧凑型荧光灯内所充气体通常为氩气,但是有些紧凑型荧光灯也充入混合气,比如:

①要求降低灯管电压、提高初始光效时,充入氩氪混合气。

②要求提高单位弧长的输入功率、提高管压时,充入氖氩混合气。此时灯流明输出提高,光效下降。

③对于大功率紧凑型荧光灯,当单位弧长的输入功率 $p_1 > 0.6W/cm$ 时,应充氖氩混合气。p_1 越高,氖比例应提高。

3.10.4.3 封离

封离就是在排气、注入填充物后将多余的排气管封离出灯管。

长排车生产出的灯管,需要两次封离后才能投入下一道工序。一般采用手工封离或半自动封离机封离。所用方法就是用火焰均匀充分加热排气管封离处,使排气管均匀地逐渐凹入,同时向外拉排气管,使排气管变细,最终熔封在一起。封离后不允许再用火头烧封离处,以免冷炸导致灯管慢性漏气。

圆排车的封离一般是在排气机上直接封离。封离采用两道火完成,第一道是软火(加少量氧气或几乎不加氧),主要是将排气管烧的凹入,要求控制火焰短一些,以免火焰过长进入芯柱使灯管喇叭口产生热应力,产生冷炸、喇叭炸、慢性漏气等废品;第二道火是加氧气的硬火,从凹入点将排气管烧断、熔封,要求火苗细而尖、玻璃受热面积小、熔封动作要快。由于圆排车机速快,封离火焰控制要求高,所以现在有不少厂家的圆排车采用一次预留较长排气管封离,然后再采用手工封离或半自动封离机再次封离,以降低封离火焰控制难度,减少浪费。

3.10.5 排气的注意事项

①封口后的灯管应立即进行排气,切勿存放时间过长,更不能过夜。

②定期检查阴极灯丝上电子粉的重量,以及灯管正常燃点时热点的大小。

③通电分解预热要充分,即低电流要逐渐增加并停留足够的时间,以免温度突然升高,阴极突然膨胀产生开裂现象,甚至脱粉;同时也避免阴极分解时释放出的 CO_2、CO 等杂质气体来不及抽走时进入高电流而产生小黑点。

④阴极的分解激活过程应按照技术规范进行,经常观察电流的变化。

⑤随时注意真空排气系统中真空气氛,发现异常应及时处理,绝不能在低劣真空气氛中进行阴极的分解激活处理。

⑥圆排车生产时应定期检查各工位的气密性。

⑦定期检查充入灯管中氩气量是否精确,应符合技术要求。

⑧每班要抽取一定数量的灯管进行燃点试验,检查灯管的黄黑率和测试灯管的光电色参数。

⑨应定期(每 3 个月)对抽气系统进行检查,并根据机台使用情况更换机台系统、换油、清洗及维修泵等。

3.11 老　　炼

紧凑型荧光灯经过排气工序后,都需要进行老炼。荧光灯老炼的目的是使阴极进一步分解激活,释出杂质气体,从而使阴极发射电子的性能改善;另外,通过放电使杂质气体活化而被清除,这就使灯管的性能获得进一步的稳定,参数也趋一致,启动电压降低。目前普遍采用燃点灯管的方式进行老炼,有的手工操作,有的借助于自动老炼机进行,有的采用电感镇流器、有的采用电子镇流器进行老炼。采用何种老炼方式,主要是根据各个企业的产品规格和工艺要求决定的。

3.11.1 老炼的工艺要求

燃点灯管的老炼过程是先通电预热灯丝,使阴极进一步分解激活,再启动灯管,通过放电使杂质气体活化而被清除。紧凑型荧光灯以转盘式电感老炼机为宜,大致过程如下:

①灯丝通电预热,电压要低一些,时间 1min 左右。

②过电压点灯,以额定电压的 120% 点燃灯管。

③正常点灯,以额定电压燃点灯管,以测试灯管的起跳情况。对于起跳不良的灯管,如果用高频火花检漏器确认没有漏气时,要对这些灯管重新老炼一遍;如果仍然无法起跳,则这类

灯管应剔除。

3.11.2 老炼常见的缺陷、产生的原因及解决方法

在老炼过程会暴露一些产品缺陷，它一般不是老炼工序本身产生的，产生原因主要是排气过程工艺控制不到位，有些是前道工序的原因造成的。一些缺陷在前道工序难以发现，当灯管经过老炼燃点后才暴露出来。表3－10列出老炼工序常见的缺陷、产生的原因及解决方法。

表3－10　老炼常见的缺陷、产生的原因及解决方法

缺陷	产生原因	解决方法
缺汞和多汞	圆排车上注汞系统运转不正常导致，或长排车注汞装置控制不准。灯管内无汞，灯丝发红，不能启动；汞量太少，灯管启动困难，寿命短；汞量过多，一是浪费和污染环境，二是在灯管粉层表面上出现汞斑点	圆排车应清洗注汞系统（包括工位头汞腔、注汞漏斗、汞杯）；长排车应调整注汞装置的精度，并对操作员工进行技能培训
漏气	圆排车某个工位气密性不良或排气管封离工艺不良造成封离部位漏气，或是前道相关工序积累起来的玻璃应力引起灯管炸裂；或者封口部位存在漏气小孔，或者芯柱的玻璃与杜美丝封接不良，发生慢漏	严格各道工艺，加强工艺控制、检测，分析判定机台工位头、芯柱的导丝、喇叭、排气管，以及封口、接桥的问题，并予以处理
启动困难	真空气氛差，阴极电子发射能力低，出现沿管壁的螺旋状放电或者不断闪烁发光	检查真空系统真空度是否达到技术要求，特别注意是否存在慢漏现象
	灯管烘烤除气温度严重不足或阴极分解不佳，出现一端放电正常，另一端不放电	烘烤时温度要大于450℃，且灯管上下温度差不大于50℃；阴极分解激活时，远离排气管那端的阴极需注意加大电流
	氩气纯度较低，充气压力太高	检查氩气充气系统是否存在慢漏现象，充入灯管内的氩气量应精确可靠
黄黑端圈（头）	阴极分解过程中，灯丝电流上升太快，管壁温度太高，阴极氧化物蒸散，端部管壁出现黑麻点圈	调整通电规范，分解电流逐步升高。控制分解时烘箱温度
	阴极分解激活时，时间过长，电流过大，引起电子材料蒸发溅射，在灯管端部形成黑头	在阴极分解激活时，降低分解电流，缩短通电时间
	灯管内氧化性气体较多，与汞原子生成黄、黑圈，靠近电极一侧的黄黑圈边界明显，随着离电极距离的增加，黄黑圈浓度逐渐变弱	检查真空系统真空度是否达到技术要求，特别注意是否存在慢漏现象，严格烘烤、分解、激活、辉放、充氩各操作顺序；同时检查汞、固态汞以及注汞装置是否受到污染，灯丝是否氧化等
黄黑斑	阴极分解不彻底，灯在燃点过程中会释出较多碳氧化物，使阴极中毒，碳沉积于阴极表面，发射电子能力差，在“热点”附近形成较大的黄黑斑	提高阴极分解电流，适当延长分解时间
	灯丝两端部位涂有电子粉，通电分解时，冷端温度低，难分解，当燃点启辉时，突然出现黄黑斑	检查螺旋灯丝两端是否留有空圈不涂电子粉。分解激活时，利用瞬间大电流扫描让靠近端部的电子粉除气彻底分解
	汞量较多，氧化性杂质气体较多时，易生成黑色氧化亚汞，灯管端部或U形管弯部出现汞斑，甚至黑头，当灯管燃点足够长时间后，汞斑会逐渐散去	控制汞量，采用高纯汞，进一步提高排气质量，减少汞氧化物的产生

续表

缺陷	产生原因	解决方法
黑点	阴极分解激活过头、不足，或导丝上吸有电子粉使阴极中毒，阴极位降升高，在正离子的轰击下，电子材料钡、锶、钙或导丝镍金属溅射，沉积于管壁上，与汞气作用生成黑色汞齐	合理调整分解激活工艺，使阴极有良好的发射特性。绷丝工序避免电子粉吸脚
	阴极分解不够彻底，或端部钨丝、导丝除气不彻底，燃点时，端部有明显的蓝色辉放，并逐步在管壁形成黑点	适当增加分解激活的时间和电流，进行充氩的瞬间大电流扫描，让端部清除杂气，彻底分解
眉毛状黑头	阴极分解不彻底	适当增加分解电流和时间，使阴极彻底分解
灯管管身发黄	烤管时粘结剂分解不彻底	烤管温度要尽量高，适当延长烤管时间，并加大空气风量或通入氧气，使粘结剂彻底分解

参 考 文 献

[1]全军主编. 光源化学. 上海:复旦大学光源与照明工程系,1995

[2]方道腴,蔡祖泉编著. 电光源工艺. 上海:复旦大学光源与照明工程系,2008

4 紧凑型荧光灯灯管生产设备

4.1 概　　述

4.1.1 灯管生产设备的发展与现状

20世纪80年代,轻工业部设立的“电控式2U节能荧光灯生产工艺及设备的研制”“七五”重点攻关(专)项目完成,为我国紧凑型荧光灯人工操作机械化生产线的快速发展奠定了基础。“八五”国家重大科技项目“节能电光源”中的子项:“紧凑型荧光灯生产技术及设备的研制”完成,为我国紧凑型荧光灯灯管单机半自动和自动化生产打下了基础。一些企业从20世纪80年代末至90年代初,先后从英国引进H形灯管生产线或关键设备5条(套)、从韩国引进2H形灯管生产线2条,从台湾省引进2U形灯管生产线13条。由于生产设备和制灯工艺结合不够,目前皆未正常运转。

进入2000年以后,由于紧凑型荧光灯生产技术的成熟、生产工艺的稳定、产品质量的提高,锻炼与培养了一批技术骨干,我国紧凑型荧光灯进入了快速的发展轨道。原生产紧凑型荧光灯的厂家扩大生产,新建企业如雨后春笋,促进了紧凑型荧光灯生产设备的快速发展。除原来已有新乡、南京、无锡、海安等地的一些较早的电光源设备厂和科研单位之外,先后又出现一批主要生产某一种或几种自动化设备的企业,如32头平封自动机、36工位3U自动接桥机、48工位排气机等,水平较高很受用户欢迎。更可喜的是,一些规模较大的灯管生产企业也自己做设备,并且设备水平亦较高,这是一种公司自我发展的模式。

对于U形和螺旋形灯管生产,目前一些企业正在努力实现生产自动化,不少企业已从烤管工序分成前后两段,实现了自动化生产,用人较少,生产率为1000~1200只/小时,基本上达到或接近国际先进水平。其它类型如H形、荷花形、2D形、环形等系列灯管生产,亦基本上实现了机械化、单机半自动或自动化,排气工序多采用48工位半自动或自动排气机。

我国紧凑型荧光灯灯管生产技术及设备由20世纪80年代末至90年代初大量的进口之后,转入灯管生产技术及设备的自给。90年代后期开始出口,先后出口至越南、印度、印度尼西亚、埃及、阿联酋等国家。进入21世纪,国外公司亦不生产灯管生产设备,台湾省一些生产公司已在大陆设厂,我国已成为紧凑型荧光灯灯管生产设备出口的主要国家。

4.1.2 灯管与其生产设备的关系

灯管生产设备是为紧凑型荧光灯灯管生产服务的,是灯管发展的基础、质量的保证、扩大生产的手段。而灯管的结构尺寸及公差、形状和位置公差,生产工艺等是灯管生产设备设计的依据。当灯管的结构、尺寸、生产工艺等要素,其中某一个发生变化时,都会对其生产设备产生影响,轻者设备要进行改造,重者设备则被淘汰。某道工序的生产设备制造好之后,这道工序的灯管结构形状、尺寸、生产工艺等皆已溶入其生产设备之中,而其设备是为实现灯管生产工艺而设计制造的。所以紧凑型荧光灯生产设备的发展,依赖于紧凑型荧光灯的发展,而紧凑型荧光灯的发展又依赖于紧凑型荧光灯生产设备的发展,两者相互依存、互相推动、共同发展。

4.1.3　灯管生产设备的分类

我国是世界上紧凑型荧光灯生产和出口最大的国家,亦是灯的类型最多、规格最全的国家,有U形、螺旋形、H形、Π形、莲花形、2D形、环形等系列紧凑型荧光灯。众所周知,不同类型的紧凑型荧光灯灯管,所使用的生产设备是不完全相同的;即使同一类型、同一系列、不同规格的灯管,所用的生产设备也不完全相同。但不同类型紧凑型荧光灯灯管的生产工艺流程基本相同,只是少数工序不同。而相同工序的生产设备基本上相同,但与灯管结构、尺寸相关部位的结构有所不同。因此灯管生产设备的分类,既可以按灯管类型分:如U形、螺旋形、H形、Π形、莲花形、2D形、环形等系列灯管生产设备;也可以按制灯工艺分:如明管成形设备、明管清洗设备、灯管排气设备等。在紧凑型荧光灯灯管系列中,Π形与U形系列灯管生产工艺及设备完全相同;莲花形、H形、2D形、环形等系列灯管,由于生产批量不大,有些设备与U形灯管设备相同或类似。因受篇幅限制,在此仅介绍U形与螺旋形灯管生产设备。

4.2　割玻管设备

简称割管机。紧凑型荧光灯灯管生产中,玻璃管切割常用的方法有:火焰切割;合金刀切割;砂轮切割;电阻丝加热切割。由于砂轮切割噪声大、有沙尘、有气味等,电阻丝加热切割效率低,已很少有企业再使用。

4.2.1　割排气管机

是台式、人工操作的设备,广泛应用于灯泡、灯管的排气管和实心玻璃梗的切割。

割排气管机的主要结构如图4-1所示。待切割的玻璃管放在储料架7上,要切割的玻管平铺在承料台6上,承料台6的台面与进料机构5下面的主动橡胶滚轴的表面齐平,进料机构5由四根橡胶滚轴、手轮、齿轮和压在上面的两个橡胶滚轮的四边形机构组成,人工逆时针摇转手轮完成送料。人工手握切割机构的手柄并拉动便可完成排气管切割。

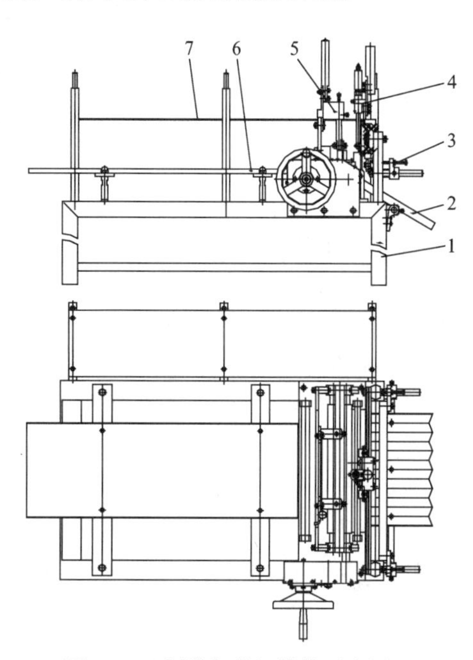

图4-1　割排气管机结构示意图

1—机架　2—下料槽　3—齐料挡块　4—切割机构　5—进料机构　6—承料台　7—储料架

设备的主要技术参数:

①切割玻管范围:直径$\Phi \leq 5$mm,长度≤1500mm。

②橡胶滚轴橡胶层的长度:300mm。

③生产率:40000~85000根/h。

4.2.2　火焰自动割玻管机

简称火焰割管机,是一台卧式、步进送料的自动机。

4.2.2.1　功能用途

用于切割玻璃管。

主要的功能:自动上料,根据要切割玻管的长度加热玻管两端部和中间,合金刀切割掉玻管两端部的余料,并从中间把玻管分成两段;两段玻管继续向前步进,加热,两段各再被分成3等份;6段玻管继续前进,烧玻管两端毛口,冷却,下料,分别滑到下料架与下料板上。

4.2.2.2 基本结构

火焰自动割玻管机的主要结构如图4-2所示。电机11通过皮带轮9、链条10,带动槽轮步进机构2上的17根轴和轴上的槽轮做同一方向的连续转动。槽轮上开有一个V形槽,装在同一根轴上的所有槽轮,其V形槽中心线应在同一平面内,以实现上玻管、步进、加热、割断、烧毛口、冷却、下料等过程。机器上共有水冷割刀装置七套,V形槽轮180个。

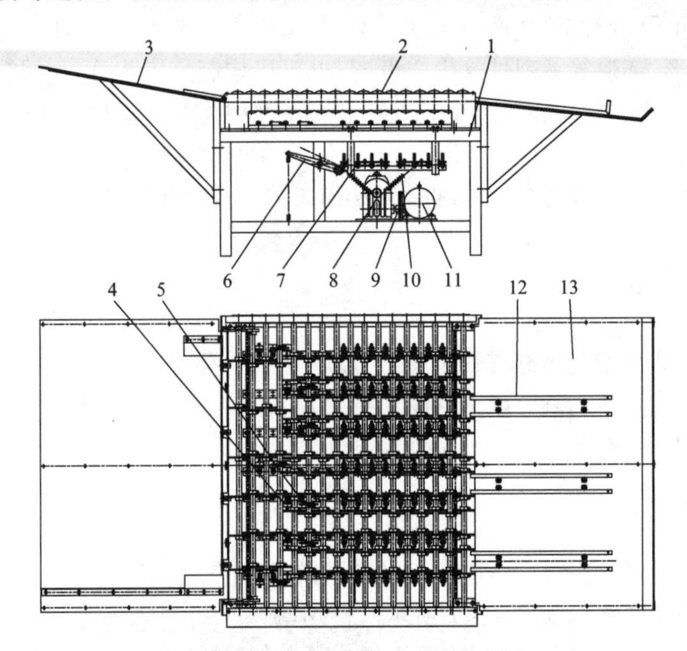

图4-2 火焰自动割玻管机结构示意图

1—机架 2—槽轮步进机构 3—储料板 4—火头系统 5—割刀 (水冷) 6—张紧轮 7—燃气系统 8—减速器 9—皮带轮 10—链条 11—电机 12—下料架 13—下料板

4.2.2.3 主要技术参数

①工位数 16个。

②生产率 900~5400根/h。

③玻管尺寸 直径:φ7~18mm,长度:80~1200mm。

④动力 电:380V/50Hz,0.3kW;

气:低压空气、液化气、氧气。

⑤操作人员 1人。

4.3 玻管激光分选机

简称分选机,又称分档机、分类机,是一种采用激光测量、自动分档的卧式设备。可将玻璃管按直径尺寸的大小分成数档(组),以利于提高弯管工序的成品率和明管外形尺寸的一致性。玻管分选机有非接触式玻管激光分选机和接触式机械玻管分选机两种。但因后者为接触测量，测量头易磨损，造成测量精度不稳定，并且精度低、调节较困难，虽造价低廉，现已很少采用。

4.3.1 功能用途

用于玻管的外径测量和自动分档。主要的功能：上玻管、传输玻管、测量玻管外径、分档等。整个过程由PLC控制自动完成，工作周期自动循环。

4.3.2 结构原理

激光分选机的外形如图4-3所示，主要由料斗1、进料机构2、电气控制柜3、输送链4、激光扫描仪5、输送导轨6、分选机构7、储料斗8、机架9等组成。进料机构2、输送链4和分选机构7的运动分别由各自的电机带动。

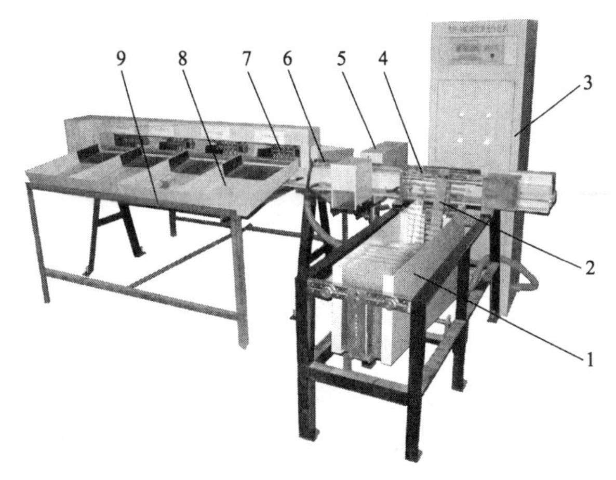

图4-3 玻管激光分选机外形图

1—料斗 2—进料机构 3—电气控制柜 4—输送链 5—激光扫描仪 6—输送导轨 7—分选机构 8—储料斗 9—机架

机器工作时，料斗1中的玻管由进料机构2上的链板传送到输送导轨6上，再由输送链4上的链板推着玻管在输送导轨6上快速向前运动，依次通过激光扫描仪5的检测位置，经过激光高速扫描、计算机实时采样处理，求得玻管中间部位直径的平均值，并根据输入的公称直径和级差等级将玻管按8个等级（即8档）或所要求的档数（不多于8档）分选到不同的储料斗8中。

4.3.3 主要技术参数

①测量范围 玻管外径：ϕ2.5～18mm；
长度：50～700mm。

②测量精度 ±0.01mm。

③扫描速度 200次/s。

④分选速度 最高12000根/h。

⑤分选档次 8档。

4.3.4 主要特点

与机械或人工检测比较，其特点在于：

①测量精度高。

②生产效率高。

③工作稳定、可靠性高。因采用无接触的激光扫描原理，避免了因接触磨损的测量误差及由此带来的诸如校验、调整等维护工作。

④适用范围广，分选档次细。

⑤操作简单、方便。

4.4 明管成形设备

简称弯管机,用于玻管的成形。成形后的玻管俗称明管(在涂敷保护膜或荧光粉之前)。不同类型的灯管,成形后的明管其形状不同,如U形明管(亦称U形玻管)、螺旋形明(玻)管、2D形明(玻)管等。所使用的设备也不相同,所以又有U形明管弯管机、螺旋形明管弯管机、2D形明管弯管机等之分。

4.4.1 U形明管24头双边弯管自动机

简称U形弯管机,有单工位、6工位、12工位单边弯管自动机和12工位24头双边弯管自动机。前三种是我国20世纪80年代末和90年代初先后研制出来的,现在只有大功率灯和少数企业在使用。这里主要介绍12工位24头双边弯管自动机。

12工位24头双边弯管自动机简称24头U形明管弯管自动机,是一台间歇转位的立式设备。每个工位上有两对夹爪,共24对夹爪,故称24头。

4.4.1.1 功能用途

用于U形、Π形明管的成形(弯管)。主要功能:双边上玻管、加热、弯管、入模成形、定形、退火、下明管等。整个过程由PLC控制自动完成,工作周期自动循环。

4.4.1.2 基本结构

12工位24头双边弯管自动机工位分布与结构如图4-4所示,由两个上玻管、加热、弯管机构和一个成形机构组成。

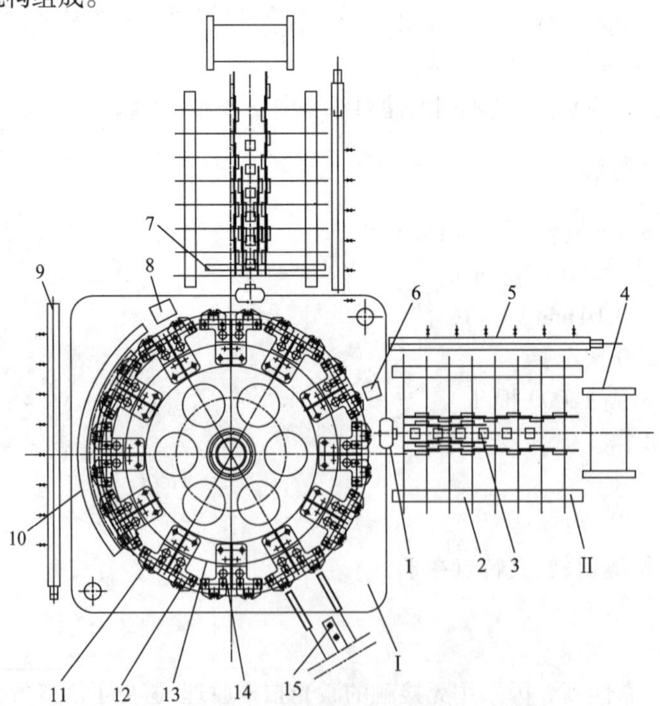

图4-4　12工位24头双边弯管自动机工位分布与结构示意图

Ⅰ—成形机构　Ⅱ—加热、弯管机构

1—弯管机械手　2—槽轮步进机构　3—火头　4—料仓　5—燃气管道系统(Ⅰ)　6—成形模(Ⅰ)　7—玻管　8—成形模(Ⅱ)　9—燃气管道系统(Ⅱ)　10—退火加热区　11—左夹爪　12—右夹爪　13—圆盘　14—夹具　15—下料滑道

成形机构是一台间歇转位、立式圆形设备。在其圆盘 13 上均布十二个夹具 14，在每个夹具 14 上，装有左夹爪 11、右夹爪 12，成形模 6 和 8。

玻管加热与弯管：加热、弯管机构由弯管机械手 1、槽轮步进机构 2、火头 3、料仓 4、燃气管道系统 5 组成，与成形机构同步运动，逐步实现玻管的自动上料、预热、加热、弯管，并送进夹具 14 上的夹爪内，完成弯管的前道工序。两个加热、弯管机构的运动是由成形机构传过来的，并作同步周期运动。

夹具 14 的间歇转位：左夹爪 11 和右夹爪 12 各夹持一只明管，通过电机（图 4－4 未示出）、皮带、皮带轮、蜗轮蜗杆、转位凸轮、转位转盘、键、圆盘 13，带动夹具 14 和明管转位，逐步经过成形模 6 或成形模 8、退火加热区 10、下料滑道 15 等，完成弯管的后道工序。

4.4.1.3 主要技术参数

①工位数　12 个工位、24 个头。

②生产率　2400 只/h。

③动力　电：380V/50Hz，1kW；

　　　　气：高压空气、低压空气、液化气、氧气。

4.4.2 8 工位螺旋形明管自动弯管机

简称螺旋弯管机，目前有单工位人工弯管机，单、双、4、6、8 工位自动弯管机。随着工位数的增加，生产率亦明显地增加，如以明管直径 10mm、13W 螺旋形明管为例，单工位自动弯管机生产率一般为 200～220 只/h，4 工位为 400～420 只/h，6 工位约为 600 只/h 左右，8 工位≥900 只/h。影响弯管机生产率的主要因素是加热时间、工序的集中与分散、结构设计的可能性、经济的合理性等问题，而其中最主要的是加热时间。螺旋形明管弯管机不论是人工的还是自动的、不论是单工位还是多工位的，它们的成形原理是相同的，工艺路线是一样的，基本组成机构类似、大同小异。这里主要介绍 8 工位螺旋形明管自动弯管机。

8 工位螺旋形明管自动弯管机是间歇转位、机器后部上方类似屏风、下部为立式圆形设备。

4.4.2.1 功能用途

用于螺旋形明管的成形。主要功能：上玻管、传送玻管、夹持玻管、逐步升温加热、送料、成形、冷却、下明管等。整个过程由 PLC 控制自动完成，可通过触摸屏修改程序的参数，工作周期自动循环。

4.4.2.2 基本结构

8 工位螺旋形明管自动弯管机的结构如图 4－5 所示，主要由上料机构 19、玻管左右向下传送机构 15、由前后炉体组成的加热炉 13、左右炉门夹持机构 14、机架 7 等组成。模具机构 8 上的成形模，上端有玻管成形沟槽，下端固定在螺杆上，而螺杆下端开有一字形沟槽。升降机构 25 上装有电机、螺杆等，螺杆上端装有楔形块。在升降机构 25 下端装有推动其上下运动的气缸 26。左右向下传送机构 15 上面，由下而上各装有五对夹爪，左右炉门夹持机构 14 上面，也自上而下对应地各装有五对夹头。八套模具机构 8 均布在圆盘 23 的同一圆周上。玻管既有自上而下的加热与传送步进，又有在模具上的成形运动。成形时模具既要做上下运动，又要做正、反旋转运动。

螺旋形明管成形运动：工作开始时，在成形工位上，模具机构 8 上的成形模处在最低位置，并静止。气缸 26 推动升降机构 25 上升，使楔形块插入成形模下端的一字形沟槽内。当左右

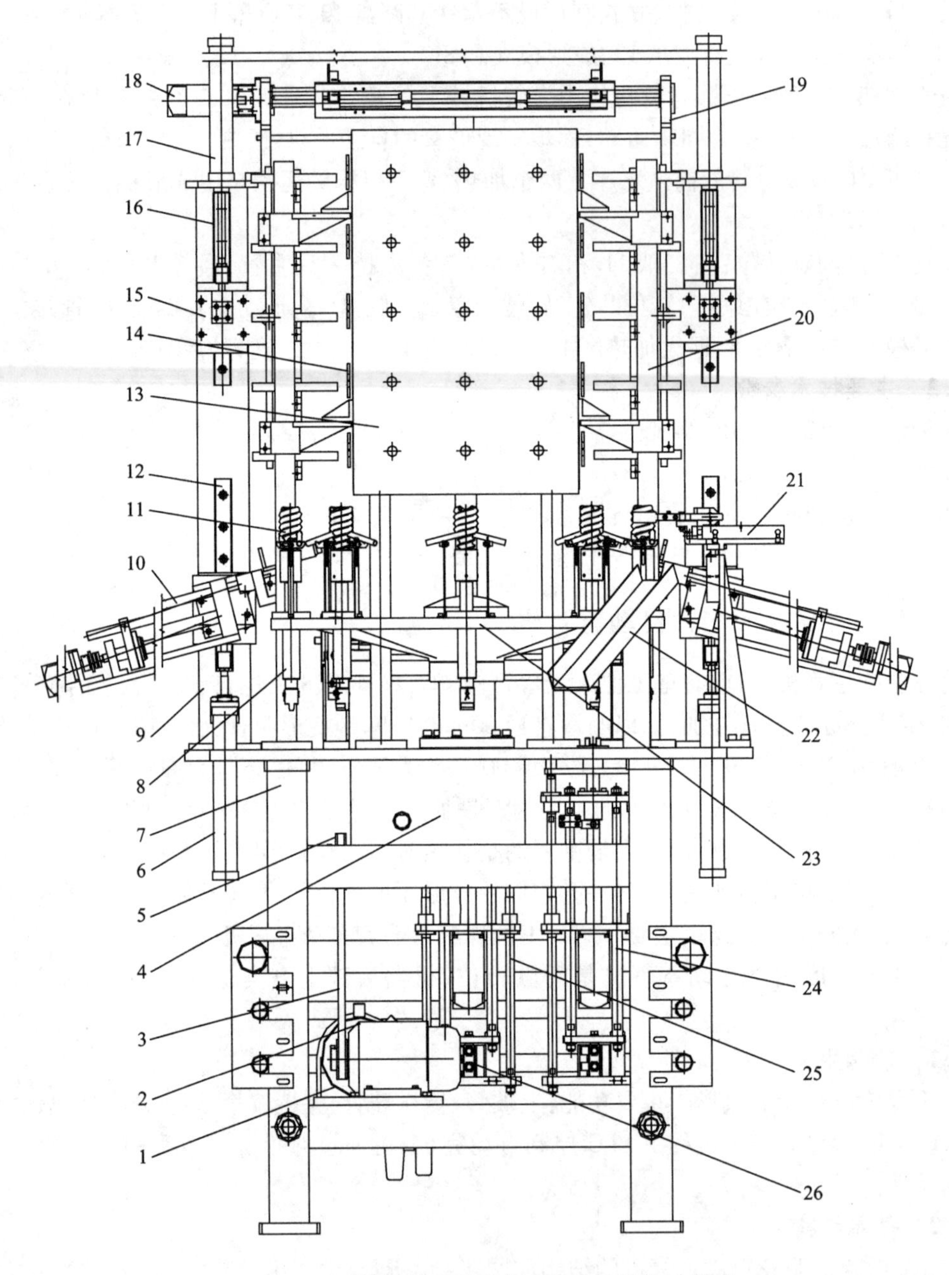

图 4－5　8 工位螺旋形明管自动弯管机结构示意图

1—压缩空气系统　2—电机　3—皮带　4—传动转位机构　5—皮带轮　6、17、26—气缸　7—机架　8—模具机构　9—立柱　10—送料机构　11—螺旋形玻壳　12、16—导轨　13—加热炉　14—炉门夹持机构　15—向下传送机构　18—伺服电机　19—上料机构　20—加热炉立柱　21—下料机构　22—下料槽　23—圆盘　24、25—升降机构

送料机构 10 共同把软化的玻管从加热炉 13 中取出，送到成形模顶端沟槽内后，立即从左右把软化的玻管向成形模方向送进。同时成形模在升降机构 25 电机的带动下，夹持软化玻管做旋转与上升运动，完成明管成形。顷刻之后，气缸 26 活塞杆返回，楔形块从沟槽内拔出，电机反转，楔形块降到最低位置等待。

玻管加热移位：伺服电机 18 拖动左右链条上的挂钩，从工作台上料仓里取出玻管送到上料机构 19 上方的停料位置。左右向下传送机构 15，在左右气缸 17 拖动下而上升，其上面的第一对夹爪夹持停料位置上的玻管，第二对夹爪夹持炉门夹持机构 14 上面的第一对夹头里的玻管，……，第五对夹爪夹持炉门夹持机构 14 上面的第四对夹头里的玻管之后，炉门夹持机构 14 夹头打开，并后退，左右传送机构 15 夹持玻管，在左右气缸 17 的推动下，向下分别移至炉门夹持机构 14 的第一至第五的夹头处，炉门夹头前进，夹持玻管。左右向下传送机构 15 在左右气缸 17 的拖动下，回到上面等待。

成形模间歇转位：由电机 2、皮带 3、皮带轮 5、传动转位机构 4、圆盘 23 带动模具机构 8 上的成形模转位，进入冷却、下料工位。

加热炉 13 由前后两个炉体组成，被架在圆盘 23 的后上方。目前加热炉皆是用电炉丝加热，亦可用燃气加热。

4.4.2.3 主要技术参数

①工位数 8 个。

②适用范围 加热长度：420mm，玻壳直径：$\Phi 7 \sim 12$mm。

③生产率 800 ~ 1200 只/h。

④动力 电：380V/50Hz；

气：高压空气、低压空气、液化气、氧气。

⑤监护人员 1 人。

4.5 明管清洗与涂膜设备

明管在成形（弯管）的过程中，若加热温度过高，钠等物质会从玻璃中析出，部分吸附在明管的内外表面上；吹入的高压空气若没有经过净化处理，对明管会有污染；明管在运输存放的过程中也可能造成污染。因此，明管在涂膜或涂粉之前应进行清洗。在轻微污染的情况下，可以用加热的自来水和去离子水，在冲洗的过程中，利用自来水的搅拌、振荡、冲刷等作用使附着在零件表面的灰尘脱离明管表面，溶入水中而被带走；对污染较大的明管，用 1% ~5% 的盐酸或氢氟酸水溶液进行清洗，再用热水冲洗。但在自来水中仍还存在一些对灯管有害的离子，如 Na、Cl 等，所以在用自来水冲洗后，再用去离子水冲洗。清洗的方法有人工的和自动的，人工清洗方法多先采用浸洗，自动清洗方法多采用冲洗。

涂膜是在清洗烘干之后，涂荧光粉之前，在明管内表面涂敷一层 Al_2O_3 薄膜，以减少和阻止从玻璃中析出的钠离子与汞生成钠汞齐。

4.5.1 U 形明管清洗烘干自动机

简称洗管机，是间歇步进、链传动、长方形设备。每步前进一个工位，每个工位上有两个挂钩，每个挂钩上挂一只明管。

4.5.1.1 功能用途

用于 U 形、Π 形明管清洗、烘干。若把链条上 U 形明管的挂钩改成支承半螺旋形明管的托板，即可清洗与烘干半螺旋形明管。

主要功能：上明管、带动明管间歇移位、检测明管（若检测到某挂钩上没有明管，这个挂钩到清洗工位时就不喷水）、明管定位、冲洗明管（每只明管交叉管口冲洗 6 次）、加热烘烤、下料。整个过程由 PLC 控制自动完成，可通过触摸屏修改程序的参数，工作周期自动循环。

4.5.1.2 基本结构

洗管烘干自动机的结构如图4－6所示，主要由传动系统、机架、烘箱、吹气系统、喷水系统、吸水机构、电气控制系统等组成。

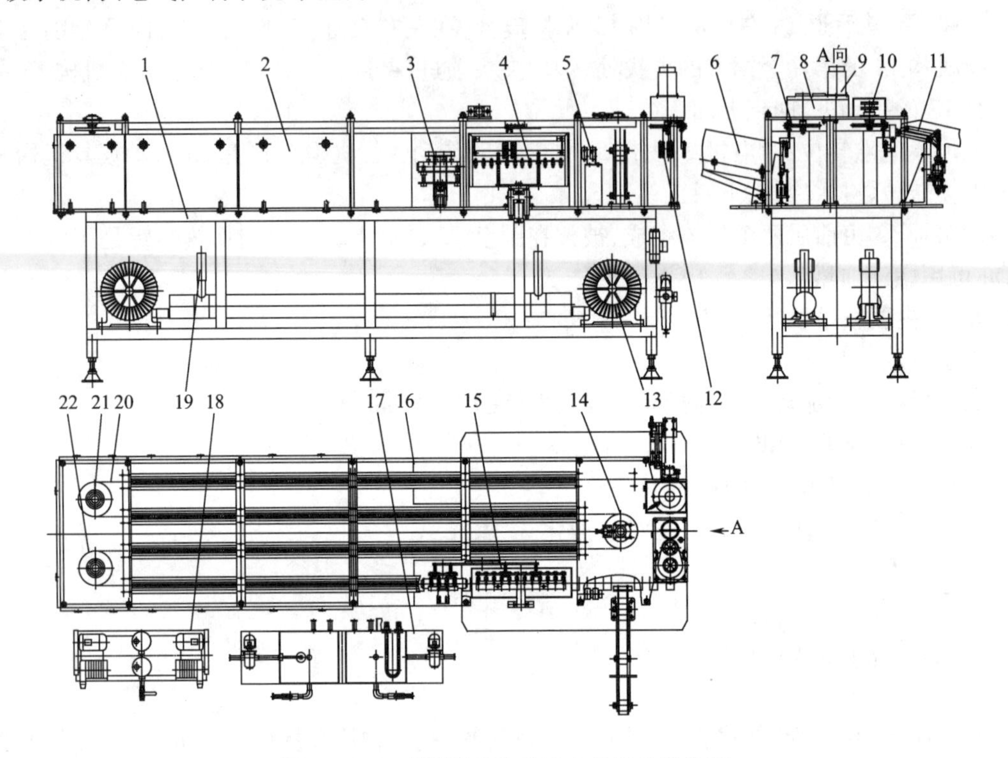

图4－6 U形明管清洗烘干自动机的结构图

1—机架 2—烘箱 3—吸水机构 4—喷水机构 5—检测装置 6—上料机构 7—主动链轮 8—减速器 9—伺服电机 10、21、22—从动链轮 11—下料机构 12—明管 13—吹风系统 14—张紧轮机构 15—明管定位机构 16—链条导轨 17—供水系统 18—吸排水系统 19—软管 20—链条

明管的步进运动：由伺服电机9通过减速器8、主动链轮7、从动链轮10和21、张紧轮机构14、从动链轮22带动链条20及其挂钩上的明管12蛇行向前步进，完成明管12清洗、烘干工序。

烘箱：烘箱2由前后隔热门、隔热顶板、链条之间的隔热板和两端的隔热板（图4－6未标出）组成。在链条挂钩上的明管下面，沿链条的运动方向装有电热管，由热电偶监测自动控温。

吹风系统：吹风系统13有两套，各由旋涡式气泵、大口径的储气管，经过软管19送入烘箱，向明管腔体内吹气。

明管的上料与下料、冲洗水的打开与停止、吸水机构的升降等，皆是通过气缸及其控制系统，带动机械机构自动完成的。

4.5.1.3 主要技术参数

①生产率 2500只/h。

②烘箱温度 ≤130℃，可以调控。

③适用范围 U形管长度：50～150mm。

④动力 电：380V/50Hz，20kW；

气:高压空气、净化过的低压空气;

水:自来水、去离子水。

4.5.1.4 主要特点

①自动化水平高,是机、电、气紧密结合的自动化设备。

②生产效率高。

③机械结构简单。

④设备维修方便。

4.5.2 U形明管涂保护膜自动机

U形明管涂保护膜自动机简称涂膜机。涂膜机与洗管机基本相同,不同之处是:涂膜时喷液只需要2个工位,而洗管时喷水需要6个工位,涂膜机不需要吸水机构。所以,也可以将洗管机或涂荧光粉机稍加调整即可用于涂保护膜。

4.6 涂荧光粉烘干设备

简称涂粉机。涂粉是在灯管明管内表面上涂敷一层荧光粉浆,经过烘干后在明管内表面形成一层厚薄适当、均匀、表面平整、不易掉粉的荧光粉涂层。

涂粉常用的方法有正压法(亦称压入法、喷涂法)和负压法(亦称吸入法),其工作原理分别如图4-7、图4-8所示。

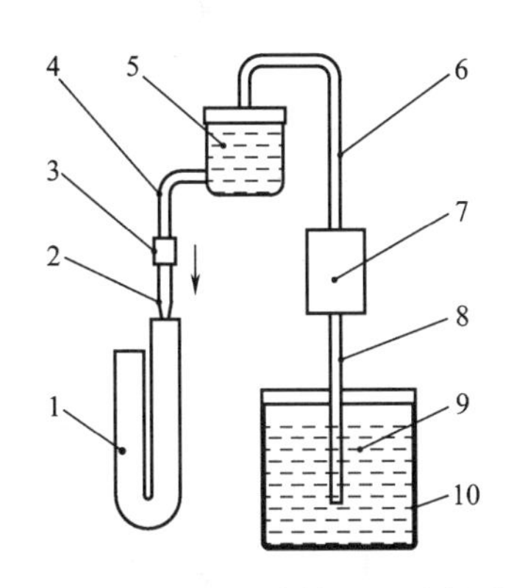

图4-7 正压法涂粉原理示意图

1—明管 2—喷嘴 3—阀 4、6—真空橡皮管 5、9—粉浆 7—隔膜泵 8—吸管 10—粉浆桶

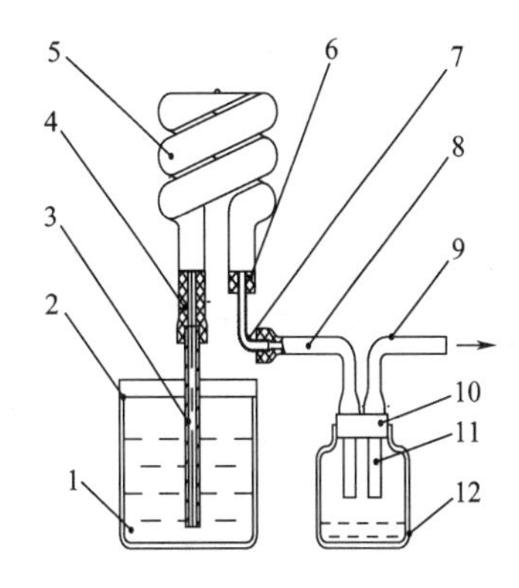

图4-8 负压法涂粉原理示意图

1—粉浆 2—粉浆桶 3、11-吸管 4、6、8、9—真空橡皮管 5—明管 7—接头 10—瓶塞 12—回流瓶

正压法涂粉速度快、易控制,广泛应用于U形、Π形、半螺旋形、莲花形等明管的涂粉。涂粉时,当两管口朝下时,称为喷涂;当两管口朝上时,称为灌(注)涂。灌(注)涂明管顶端的粉层比吸涂与喷涂厚,灯管燃点时头部(顶端)不易发黑。但灌(注)涂法机械结构较复杂。

4.6.1 U形管涂粉烘干自动机

简称U形管涂粉机,是间歇移位、链传动设备。

4.6.1.1 功能用途

用于U形、Π形明管的自动涂粉与烘干。个别机构稍加改动后,即可用于半螺旋形、莲花形明管涂粉与烘干。

主要功能：取明管、灌(注)粉浆、翻转倒粉浆并送到挂钩上、间歇移动粉管转位、烘烤、吹风、火焰烘烤粉管两管脚、下料等。整个过程由 PLC 控制自动完成，可以通过触摸屏对程序进行修改，工作周期自动循环。

4.6.1.2 基本结构

U 形管自动涂粉烘干自动机的主要结构如图 4-9 所示，主要由涂粉上料系统、传动系统、烘箱、吹风系统、机架、电气控制系统等组成。

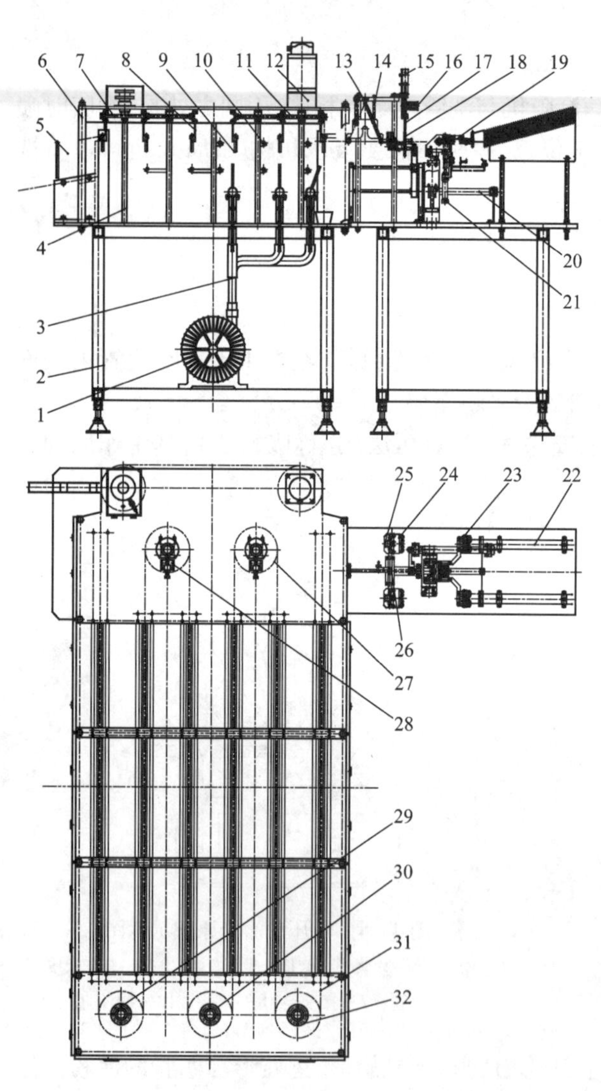

图 4-9 涂粉烘干自动机结构图

1—旋涡式充气泵 2—机架 3—吹风系统 4—内侧隔热板 5—下料机构 6—外侧隔热板 7、29、30、32—从动链轮 8—挂钩 9—粉管 10—电热管 11—主动链轮 12—伺服电机 13—槽板 14—拉簧 15、16、20、21、25—气缸 17—注粉浆机构 18—明管 19—取料机构 22—储料滑道 23、24—夹爪 26—翻转上料机构 27、28—张紧链轮 31—链条

涂粉上料：涂粉时管口朝上，采取灌注法，涂粉机构主要由取料机构 19、注粉浆机构 17、翻转上料机构 26 等构成。工作时，取料机构 19 上的气缸 21 推动齿条、转动齿轮带动四只夹爪 23，从四条储料滑道 22 上取明管，并翻转 180°，明管管口朝上。气缸 15 推动注粉浆机构 17 下降，使其注粉浆管进入明管 18 管口，气缸 16 打开阀门，粉浆注入管内，翻转上料机构 26 上的四只夹爪 24，从夹爪 23 接过四只盛有粉浆的明管 18，在气缸 20 的推动下向左移动，在拉簧 14 和槽板 13 的共同作用下，使夹爪 24 夹持的四只明管 18 翻转 180°，把粉浆倒出，并把粉管送到烘干机挂钩 8 的上方，气缸 25 动作打开夹爪 24，明管 18 落在烘干机的挂钩 8 上。所有气缸先后复位，一个涂粉上料工作周期结束。

粉管位移烘干：粉管在烘箱里的移位是通过伺服电机 12、主动链轮 11、从动链轮 7 和 29、张紧链轮 28、从动链轮 30、张紧链轮 27、从动链轮 32，带动链条 31 上的挂钩 8 和粉管 9 间歇向前移动，实现了粉管位移，并完成了烘干、管口粉层的火焰加热、冷却、下料。

烘箱：由内外侧隔热板 4 和 6、顶隔热板和电热管 10 等组成。温度由热电偶监测自动控制。

吹风系统：由旋涡式充气泵 1、吹风系统 3 等组成。吹风管的高度和角度根据粉管口的位置可以调整。

4.6.1.3 主要技术参数

①生产率 5000 只/h。

②烘箱温度　≤200℃,可以调控。

③适用范围　U 形、Π 形管,粉管长度:50 ~ 130mm。

④动力　电:380V/50Hz,20kW;

气:高压空气、低压空气、液化气、净化过的低压空气。

⑤监护人员　1 人。

4.6.1.4　主要特点

①涂粉方法选择适当,灌注涂粉最适合用于 U 形、Π 形明管。

②粉层厚薄均匀,管顶与管壁粉层厚薄差别很小。

③生产效率高。

④自动化程度高。

⑤操作简单,维护方便。

4.6.2　螺旋形明管椭圆形涂粉半自动机

简称螺旋管涂粉机,是连续旋转、链传动半自动设备。

4.6.2.1　功能用途

用于半螺旋形明管涂粉与烘干。个别机构稍加改动后,即可用于 U 形、Π 形、莲花形明管涂粉与烘干。

主要功能:带动涂过粉浆的粉管运行,加热烘干、吹风、管脚烘烤、下料等。除上料和下料、喷涂粉浆为人工外,其余为自动完成。

4.6.2.2　基本结构

螺旋管涂粉烘干半自动机的主要结构如图 4 - 10 所示,主要由传动系统、烘箱、吹风系统、电气控制系统(图 4 - 10 未示出)等组成。

粉管运动:由电机 1、皮带 2、皮带轮 3、减速器 4、传动轴 6、主动链轮 9、从动链轮 13、链条 12 带动支座 8 上的螺旋粉管 7 运动。支座 8 固定在链条 12 的链板上,上面有两个孔,便于半螺旋管的两只管脚插入。

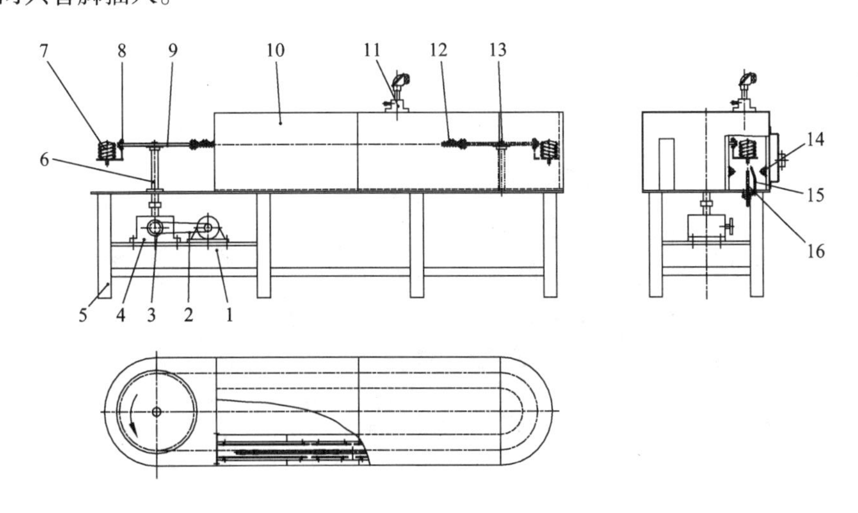

图 4 - 10　螺旋管涂粉烘干半自动机的结构示意图

1—电机　2—皮带　3—皮带轮　4—减速器　5—机架　6—传动轴　7—螺旋粉管　8—支座　9—主动链轮　10—罩壳　11—热电偶　12—链条　13—从动链轮　14—电热管　15、16—吹风管

烘箱:由隔热板(图4－10未示出)、罩壳10、电热管14等组成。温度的监测由热电偶11控制,人工或自动调控温度。

吹风管:由两根组成。刚涂过粉浆的粉管进入烘箱后还会向下滴粉浆,因此用吹风管15,稍后用吹风管16,吹风管的位置可以调节。

4.6.2.3 主要技术参数

①生产率 1200只/h。

②最高温度 ≤200℃。

③使用范围 灯功率≤30W,半螺旋形粉管。

④动力 电:380V/50Hz,10kW;

气:高压空气、低压空气、液化气、净化过的低压空气。

⑤操作人员 2人。

4.6.3 螺旋形明管圆形无积粉涂粉机

简称螺旋管无积粉涂粉机,是连续旋转、立式圆盘形设备。目前有96工位、104工位、108工位、120工位、136工位等。

4.6.3.1 功能用途

主要用于全螺旋管涂荧光粉和烘干,也可以用于半螺旋明管涂粉和烘干,但管脚处存在粉层厚薄不均的积粉现象。

主要功能:人工将注有粉浆的明管装入夹头,带动粉管顺时针与逆时针周期性地交替转动(自转),带动粉管做圆周运动(公转),由粉管两管脚交替周期性地向粉管内吹风,加热烘干粉管。机器工作时,由人工向螺旋明管内注粉浆,人工上、下粉管,其余工作由机器本身自动完成。

4.6.3.2 基本结构

螺旋管无积粉涂粉烘干半自动机的外形如图4－11所示,主要由夹具1、吹风系统7、传动系统3、烘箱10、电气箱11、控制柜12、主机机架5等组成。机器的每一个工位上有一个夹具1、并均匀地分布在大转盘9的同一圆周上。

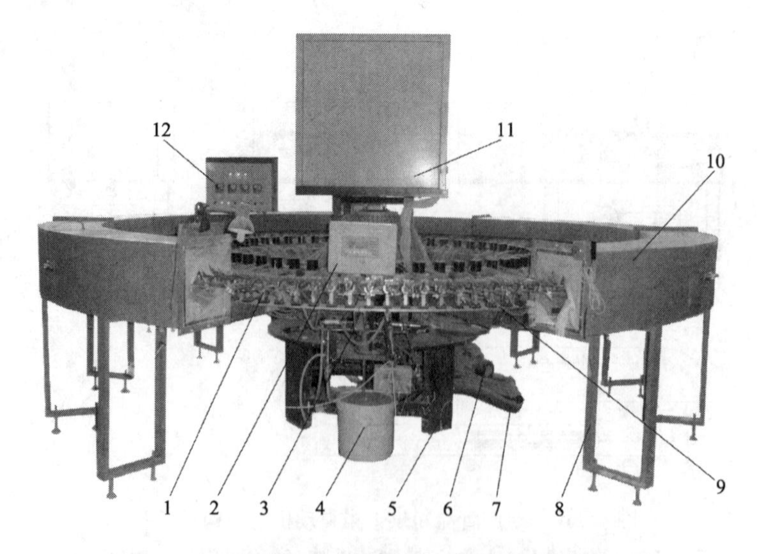

图4－11 螺旋管无积粉涂粉烘干半自动机的外形图

1—夹具 2—触摸屏 3—传动系统 4—粉浆桶 5—主机机架 6—鼓风机 7—吹风系统 8—烘箱机架 9—大转盘 10—烘箱 11—电气箱 12—控制柜

夹具及其正反转运动：夹具由微型电机、传动轴、弹性卡爪、支承座、两根吹风管等组成。注有粉浆的明管装在弹性卡爪上，由微型电机带动做周期性的正反转，两根吹风管对着粉管的两管脚，周期性向粉管内交替吹风。微型电机由汇流排供电，吹风系统供气。

传动系统（图4－11显示不清楚）：电机通过皮带轮、皮带、减速器、链轮链条、蜗杆、蜗轮、键、传动轴、大转盘9，带动夹具1做连续的圆周运动。

4.6.3.3 主要技术参数

①工位数 有96、104、108、120、136个。

②实际生产率 600～1000只/h。

③烘箱最高温度 ≤200℃，温度可以调节。

④动力 电：380V/50Hz，10～15kW；

气：净化过的低压空气。

⑤操作人员 2人。

4.7 擦粉设备

简称擦粉机。

为了便于粉管平头、封口时易于熔融，平头、封口后圆滑平整，不夹粉，减少慢性漏气，所以粉管平头、封口部位的荧光粉在平头、封口之前必须擦干净。目前U形、Π形、H形、2D形粉管的擦粉已自动化或高速化，而螺旋形粉管的擦粉基本上是人工。

4.7.1 16工位自动擦粉机

简称16工位擦粉机，是间歇转位、立式圆形设备。每个工位上装有两个粉管挂钩，共32个挂钩，每个挂钩上各1只粉管。

4.7.1.1 功能用途

用于U形、Π形粉管擦粉。主要功能：每次上2只粉管，擦粉管外表面及端面的荧光粉、擦粉管两管口内表面粉层、吸粉尘、吹风、下料等。整个过程由PLC控制自动完成，工作周期自动循环。

16工位自动擦粉机工位分布如图4－12所示。

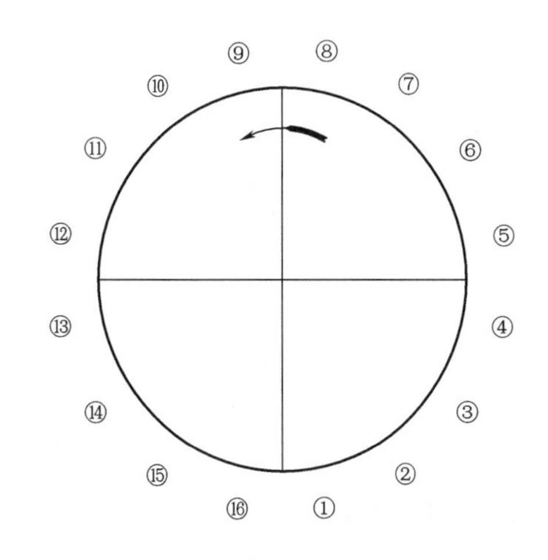

图4－12 16工位自动擦粉机工位分布示意图
1、2、5、15、16—空位 3—上料 4—擦粉管外表面及端面、吸粉尘 6、8、10—擦粉管左管口内表面、吸粉尘 7、9、11—擦粉管右管口内表面、吸粉尘 12—吹风、吸粉尘 13—擦粉管外表面、吸粉尘 14—下料

4.7.1.2 基本结构

16工位自动擦粉机的结构如图4－13所示。粉管的十六个悬挂机构5均布在圆盘3上，只做周期转位运动，没有旋转运动。

粉管转位：悬挂机构5的转位是通过电机13、皮带12、皮带轮10、传动转位机构2、圆盘3，带动挂在悬挂机构5上的粉管做间歇转位。

擦粉管管口内表面粉层：擦粉机构7共三个（图4－13未示出），擦粉长度可以调节，每个管口擦三次。每一个擦粉机构上有两个擦粉头，由一个微型电机通过两根齿形带分别带动做旋转运动，并通过一个气缸带动两个擦粉头的中心轴做上下往复运动,其行程可以调节,擦粉头插在中心轴上端的孔内,更换方便、快捷。

刷粉管外表面及管口端部粉层:刷粉机构1共两个,每个由两个圆形毛刷组件组成,分别由两只微型电机通过各自的齿轮驱动其中的一个圆形毛刷组件做旋转运动,两组圆形毛刷旋转方向相反,但各自对粉管外表面形成的摩擦力方向一致,有将粉管向下拉的力量。

在每个擦粉、刷粉、吸粉、吹风机构下面,皆设有吸粉尘机构4,并与粉尘汇流管连通,进入工业吸尘器。

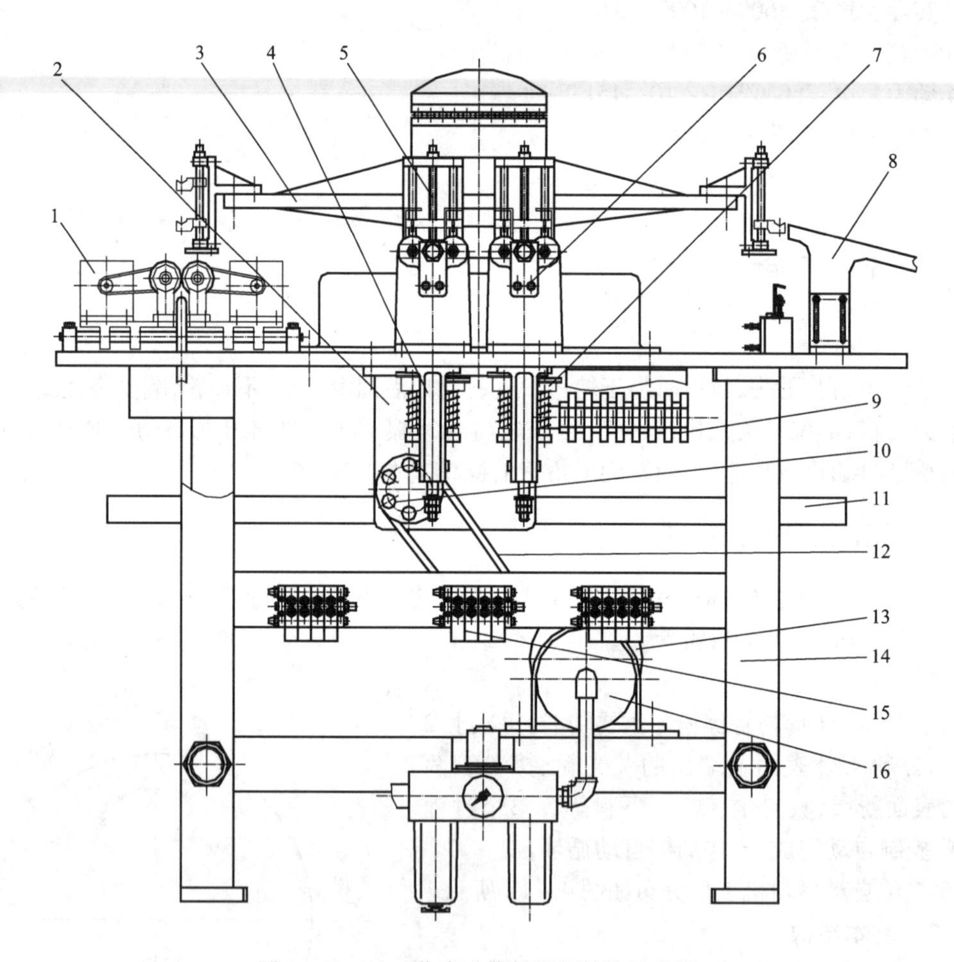

图4-13　16工位自动擦粉机的结构示意图

1—刷粉机构　2—传动转位机构　3—圆盘　4—吸粉尘机构　5—悬挂机构　6—定位机构　7—擦粉机构　8—下料机构　9—霍尔开关机构　10—皮带轮　11—粉尘汇流管　12—皮带　13—电机　14—机架　15—电磁阀　16—压缩空气系统

4.7.1.3　主要技术参数

①工位数　16个、32头。

②生产率　2500只/h。

③适用范围　粉管直径:Φ9~12mm,粉管长度:50~130mm。

④动力　电:380V/50Hz,2.5kW;

　　　　气:高压空气。

4.7.2 24 工位自动擦粉机

间歇转位、立式圆形设备。每个工位上装有两对夹爪，共 48 对夹爪，每对夹爪夹持 1 只粉管。

4.7.2.1 功能用途

用于 U 形粉管擦粉。主要功能：擦粉管外表面及端面的荧光粉、擦粉管两管口内表面粉层、下料等。整个过程由凸轮杠杆控制自动完成。

4.7.2.2 基本结构

图 4－14 24 工位自动擦粉机外形图

24 工位自动擦粉机的外形如图 4－14 所示。传动系统、工位分布基本上同 16 工位自动擦粉机，而不同的是，工位数增多，内外擦粉机构的旋转运动是由传动机构通过链传动机构与皮带传动系统带动的，上、下运动是由辅助轴上的凸轮控制杠杆而实现的。粉尘落在工作台面的斜坡上，滑入粉槽内。

4.7.2.3 主要技术参数

①工位数 24 个、48 头。

②生产率 3000 只/h。

③适用范围 A 型：Φ12mm，65～125mm；
B 型：Φ9mm，50～100mm。

④动力 电：380V/50Hz，2kW；
气：高压空气。

4.7.2.4 主要特点

①生产效率高。

②机械自动化水平较高。

③擦粉干净、效果好。

④故障率低、维修方便。

⑤造价低。

4.8 烤管设备

简称烤管机。涂粉擦粉后的粉管通过加热烘烤，将荧光粉涂层中的黏结剂（水涂粉的黏结剂是聚氧乙烯；丁酯涂粉的黏结剂是硝化棉）在高温下氧化分解，生成 CO、CO_2、N_2、水蒸气、C 等，随气流跑掉，而往往会有微量的残留灰尘沉积在荧光粉涂层上。在烤管时向粉管内吹入空气或空气与氧气的混合气体，以加速粉管内的空气流通，增加氧气，促进黏结剂分解，并吹掉荧光粉层上的灰尘，赶走粉管及炉膛内的不良气体。

烤管加热的方法有电加热和气加热两种。电加热温度场比较均匀，温度梯度和温差易于测量和控制，没有其它副作用，成品的质量高，尤其适用异型灯管的烤管；用电加热，升温和降温慢,热惯性大,费时间。气加热多是采用石油液化气或天然气,其特点是升温和降温快,使用成本低,维护方便;但温度场不均匀、温度不易测量和不便于控制,燃气中多含有微量的硫,燃烧时会使荧光粉中毒,同时还会生成微量的灰尘,会使荧光粉层受到污染。紧凑型荧光灯灯管多属于易变形的异型灯管,腔体容积小,对温度和环境的状况比较敏感,所以多采用电加热烤管。

粉管烤管机有:卧式椭圆形烤管机、桥式烤管机、柜式烤管机、圆形烤管机、卧式隧道烤管机等,前几种目前用的较多。

4.8.1 卧式椭圆形半自动烤管机

简称卧式烤管机,俗称烤管机。间歇转位、链传动设备,但也可以做成连续运动的链传动设备。

4.8.1.1 功能用途

用于U形、Π形、莲花瓣形粉管的烤管。主要功能:间隙移动粉管、升温、保温(恒温区)、降温、冷却、下粉管。其中除上粉管是人工外,其它过程皆自动完成,工作周期自动循环。

4.8.1.2 基本结构

卧式椭圆形烤管机的主要结构如图4-15所示,主要由机架、烘箱、传动系统、电气控制系统、吹风系统等组成。

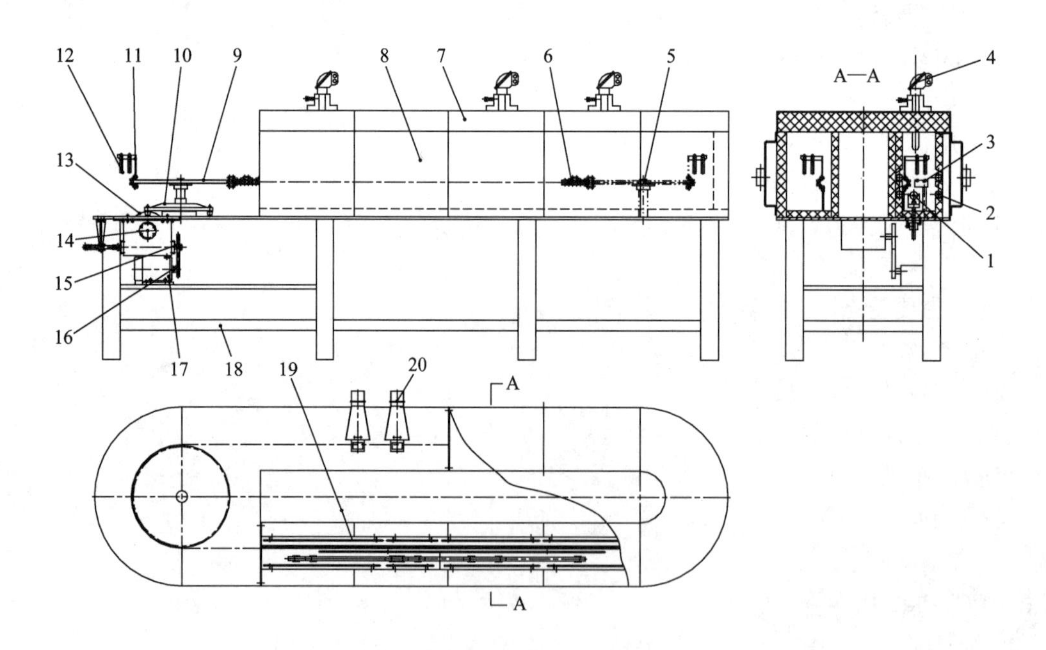

图4-15 卧式椭圆形烤管机结构示意图

1—下面电热管 2—侧面电热管 3—吹风管 4—热电偶 5—从动链轮 6—链条 7—顶盖保温板 8—外侧保温板 9—主动链轮 10—转位盘 11—粉管支架 12—粉管 13—转位凸轮 14—蜗杆蜗轮 15—皮带轮 16—皮带 17—电机 18—机架 19—内侧保温板 20—下料机构

粉管位移运动:烤管机工作时,通过电机17、皮带16、皮带轮15、蜗杆蜗轮14、转位凸轮13、转位盘10、主动链轮9、从动链轮5、链条6,带动粉管支架11、粉管12向前位移,通过加热升温、保温(恒温)、吹风、降温、冷却、下料等烤管工序的全过程。

烘箱:由内、外侧保温板 19、8,顶盖保温板 7,下面和侧面电热管 1 和 2,吹风管 3,以及端部保温板等构成。下面电热管 1 和吹风管 3 的高度,根据粉管 12 的长短,可以上下调节。烘箱内的温度场分为升温区、保温区(恒温区)、降温区三个温区,分别由热电偶 4 监测并自动控制。电热管在三个温区内分为四段,其中保温区(恒温区)为二段。

4.8.1.3 主要技术参数

①最高工作温度 620℃。

②温度自动控制精度 ±2℃。

③适用范围 U 形、Π 形、莲花形粉管,管长≤160mm。

④生产率 2500 只/h。

⑤动力 电:380V/50Hz,40kW;

气:净化过的压缩空气或和氧气的混合气体。

4.8.1.4 主要特点

与连续转动的 U 形卧式椭圆形烤管机比较,间歇转动的有以下优点:

①便于实现自动上下料。

②吹的风利用率高、效果好。

③在同样生产率的条件下,烘箱长度短。

④省电。

⑤传动机构比连续的复杂。

4.8.2 桥式半自动烤管机

简称桥式烤管机,连续旋转的链传动设备,因外形像桥而得名。

4.8.2.1 功能用途

主要用于半螺旋形粉管的烤管和螺旋形明管的退火。若把半螺旋形粉管的支承板,换成带有挂钩的轴,也可以烤 U 形、莲花形等粉管,但下料有点不方便。

主要功能:移动粉管、预温、升温、吹风、恒温(保温)、降温、缓慢冷却、下粉管。其中除上、下粉管是人工外,其它过程皆由机器自动完成,工作周期自动循环。

4.8.2.2 基本结构

桥式烤管机的结构如图 4-16 所示,主要由机架、烘箱、传动系统、电气控制系统,吹风管道系统等组成。

烘箱:分为预热区、加热区、冷却区三个温区。而加热区又分为升温区 16、恒温区 17、降温区 19 三部分。加热用电热管 18,分布在三个加热区内,用热电偶 20 监测三个温区的温度变化,反馈到控制系统进行调控。

粉管运动:烤管机工作时,通过电机 1、皮带 2、皮带轮 3、减速器 4、链轮 5、链条 6、主动链轮 8、带链板的链条 10(两根)、从动链轮 13 和 21 及 25,带动粉管支承板 9 做逆时针运动。粉管装在支承板 9 上,而支承板 9 的两端固定在两根链条 10 的链板上。若是半螺旋形粉管,而支承板 9 是块不锈钢板条,粉管管脚朝下装入板条上的孔内,每块板条上可装粉管数与其明管外径大小和炉膛尺寸有关。

吹风管道系统:主要由储气管 12 通过管道与配气管 15 相通,而配气管 15 上装有吹风管,通入炉膛内,把风交替地从粉管的两个管脚吹入粉管。

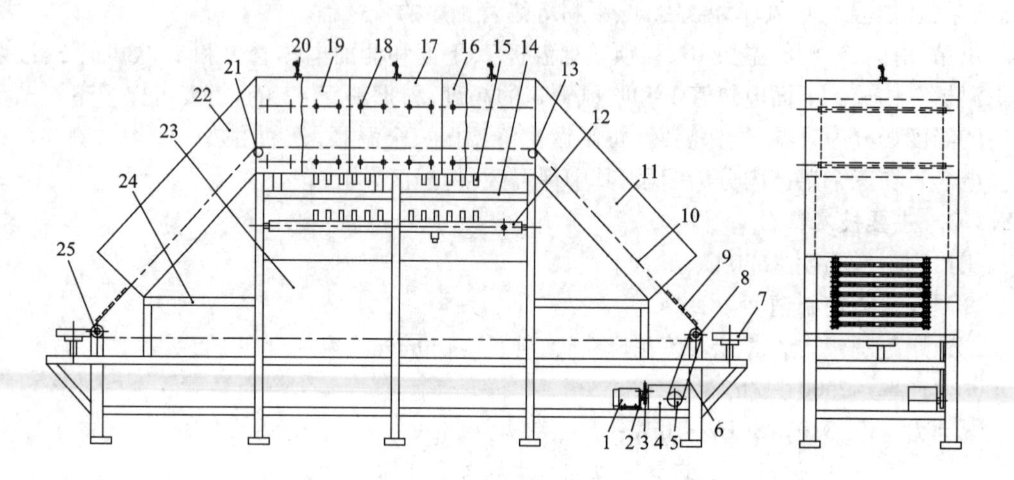

图 4 – 16 桥式烤管机结构示意图

1—电机 2—皮带 3—皮带轮 4—减速器 5—链轮 6—链条 7—工作台 8—主动链轮 9—粉管支承板 10—带链板的链条 11—预热区 12—储气管 13、21、25—从动链轮 14—走线盒 15—配气管 16—升温区 17—恒温区 18—电热管 19—降温区 20—热电偶 22—冷却区 23—电控箱 24—机架

4.8.2.3 主要技术参数

①最高温度 620℃。

②温度自动控制精度 ±2℃。

③适用范围 ≤30W 的半螺旋形粉管。

④生产率 1000 ~ 1200 只/h。

⑤动力 电:380V/50Hz,40 ~ 60kW;

气:净化过的压缩空气或和氧气的混合气体。

⑥操作人员 2 人。

4.8.2.4 主要特点

①比连续运动的卧式烤管机省电。

②有利于提高产品质量。工作时加热区两端口的热量向外辐射,分别进入冷却区和预热区,这两个区烘箱口朝下,由于热气向上跑,这就降低了热量从两烘箱口流出的速度,使预热区与冷却区的温度较高并稳定,降低了粉管进入烘箱炸裂、出烘箱时产生应力的可能性。

4.8.3 柜式半自动烤管机

简称柜式或立式烤管机,是连续运动、链传动立式设备。

4.8.3.1 功能用途

用于半螺旋形粉管的烤管。当粉管挂钩、吹风等机构改变之后,亦可以烤 U 形、Π 形、莲花形等粉管。

主要功能:连续移动粉管、预温、升温、保温(恒温)、降温、缓慢冷却、下粉管等。其中除上、下粉管是人工外,其它过程皆自动完成,工作周期自动循环。

4.8.3.2 基本结构

柜式半自动烤管机的主要结构如图 4 – 17 所示,主要由烘箱、传动系统、电气控制系统、吹风系统等组成。

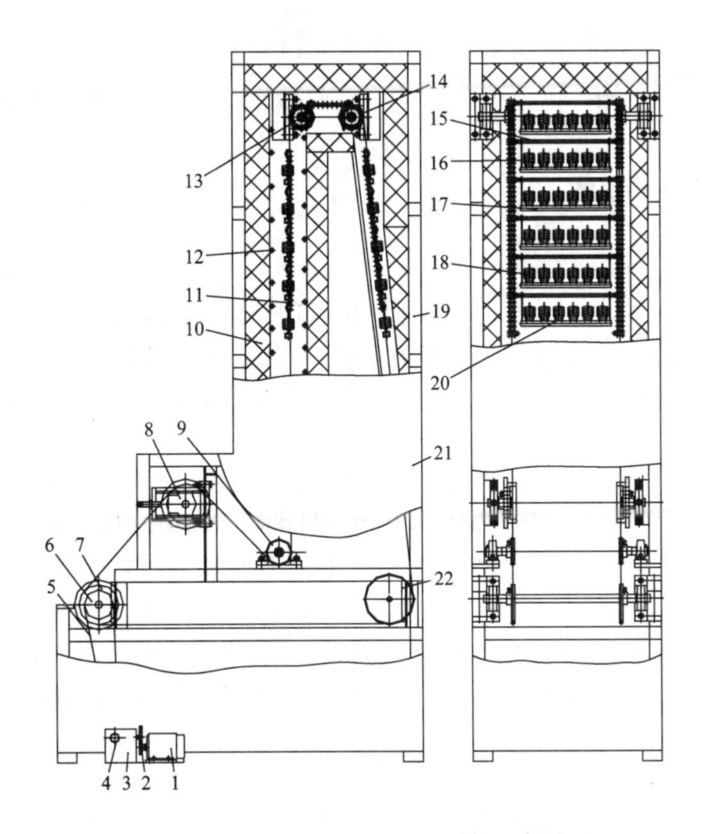

图 4－17　柜式半自动烤管机结构示意图

1—电机　2—皮带轮与皮带　3—减速器　4—小链轮　5—链条　6—链轮　7—大链轮　8—张紧链轮　9、13、14、22—从动链轮　10—保温板　11—链条　12—电热管　15—轴　16—带环连接杆　17—吹风管　18—粉管　19—机架　20—支架　21—烘箱

粉管运动：由电机 1、皮带轮与皮带 2、减速器 3、小链轮 4、链条 5、链轮 6、大链轮 7、张紧链轮 8、从动链轮 9、13、14、22、链条 11，带动支架 20 连续运动。粉管 18 装在吹风管 17 上，支架 20 由轴 15、带环连接杆 16、吹风管 17 组成。每套支架 20 有两件带环连接杆 16，一端与吹风管 17 两端连接，另一端的环套在轴 15 上，轴 15 两端固定在两根链条 11 的链板上，而吹风管 17 带着粉管可绕轴 15 转动。

烘箱：由机架 19、保温板 10、电热管 12 构成。温度场也分为升温区、保温（恒温）区、降温区三部分。温度由热电偶监测与自动控制。

4.8.3.3　主要技术参数

①生产率　1200 只/h。

②最高工作温度　620℃。

③温度自动控制精度　±2℃。

④适用范围　≤30W 的半螺旋形粉管。

⑤动力　电：380V/50Hz，40kW；

气：净化过的高压空气或和氧气的混合气体。

⑥操作人员　2 人。

4.8.3.4　主要特点

①比卧式、桥式烤管机都省电。

②占用厂房面积少。

③维护简单，操作方便。

4.9 平头与封口设备

简称平头机、封口机。

平头是把烤过管的粉管一端用火焰加热封死，要求封接的端部平整光滑、厚度均匀、不得漏气。粉管平头前应按工艺要求擦粉。平头用于U形、Π形、H形、莲花瓣形等系列灯管，但螺旋形、单U形、单Π形、单瓣莲花形、2D形等灯管不需要平头。平头可以在平头机上完成，亦可在平头封口机、接桥机上完成。后者工艺先进，已被广泛地采用。

封口是将灯管的灯芯和烤过管、端部擦过粉的粉管，通过加热封接在一起。封接后灯管内仅留排气管与外部相通，作为排气通道。各种类型灯的粉管都有封口这道工序。根据灯管的结构形状、尺寸、功率、生产批量和规模等的不同，则所使用的设备亦有所不同。如有单工位，4、6、8、16、24、28、32、36工位等，工位数越多，生产效率就越高。粉管的封口有立式封口和卧式封口之分，立式封口又有平封（又称对接式封口）和落料封（又称灯泡式封口）两种。紧凑型荧光灯粉管的封口皆是采用立式平封。平封可以省料，加热时间短，封接速度快。

4.9.1 16工位32头U形灯管半自动平头封口机

简称平封机，是间歇转位、立式圆形设备。每个工位上有两个头，共32个头。

4.9.1.1 功能用途

用于U形、Π形管的平头与封口。主要功能：上灯芯、上粉管、粉管顶端齐平Ⅰ、火头预热、加热、拉平头、粉管换位（调换中心）、粉管顶端齐平Ⅱ、火头预热、加热、封口、鼓风、下灯管等。其中除上灯芯由人工完成之外，其它工序皆由PLC控制自动完成，工作周期自动循环。

16工位32头半自动平封机工位分布如图4－18所示。

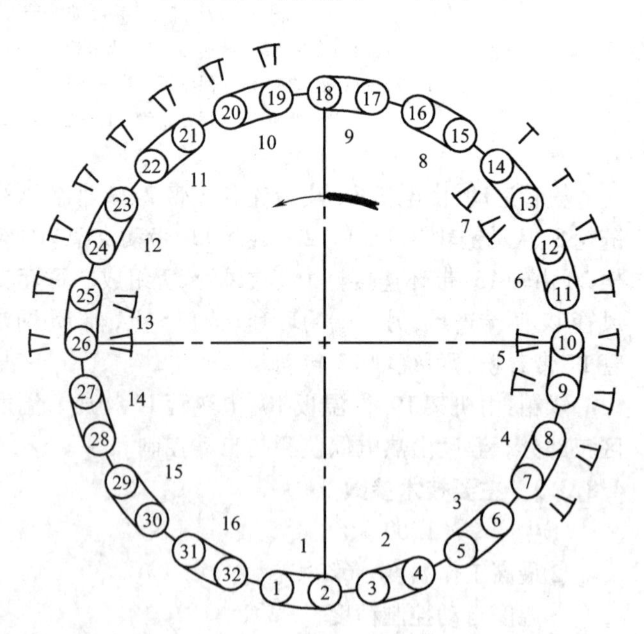

图4－18 16工位32头半自动平封机工位分布示意图

1～4—上灯芯 5、6—上粉管 7、8—齐平Ⅰ、预热 9～12—加热 13、14—加热、拉平头 15、16—调换粉管两管口位置 17、18—灯芯支承上升、齐平Ⅱ 19～24—预热、加热 25、26—加热、封口 27、28—鼓风 29、30—冷却 31、32—下灯管

4.9.1.2 基本结构

16工位32头平封半自动机的结构如图4－19所示。32只夹具24均布在圆盘13的同一圆周上，每只夹具既要自转——匀速连续旋转运动，又要公转——间歇转位运动。

粉管连续旋转运动：电机3（见图4－19）通过皮带7、皮带轮8、减速器9、传动轴11、小齿轮12、中齿轮28、键15、大齿轮26、齿轮25，带动夹具24与粉管19一起旋转。

粉管间歇转位运动：电机1（见图4－19）通过皮带2、皮带轮6、蜗杆蜗轮5、转位凸轮4、转位盘29、键16，带动圆盘13上的夹具24和粉管19做间歇转位，逐步完成灯管平头与封口的工艺过程。

灯芯及其支承轴23的上下运动：在1～8工位（即1～16头，如图4－18所示），灯芯支承轴23处在下面位置；当灯芯支承轴23转到9工位时（即图4－18中17、18头处），杠杆的推杆（图4－19未示出）把两根灯芯支承轴23上的灯芯21推到粉管19的管脚里；当灯芯支承轴23转位到11～15工位（即图4－18中21～30头处）时，皆是处在导轨27上；当转位到16工位（即图4－18中31、32头处）上之后，灯芯支承轴23被杠杆托杆（图4－19未示出）托住，一起移动下来。

在图4－19中，还有一些比较重要的机构未显示出来。如：齿轮25和夹具24传动连接的转键离合器，自动上、下料机构等。

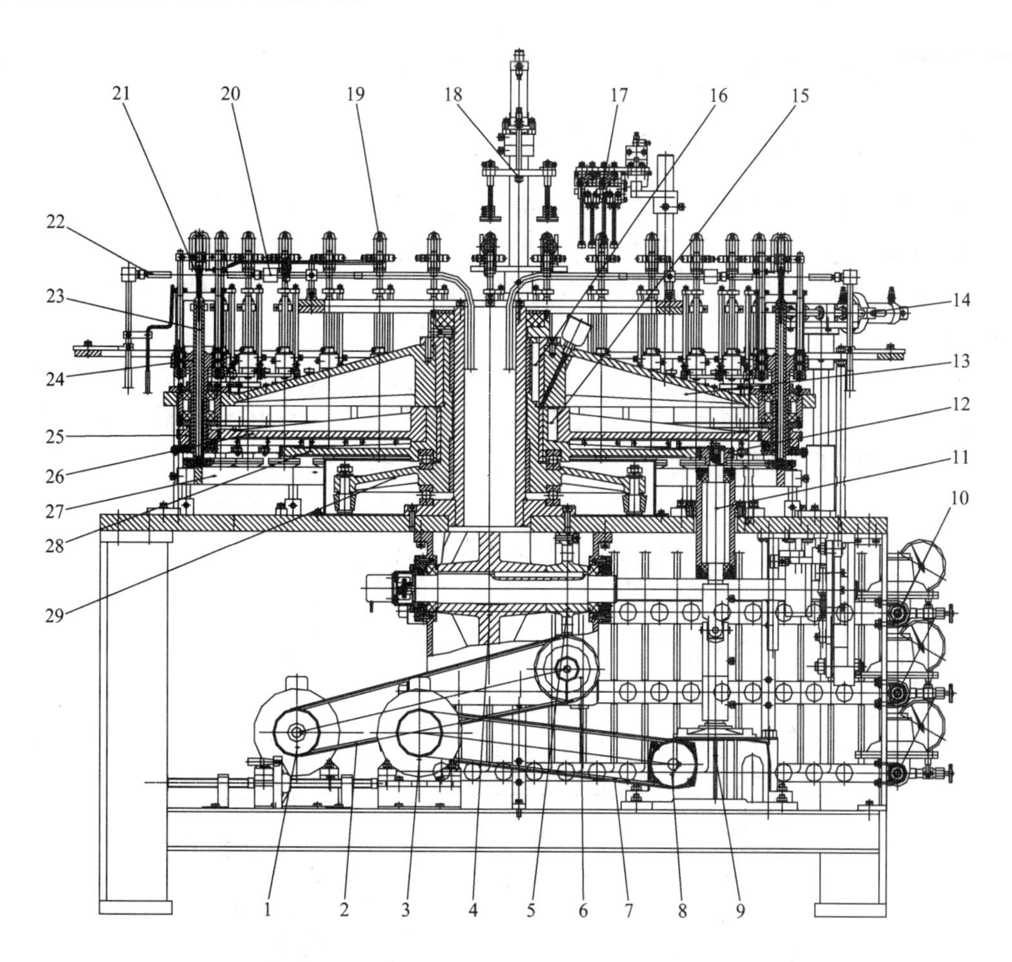

图4－19　16工位32头平封半自动机的结构示意图

1、3—电机　2、7—皮带　4—转位凸轮　5—蜗杆蜗轮　6、8—皮带轮　9—减速器　10—燃气系统　11—传动轴　12—小齿轮　13—圆盘　14—拉平头机构　15、16—键　17—粉管调位机构　18—齐平机构　19—粉管　20—火头（内）　21—灯芯　22—火头（外）　23—灯芯支承轴（32根）　24—夹具（32只）　25—齿轮（32个）　26—大齿轮　27—导轨　28—中齿轮　29—转位盘

4.9.1.3　主要技术参数

①工位数　16个、32头。

②适用范围　U 形、Π 形灯管，灯管长度：50～130mm。

③生产率　2400 只/h。

④动力　电：380V/50Hz，2kW；

气：高压空气、低压空气、液化气、氧气。

⑤操作人员　2 人。

4.9.1.4　主要特点

①生产效率高。

②工艺技术先进。

③自动化水平高。

④生产成本低，比平头、封口分别在两台机器上完成省人工，占厂房面积少，并省去平头管在工序间的传输。

⑤有利于提高产品质量，减少污染。

4.9.2　32 工位半螺旋形粉管半自动封口机

简称为 32 工位半螺旋封口机，是间歇转位、立式圆形设备。

4.9.2.1　功能用途

用于 30W 以下半螺旋管的封口。半螺旋管有两个管口（脚）与灯芯封接，分别在封口机的前半部和后半部完成。

主要功能：上粉管、上灯芯、加热、封口、拉料、鼓风、粉管移位、下料等。其中，除人工上灯芯之外，其它工序皆由 PLC 控制自动完成，通过触摸屏可对程序进行修改，工作周期自动循环。

32 工位半螺旋形粉管半自动封口机工位分布如图 4－20 所示。

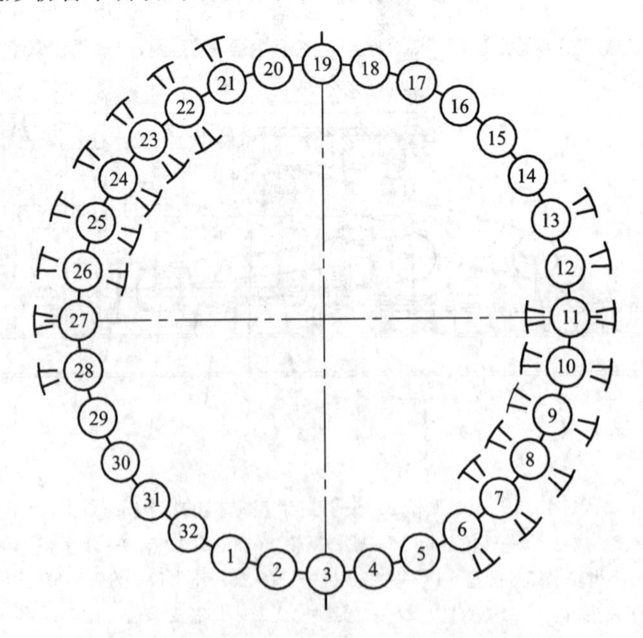

图 4－20　32 工位半螺旋形粉管半自动封口机工位分布示意图

1—上粉管　2、17、30—空位　3—上灯芯Ⅰ　4—粉管定位　5—灯芯Ⅰ上移　6～12、21～27—加热　13、28—加热、封口、拉料　14—鼓风　15、31—灯芯支孔轴下移　16—粉管移位　18—上灯芯Ⅱ　19—粉管定位　20—灯芯Ⅱ上移　29—鼓风　32—下灯管

4.9.2.2 基本结构

32 工位半螺旋形粉管半自动封口机的结构如图 4－21 所示。封口机的 32 只夹具 13 均布在圆盘 22 的同一圆周上。夹具 13 既要做连续旋转运动，又要做间歇转位运动，而灯芯支撑轴 14 要做上下移动。

粉管连续旋转运动：电机 3 通过皮带 7、皮带轮 8、减速器 9、传动轴 11、小齿轮 12、空套在转位盘 27 上的中齿轮 25、键 21、大齿轮 23、齿轮 24，通过转键离合器（图 4－21 未示出）带动夹具 13 及装在其上的粉管 19 一起做旋转运动。

粉管间歇转位运动：电机 1 通过皮带 2、皮带轮 6、蜗杆蜗轮 5、转位凸轮 4、转位盘 27、键 20、圆盘 22，带动夹具 13 和粉管 19 一起做间歇转位移动。以逐步实现封口的工艺过程。

灯芯及其支承的上下运动：在 1～4 工位上，灯芯支承轴 14 处在下面的位置；当转到工位 5 和 20 时，灯芯支承轴 14 在 5、20 工位的杠杆推动下（图 4－21 中未示出）向上移动，与被封粉管管口吻合；当灯芯支承轴 14 转到 6～14 工位和 21～30 工位时，其下面由导轨 26 托住，以保证高度不变，平稳转位；当灯芯支承轴 14 转到 15 和 31 工位时，已处在各自杠杆的托杆端面上，当杠杆的托杆下移时，灯芯支承轴 14 因自重，而跟随杠杆的托杆一同下移到规定位置。

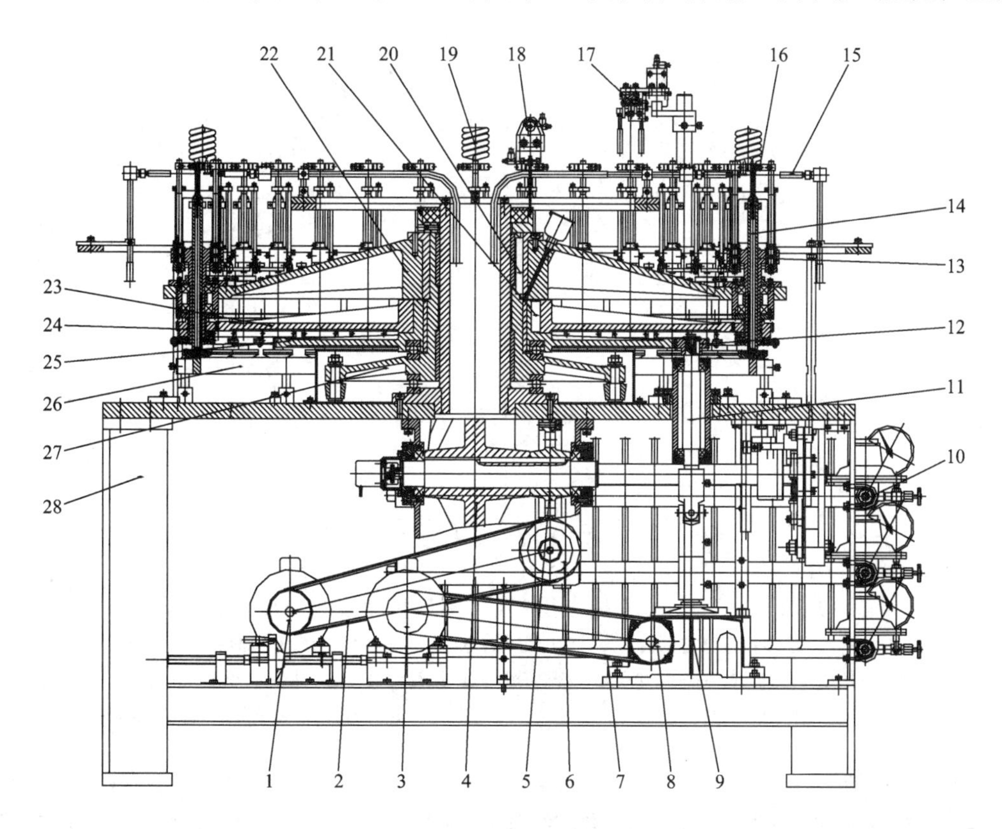

图 4－21　32 工位半螺旋形粉管半自动封口机的结构示意图

1、3—电机　2、7—皮带　4—转位凸轮　5—蜗杆蜗轮　6、8—皮带轮　9—减速器　10—烘气系统　11—传动轴　12—小齿轮　13—夹具(32 只)　14—灯芯支承轴(32 根)　15—火头　16—灯芯　17—灯管移位　18—上芯柱机构　19—粉管　20、21—键　22—圆盘　23—大齿轮　24—齿轮　25—中齿轮　26—导轨　27—转位盘　28—机架

4.9.2.3 主要技术参数

①工位数　32 个。

②适用范围　≤30W 半螺旋形灯管(灯管直径不同,夹具等结构稍有变化)。

③生产率　1100～1200 只/h。

④动力　电:380V/50Hz,2kW;

气:高压空气、低压空气、液化气、氧气。

4.9.3　24 工位全螺旋形粉管半自动封口机

简称 24 工位全螺封口机,是间歇转位、立式圆形设备。

4.9.3.1　功能用途

用于 30W 以下的全螺旋管的封口。主要的功能:上灯芯,上粉管、同时灯芯自动上移,预热粉管一管脚,加热管脚,上顶灯芯与粉管封接,同时加热,向灯管鼓风,冷却、灯芯支承轴下落,同时取下粉管;接着封接粉管的另一只管脚。其中除上灯芯、上粉管、取下粉管是人工之外,其余由 PLC 控制自动完成,通过触摸屏可对程序进行修改,工作周期自动循环。

24 工位全螺旋形粉管半自动封口机工位分布如图 4－22 所示。

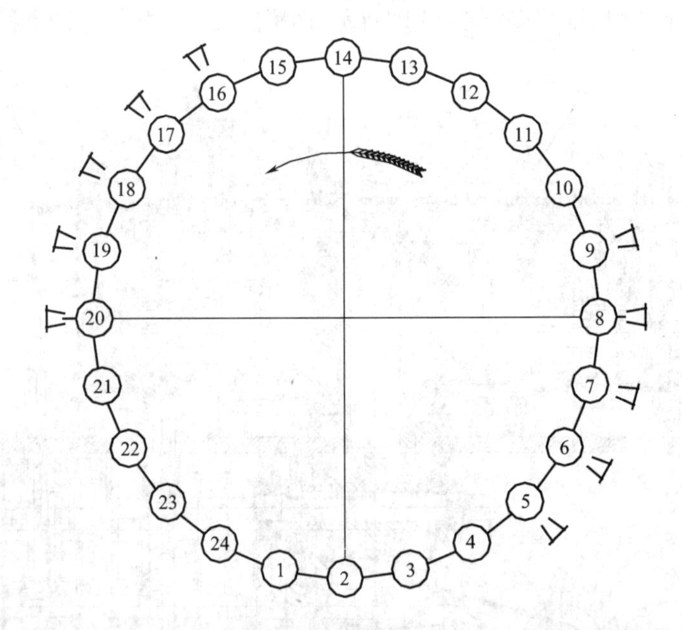

图 4－22　24 工位全螺旋形粉管半自动封口机工位分布示意图

1—上灯芯　2—空位　3—灯芯支承轴上升、打开夹具、上粉管　4—空位　5～8—加热　9—封口、推拉灯芯　10—鼓风　11、12—冷却　13—灯芯支承轴下降、打开夹具、粉管调口　14—芯柱支承轴上升　15—上灯芯　16～20—加热　21—封口、推拉芯柱　22—鼓风　23—冷却　24—打开夹具、下灯管、灯芯支承轴下降

4.9.3.2　基本结构

24 工位全螺旋形粉管半自动封口机的结构如图 4－23 所示。二十四个灯芯支承轴 12 和 24 只夹具 14 均布在圆盘 17 的同一圆周上,并做间歇转位运动。在规定的工位上,灯芯支承轴 12 和灯芯 13 做上下移动,夹具 14 做打开与夹紧运动。

粉管间歇转位运动:电机 1 通过皮带 3、皮带轮 4、蜗杆蜗轮 5、转位凸轮 2、转位盘 6、键 16、圆盘 17,带动灯芯支承轴 12、灯芯 13、夹具 14 和粉管 15 做间歇转位运动。

灯芯支承轴 12 的升降运动:在工位 3(见图 4－22)夹具 14 自动打开,人工上粉管 15 后夹具 14 自动夹紧;同时灯芯支承轴 12 带着灯芯 13,在升降机构 9 的推动下上升,在工位 12(见

图 4 - 22)灯芯支承轴 12 下降。在工位 13(见图 4 - 22)夹具 14 自动打开,人工将粉管调口后并自动夹紧;在工位 14(见图 4 - 22)灯芯支承轴 12 上升;在工位 23(见图 4 - 22)夹具 14 自动打开,灯芯支承轴 12 下降,人工取下灯管。

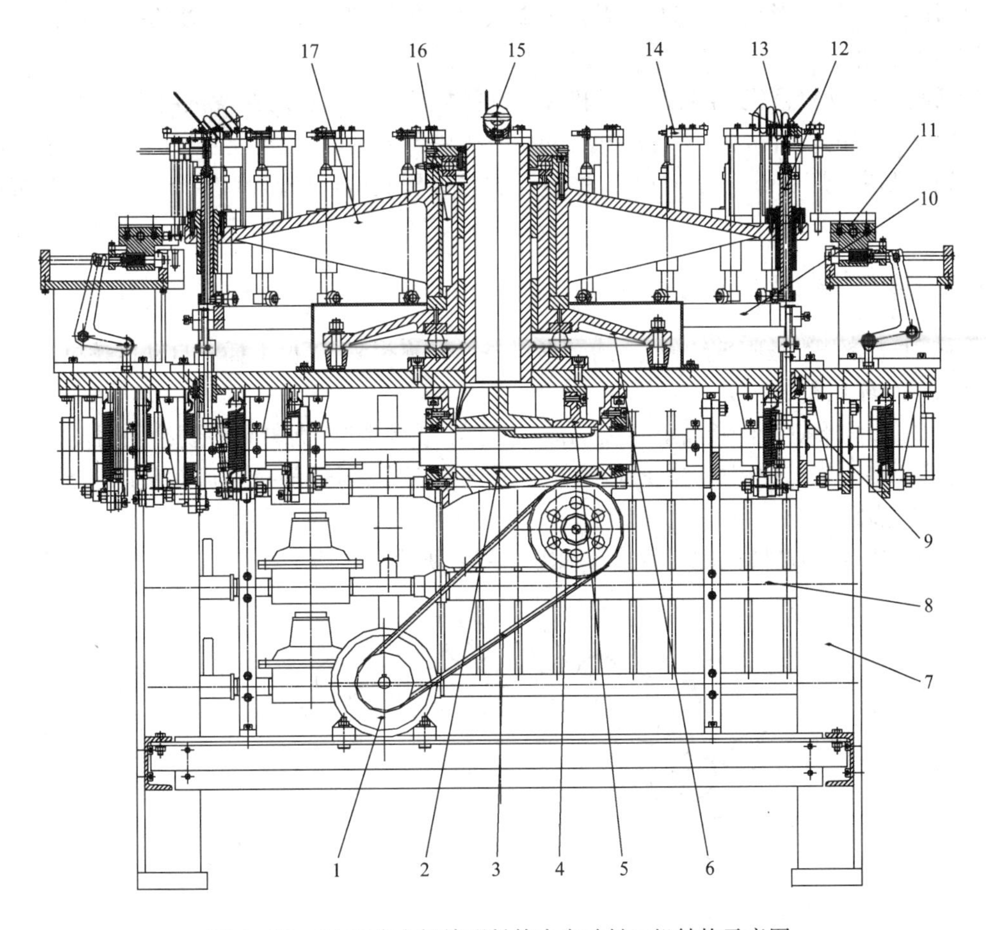

图 4 - 23　24 工位全螺旋形粉管半自动封口机结构示意图

1—电机　2—转位凸轮　3—皮带　4—皮带轮　5—蜗杆蜗轮　6—转位盘　7—机架　8—燃气系统　9—升降机构　10—凸块　11—火头进退机构　12—灯芯支承轴　13—灯芯　14—夹具　15—粉管　16—键　17—圆盘

4.9.3.3　主要技术参数

①工位数　24 个。

②适用范围　≤30W 以下的全螺旋管。

③生产率　900 ~ 1000 只/h。

④动力　电:380V/50Hz,1.2kW;

气:高压空气、低压空气、液化气、氧气。

⑤操作人员　2 ~ 3 人。

4.10　灯管接桥设备

灯管的接桥亦称对接,其目的是使两只灯管连接起来并沟通。做法是将两只(片)封过口的单管在规定的部位用火头加热，待达到软化状态时，分别向两只单管内送入一定压力的空气，使被加热的部位爆出一定大小的孔来，在爆孔翻边仍在软化状态时迅速将两爆孔处对接在一起，随即反拉一定的距离，通入空气将对接处鼓圆，完成两灯管的接桥(对接)。接桥用于U形系列、H形系列、Π形系列、莲花形系列等2只以上单灯管的组合。较多的是2只(片)和3只(片)灯管的组合。

接桥机有手动接桥机、半自动接桥机和自动接桥机之分。手动接桥机用于异型、大管径灯管和小批量生产的灯管接桥，半自动和自动接桥机用于大批量、大规模生产的灯管接桥。除此之外，接桥机还有灯管排气管朝上的，称为上插式接桥机；排气管管口朝下的，称为下插式接桥机。

4.10.1 24工位2U自动接桥机

简称2U接桥机，是间歇转位、立式圆形设备。又称为24工位上插式自动接桥机。

4.10.1.1 功能用途

用于2U、2Π形灯管的接桥。主要功能：上灯管、齐平灯管、加热、爆孔接桥、封离一根排气管、下灯管。整个工艺过程中，在PLC的控制下自动完成，通过触摸屏可对程序进行修改，工作周期自动循环。

24工位2U自动接桥机的工位分布如图4-24所示。

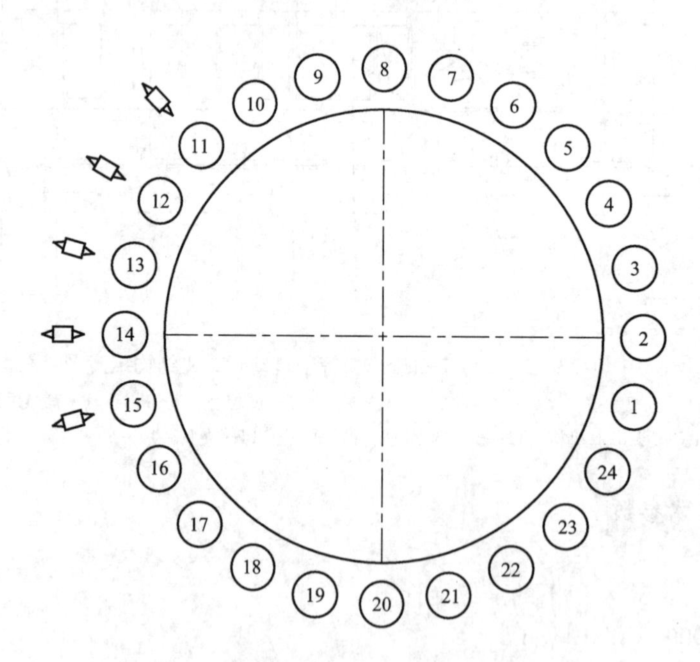

图4-24 24工位2U自动接桥机工位分布示意图

1—上内侧灯管 2、4、6、8、10、23、24—空位 3—上外侧灯管 5—齐平灯管 7—灯管校直并退后 9—灯管退后检测 11～14—加热 15—加热火头退出、爆孔、接桥 16—冷却 17—预热排气管 18—封离一根排气管 19～21—冷却 22—下灯管

4.10.1.2 基本结构

24工位2U自动接桥机的主要结构如图4-25所示，接桥机的24只夹具13均布在圆盘9的同一圆周上。

灯管间歇转位：当机器工作时，电机 1 通过皮带 2、皮带轮 3、蜗杆蜗轮 4、转位凸轮 5、转位盘 8、键 15、圆盘 9，带动 24 只灯管夹具 13 做间歇转位运动，逐步完成接桥工艺。

灯管接桥、夹爪复位：当到接桥工位 15（图 4－24）时，接桥火头 17 自动摆开，吹风、灯管爆孔，爆孔翻边处在熔融状态；同时，下拉机构 22 把定位销 21 从夹具 13 里拔出，在气缸 12 的推动下，推杆 20 把夹具 13 上的两只灯管 19 合拢在爆孔翻边处对接在一起，并立即微量反拉，定位销 21 在弹簧的作用下自动把灯管夹爪定位。当灯管转到下料工位 22（图 4－24）时，打开灯管夹具机械手（图 4－25 未示出）把灯管夹爪打开，下料机械手（图 4－25 未示出）抓住灯管自动下料，下拉机构 22 把定位销 21 从夹具 13 里拔出，气缸 12 顶着推杆 20，在拉簧 14 的作用下灯管夹爪退回夹具 13 的两端部。

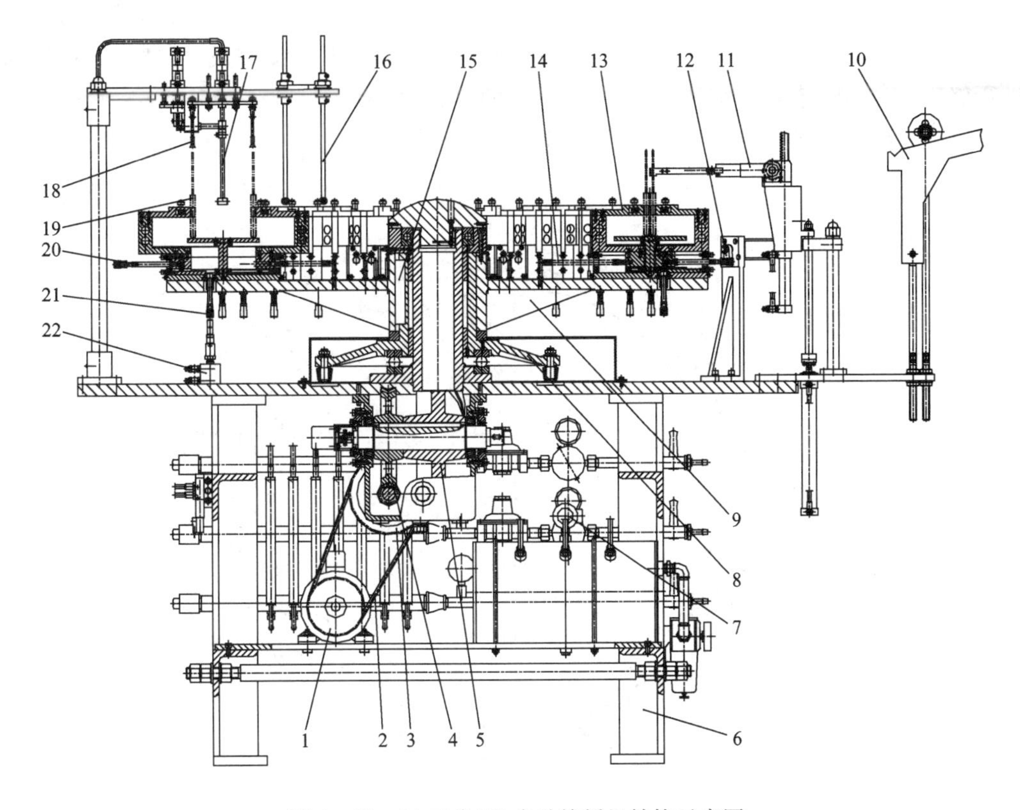

图 4－25　24 工位 2U 自动接桥机结构示意图

1—电机　2—皮带　3—皮带轮　4—蜗杆蜗轮　5—转位凸轮　6—机架　7—燃气管道系统　8—转位盘　9—圆盘　10—储料滑道　11—上料机械手　12—气缸　13—夹具　14—拉簧　15—键　16—加热火头　17—接桥火头　18—吹风头　19—灯管　20—推杆　21—定位销　22—下拉机构

4.10.1.3　主要技术参数

①工位数　24 个。

②生产率　1200～1400 只/h。

③动力　电：380V/50Hz，1.2kW；

气：高压空气、低压空气、液化气、氧气。

4.10.1.4　主要特点

①自动化程度高，生产效率较高。

②因夹具等在上面,维护方便。

③夹具结构较复杂。

4.10.2 32 工位 3U 自动接桥机

简称 3U 接桥机,是间歇转位、立式圆形设备。又称上插式 3U 自动接桥机。

4.10.2.1 功能用途

用于 3U 形、3Π 形灯管接桥。主要是把两只 U 形(或 Π 形)单管和一只 1 个管口已平好头的高低头连接管,按照单管→连接管→单管的顺序接桥,并均布在等边六角形上,中心线所在平面间的夹角互成 60°,管壁之间的距离为 3mm,两单管的排气管为邻。

主要功能:上灯管(Ⅰ)、上连接管、加热、爆孔接桥、平头口加热、拉平头、灯管转角、上灯管(Ⅱ)、加热、二次接桥、下料等。整个工艺过程在 PLC 控制下自动完成,可通过触摸屏对程序进行修改,工作周期自动循环。

32 工位 3U 自动接桥机的工位分布如图 4 - 26 所示。

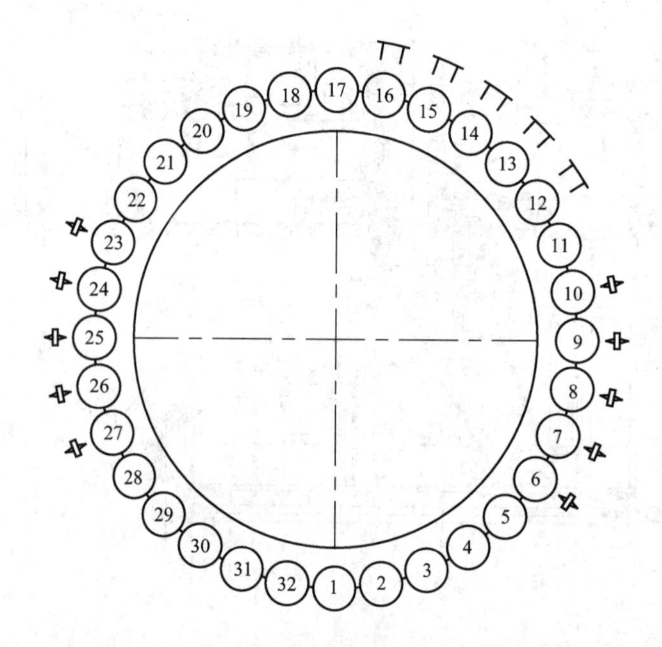

图 4 - 26 32 工位 3U 自动接桥机工位分布示意图

1—上灯管(Ⅰ)(内侧夹头) 2、17、19、32—空位 3—上连接管(外侧夹头) 4—齐平 5—打开夹头 6—打开夹具上的内外夹头 7～9—预热、加热 10—火头摆出、爆孔、接桥 11—鼓风 12～16—平头加热 18—灯管转角 20—上灯管(Ⅱ) 21—齐平 22—打开夹头 23～26—预热、加热 27—火头摆出、爆孔、二次接桥 28～30—冷却 31—下灯管

4.10.2.2 基本结构

32 工位 3U 自动接桥机的主要结构如图 4 - 27 所示。接桥机的 32 只夹具 11 均布在圆盘 23 的同一圆周上,夹具 11 靠圆盘 23 中心端称为内端,在夹具体上装有两根轴承直线导轨(图 4 - 27 未示出),在直线导轨的内端装有灯管内夹头 13、在外端装有灯管外夹头 14,两夹头夹持灯管基准面之间的夹角为 60°。

内外夹头的合拢与打开:当夹具 11 处在第 1 工位(图 4 - 26)时,内夹头 13 与外夹头 14 处在夹具中心线的对称位置,内外夹头上的灯管管壁之间相距 3mm。内夹头 13 与外夹头 14

的合拢是通过合模机构12、推杆22推动外夹头14,并通过齿条→齿轮→齿条(图4-27未示出)带动内夹头13与其方向相反的运动,向夹具11中心合拢,定位销10定位;当定位销10被下拉机构9拔出时,内夹头13在拉簧16的作用下,再通过齿条→齿轮→齿条使内外两夹头做方向相反的运动,夹头被打开。

夹具间歇转位运动:电机1(见图4-27)通过皮带2、皮带轮3、蜗杆蜗轮4、转位凸轮5、转位盘25、键24、圆盘23,带动夹具11做间歇转位运动,以实现接桥的工艺过程。

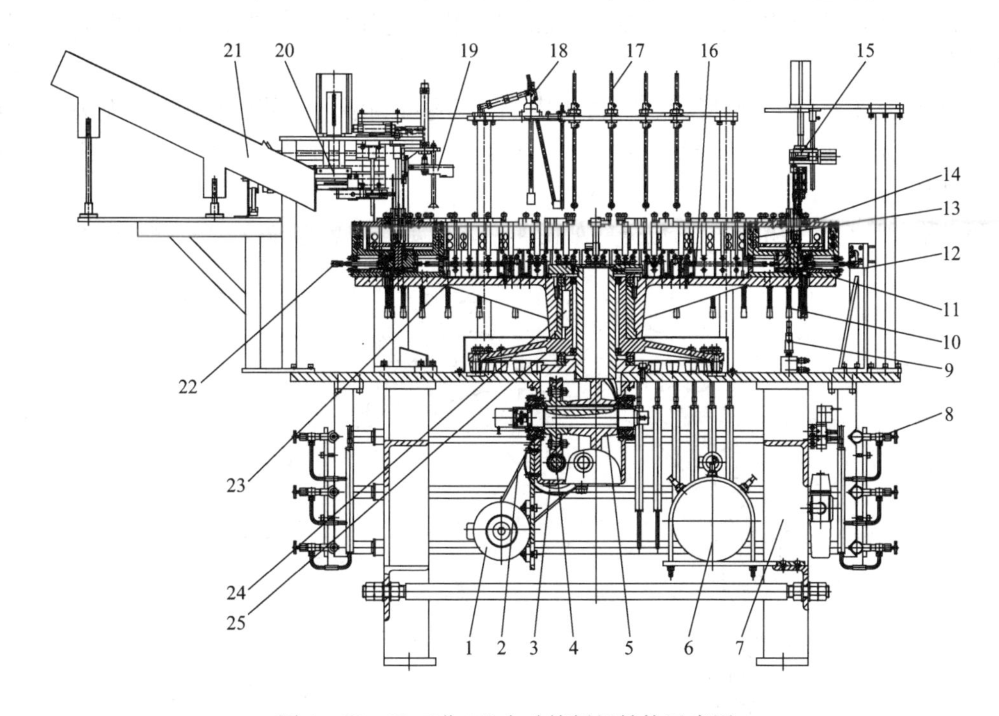

图4-27 32工位3U自动接桥机结构示意图

1—电机 2—皮带 3—皮带轮 4—蜗杆蜗轮 5—转位凸轮 6—压缩空气包 7—机架 8—燃气管道系统 9—下拉机构 10—定位销 11—夹具 12—合模机构 13—内夹头 14—外夹头 15—灯管转角机构 16—拉簧 17—加热火头 18—爆孔火头 19—下料机构 20—上料机构 21—上料滑道 22—推杆 23—圆盘 24—键 25—转位盘

4.10.2.3 主要技术参数

①工位数 32个。

②生产率 1200只/h。

③适用范围 26W以下的3U(Π)灯管接桥。

④动力 电:380V/50Hz,1.5kW;

气:高压空气、低压空气、液化气、氧气。

4.10.2.4 主要特点

①自动化程度高。

②夹具等结构在上面,维护方便。

③夹具结构复杂。

④连接管上机前,必须有一只管口拉好平头。

4.10.3　36 工位 3U 自动接桥机

简称 36 工位接桥机，是间歇转位、立式圆形、下插式自动接桥机。

4.10.3.1　功能用途

用于 3U(Π)形灯管接桥。主要是把 2 只已封过口的 U(Π)形单管和 1 只两管口一样高(长)、并擦过粉但没有平头的连接管，按照单管→连接管→单管的顺序接桥，并均布在等边六角形上，各管中心线所在平面间的夹角互成 60°，管壁之间的距离为 3mm，两单管的排气管为邻。

主要功能：上灯管、上连接管、齐平、加热、平头、爆孔，接桥、灯管转位(角)、夹头打开与合拢、下料等。整个工艺过程在 PLC 的控制下自动完成，可通过触摸屏对程序进行修改，工作周期自动循环。

36 工位 3U 自动接桥机的工位分布如图 4 - 28 所示。

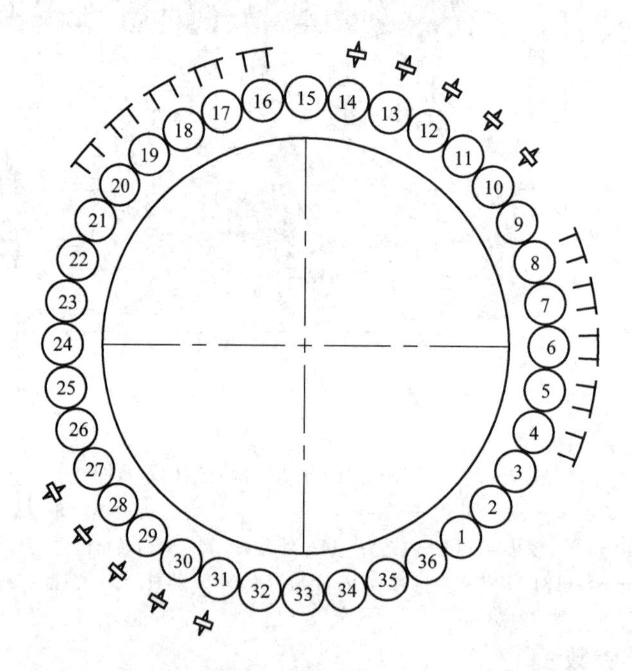

图 4 - 28　36 工位 3U 自动接桥机工位分布示意图

1—上灯管(Ⅰ)　2—上连接管　3—齐平　4 ~ 7——次平头加热　8—加热平头　9、15、21、26—空位
10 ~ 13—加热灯管(Ⅰ)　14—加热、火头摆出、爆孔、一次接桥　16 ~ 19—二次平口加热　20—加热平头
22—灯管转位(角)　23—打开夹头　24—上灯管(Ⅱ)　25—齐平　27 ~ 30—加热灯管(Ⅱ)
31—加热、火头摆出、爆孔二次接桥　32 ~ 34—冷却　35—下料　36—打开夹头

4.10.3.2　基本结构

36 工位 3U 自动接桥机的主要结构如图 4 - 29 所示。接桥机的 36 只夹具 14 均布在圆盘 17 的同一圆周上，夹具 14 为长方体形，在夹具 14 的内端(靠近圆盘 17 中心端)装有内夹头 10、外端装有外夹头 11，内夹头 10 为静止的，上装有夹持灯管的夹爪，外夹头 11 为动夹头，能做径向往复运动，其上装有夹持连接管的夹爪，内外夹头夹持的灯管和连接管中心线所在平面之间的夹角为 60°。外夹头 11 与内夹头 10 的合拢与打开是通过拉簧 20 和凸块 15 实现的。

电机 1 通过皮带 2、皮带轮 3、蜗杆蜗轮 4、转位凸轮 5、转位盘 6、键 16、圆盘 17，带动36只夹具做间歇转位,以实现3U接桥的工艺过程。

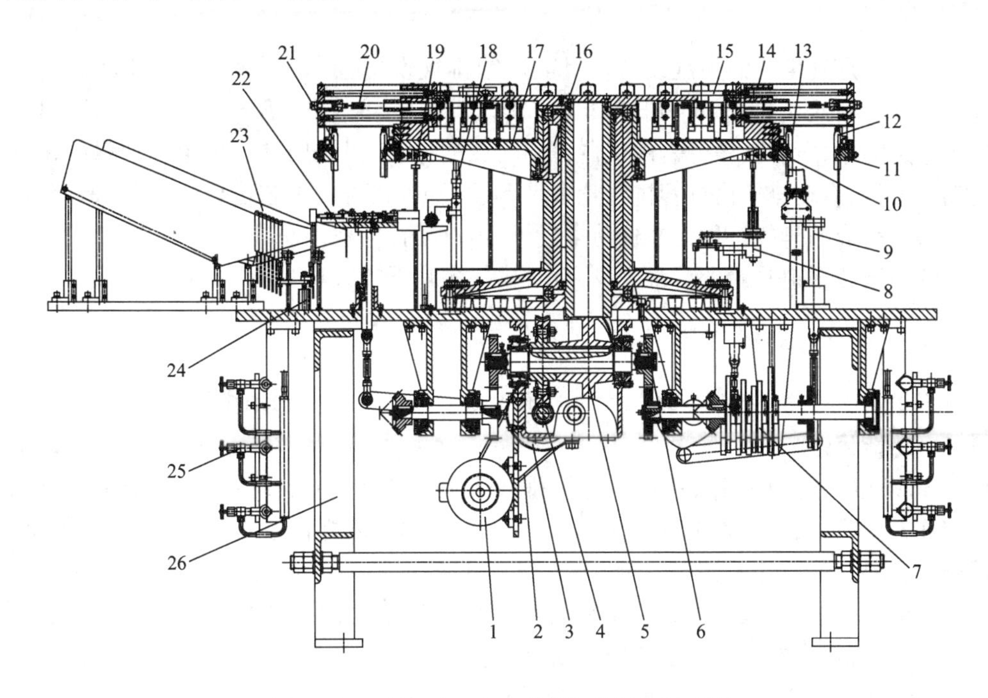

图4-29 36工位3U自动接桥机结构示意图

1—电机 2—皮带 3—皮带轮 4—蜗杆蜗轮 5—转位凸轮 6—转位盘 7—凸轮杠杆机构 8—灯管转角机构 9—平头机构 10—内夹头 11—外夹头 12—灯管(Ⅰ) 13—连接管 14—夹具 15—凸块 16—键 17—圆盘 18—下料机构 19—火头 20—拉簧 21—灯管(Ⅱ) 22—上料机构 23—储料滑道 24—顶料机构 25—燃气管道系统 26—机架

4.10.3.3 主要技术参数

①工位数 36个。

②生产率 1200只/h。

③适用范围 26W以下的3U(Ⅱ)灯管接桥。

④动力 电:380V/50Hz,1kW;

气:高压空气、低压空气、液化气、氧气。

4.10.3.4 主要特点

①接桥工艺先进,省掉拉平头机。

②自动化程度高。

③夹具结构与运动控制方法简便。

④执行机构的动作多是用凸轮杠杆机械控制,安全可靠性高。

⑤在生产环境、操作运转正常的情况下,故障率低。

4.11 灯管排气设备

灯管封口之后,要将灯管中的杂质气体抽出,明管、荧光粉层、灯芯等零件除气,阴极分解、激活,注汞(丸),充入稀有气体,封离等,这个过程叫排气。灯管排气是灯管制造过程中的重要环节,是决定灯管内在质量的关键工序,它直接影响到灯管的光效、寿命、启动性能、早期黄黑等。

排气设备是灯管生产的关键设备。目前灯管排气设备基本上有两种:一种是长排车(又称排气台),另一种是圆排车(又称排气机)。排气机多是48工位,有自动机与半自动机之分:在排气工艺过程中,所有工序皆是由机器自动完成的,人工只是向料仓里定期加料的排气机,称为自动排气机,自动排气机灯管排气管多是上插式的;在排气工艺过程中,有一道或多道工序由人工参与完成的排气机称为半自动排气机,半自动排气机多是在上灯管、封离、注汞(丸)等工序中的一道或多道是由人工来完成,灯管排气多是下插式。

4.11.1 48工位自动排气机

48工位自动排气机是间歇转位、立式圆形设备。又称上插式自动排气机。

4.11.1.1 功能用途

用于30W以下的2U(Ⅱ)、3U(Ⅱ)灯管排气。主要功能:将待排气的灯管插入排气头,与真空系统连接并密封;对灯管进行检漏;抽真空;加热烘烤,使灯管除气;冲氩气清洗;阴极电子粉涂层分解;阴极激活;注汞(丸);停止抽真空,向灯管内注入填充气体;封离灯管;取下灯管;关闭排气头的真空管道;拔排气管残留尾管等。整个工艺过程在PLC控制下自动完成,可通过触摸屏对程序的参数进行修改,工作周期自动循环。

48工位自动排气机工位分布如图4-30所示,具体如下:

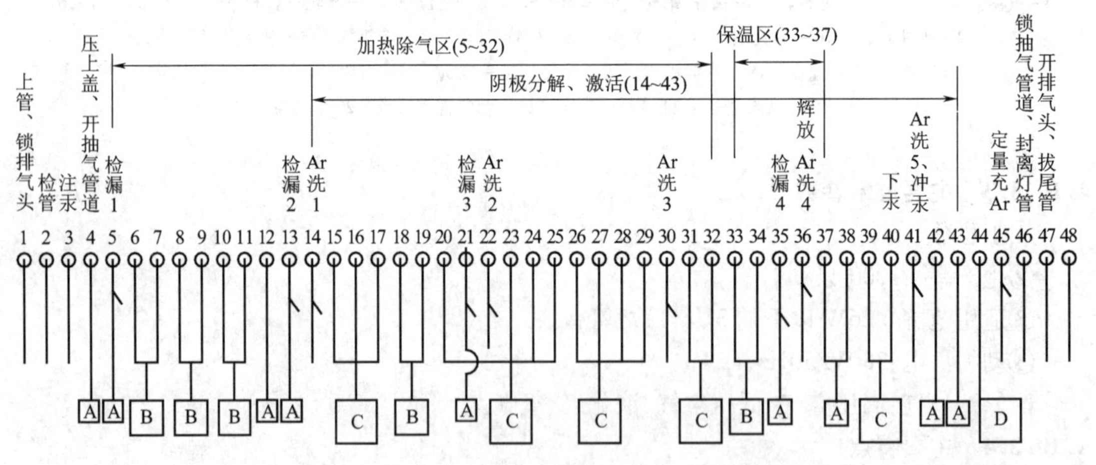

图4-30 48工位自动排气机工位分布展开示意图

A—2XZ-4B双级旋片泵 B-2XZ-15D双级旋片泵 C—30/4B罗茨泵机组 D—70/15D罗茨泵机组

第1工位:自动上灯管,锁紧排气头螺母以保证密封排气管,灯管接入真空系统;第2工位:用光电系统检测有无灯管,若无灯管关闭该排气真空管道;第3工位:自动上汞丸或液汞;第4工位:自动压牢上盖,有灯管就打开排气管道,开始抽真空;从第5工位开始到第44工位(其中第14、22、30、36、41工位除外),分别用不同的泵抽真空;第5、13、21、35工位检漏,灯管若在某次达不到设定的真空度要求,则自动关闭此排气头的真空系统;第5~32工位:加热除气区;第33~37工位为保温区;第14~43工位:灯丝通电加热,其中第14~35工位进行阴极分解,第36工位进行阴极激活,第37~43工位继续点灯丝;第40工位:自动向灯管里注汞丸或液汞;第41工位:氩气冲洗并把残留在排气管内的汞丸或液汞带入灯管内；第 45 工位：定量充氩气；第 46 工位：自动关排气头抽（排）气管道，封离排气管，自动下灯管；第 47 工位：自动打开排气头螺母，并拔尾管（残余排气管）；48 工位空位。

4.11.1.2 基本结构

48 工位自动排气机主要结构如图 4－31 所示，四十八个排气头 13 头朝下均布在大圆盘 11 的同一圆周上。

灯管排气：当排气机工作时，机械手（图 4－31 未示出）从灯管储存转盘 4 中取出灯管，自动插入排气头 13 孔中，并自动锁紧密封。真空泵 18 通过管道、动静中心盘 10、真空系统 8 对灯管 5 抽真空。

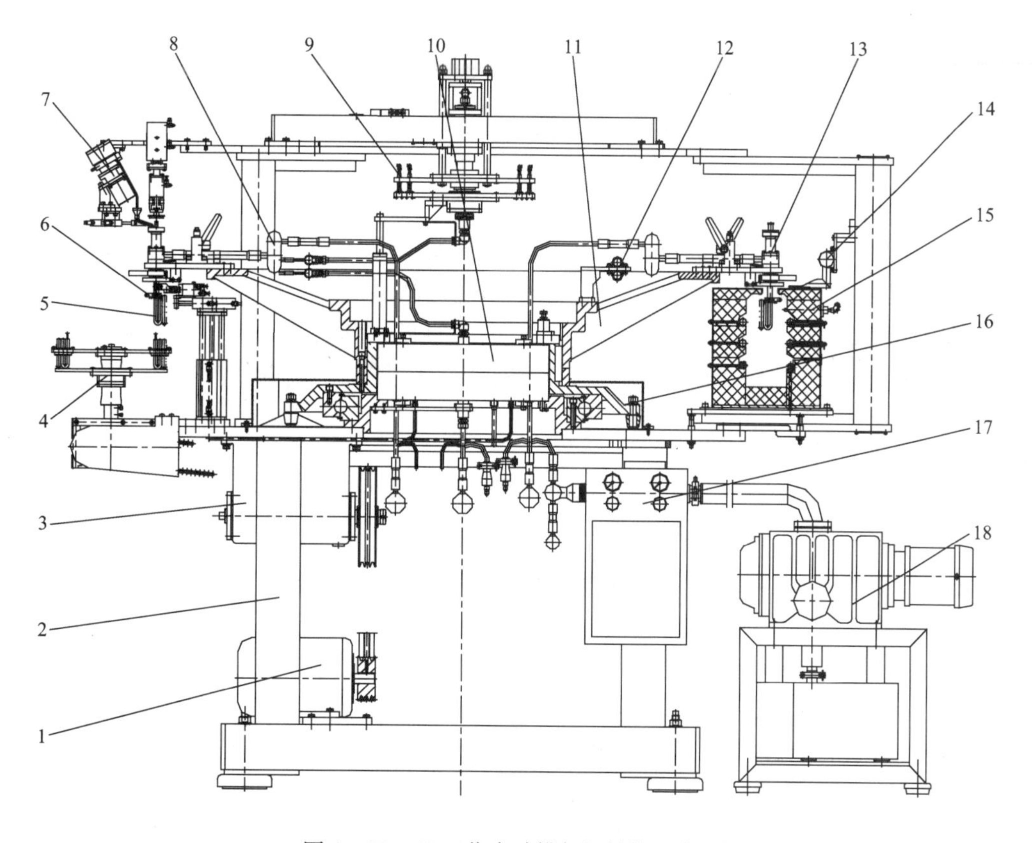

图 4－31　48 工位自动排气机结构示意图

1—电机　2—机架　3—传动机构　4—灯管储存转盘　5—灯管　6—导丝夹　7—注汞（丸）器　8—真空系统　9—汇流排　10—动静中心盘　11—圆盘　12—冷却水装置　13—排气头　14—风帘管道　15—烘箱　16—转位盘　17—氩气冲洗与定量充氩气系统　18—真空泵（罗茨泵机组）

灯管间歇转位：电机 1 通过皮带轮、皮带、传动机构 3、转位盘 16，带动圆盘 11、排气头 13、灯管 5 做间歇转位，以完成上汞（丸）、对灯管抽真空、检漏、烘烤、氩气冲洗、阴极分解、激活、落（下）汞（丸）、定量充氩气、封离、下料、拔尾管等工序。

烘箱：烘箱 15 口朝上，内装有电热管或电热管和燃气管混合供热，烘箱温度分段设定自动控制。为了不使烘箱 15 内向上流动的热气损伤排气头，而在烘箱 15 口上方、排气头 13 下方设有水冷挡板和风帘。

汇流排:灯管5在不同工位段的阴极分解,所需要的不同电流,是通过汇流排9获得的。汇流排9分为上、下两层,皆为圆盘形,在相同的圆周上均布四十八只接线柱,上圆盘接线柱连接电控柜,下圆盘接线柱连接导丝夹6,上圆盘做微量上、下往复运动,下圆盘做间歇转位运动,但皆与排气头13转位同步。

4.11.1.3 主要技术参数

①工位数 48个。

②生产率 1100~1200只/h

③适用范围 3~30W 2U、3U形灯管。

④灯丝分解电流 0~1000mA,可无级调节。

⑤烘箱最高温度 620℃,温度可调,自动控制,温差≤±2℃。

⑥真空度 灯管封离前,真空系统测量点的真空度为10Pa。

⑦动力 电:380V/50Hz,55kW;

气:高压空气、低压空气、液化气、氧气、高纯氩气;

水:循环水。

4.11.1.4 主要特点

自动化程度高,生产效率高,运转平稳,重复定位精度高,使用寿命长,维护方便。

目前紧凑型荧光灯灯管生产使用的排气机,共同的缺点是:氩气的供给系统后段是通过中心盘、真空管道进入灯管内的,充氩气时会把动、静中心盘和真空管道内的油污等带入灯管内,影响灯管的性能;泵选用不合理、抽速大、数量多、耗电大,增加了成本。

4.11.2 下插式48工位半自动排气机

下插式48工位半自动排气机是间歇转位、立式圆形设备。

4.11.2.1 功能用途

主要用于U形系列、Π形系列、半螺旋形系列、H形系列、莲花形系列灯管的排气。但对不同功率的灯管进行排气时,烘箱、导丝夹等的大小与位置会有所不同。

主要功能:除人工上灯管、没有上汞(丸)和落(下)汞(丸)装置外,其余同48工位自动排气机相同。中、大功率灯管多由人工封离、下灯管;其它工序由PLC控制自动完成,程序的参数可通过触摸屏进行修改,工作周期自动循环。

4.11.2.2 基本结构

下插式48工位半自动排气机主要结构如图4-32所示。与48工位自动排气机不同的主要是:

①四十八只排气头12头朝上均布在圆盘14的同一圆周上。

②烘箱9口朝下,装置在排气头12的上方。灯管10的排气管管口朝下,插入排气头12的孔内,与真空系统6接通并自动锁紧密封。

③没有自动上汞(丸)、落(下)汞(丸)装置。因灯管10的排气管口朝下插入排气头12,目前还无法在这种排气机上自动注汞(丸)。所以在灯管上排气机之前,先把汞(丸)注入灯管的一根排气管内,并把此排气管口封死。

④采用风屏把烘箱9的热气与排气头12、导丝夹11隔开。由风管8向鸭嘴式喷嘴送入低压风,在排气头12、导丝夹11的上方形成风屏,阻止烘箱9的热气向下流动。

下插式48工位半自动机其它的主要部分,基本上与48工位自动排气机相同。

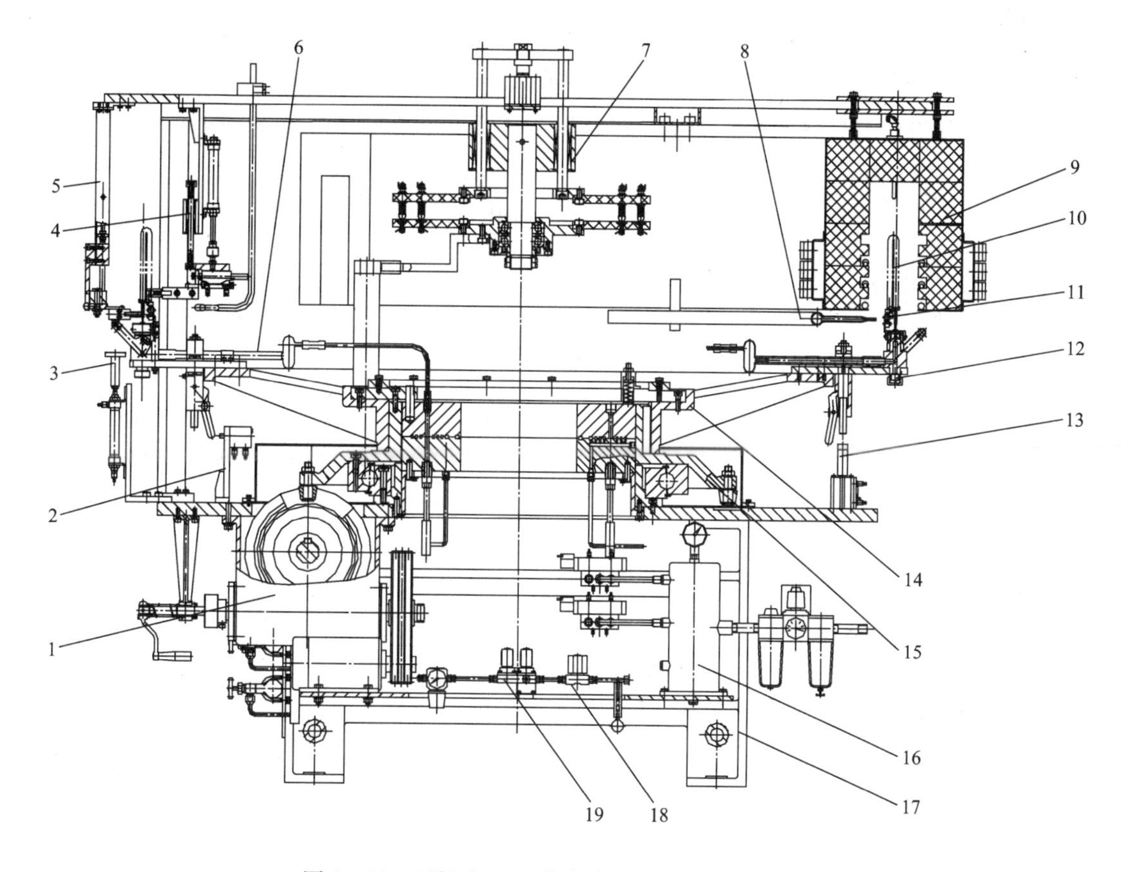

图 4-32 下插式 48 工位半自动排气机结构示意图

1—传动机构 2—真空管道打开机构 3—排气头打开机构 4—灯管封离机械手 5—拔尾管机械手 6—真空系统 7—汇流排 8—风管 9—烘箱 10—灯管 11—导丝夹 12—排气头 13—真空管关闭机构 14—圆盘 15—转位盘 16—压缩空气系统 17—机架 18—氩气冲洗系统 19—定量充氩气系统

4.11.2.3 主要技术参数

①工位数 48 个。

②生产率 600~1100 只/h。

③适用范围 3~30W、36~100W,U 形、Π 形、H 形、半螺旋形、莲花形等系列灯管排气。

④灯丝分解电流 500mA,1000mA。

⑤烘箱最高温度 620℃,温度可调,自动控制,精度 ±2℃。

⑥真空度 灯管封离前,真空系统测量点的真空度 10Pa。

⑦动力 电:380V/50Hz,55kW;

气:高压空气、低压空气、液化气、氧气、高纯氩气。

⑧操作人员 1~2 人。

4.11.3 上插式 48 工位半自动排气机

目前灯管排气用的上插式 48 工位半自动排气机,除了没有自动上灯管机构之外,其余全部与 48 工位上插式自动排气机相同。主要用于 3~30W 螺旋形灯管排气。因目前螺旋形灯管及其排气管位置的尺寸与形状公差较大,灯管自动上料率低、损伤大,所以多由人工上灯管。

4.11.4　长排车

由于一般长排车较难保证灯管品质的一致性，生产效率低、劳动强度大、生产环境差等原因，30W 以下的灯管的排气已多采用排气机。目前长排车主要用在 36W 以上的中大功率灯管和平面形灯管的排气；以及新品种紧凑型荧光灯灯管试制的排气。但最近有少数中、小企业，开始采用一种“自动长排车”对中、小功率灯管排气，并有扩展的趋势。

4.12　灯管老炼设备

灯管老炼的目的在于进一步激活阴极，改善电子发射能力，同时通过放电清除灯管内残余杂质气体，使灯管性能稳定、参数一致。特别是灯管如果在排气过程中阴极分解激活不足，可通过老炼使阴极性能得到改善。

4.12.1　灯管老炼的方法

灯管老炼方法有多种，常用有以下几种。

4.12.1.1　高压启动点灯老炼

图 4－33 是该老炼方法的电路原理示意图，主要由调压器 1、变压器 2、汇流排 3、电刷 4、镇流器 5、灯管 6 等组成。在线路 L1 与 L2、L2 与 L3、L1 与 L3 之间形成 400V 以上的高压，通过调节调压器 1，可使灯管 6 获得略大于其额定灯管电流的电流，在高压启动下灯点燃。燃点 15～30min，完成灯管老炼。这种老炼方法的特点是：

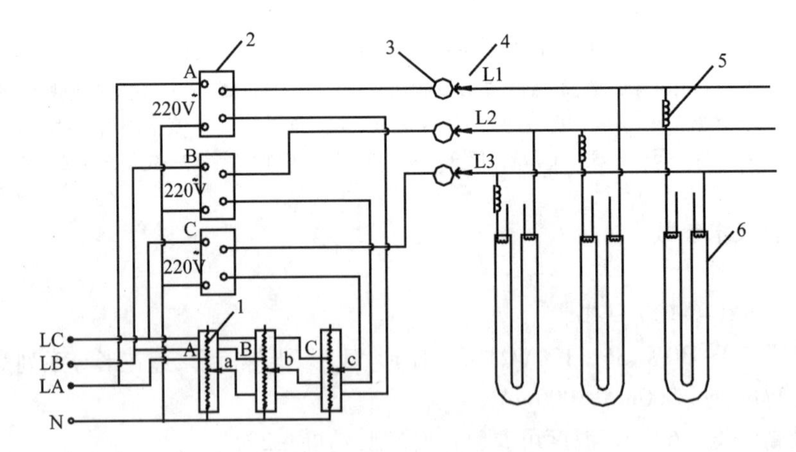

图 4－33　高压启动点燃老炼电路原理示意图

1—调压器　2—变压器　3—汇流排　4—电刷　5—镇流器　6—灯管　L1、L2、L3—导线

①电气控制与机械设备简单；

②是在特殊情况下的点灯，不能完全达到老炼的目的；

③在阴极冷态的情况下，以 400V 以上的高压启动，会造成阴极氧化溅射和蒸发，损伤阴极；

④老炼工艺时间长，适用于小批量生产，否则设备过长或过大。

4.12.1.2　触发启动、阴极预热、热点交换老炼

该老炼方法的电路原理示意图如图 4－34 所示。灯管 4 阴极的加热电压由外加灯丝加热变压器3提供,不需要附加跳泡开关启动装置。加热变压器3的初级连接在变压器2的次级两端。启动荧光灯时,把交流电源电压220V加到变压器2的初级,加热变压器3的初级电压U等于变压器2输出的开路电压,并且提供给灯阴极的电压为10～20V,足够使阴极加热至热电子发射温度,阴极提供充裕的热电子发射源。此时,开路电压足以使灯管4在热电子发射状态下击穿燃点。当灯一旦点燃后,变压器2输出端上的电压U从开路值降到灯的正常工作电压值,阴极外加热电压随之降低。一小部分阴极加热功率来自于灯管阴极位降,以确保灯管燃点过程中阴极温度处于最佳状态。

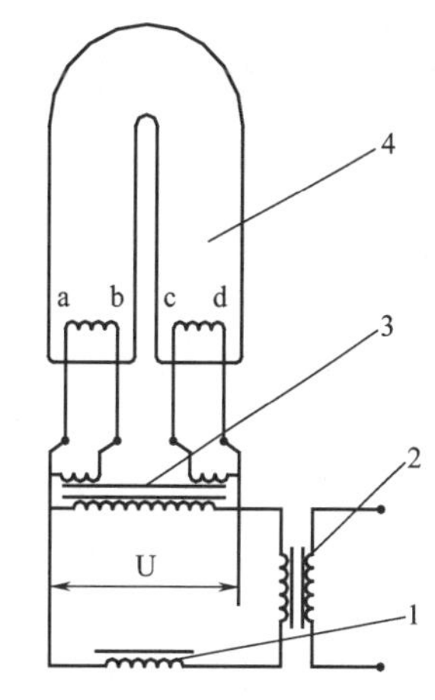

图4-34　触发启动、阴极预热、热点交换老炼电路原理示意图
1—镇流器　2—变压器
3—灯丝加热变压器　4—灯管

上述电路中,灯丝加热由外加灯丝加热变压器3提供,灯管启动所要求的开路电压比高压启动点灯老炼电路中瞬态高压低得多,无需高压脉冲,阴极温度没有剧烈的变化,灯管在阴极热电子发射状态下启动,同时灯管燃点过程中阴极位降大为降低,因而不存在高压启动对阴极氧化物涂层的损伤问题,阴极溅射损伤小。

在上述电路的基础上,采用新技术原理,可方便地使阴极热点从阴极的一端迁移到另一端,实现阴极热点的多次迁移变换。灯管放电工作,放电电流流过阴极涂层,同时在涂层内产生一定方向和强度的电场,氧化物涂层借助高温和电场作用,产生一定数量自由钡原子,在涂层内和表面扩散并得到更好的分布,降低了阴极功函数,提高了热电子发射能力,改善了阴极活性。通过阴极热点变换技术,数次实现热点变换,既使整个阴极氧化物涂层均能得到进一步分解激活,又可缩短老炼工艺时间。该老炼方法的特点是:

①灯管阴极氧化物涂层能得到均匀的进一步分解激活,达到老炼的目的;

②灯管阴极是在热态下触发启动,开路电压比较低,阴极溅射损伤小;

③老炼过程中因阴极热点多次变换,老炼时间短;

④适用于大批量、大规模自动化生产;

⑤机械设备、电气控制比点燃老炼复杂,造价高。

这种老炼方法国内企业使用的较少,但国外企业使用的较多。

4.12.1.3　点燃老炼

老炼过程是点灯丝(控制灯电流)、点亮(210V)、高电压燃点(≥235V,视灯功率而定,20s左右)、间歇,点燃(220V,5min),间歇(30～60s),启动(190V,10s),熄灭。在20世纪的80年代和90年代,灯管老炼多是采用此种方法。

4.12.1.4　高频老炼

高频老炼分两步完成,首先对灯丝进行通电加热,然后让灯管通过高频线圈产生气体放电。高频感应所产生的气体放电现象要比点燃老炼时的放电强烈得多,因此高频老炼对于消除灯管内杂质气体、改善灯管启动性能等方面都比点燃老炼效果好。但其设备与工艺都比点燃老炼复杂。

上述每种老炼方法,皆可以用于各种类型的灯管的老炼,但对某种类型、规格的灯管使用,并不一定都经济合理。所以某种类型灯管的老炼,必须根据灯管的结构形状、灯功率、灯电流、产量等来选择老炼的方法。

为了经济、合理，根据灯管功率把老炼为分小功率（≤30W）老炼机、中功率（36～80W）老炼机、大功率（>80W）老炼机，目前使用比较多的老炼机有以下几种。

4.12.2 圆形半自动老炼机

圆形半自动老炼机的基本结构如图4－35所示，为塔式圆形老炼机（简称塔形老炼机）。共有160个工位，分两层布置，灯管分别放在第一层环形板16和第二层环形板10上，灯管两根外引出线（导线）分别通过矩形电磁铁12、接线柱15、镇流器18、汇流排6、电刷5与变压器和调压器（图4－35皆未示出）接通。通过调压器可以改变灯管电流，以达到老炼不同规格的灯管。

塔形老炼机有2～4层之分，层数越多，生产效率就越高，而操作就越不方便。塔形老炼机若是一层，俗称为圆盘老炼机；若塔形一层、二层都去掉，保留第二层圆形罩9，在圆形罩9上装有接线柱（图4－35未示出），灯管导丝折弯后，挂在接线柱上，即可接通老炼线路，此种形式的老炼机称圆筒形老炼机。

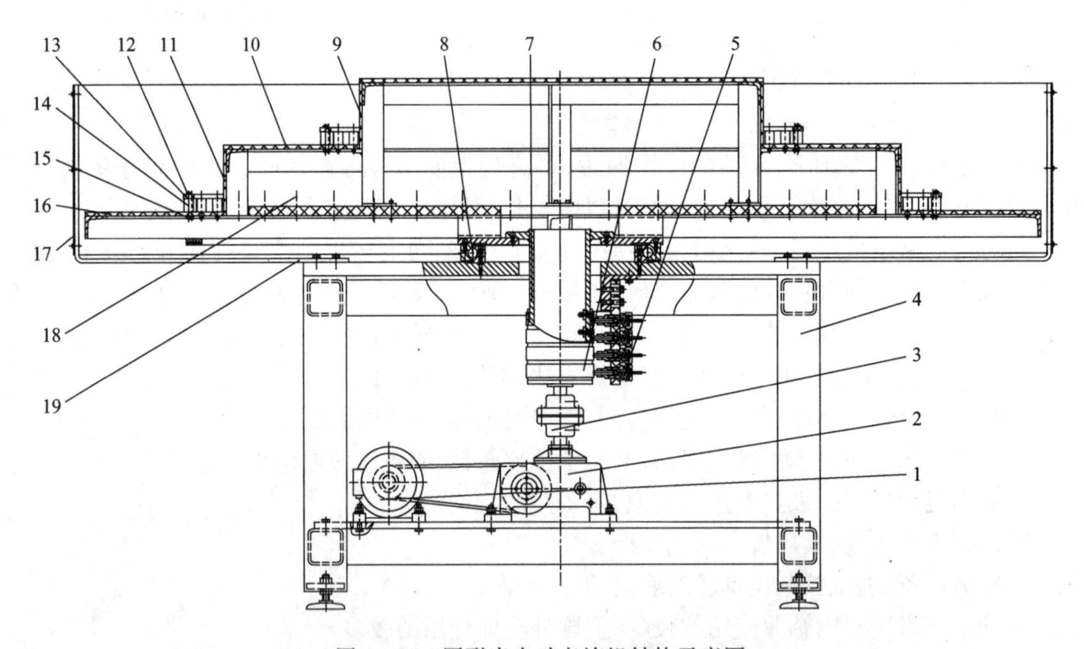

图4－35　圆形半自动老炼机结构示意图

1—电机　2—减速器　3—联轴节　4—机架　5—电刷　6—汇流排　7—传动轴　8—回转支承　9—第二层圆形罩　10—第二层环形板　11—第一层圆形罩　12—矩形电磁铁　13—第一层垫板　14—第一层垫块　15—接线柱　16—第一层环形板　17—遮光板　18—镇流器　19—垫板

该老炼机系采用高压启动点灯工艺，用于36～80W螺旋形荧光灯灯管老炼，亦可用于同功率段的U形、Π形，H形、莲花形等灯管老炼。由人工上下灯管，其它工序由机器自动完成。

该老炼机工作时是连续旋转，采用变频器控制电机，可使老炼机无级变速，能方便地改变灯管的老炼时间和生产率。

主要技术参数：

①工位数　160个。

②生产周期　15min。

③生产率　640只/h。

④动力　380V/50Hz,15kW。

主要特点:结构简单,制造容易,维护方便,造价低廉。

4.12.3　触发启动椭圆形半自动老炼机

简称椭圆形老炼机,是连续转动、链传动椭圆形设备。

4.12.3.1　功能用途

触发启动、阴极预热、热点迁移方向变换的老炼方法。用于灯功率≤30W的2U、3U系列灯管,亦可用于同功率段的H形、Π形、莲花瓣形灯管的老炼;若将导丝夹稍加垫高,还可用于同功率的螺旋形灯管老炼。

主要功能:点灯丝(加载电流小于被老炼灯管额定电流)→阴极预热、触发启动点燃灯管(若热点由a、d点向b、c点迁移,见图4-34)→灯管接线交换、阴极预热、触发启动点燃灯管(则热点由b、c向a、d点漂移)→熄灭→再按上述反复一次→熄灭→190V、10s内启跳→熄灭→取下灯管分档存放。机器工作时,由人工上下灯管,其它工序由PLC控制自动完成。

4.12.3.2　基本结构

椭圆形半自动老炼机结构如图4-36所示。该老炼机上装有八十四只导丝夹座5,每只导丝夹座上装有两只导丝夹6,灯管的四根导丝夹持在导丝夹6内,通过导丝夹座5的电刷(图4-36未示出)与汇流排7接通。导丝夹座5支承在导轨上(图4-36未示出),并与链条4连接,通过电机11、减速器12、锥齿轮13、主动传动机构1上的链轮获得连续运行,以完成老炼。

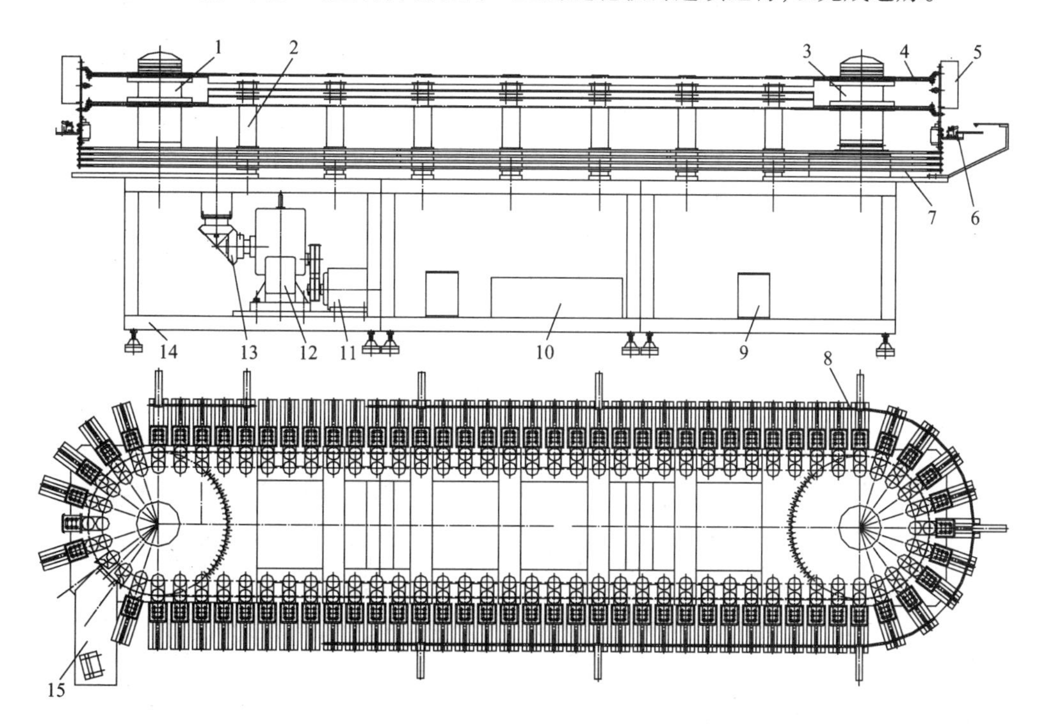

图4-36　触发启动椭圆形半自动老炼机结构示意图

1—主动传动机构　2—链条支承机构　3—被动传动机构　4—链条　5—导丝夹座　6—导丝夹　7—汇流排　8—紫铜管　9—灯丝加热变压器　10—高频电源　11—电机　12—减速器　13—锥齿轮　14—机架　15—冷却装置

4.12.3.3 主要技术参数

①工位数　168 个。

②生产周期　8min。

③生产率　1260 只/h。

④动力　电:380V/50Hz,15kW。

4.12.3.4 主要的特点

①老炼效果好,产品质量高。

②老炼时间短,生产效率高。

③电气控制复杂,造价高。

4.12.4 高压启动椭圆形半自动老炼机

高压启动椭圆形半自动老炼机是连续运动、链传动、椭圆形设备。与上述椭圆老炼机不同的是采用高压启动点灯老炼方法。多用于 U 形灯管老炼,老炼时间一般为 15 ~ 30min,所以设备较长。由于导丝夹结构简单、制造方便,所以被多数企业采用,但老炼效果欠佳。

参考文献

[1] 徐光华,卢继锋,王彬,史美谊. 电光源制造工艺. 上海:上海科学技术文献出版社,1992

[2] 方道腴,蔡祖泉. 电光源工艺. 上海:复旦大学出版社,1991

[3] 甘子光,曾耀章,李广安. 单端荧光灯生产设备. 见:轻工技术装备手册. 第 2 卷. 北京:机械工业出版社,1996

[4] 李广安. 电光源发展的趋势与对策. 电气照明, 2009,(5)

[5] 李广安,赵坚玉,王海鸥,吕家东,张建忠. 节能灯管高速自动生产线的研究. 电气照明,2008,(6)

[6] 李广安. 紧凑型荧光灯管及设备的现状与发展. 电气照明,2008,(4)

[7] 李广安,王海鸥. 国产节能灯管质量分析. 电气照明,2008,(4)

[8] 李广安. 紧凑型荧光灯管排气工艺的研究. 电气照明,2006,(5)

[9] 曹新民,王宗进,刘鹏,李健康. 阴极热点可变换的老炼技术的研究. 照明工程学报,1996,(2)

5 紧凑型荧光灯电子镇流器

5.1 概　　述

荧光灯与许多气体放电灯一样，其灯管电压随灯管电流的增大反而下降，具有负阻性的伏安特性。因此，荧光灯必须连接镇流器才能接入电源正常工作。荧光灯的镇流器有两种类型，一种是直接用市电电源的工频电压使荧光灯工作于低频放电状态的低频镇流器；另一种是利用电子电路将工频电压转变为高频电压而使荧光灯工作于高频放电状态的高频电子镇流器。本章着重介绍自镇流荧光灯，即一体化电子镇流紧凑型荧光灯中的电子镇流器。重点论述电子镇流器电路的基本原理与电路分析，同时也介绍与实际生产相关的技术。

5.1.1 荧光灯的负阻性伏安特性

荧光灯的电压与电流的关系称为荧光灯的伏安特性。与我们熟知的电阻的电压与电流的关系（图 5 -1）不同，荧光灯的伏安特性有突出的特点，如图 5 -2 所示。

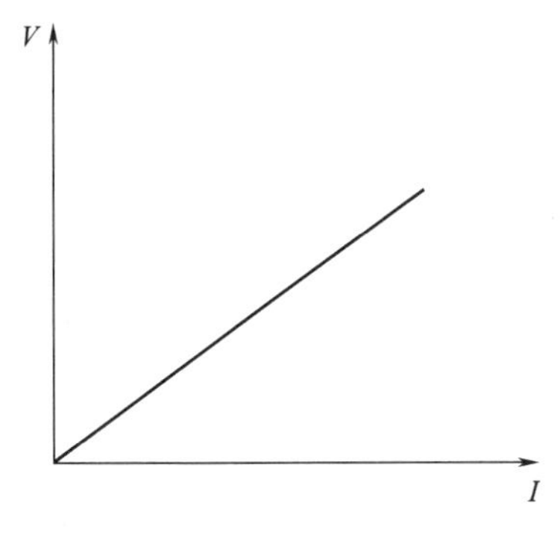

图 5 -1　电阻的伏安特性

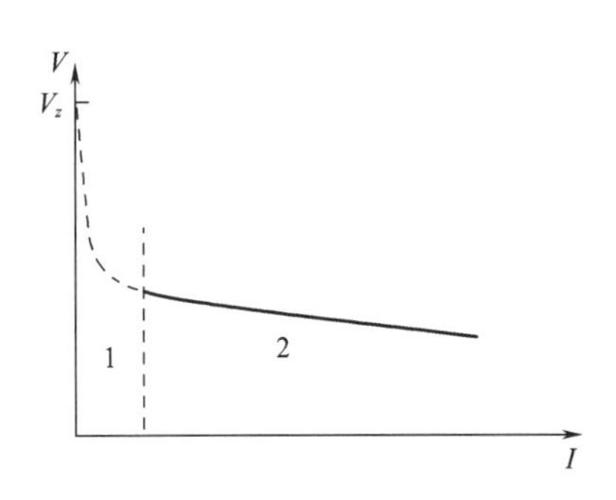

图 5 -2　热阴极荧光灯的静态伏安特性

从图 5 -2 可见，荧光灯有较高的点燃电压 V_z，荧光灯在点燃之前是不导电的；当荧光灯点燃之时，灯管放电电流迅速增大且灯管电压迅速降低，放电迅猛发展而无法停留（维持）于下降曲线的某一点上（如图中区域 1）；之后，荧光灯进入稳定的热电子弧光放电的工作区，此时灯管上的电压随灯管电流的增加而缓缓降低，具有负阻特性（图中区域 2）。

荧光灯中气体放电的导电性能为什么会具有负阻性伏安特性呢？原因是荧光灯放电区的带电粒子——电子与正离子的浓度是随放电电流的变化而变化的，致使荧光灯放电的导电率随电流的改变而改变。例如电流增大时，放电区的带电粒子的浓度对应增大，使其导电率随之超比例增大而呈现动态电阻变负的特性。对于普通电阻等导体而言则与之不同，其内部起导电作用的带电粒子——自由电子的浓度不随电流的大小而改变，故其导电率不变而具有恒定的电阻。

然而,荧光灯放电区带电粒子的产生与消失的过程是需要时间的,也就是说其带电粒子浓度的变化需要时间而具有惰性。当荧光灯的工作频率提高到 10kHz 以上的高频时,灯管的电压与电流的变化已相对很快,以至荧光灯放电区的带电粒子浓度来不及随之改变而保持一个对应的平衡值。因此,对于高频电压而言,荧光灯放电区呈现恒定的导电率,具有纯电阻特性。

荧光灯在低频工作与高频工作所呈现的不同导电特性(伏安特性),可以从荧光灯在两种频率下工作时的灯管电压与灯管电流的波形(图 5-3、图 5-4)清楚地看出来。图 5-3 示出了荧光灯低频工作的灯管电压与电流的波形,从波形的前半段可见,其灯管电流的上升对应着灯管电压的下降,确实反映出负阻特性,但其中电压波形的后半段与前半段并不对称,这是因为后半段对应的带电粒子浓度与前半段相比已有很大的变化,此中的放电机理这里不作深究;另外,从图中的电压与电流波形的对比中还可看到电压波形的高峰超前于电流波形的高峰,使电压波形整体超前电流波形,说明低频工作的荧光灯的阻抗特性呈电感性。图 5-4 为荧光灯高频工作的灯管电压与灯管电流的波形,可见其与低频工作时差异显著,其中电压波形与电流波形的相位相同,形状也相似,表明荧光灯高频工作时具有纯电阻特性。

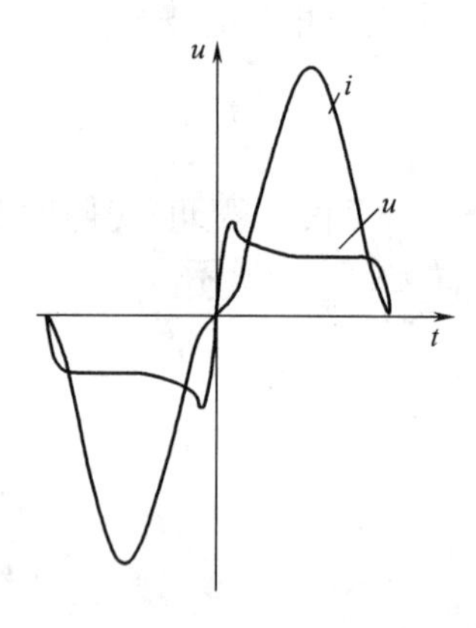

图 5-3　荧光灯低频(50Hz、电感镇流器)工作时的电压、电流波形

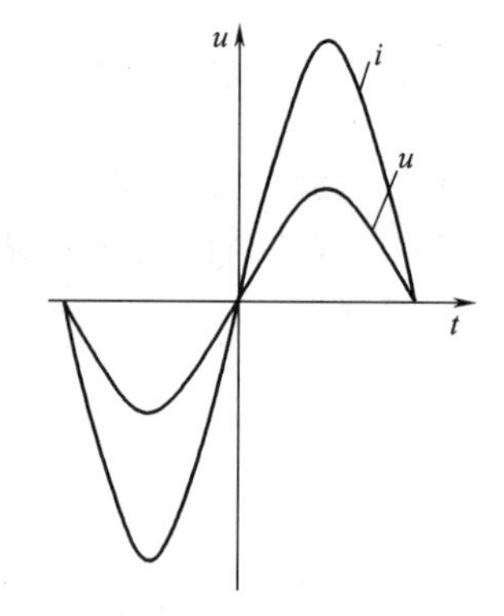

图 5-4　荧光灯高频(25kHz)工作时的电压、电流波形

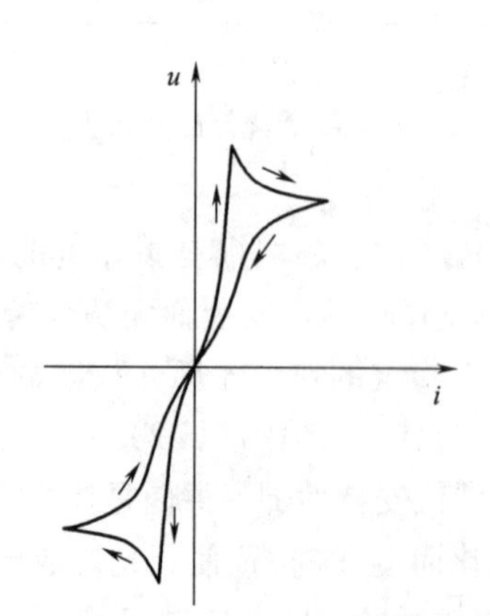

图 5-5　荧光灯低频(50Hz、电感镇流器)工作时的动态伏安特性

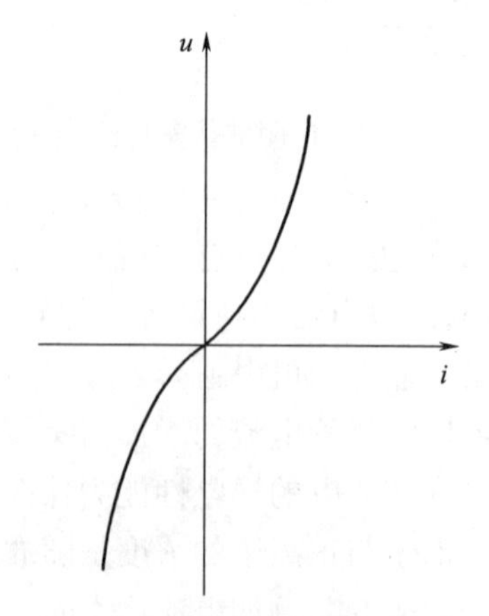

图 5-6　荧光灯高频(25kHz)工作时的动态伏安特性

图 5-5 与图 5-6 分别为测出的荧光灯低频工作与高频工作时的动态伏安特性。从图

5－5所示的低频工作的动态伏安特性中虽然仍可看到点燃电压与点燃之后的负阻过程，但与直流测试得出的静态伏安特性（图5－2）相比已差异很大；而高频时的伏安特性（图5－6）则已完全没有点燃与负阻过程，表现为纯电阻（非线性电阻）特性。图5－5与图5－6亦可从图5－3与图5－4转变坐标画出来。

在这里要着重说明，荧光灯高频工作时所呈现的纯电阻特性并不表明荧光灯可以直接接入高频电压源工作而无需连接高频镇流器，因为当高频电压的有效值波动时，荧光灯的高频电流有效值将随之变化，由于这种有效值的波动变化是相对缓慢的，故必然引起放电区带电粒子的平衡浓度随之而变，导致荧光灯灯管电压的有效值对应变化而产生前述的负阻效应。也就是说，荧光灯对于高频电压瞬时值的变化呈现纯电阻导电特性，而对于高频电压有效值的变化则呈现负阻特性。因此，即使荧光灯在高频电压下工作，也必须连接镇流器，使荧光灯在电源电压、环境温度以及荧光灯自身温度变化引起电流有效值变化时能够稳定而可靠地工作。

5.1.2 低频镇流器

所述低频镇流器，包括工作于工频的电感镇流器、电容镇流器与电感电容镇流器等。

如前所述，由于荧光灯具有图5－1所示的负阻性伏安特性，它不能像白炽灯泡一样直接接入市电电源而正常点亮。如将其直接连接市电电源将出现两种情况：一种情况是荧光灯的点燃电压高于市电电源电压的峰值，则荧光灯无法点燃而根本点不亮；另一种情况是市电电压的峰值高于荧光灯点燃电压，则荧光灯被点亮，但点燃后荧光灯两端的电压迅速自动下降，且电流越大对应灯管电压越低，使电源电压与荧光灯灯管电压的电压差迅速增大，这个迅速增大的电压差只能由电路的连接线承担，而连接线的电阻非常小，导致电路电流迅猛增大而很快将荧光灯烧毁。众所周知，将一个足够大的阻抗与荧光灯串联之后再接入市电电源（图5－7），此串联阻抗必将对电路电流起限流作用，从而使荧光灯在点燃以后的电流得以稳定。这个能够稳定荧光灯放电电流的串联阻抗，被称为荧光灯镇流器。

图5－7中作为荧光灯镇流器的阻抗 Z 可以是一个电感 L，其阻抗为感抗 ωL；也可以是一个电容 C，其阻抗为容抗 $1/\omega C$；也可以是一个电阻 R；还可以由电感 L 与电容 C 串联而成，此时通常选择容抗大于感抗，其合成阻抗仍为容抗等。图中的 S 为启辉器，它等效为一个自动开关。

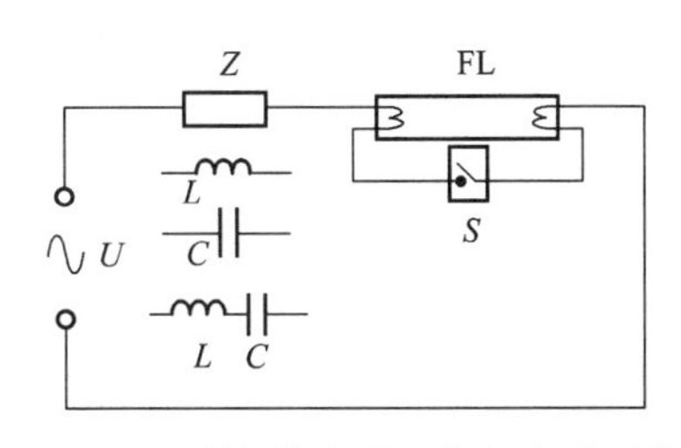

图5－7　低频镇流器工作电路原理图

以应用最广的电感镇流器（在图5－7中将 Z 换成 L）的工作电路为例，当接通市电电源后，电源电压 U 使启辉器产生辉光放电而使 S 迅速闭合，电路被接通而形成流过荧光灯FL灯丝的电流，使灯丝得到加热（称为灯丝预热）并产生热电子发射，1～4s后 S 自动断开，迫使电流迅速大幅减小，于是在电感 L 的两端产生很高的感应电势，此高压电势与电源电压叠加之后的合成高电压施加于FL的两端而使FL点燃；点燃之后的FL在电源电压与电感 L 的作用下产生稳定的放电电流而正常点亮。总结上述过程中电感 L 的作用：①形成预先设计好的荧光灯灯丝预热电流；②产生感应高压点燃荧光灯；③稳定荧光灯放电电流而使荧光灯正常工作。所述电感镇流器的良好性能，使其成为荧光灯诞生七十多年以来使用最多的低频镇流器。

利用电容器的容抗也可以作为限流的镇流器（将图5－7中的 Z 换成 C）。不难分析，电容不能像电感那样产生感应电势，显然它只能点亮那些点燃电压较低（低于电源电压的峰值）

的荧光灯;而且电容在电压突变时的阻抗非常低,因此点燃过程会产生极大的电流脉冲,使荧光灯的寿命大幅度缩短;此外,电容镇流电路的电流波峰系数很大,使荧光灯的光效显著降低且寿命进一步缩短。电容镇流器的这些严重缺点,使其应用较少。但由于电容器本身功耗极低,几乎不发热,且重量轻、价格低廉,在特殊情况下仍得到应用。如曾经大量产销的1W“小夜灯”使用的就是电容镇流器,其中所用的的小荧光灯长度很短,因而点燃电压很低;且充氩气的气压很高,使上述较高电流脉冲引起的阴极溅射现象能得到缓解而可维持一定的工作寿命。

将电感与电容串联所组成的LC镇流器均选择容抗大于感抗,其合成阻抗为容抗。由于串联了电流不可突变的电感,此种镇流器虽为容性阻抗,却没有电容镇流器的缺点而具有电感镇流器的优点。利用荧光灯低频工作时的阻抗呈电感性,且其中感抗部分亦均随电流变化呈负阻抗特性,使容性LC镇流器与具有感性阻抗的荧光灯串联之后具有比前述电感镇流器更好的镇流作用,可以点亮灯管电压更高的荧光灯。此外,LC镇流器还能够有效抑制电感饱和时的电流过度增长,使安全性与可靠性显著提高。但终因其需增加一个电容器而使镇流器的成本与体积明显增加,实际应用也不多。至于电阻镇流器,因其自身功耗太大而基本不用。

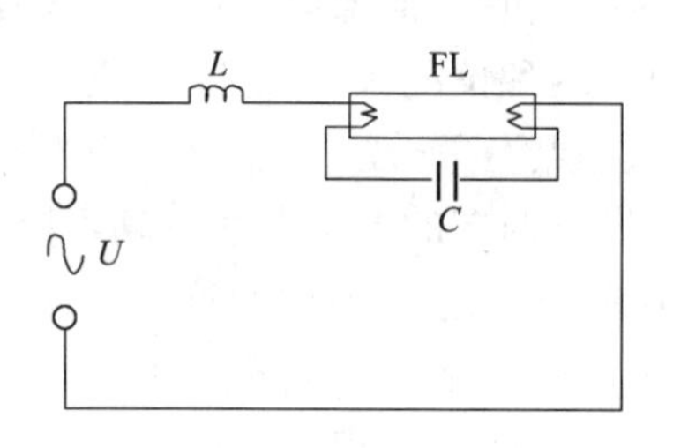

图5-8 不需要启辉器的LC镇流电路

图5-8是一种不需要启辉器就能够产生高压来点燃荧光灯的电路,其中电感L与电容C结合起来发挥了电感镇流器与启辉器的双重作用。电路中L的电感量稍大于前述电感镇流器的电感量;且选择C的容抗稍大于L的感抗而使荧光灯启动前L、C串联的合成阻抗比L的感抗小得多。因此,一接通电源,将有较大的电流流过荧光灯的灯丝使灯丝快速预热,同时在C的两端产生接近串联谐振的较高电压点燃荧光灯。深入的分析表明,这种电路比使用电感镇流器的电路有更好的镇流效果。但在灯管点燃过程中,由于荧光灯的负阻特性,电容C会对灯管产生非常大的放电电流脉冲(放电路径没有限流的任何电阻),从而大大缩短了荧光灯的寿命而很少得到应用。

5.1.3 高频电子镇流器

数十年来广泛应用的电感镇流器是低频镇流器的典型代表,它有较好的预热启动及稳定电流的功能,尤其是具有极好的可靠性与长寿命。但是,它的缺点也十分突出:自身功耗大,不节能;体积大而笨重,使用不够方便;需消耗较多的铜材与钢材,使其成本随铜与硅钢片的价格而日益攀升;还有低频工作所产生的每秒钟100(或120)次经过电流为0时灯的熄灭所造成的灯光“频闪”现象和难以彻底消除的铁心振动发出的低频噪声,降低了照明质量。实际上,人们早就想抛弃既耗电又笨重的低频电感镇流器,希望利用电子电路将市电电源的50(或60)Hz工频电压转变为20kHz以上(常为20~30kHz;40~50kHz)的高频电压,然后连接高频电感镇流器来驱动荧光灯工作于高频状态。也就是说,制成一种由电子电路构成的高频电子镇流器使荧光灯工作于高频状态。这样一来,由于频率提高了近千倍,则高频电感镇流器的电感量可对应减小为低频电感镇流器的近千分之一,使电感的功耗、重量及体积大大降低,且低频工作产生的“频闪”与噪音到高频工作时均已不复存在,从而全面克服了低频电感镇流器的几乎所有的缺点,显著提高了照明效率与照明质量。电子镇流器还可以通过电子电路的改进增加多种附加功能,如提高线路功率因数、完善预热启动、实现异常状态保护与调光功能等,成为低频镇流器远远无法与之相比的性能优越、功能完善的新型荧光灯镇流器。

为了使电子镇流器能够将市电电源的工频电压转变成高频电压并能够正常点亮荧光灯，其电路应包括有将工频交流电压转变成直流电压的整流滤波电路、将直流电压转变为高频电压的高频逆变电路、为了降低自身对外界的电磁干扰与可能由电源从外部引入的电磁干扰而必须在输入端安装的电磁兼容(EMC)电路，以及提高线路功率因数的功率因数校正(PFC)电路等。所述电子镇流器的电路结构方框图如图5－9(a)所示。

对于小功率(小于25W)的荧光灯，从实际应用效果考虑，降低了对其功率因数与谐波含量的要求，使其电路得以简化而提高了性价比，其电路原理方框图如图5－9(b)所示。

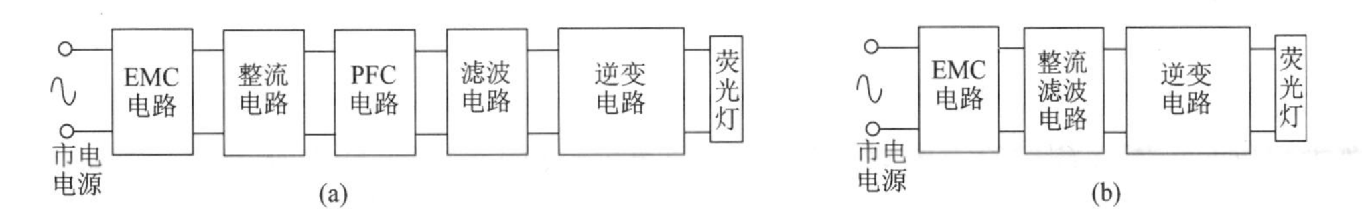

图5－9　电子镇流器的电路原理方框图。

前面已经说明，荧光灯即使工作于高频状态，荧光灯与高频电压源之间仍然需要连接高频镇流器才能稳定地工作。是否可以简单地将图5－7示出的低频电感镇流器电路移植到电子镇流器的高频输出电路呢？稍加分析便知，这样做是不能点亮荧光灯的。因为高频时电感量太小(约低频时的千分之一)，利用“启辉器”切断电流所产生的感应电势很低，不能点燃荧光灯。而前述图5－8的不用启辉器的LC镇流电路适合于高频电子镇流器。因为前述其作为低频镇流器时的主要缺点——灯管点燃时电容 C 对灯管的大电流放电而严重降低荧光灯寿命的问题，在高频工作时已可以忽略，因电容 C 的容量已减小为低频工作时的约千分之一，放电能量已很小。

图5－10(a)是电子镇流器输出电路原理图，图中 U 为等效高频电压源(为高频输出电压的基波电压有效值)；L 为高频电感；FL为荧光灯；C 为灯丝间电容(或称启动电容)。图(b)是图(a)的等效电路，其中 R 为荧光灯的等效电阻，其阻值随电流有效值 I 的增大而减小，故为可变电阻。图(c)为图(b)的等效电路，将 R 与 C 的并联电路变换为等效的 R' 与 C' 的串联电路。

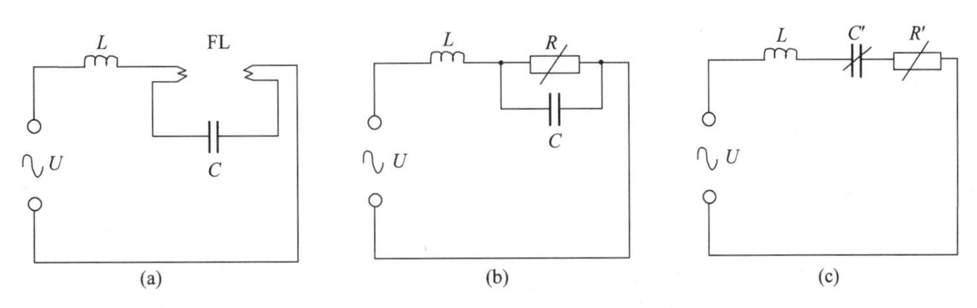

图5－10　电子镇流器输出电路原理图及等效电路图

下面我们分析图5－10所示电子镇流器输出电路的镇流原理。怎样判断电路具有镇流作用呢？一个衡量的标准是当某种因素使荧光灯电流增大(或减小)时，电路将自动产生抑制其继续增大(或减小)的功能。

从图 5－10(b)可知：

①当荧光灯 FL 的灯管电压较低而呈现为阻值较小的电阻 R 时，与其并联的电容 C 因阻抗较大而可以近似地加以忽略，此时的电路与低频电感镇流器工作电路一样，其镇流作用的原理亦相同。即当某种因素使图(b)中流过 R 的电流增大时，电感 L 上的电压降将对应增大，使 R 上的电压降低，从而抑制电流的继续增大；

②当 FL 灯管电压很高而等效于阻值很大的电阻 R 时，因 R 的电阻值比并联的 C 的容抗大得多，此时流过 C 的电流比流过 R 的电流大得多，使输出电路靠近串联谐振状态。当某种因素使流过 R 的电流(即 FL 的电流)增大时，R 的电阻值因负阻特性而减小，使串联谐振电路的 Q 值降低而使 C 两端的电压降低，从而抑制 FL 电流的增大；

③当 FL 灯管电压所对应的 R 电阻值处于上述①、②两种情况之间，即 FL 的 R 电阻值与 C 的容抗接近或可比时，将图(b)变换为图(c)的等效电路，即将图(b)的 R 与 C 的并联电路变换为图(c)的 R' 与 C' 的等效串联电路，可推导得出输出电路总阻抗 Z 如下式：

$$\dot{z} = j\omega L - \frac{j_1}{\omega C'} + R' \tag{5-1}$$

$$R' = \frac{R}{1 + R^2\omega^2 C^2} \tag{5-2}$$

$$\frac{1}{\omega C'} = \frac{R^2\omega C}{1 + R^2\omega^2 C^2} \tag{5-3}$$

把式(5－2)、式(5－3)代入式(5－1)：

$$\begin{aligned}\dot{z} &= j\omega L - \frac{j R^2\omega C}{1 + R^2\omega^2 C^2} + \frac{R}{1 + R^2\omega^2 C^2} \\ &= j[\omega L - \frac{R^2\omega C}{1 + R^2\omega^2 C^2}] + \frac{R}{1 + R^2\omega^2 C^2}\end{aligned} \tag{5-4}$$

从式(5－4)可知，当某种原因使荧光灯电流有效值增大时，由于其负阻特性，R 值将减小，使式(5－4)中的等效电感的感抗(为中括弧内的数学式)随 R 的减小而增大，且等效电阻(式中最后一项)也比 R 减小得少，说明电子镇流器电路抑制电流变化的作用相当于一个其电感的感抗能够随电流增大而增大的电感镇流器电路。显然，其镇流效果将明显优于普通电感量不变的电感镇流电路。

式(5－4)还说明，如果输出电路呈容性，即中括弧内的第二项大于第一项，情况将与上述相反：当荧光灯电流有效值增大时，R 对应减小，则中括号内表示的总的容抗减小，也就是说随电流增大，镇流的阻抗反而变小，此将有利于电流的继续增大而导致放电不稳定。这就是采用他激式逆变电路的电子镇流器必须防止输出电路呈容性负载的根本原因。顺带指出，对磁环反馈的自激式逆变电路而言，其振荡频率一般总是高于输出电路的谐振频率，故输出电路一般均呈感性。

上面的分析均对于高频输出电压的正弦波基波成分而言，而电子镇流器输出的高频电压实际为近似矩形波电压，除了基波之外还有高次谐波，上述关于镇流原理的分析还有效吗？完全有效。不仅因为基波为其输出矩形波的主要成分，二次谐波小到可以忽略，而且对于三次以上的高次谐波，高频电感 L 的镇流作用更是比基波好很多了。所以对于各次谐波的镇流作用只会更好而无需顾虑。

5.1.4 电子镇流器的性能指标

输入交流电压 U_{in}　适合电子镇流器正常工作的额定市电电压。

输入交流电流 I_{in}　输入额定交流电压时产生的线路电流。

输入线路功率 P　输入额定交流电压时，电子镇流器与荧光灯组成的系统所产生的有功功率。

线路功率因数 λ　输入额定交流电压时，电子镇流器与荧光灯组成的系统所产生的有功功率与视在功率之比。视在功率为输入交流电压有效值与输入交流电流有效值的乘积。

谐波含量　包括总谐波含量 THD 与各次谐波分量（以基波为 100%）。

流明系数　荧光灯与电子镇流器配套时的光输出与灯在基准镇流器配套工作时的光输出之比。

能效等级与能效值　荧光灯与电子镇流器配套时的初始光效所达到的国标中的能效等级与能效值。

灯电流波峰系数　荧光灯与电子镇流器配套时的灯电流峰值与有效值之比值。

预热启动状态　灯丝预热温度与时间。

EMC 电磁兼容性　主要指传导干扰与辐射干扰达到相关标准的要求。

异常状态保护　当荧光灯开路、灯不能启动以及灯出现整流效应等非正常状态时，能否使电子镇流器受到保护而不受损害。

5.2　电子镇流器的基本电路及工作原理

如上节所述，电子镇流器包括图 5－9 中的各个部分，其中的核心是包括输出电路在内的逆变电路。本节将比较详细的分析以磁环作为反馈元件而产生高频振荡并输出高频电压的自激式半桥逆变电路，因为这种电路在自镇流荧光灯产品中广泛应用。

5.2.1　自激式半桥逆变电路及工作原理

将直流电压转变成交流（包括高频）电压的变换电路，被称之为逆变电路。因为它与人们熟知的将交流电压转换成直流电压的整流电路相比，正好是“反其道而行之”，故加上了“逆变”之名 。逆变电路有电压输出型半桥式逆变电路、电流输出型半桥式逆变电路、全桥式逆变电路、推换式逆变电路与回扫式逆变电路等，本节只讨论广泛用于自镇流荧光灯的电压输出型半桥式逆变电路。

图 5－11（a）是典型的以荧光灯为负载的半桥式逆变电路的电路原理图。图中 R_1、R_2、

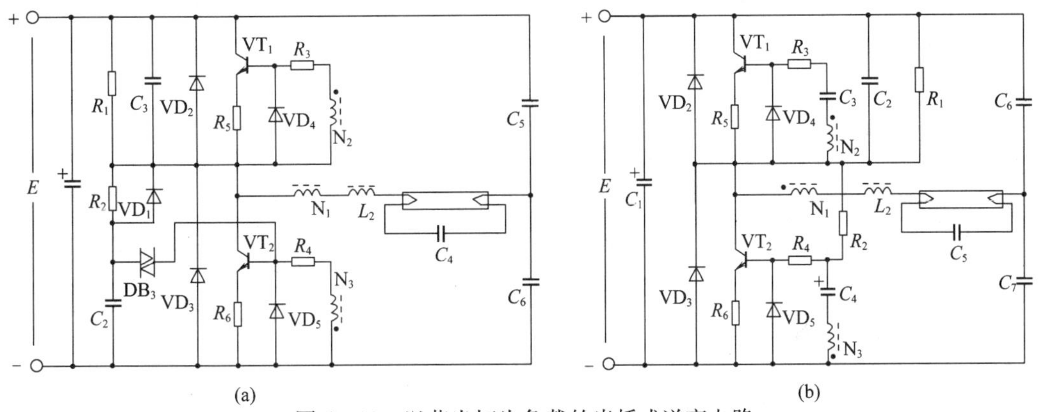

图 5－11　以荧光灯为负载的半桥式逆变电路

C_2、DB_3、VD_1 构成高频振荡的触发电路；VT_1、VT_2 为产生高频振荡并输出高频电压的晶体三极管（以下简称晶体管）；N_1、N_2、N_3 为磁环反馈线圈；L_2、C_4、C_5、C_6 为高频振荡器的输出电路，亦为荧光灯的高频镇流电路；FL 为负载荧光灯；R_3、R_4、R_5、R_6、C_3、VD_2、VD_3 为高频振荡电路的相关元器件。

5.2.1.1 高频振荡产生的过程分析

（1）触发前的起始状态

接通电源，由于 C_5、C_6 充电的时间常数极小，C_5、C_6 上的电压立即充电至 $0.5E$；

（2）晶体管被触发饱和导通

直流电源电压 E 经过 R_1、R_2 对 C_2 充电，当 C_2 上的电压升高到触发管 DB_3 的转折电压（约35V）时，DB_3 击穿，其电压迅速降至动态返回电压而使 C_2 向 VT_2 的基极注入大电流脉冲，使 VT_2 立即短时间地饱和导通（饱和导通并不意味着集电极电流很大），其集电极电压 u_{c2} 下降到近似为0V（实为晶体管饱和导通电压，常为0.3V左右），电容 C_3 被充电至 E，C_6 上的电压（$0.5E$）通过 C_4、L_2、N_1 与 VT_2，形成 VT_2 的集电极电流 i_{c_2}（亦为流过电感的电流 i_{L_2}）。另一方面，u_{c_2} 下降到近似为0时，C_2 上的电压通过二极管 VD_1 迅速放电至1V左右，此后每次 VT_2 导通均使 C_2 放电至极低电压而不再产生触发过程。

（3）磁环正反馈电压维持晶体管饱和导通

i_{c_2} 流过磁环初级线圈 N_1，在磁环次级 N_3 产生正反馈电压（磁环初次级线圈的同名端如图5－11所示），而向 VT_2 的基极 b_2 注入基极电流 i_{b_2}，维持 VT_2 继续饱和导通，使流过电感 L_2 与磁环初级线圈 N_1 的电流 i_{c_2} 继续增大；i_{c_2} 增长的快慢与图中 L_2、C_4 的容量大小有关，在荧光灯点燃之后还与荧光灯呈现的电阻 R 的大小有关。L_2、C_4 的值越大及 R 值越小时，对应 i_{c_2} 的变化越慢；反之 i_{c_2} 变化越快。

（4）磁环次级的正反馈电压下降，靠基区存储电荷维持饱和导通

磁环次级感应电压的大小，与磁环初级电流的变化率、磁环的导磁率以及磁环初级的阻抗（包括次级负载反射到初级的阻抗的影响）有关。从图5－12示出的磁环次级电压 U_{N_3} 的波形可知，随着流过磁环初级电流 i_{c_2} 的增大，磁环的导磁率 μ 迅速增大，使磁环次级电压随之迅速升高，产生较大的基极正向电流使晶体管因过激励而深度饱和，同时在基区积累了与基极过激励相对应的存储电荷。此后，随着 i_{c_2} 的增大使磁环进入磁饱和，其导磁率急剧下降至很低，磁环次级电压 U_{N_3} 同比急剧下降而不能维持所需的正向基极电流 i_{b2}，如图5－12（a）；或者磁环并未饱和，磁环次级电压 U_{N_3} 随集电极电流变化率（di_{c_2}/d_t）的减小而迅速下降至不能维持所需的基极正向电流，如图5－12（b）。此时晶体管 VT_2 的集电极电流的继续增长全靠其基区在前

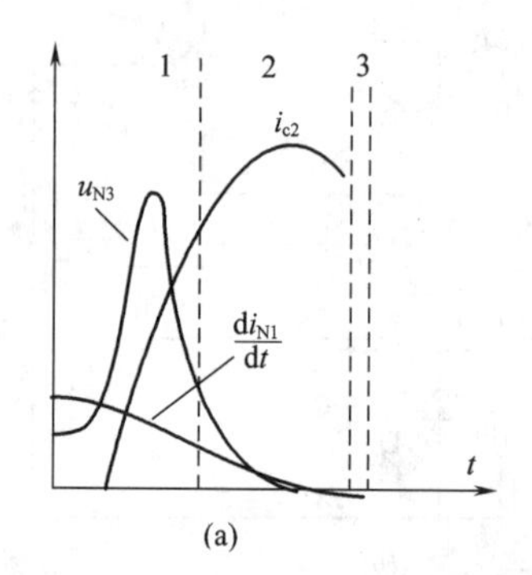

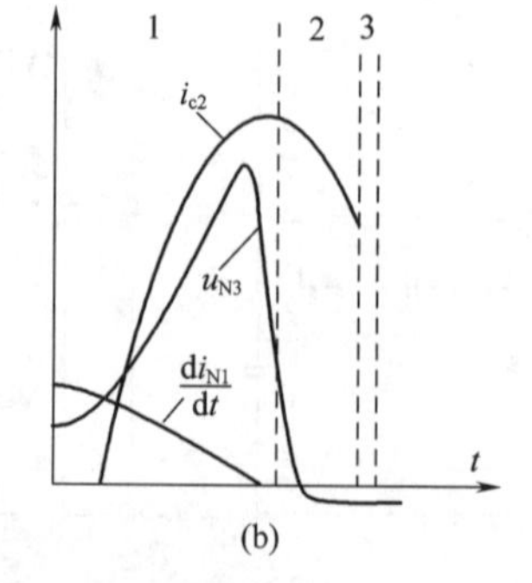

图5－12 磁环次级感应电压的波形

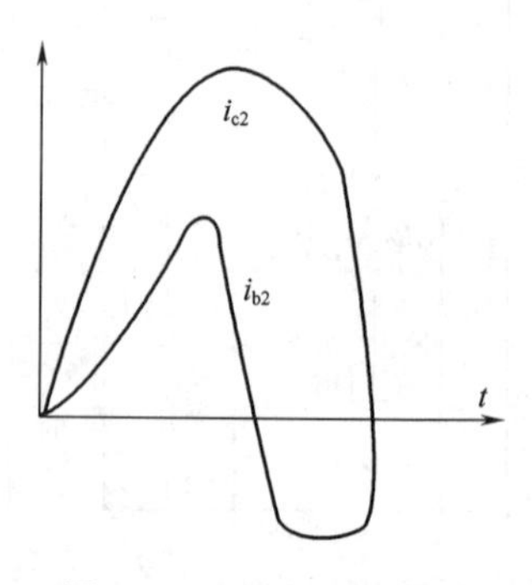

图5－13 基极电流波形

面过激励产生的存储电荷来维持，维持时间的长短取决于 VT_2 的存储时间。图 5－13 为实际测出的基极电流波形（磁环未饱和的类型），其中基极电流为负的区域所对应的时间即为晶体管此时的存储时间。

(5)晶体管电流在存储时间结束后迅速下降至截止

在晶体管 VT_2 的存储时间内（图 5－12 中虚线之间的“2”区），靠基区储存电荷产生的发射结内部的正向基极电流维持 VT_2 继续饱和导通，使其集电极电流继续增长（其电流变化曲线由 L_2、C_4 与 R 组成的回路阻抗特性所决定）。在这段存储时间内，基区的存储电荷一方面在发射结（基区与发射区之间的 PN 结）产生正向基极电流维持饱和导通；另一方面由于此时的基极电压已高于显著降低了的磁环次级电压而通过基极电阻 R_4 产生基极反向抽出电流（负基极电流）。所述两方面的基极电流均消耗基区的存储电荷，直至存储电荷减少到不能维持饱和导通状态时，VT_2 的存储时间结束而进入下降时间（图 5－12 中虚线之间的“3”区）。此后所剩不多的基区存储电荷迅速减少到 0，对应 VT_2 的集电极电流 i_{c_2} 也迅速下降到 0 而宣告下降时间结束，VT_2 进入截止状态。显然，上述两方面的基极电流越大，基区所剩存储电荷的消耗越快，其减少到 0 的时间就越短。因此，同型号的晶体管电流放大倍数 β 较小的以及基极电路的反向抽出电流较大的都将减少晶体管的存储时间与下降时间。VT_2 导通时的电流通路如图 5－14 所示。

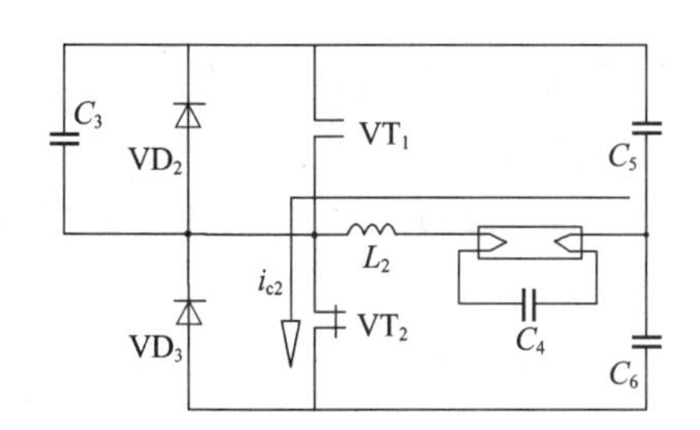

图 5－14　VT_2 导通时的电流通路

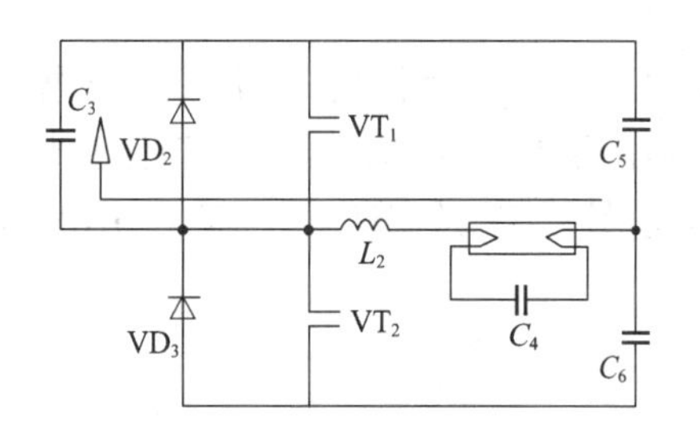

图 5－15　C_3 续流时的电流通路

(6)晶体管电流 i_{c_2} 下降，晶体管电压 u_{c_2} 升高

上一段只谈到电流 i_{c_2} 的变化，这里则着重分析集电极电压 u_{c_2} 在同时产生的对应变化。当 i_{c_2} 迅速下降时，由于流过电感 L_2 的电流不能突然变小（这是因为 i_{c_2} 流过 L_2 所产生的储存在电感 L_2 中的磁能不容许电流突变，将释放储能继续原来的电流，即电感的续流特性），则 L_2 产生感应电压使 C_3 放电而产生 C_3 放电电流来填补迅速减小至截止为 0 的 i_{c_2}，完成 L_2 的续流；C_3 放电导致 C_3 两端电压降低而使 VT_2 的集电极电压对应升高直至 C_3 放电完毕，VT_2 电压升至 E（C_3 流过续流电流如图 5－15所示）。C_3 容量越小，u_{c_2} 升高越快；反之，C_3 越大则 u_{c_2} 升高越慢。可见，C_3 容量的大小直接影响 VT_2 集电极电压升高到顶峰的时间。不难理解，如果 C_3 容量太小，这个电压升高到顶值 E 的时间将有可能比电流 i_{c_2} 的下降时间还短，则整个电流下降过程将在较高的 u_{c_2} 电压下进行，使晶体管的下降损耗显著增大；反之 C_3 容量足够大，则电流下降过程将在较低的 u_{c_2} 电压下进行，即对应于晶体管 VT_2 在

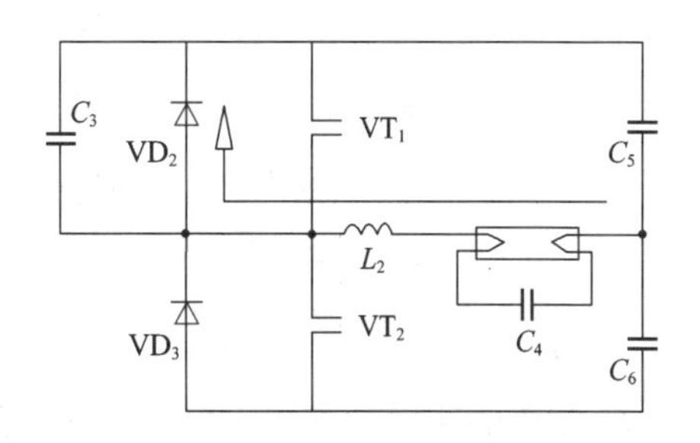

图 5－16　VD_2 续流时的电流通路

接近零电压的情况下关断，晶体管的下降损耗对应较小。可见 C_3 对于 L_2 的续流产生的 u_{c_2} 升压起到了缓冲作用，故可称之为“缓冲电容”。当然，C_3 的容量必须适当，亦不可偏大，这在后面的分析中可以看到。事实上，晶体管的极间电容就是其“固有的”缓冲电容，只是容量太小而需要外加。也就是说，如果晶体管的下降时间很短就无需外加缓冲电容 C_3。

(7) C_3 放电完毕，L_2 通过 VD_2 继续续流，直至 L_2 的续流电流逐步减小到 0

L_2 的续流电流使 C_3 放电，随着 C_3 的放电，只要 C_3 的电容量不偏大，C_3 上的电压将迅速下降到 0，VT_2 的集电极电压 u_{c_2} 对应升高到电源电压 E。一般情况下此时 L_2 的续流电流尚未减小到 0（即电感 L_2 的储能尚未释放完毕），于是 L_2 的续流电流对 C_3 反向充电，使 u_{c_2} 继续升高，至 u_{c_2} 高于电源电压 E 时开始使二极管 VD_2 正向导通，L_2 通过 VD_2 续流，直至续流电流减小到 0，即 L_2 的储能释放完（见图 5－16），可见 VD_2 乃是 L_2 续流的最后通道，可称为“续流二极管”；但从另一角度看，VD_2 又使 VT_2 的集电极电压限制为近似等于电源电压，确切地说是将其钳位于电源电压加 0.7V（VD_2 的正向导通电压），确保 VT_2 不至于因 L_2 的续流过程而产生过高的电压击穿晶体管 VT_2，故又可称之为“钳位二极管”。

综上所述，在 VT_2 导通的这个半周，流过电感 L_2 的电流 i_{L_2} 由小到大，又由大到小，共计由四部分组成，如图 5－17（a）所示：

①i_{L_2} 由小到大到开始下降的那部分，由 VT_2 的集电极电流 i_{c_2} 充当，如图 5－17（a）中“1”区的实线；

②此后的 i_{L_2} 由下降的 i_{c_2} 与 C_3 的放电电流之和充当，如图中“2”区的实线；

③i_{c2} 已截止，i_{L_2} 全部通过 C_3 续流且逐步下降，由 C_3 的放电电流充当，如图中“3”区的实线；

④i_{L_2} 通过 VD_2 续流且逐步下降到 0，由二极管 VD_2 的正向导通电流充当，如图中“4”区的实线。

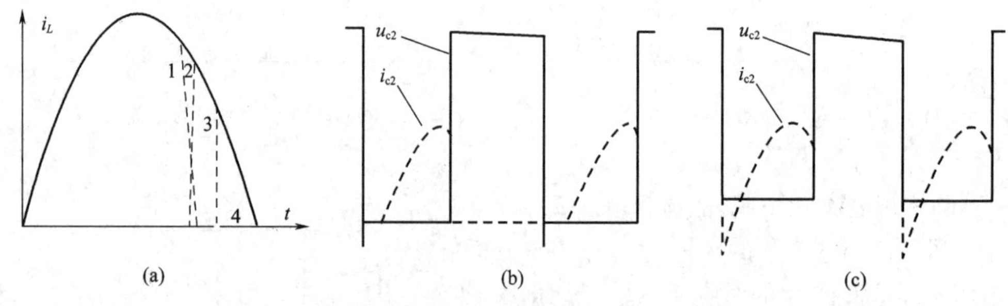

图 5－17　半桥逆变电路输出的电流（i_L）、电压波形（u_{c_2}）

（a）电感电流的三部分　（b）并联钳位/续流二极管　（c）未并联钳位/续流二极管

(8) L_2 续流结束，VT_1 饱和导通

L_2 续流的结束消除了 VT_1 集电极与发射极之间的反向电压（指 VT_1 的发射极电压高于其集电极约 0.7V），使 VT_1 在磁环次级 N_2 的正反馈电压作用下产生正向基极电流而饱和导通，开始了与上述 VT_2 相似的导通、下降与截止的过程，使 L_2 流过与上述相似而方向相反的电流。如此不断重复，形成近似矩形电压波形的高频振荡，如图 5－17（b）、（c）中实线的波形。

图 5－18 是磁环反馈的自激式半桥逆变电路的电流、电压的实测波形，可供理论分析时参考。图中（a）为集电极电流与磁环次级电压的波形对照；（b）为晶体管基极电流波形；（c）为发射极电流与基极电流波形对照；（d）为输出电压与输出电流的波形对照；（e）为 C_3 偏小时集电极电压、电流波形对照；（f）为 C_3 偏大时集电极电压、电流波形对照；（g）为未并联续流二极管

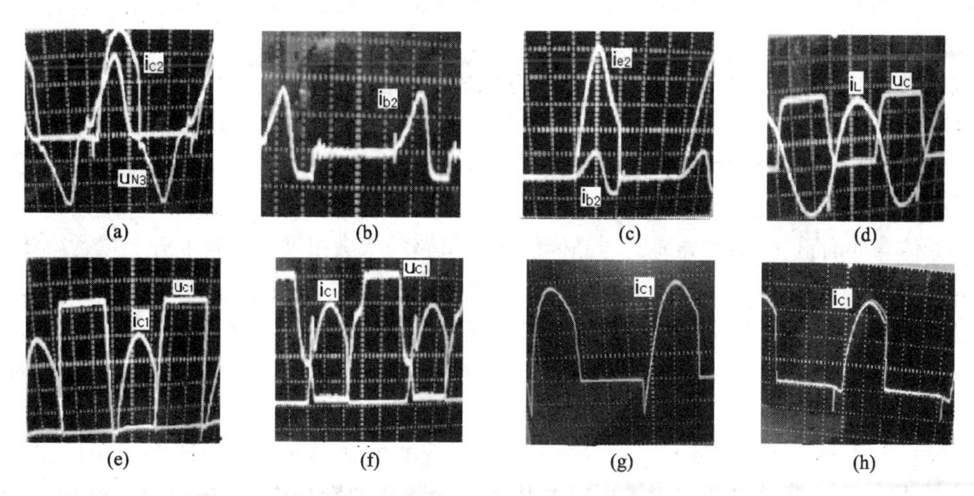

图 5－18　磁环反馈自激式半桥逆变电路的电流、电压实测波形

时集电极电流波形；(h)为已并联续流二极管时集电极电流波形。

图 5－11(b)是另一种应用较多的半桥逆变电路。与图 5－11(a)不同之处是起振的方式不同，它不用触发管触发起振，而是用给 VT_2 提供基极电流的方法来激起振荡。为使从 R_1、R_2 引来的基极电流不被线圈 N_3 短路，必须串接电容 C_4 隔断直流通路；为了振荡的两半周能很好对称，在 VT_1 的输入回路也串接 C_3。晶体管输入的基极回路串联入 C_3、C_4 之后，正向激励的基极电流流过此电容时使其被充电而产生对基极的负偏压，基极激励电流越大，这个负偏压越高，能够自动抑制基极电流的过度增大，有利于提高电路的可靠性与稳定性。C_3、C_4 上的负偏压在下一个基极正向激励到来之前必须设法让其放电而消除，因此在 VT_1 与 VT_2 的输入端必须并联反向连接的二极管 VD_4 与 VD_5，否则 C_3、C_4 上的负偏压无法释放，晶体管将一直保持截止状态而不能产生振荡。此种电路的主要缺点是需增加的电容 C_3、C_4 容量较大，常在 1～10μF中选取(依据实际电路中基极激励电流的大小)，多数电路采用电解电容器以降低成本与体积。众所周知，电解电容器是自镇流荧光灯镇流器电路中寿命最短的元件，低电压电解电容器在高温下的寿命更短，因此这种电路对于长寿命的要求颇为不利。另外，在实际应用中发现这种电路起振的稳定性似乎不如触发管触发起振的电路。

5.2.1.2　对几个重要问题的分析

(1)关于振荡频率的分析

所述自激式逆变电路的振荡频率，即自镇流荧光灯的工作频率，一直是颇受关注的重要问题。在人们接触电子镇流器的早期，常常粗略地认为此振荡频率就是由输出电路的电感 L 与灯丝间连接的电容 C 组成的串联电路的谐振频率 f_o [见图 5－10(a)]，即 $f_o = \omega/2\pi = (1/LC)^{1/2}/2\pi$。但很快发现，实际情况并非如此。在灯管点燃之后，灯管电压的高低、灯管电流的大小以及磁环参数、晶体管参数与基极回路参数的改变均明显地使振荡频率随之而变。因此，需要深入一步地了解影响振荡频率的物理过程。

如前所述：

①在晶体管饱和导通期间，晶体管等效于短路，此时流过晶体管也就是流过电感 L 的电流 i_L 的变化波形，由输出电路的阻抗特性所决定，即取决于 L、C、R 的合成阻抗特性。例如，如果 C、R 的阻抗相对于 L 而言较小，则合成阻抗近似为电感的感抗，此时 i_L 随时间近似直线增大；如果 C、R 的阻抗相对于 L 的感抗较大，则等效于一个 $L\,C'R'$组成的串联谐振电路[见图 5－10

(c)],此时电流将按 L、R、C 振荡电流增大。总之,此时 i_L 的变化波形与晶体管及其输入电路的参数无关,因为此时晶体管为饱和导通而近似短路了。

②在晶体管截止以后,晶体管等效于开路,i_L 在续流中减小,其电流变化的波形也主要取决于 L、C、R、C_3 合成阻抗特性,亦与晶体管及其输入电路的参数无关,因为此时晶体管已经截止而近似开路了。

③晶体管何时截止、何时导通则与晶体管输入电路的参数以及晶体管的开关参数直接有关。

综合上述可知,与 i_L 变化波形直接相关的逆变电路的振荡频率与输出电路的阻抗特性、晶体管输入电路的参数以及晶体管的开关参数密切相关。进一步的分析表明,如果输出电路的谐振频率较高,以至由晶体管的基极激励时间与基区存储时间所决定的晶体管的饱和导通时间大于输出电路的谐振周期的1/4,则晶体管的振荡频率将相对比较接近输出电路的谐振频率;反之,如果输出电路固有谐振频率较低,晶体管的饱和导通时间小于输出电路谐振周期的1/4,则晶体管的开关参数与输入电路参数对振荡频率的影响较大,振荡频率将相对较多地高于输出电路的谐振频率。

图5-10(c)画出了电子镇流器输出电路的串联等效电路,其中的等效串联电容 C' 与电感 L 决定了输出电路的固有谐振频率。下面是输出电路的固有谐振频率 f_o($=\omega_0/2\pi$)的推导:

$$\omega_0 = \frac{1}{\sqrt{LC}} \tag{5-5}$$

$$R' + \frac{1}{j\omega C'} = \frac{R(1/j\omega C)}{R + (1/j\omega C)} \tag{5-6}$$

可得

$$R' = \frac{R}{1 + R^2\omega^2 C^2} \tag{5-7}$$

$$C' = \left(1 + \frac{1}{R^2\omega^2 C^2}\right)C \tag{5-8}$$

将式(5-8)代入式(5-5):

$$\omega_0 = \frac{1}{\sqrt{LC(1 + 1/R^2\omega^2 C^2)}} \tag{5-9}$$

谐振时,$\omega = \omega_0$ 代入式(5-9)可得

$$\omega_0 = \frac{1}{RC}\sqrt{\frac{R^2 C}{L} - 1} \tag{5-10}$$

从式(5-10)可知,$R^2C/L > 1$ 是输出电路存在谐振频率的条件。否则,ω_0 等于0或为虚数,其物理概念是回路的损耗大于储能,不足以形成谐振。将常规的自镇流荧光灯的灯管等效电阻 R 与电感 L、电容 C 的数据代入,发现许多灯管电压不很高的均属于 $R^2C/L < 1$ 的情况。显然,此种情况下输出到灯管的电压与灯管的电流波形,也必然与正弦波有明显差异。可见,最初认为逆变电路的振荡频率就是电路的 L、C 的串联谐振频率是没有考虑灯管电阻的影响而脱离实际情况的。

将上述等效电路中忽略的主要起隔直流作用的电容 C_1 的影响加进去,可推导出对应的谐振频率 ω'_0:

$$\omega'_0 = \sqrt{\frac{\left(\frac{R^2C}{L} - 1\right)C_1 L + \sqrt{\left(\frac{R^2C}{L} - 1\right)^2 C_1^2 L^2 + 4R^2C^2C_1 L}}{2R^2C^2C_1 L}} \tag{5-11}$$

$$f'_0 = \frac{\omega'_0}{2\pi} \tag{5-12}$$

式(5 - 11)、式(5 - 12)示出电子镇流器输出电路的谐振频率计算式。式中 R 为荧光灯灯管工作时的等效电阻；L 为输出电路的电感；C 为与灯管并联的电容，即俗称的启动电容；C_1 为输出电路中的隔直流电容。

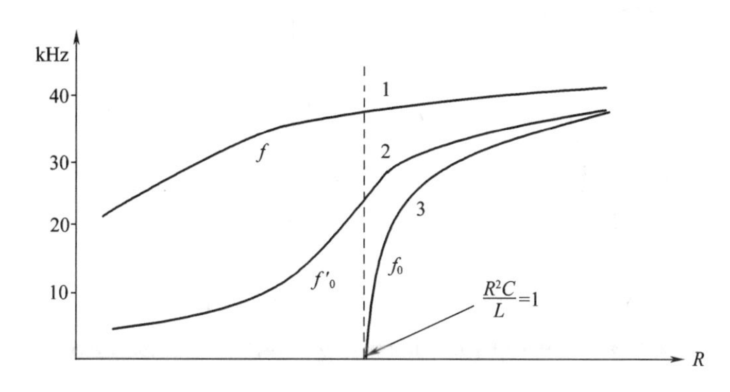

图 5 - 19　荧光灯等效电阻的变化对输出电路谐振频率与振荡频率的影响

将常用的 L、C、C_1 的值代入式(5 - 11)、式(5 - 12)，以荧光灯的等效电阻为变量，R 从 100Ω 变到 1500Ω(实际情况：5W 灯管高频放电的等效电阻约 150Ω；T5 - 28W 灯管的 R 约 1100Ω)，画出输出电路谐振频率随荧光灯 R 的变化曲线(图 5 - 19 中的曲线 2)；采用 100 ~ 1500Ω 的电阻模拟不同等效电阻的荧光灯接入电路，测出实际振荡频率 f 随 R 变化的曲线(图 5 - 19 中曲线 1)。比较曲线 1 与曲线 2 可知，确实如前述所分析的，当逆变电路的输出电路固有谐振频率较低时，逆变电路的振荡频率比输出电路谐振频率要高很多，晶体管的输入电路参数对振荡频率影响较大；当输出电路的固有谐振频率较高时，逆变电路的振荡频率与其靠近，晶体管的输入参数的影响相对减小。

(2)关于晶体管保持“零电压开关”状态的问题

晶体管功耗与温升的高低直接关系到电子镇流器的可靠性与效率，是最受关注的重要问题。晶体管的功耗由四部分组成：电流上升区的“上升损耗”、饱和导通区的“导通损耗”、电流下降区的“下降损耗”以及输入端 PN 结——发射结的输入功耗。分析与实测表明，“下降损耗”往往是输出损耗中最主要的部分。下降损耗等于下降时间内每个瞬间集电极电压与电流的乘积对时间积分，与下降时间的长短、每个瞬间集电极电压、电流的大小等直接相关。

如前所述，缓冲电容 C_3 与下降损耗直接有关。如果 C_3 偏小，则下降时间内集电极电压上升至较高而使损耗增大，这就是晶体管未能实现较好的“零电压关断”。从图 5 - 20(a)可以清楚看到对应 C_3 很小时晶体管集电极电压 u_c 的上升情况，上升斜率较陡，当 i_c 下降到 0 时(图中 C 点)，u_c 已上升至很高(图中 A 点)；适当增大 C_3 容量，u_c 的上升斜率变缓为图中的点画线 u_c'，i_c 下降到 0 时(图中 C 点)，对应的集电极电压 u_c'较前大为降低(图中 A'点)。三角形 ABC 与三角形 $A'BC$ 的面积可以分别说明上述两种情况的下降损耗的大小，可知 C_3 很小时下降损耗显著增大。当然，减小下降损耗还应该在电路设计与调试上加大基极反向抽出电流来缩短下降时间。另一方面，C_3 也不能太大，否则，当与其并联的晶体管 VT_1 的基极开始出现正激励电压时，C_3 上的电压还未被电感的续流电流放电完，此时 C_3 上剩余的电压将通过已被正激励而导通的晶体管 VT_1 放电，使晶体管在正常导通之前出现一个尖电流脉冲[如图 5 - 20(b)中的 i_c']，晶体管导通损耗因此而增大，即未能实现晶体管的“零电压开通”[C_3 偏小、偏大时的实测波形见图 5 - 18(e)、(f)]。不难分析，上述 C_3 容量大小的选定与电感 L_2 的电感量大小及流过电感电流的大小所决定的电感储能有密切的关系，不同电路应是有所不同的。综上所述，C_3 的调节对晶体管工作的匹配状态影响极大。

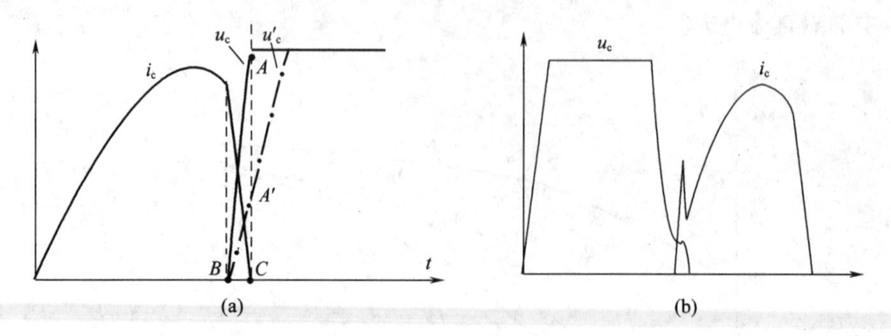

图 5－20　C_3 偏小与偏大对晶体管“零电压开关”的影响

（a）C_3 偏小下降损耗增大的示意图　（b）C_3 偏大产生电流尖峰脉冲

（3）关于晶体管的输入电路对晶体管自身功耗的影响

从前面关于逆变电路产生高频振荡的过程分析可知，晶体管的基极激励电流往往是一个较高的脉冲，因而将对应产生较高的发射结功耗，如不采取必要的限制措施，将促使晶体管输入功耗偏大，温升增高。在晶体管输入结并联二极管或适当容量的电容分流一部分输入电流，可以有效降低晶体管的输入功耗。此外，在基极输入电路的电阻旁，并联一只反向连接的二极管，可有效加大基极抽出电流，减小晶体管的存储时间与下降时间，降低晶体管的开关损耗。

5.2.2　低功率因数电子镇流器电路及工作原理

5.2.2.1　低功率因数电子镇流器的典型电路

图 5－21 是目前自镇流荧光灯中应用最广的电路。其中用虚线隔开的第 1 部分为电路保险丝、抗雷击的压敏电阻与 C_1、L_1 组成的电磁兼容 EMC 电路；第 2 部分是由四个二极管（VD_1～VD_4）组成的桥式全波整流电路与由电解电容器 C_2 构成的滤波电路；第 3 部分就是上一节讨论的高频逆变电路。

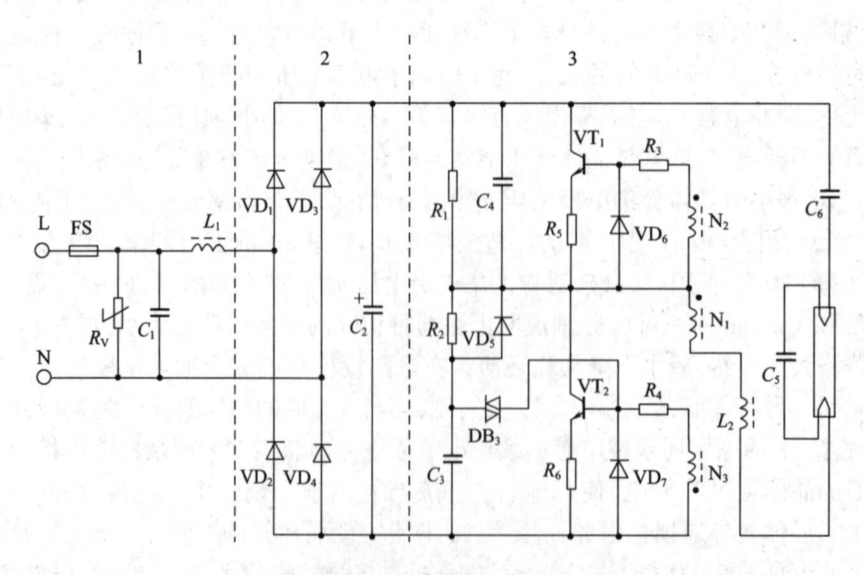

图 5－21　典型的低功率因数电子镇流器电路图

图 5－22 画出了输入电压与输入电流的波形。图 5－23 为输入交流电压经全波整流后但未接滤波电容时的电压波形。图 5－24 为输入电压经全波整流再经电解电容滤波后的电压波形(亦电解电容器上的电压波形)，图中虚线为全波整流后的单向脉动电压波形，实线为电解电容被单向脉动电压充电与对后面负载放电的电压波形。

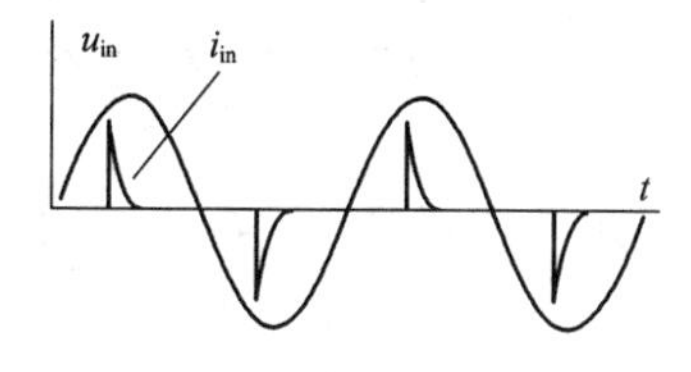

图 5－22　输入电压与电流波形

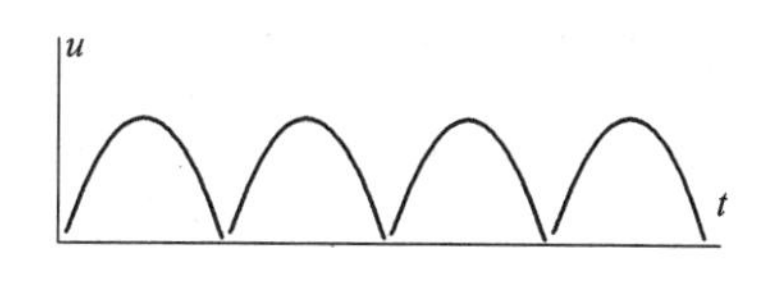

图 5－23　全波整流后的电压波形

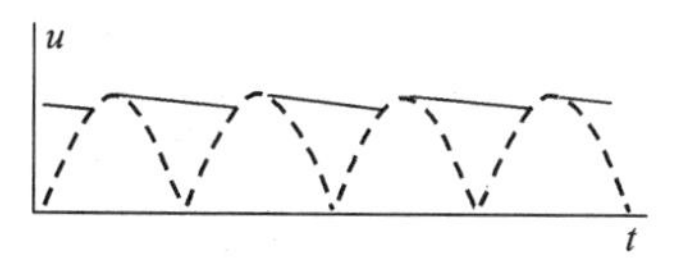

图 5－24　接入滤波电解电容后的电压波形

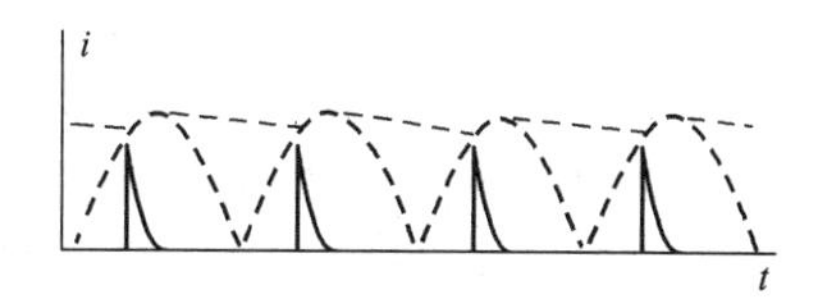

图 5－25　滤波电解电容的充电电流波形

图 5－25 中的粗实线尖脉冲波形为对电解电容器充电的电流波形。当输入交流电压的瞬时值超过电解电容器上的电压时，它便对电解电容器充电；而当其低于电解电容器上的电压时，充电停止，由电解电容器 C_2 对后面的半桥逆变电路放电。这个电解电容的充电电流反映到输入端就是图 5－22 中粗线描绘的输入电流波形。显然此尖脉冲输入电流波形与正弦波形差异甚大，高次谐波极为丰富，对应的线路功率因数必然很低。

对于输入的市电电压为 110V（或 100V、120V）时，整流电路常采用图 5－26 的倍压整流及滤波电路。两个电解电容器轮流地脉冲式充电，且串联起来对负载放电，充电时间短而放电时间很长，因此电解电容器的容量应为桥式全波整流时的 4 倍以上；否则电解电容器上的波纹电压太大，将严重影响其工作寿命。

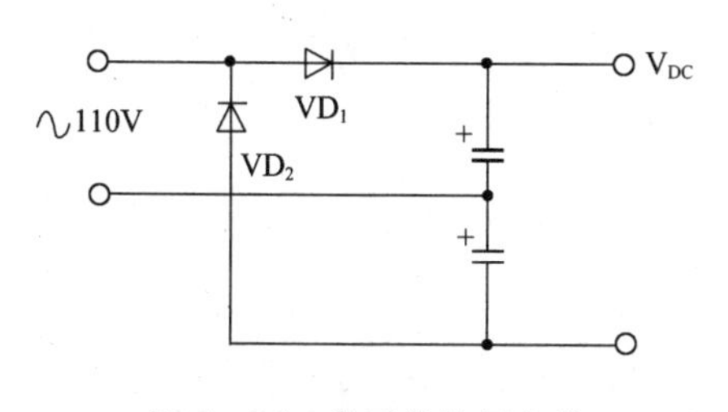

图 5－26　常用的倍压电路

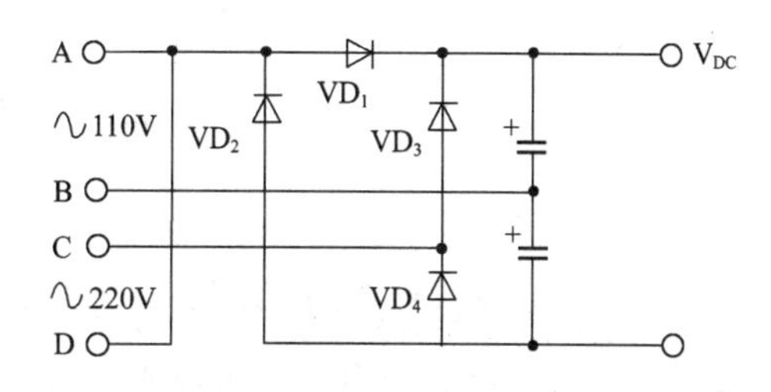

图 5－27　通用型输入电路

图 5－27 是 110V、220V 两种输入电压均可使用的通用型输入电路。当由 AB 端引入 110V 交流电压时，电路与图 5－26 是一样的，VD_3、VD_4 基本上不起作用；当由 C、D(或 A、C) 端引入 220V 交流电压时，就是常规的全波桥式整流电路。

图 5-21 中的第 3 部分是高频逆变电路，与前述图 5-11(a)所示的典型逆变电路的不同之处是减去了图中的 C_6、VD_2 与 VD_3 三个元器件。简化电路的目的是为了降低成本、减小电路板的面积与电路的体积，在性能方面并无大碍。例如：

①在图 5-11(a)中减去 C_6，其影响只在开始触发起振时正负两个半周不对称，需要多触发若干次，等振荡起来以后逐步达到两半周平衡。平衡之后图中 C_5 上的电压将一直维持为 0.5E，与原来接有 C_6 时一样。此过程的时间极短，在测试与使用中均察觉不到。不过，若不减去 C_6，则 C_5、C_6 串联起来增加了一级高频滤波，有利于通过 EMC。

②减去了图 5-11(a)中的 VD_2、VD_3，其续流与钳位两方面的作用由 VD_4、VD_5（即图 5-21中的 VD_6、VD_7）与晶体管 VT_1、VT_2 的集电结共同承担。以图 5-21 为例，VT_1 的集电结（集电极与基极之间的 PN 结）此时等效为一个反向连接的二极管，其与 VD_6 串联之后等效于一个正向电压提高了 1 倍的二极管，完全可以担当续流与钳位两大任务，VT_2 的集电结与 VD_7 也如此。不同之处是续流产生的功耗增大一倍且晶体管增加了其集电结作为一个续流二极管的功耗。图 5-17(b)、(c)及图 5-18 的(h)、(g)对比地画出了有无并联续流二极管对晶体管集电极电流 i_c 波形的影响。

图 5-28 为实用的另一类型的电路，可供参考。其特点如下：

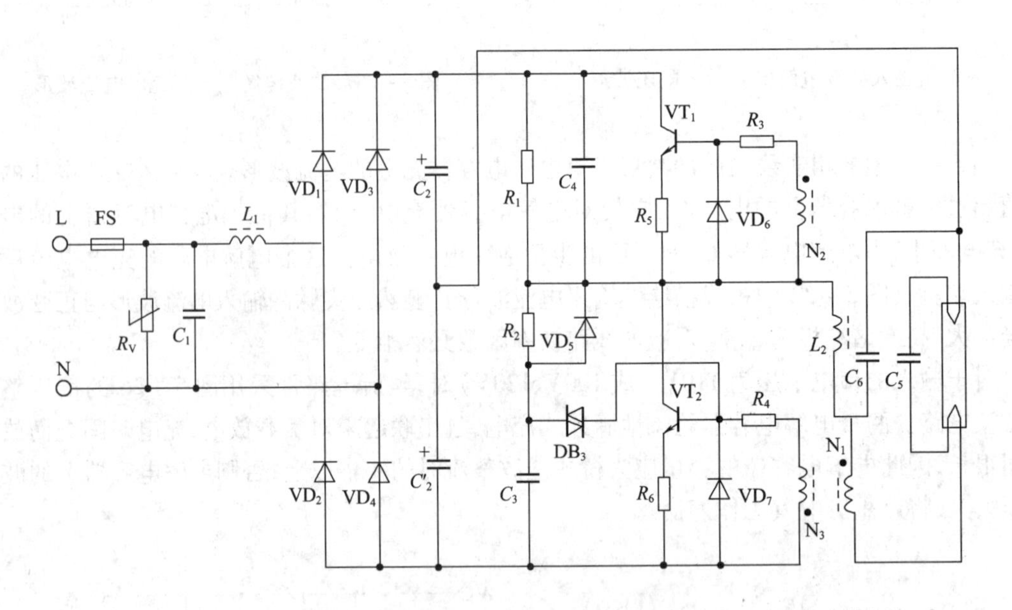

图 5-28　用于高灯管电压的参考电路

①电感 L_2 移到磁环初级线圈 N_1 的前面，然后在 L_2、N_1 的连接点与灯管的出口端接入电容 C_6。此种电路的改变，实质上使输出电路的谐振电容从 C_5 增大为 C_5+C_6，提高了包括灯管在内的输出电路的 Q 值，有利于点燃高灯管电压的荧光灯且使其稳定而高效地工作。C_6 还分流了一部分原本流过磁环初级 N_1 的电流，可以减轻磁环反馈而产生的过激励，降低晶体管的输入损耗，使晶体管的温升有所下降。必须指出这种分流不可过分，否则会出现间隙停振现象。

②电解电容器由一只改为两只串联，灯管的引出端接在两只电解电容器连接的中点。这种电路只用于 220V 的市电电源。此时电解电容器的耐压可降低为 200V 或 250V，容量需加

倍。多用一只电解电容器后增加的成本较少,因每只电解电容器的价格因电压降低而明显下降。实际上,因省去了一个隔直流电容器而使总的成本反而有所降低。

此种电路的对称性与工作稳定性是很好的。其缺点是高频电流通过电解电容器而产生高频损耗,使电解电容器温升增加。但在实际测量电路功耗与电解电容器温升时,均看不出功耗与温升的增加,可能是因为电容量极大,高频阻抗极低的缘故。

5.2.2.2　对几个重要元件的说明

上述两种低功率因数电子镇流器电路具有电路简单、成本低、功耗低、效率高以及可靠性较高等突出优点,下面对其中几个重要元件的选用加以说明。

(1)电解电容器

为了使产品达到长寿命,电解电容器是个关键元件,因为它的工作寿命与温度关系密切。众所周知,电解电容器实际工作温度较高时每升高10℃,其寿命将下降一半,因此需选用高温性能很好的产品。不仅如此,电解电容器的安装位置应尽可能远离电路板的高温区域,最好是安装在温度最低的地方,例如伸入灯头中就是一种很好的选择。

电解电容器的容量也是需要从多方面考虑而加以选择的。容量较大,同样的负载电流下电解电容器上的纹波电压小、自身功耗低、发热少,因而温升低、寿命长,但工作过程中的充电时间变得更短,使镇流器的线路功率因数更低,输入电流的谐波含量容易超标;另一方面,若电解电容器的容量偏小,虽然其功率因数有所升高,但电容上的纹波电压升高、功耗增大、温升增高、寿命缩短。因此需要根据不同的具体要求加以权衡。如果能在电解电容器的前面加一个几毫亨的电感,既能有效抑制浪涌电流,又能使输入电流的高次谐波含量有所降低,从而容许适当增加电解电容器的容量,有利于解决上述矛盾。

(2)磁环

磁环的参数离散性最大,对磁环磁导率进行筛选,是使产品的一致性得到基本保证的重要措施。可用磁性元件分选仪100%地检测并分档。由于磁环的磁导率受温度与磁感应强度的影响很大,故最好是在一定的室温、一定的高频电流(如40kHz、0.3A)下测量其单匝电感量;或者用事先封存的磁环样品在测试时进行比对分档。磁环磁心的居里温度需足够高,否则在磁环工作温度达到居里温度时将发生停振现象,待温度降低后又起振,灯会反复亮、熄。磁环磁心的初始磁导率一般在2~5K间选取。

(3)电感L_2

电感往往是电子镇流器电路中功耗最大、温升最高的元件,因为考虑到成本与体积,磁心的截面与线圈的线径总要加以约束。然而,电感的功耗影响镇流器的效率与可靠性,必须尽量降低。为此:

①要求磁心的功率损耗密度在工作温度下较小;

②磁心需磨有气隙,以此防止磁饱和,且降低磁心的磁感应强度而降低磁损,还能够降低温度变化对磁心电感的影响;

③线圈的线径宜适当用粗,或用多股线,以此降低铜损;

④磁心的居里温度应不低于180℃,因磁心的温度一旦达到居里温度,磁心的磁导率立即降至最低,电感的电感量随之大幅下降而迅速烧毁晶体管;

⑤为提高电路的可靠性,希望磁心的磁导率在温度较高时具有正温度系数,电感量随温度的升高而增加,使灯的功率随温度升高而有所下降,抑制进一步的温升。

(4)电容器

除了注意电容器的容量与最高工作电压之外，高频损耗亦需重视。图5－21(a)中的C_3、C_4、C_5上的高频电压较高，应采用聚丙烯电容器（CBB型）降低其高频损耗，提高电路的效率与可靠性。

(5)开关晶体管

晶体管的V_{ceo}必须大于400V。必要时可以用晶体管多功能分选仪在设定的I_b及I_c条件下快速测试三极管的电流放大倍数β及存储时间t_s，并按一定的取值范围分档进行配对，使上下两只晶体管的饱和导通时间接近相等而发热平衡。

5.2.3 无源功率因数校正电路及工作原理

低功率因数电子镇流器电路虽然简单、效率较高、可靠性较好，但使供电线路电流增大而使线路损耗增大，尤其是电流中的3次谐波分量较大，使供电线路的中线电流大幅增加而产生不良影响。为此，对于功率大于25W的电子镇流荧光灯，要求达到高功率因数与低谐波含量的相应指标。从图5－22低功率因数电路的输入电压与电流的波形可知，每半周产生输入电流的时间很短且电流波形很尖，故谐波成分的比例很大，功率因数很低。众所周知，有两种情况使功率因数下降：一种是对于正弦波电压、电流而言，电压波形与电流波形有相位差会导致功率因数降低，此相位差越接近90°功率因数越低；另一种情况是电压为正弦波，电流波形产生畸变，出现谐波成分，谐波成分所占比例越大功率因数越低。因为电流中的谐波成分不能产生有功功率，只有无功功率。从前述的低功率因数电路的输入电流波形分析，要想提高功率因数，降低谐波含量，必须延长产生输入电流的时间以及使电流波形向正弦波靠拢。用来提高功率因数的电路被称之为功率因数校正电路，简称PFC电路。其中不含晶体管，只由二极管、电容、电感及电阻构成的PFC电路，称为无源功率因数校正电路，简称PPFC电路；另一种则包含晶体管或内含晶体管的集成电路IC，称为有源功率因数校正电路，简称APFC电路。本节介绍无源功率因数校正电路。

5.2.3.1 逐流电路

最简单且最容易理解的PFC电路是俗称的“逐流电路”，如图5－29所示虚线之间的部分。

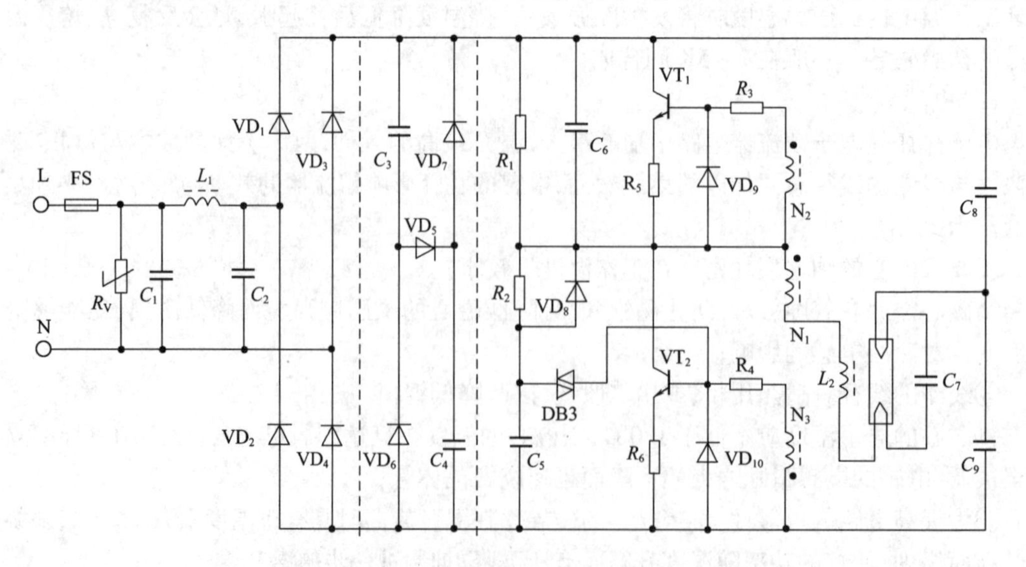

图5－29 具有逐流电路的电子镇流器电路图

逐流电路是怎样加长输入电流流通的时间与改善电流波形的呢？分析如下：

一接通电源，输入的交流电压经全波整流而产生的单向正弦波脉动电压便对两只电解电容器 C_3、C_4 充电，C_3、C_4 是通过二极管 VD_5 而串联起来充电的，很快充到电源电压的峰值 V_m，C_3、C_4 各得一半，每只电解电容器上的电压为 $0.5V_m$。此后，输入电流的变化可归纳为三种情况：

①当输入电压的瞬时值为 $0 \sim 0.5V_m$ 时，每只电解电容器上的电压（约 $0.5V_m$）比输入电压高，整流二极管均反向截止，输入电流为0（图5－30中OA段与DE段）。此时 C_3、C_4 分别通过 VD_6、VD_7 并联起来对逆变电路放电（VD_5 被反向电压截止），充当逆变电路的直流电源，提供 $0.5V_m$ 的直流电压。随着 C_3、C_4 对逆变电路并联放电，其电压从 $0.5V_m$ 缓慢下降。

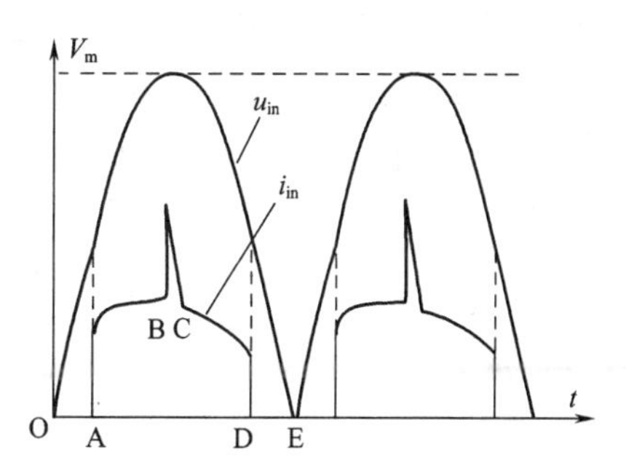

图5－30　逐流电路的输入电流波形

②当输入电压的瞬时值为 $0.5V_m \sim 1V_m$ 时，与电解电容器 C_3、C_4 连接的二极管 VD_6、VD_7 以及 VD_5 均被加上反向电压而截止，与 C_3、C_4 连接的两条支路均无电流，等效于开路。此时输入电压整流后形成的单向脉动电压直接对逆变电路供电，产生对应的输入电流（图5－30中AB段与CD段）。

③当输入电源电压瞬时值为峰值 V_m 或靠近峰值时，由于电解电容器 C_3、C_4 在经历并联放电后其电压已有所降低而小于 $0.5V_m$，故 C_3、C_4 串联后的电压小于 V_m，此时输入的电源电压对串联的 C_3、C_4 充电（VD_5 正向导通），迅速充电至电源电压的峰值 V_m，每只电解电容则充电至 $0.5V_m$。在 C_3、C_4 串联充电的同时，输入电源电压也直接对逆变电路供电。此时的输入电流包括两部分，一部分为 C_3、C_4 的串联充电电流；另一部分为逆变电路的工作电流（如图5－30中BC段）。

总结对逐流电路输入电流的分析，关键之处是要弄清楚这种电路的特点，那就是两只电解电容器只能串联充电、并联放电，不能并联充电、串联放电。掌握了这个特点，逐流电路的工作原理是容易理解的。

从图5－30可见，逐流电路使输入电流流通的时间与输入电流的波形比低功率因数电路（见图5－22）有根本性的改善，其线路功率因数可提高至0.9以上；但其输入电流的波形有间隔、有尖峰，使其输入电流的谐波含量离国家标准的要求仍有明显的差距。综上所述，逐流电路的所谓“逐流”，可理解为市电电源的交流电压与电解电容器上的直流电压逐次为逆变电路提供电流。

5.2.3.2　双泵电路

图5－31虚线之间的部分是应用最多的一种无源功率因数校正电路，俗称为双泵电路，意思是有两个电解电容器被高频电流充电后作为逆变电路的辅助直流电源。

前述逐流电路的一个突出的缺点是输入电流有一个尖峰脉冲，这个尖脉冲是输入交流电压经全波整流后对两只电解电容器串联充电时形成的，其形成的过程及尖峰的大致形状与低功率因数电路中输入电压对电解电容器的充电电流波形（见图5－22）相类似，只是尖脉冲的幅度要小得多。稍加分析可知，只要有电压源对电容器充电，且充电电路的瞬时阻抗很低，就必然出现充电电流的尖脉冲。因此，从前面逐流电路的工作原理可知，这个输入电流尖脉冲对于逐流电路而言是必然存在而无法消除的。怎样才能去掉它而提高功率因数呢？只有去除输

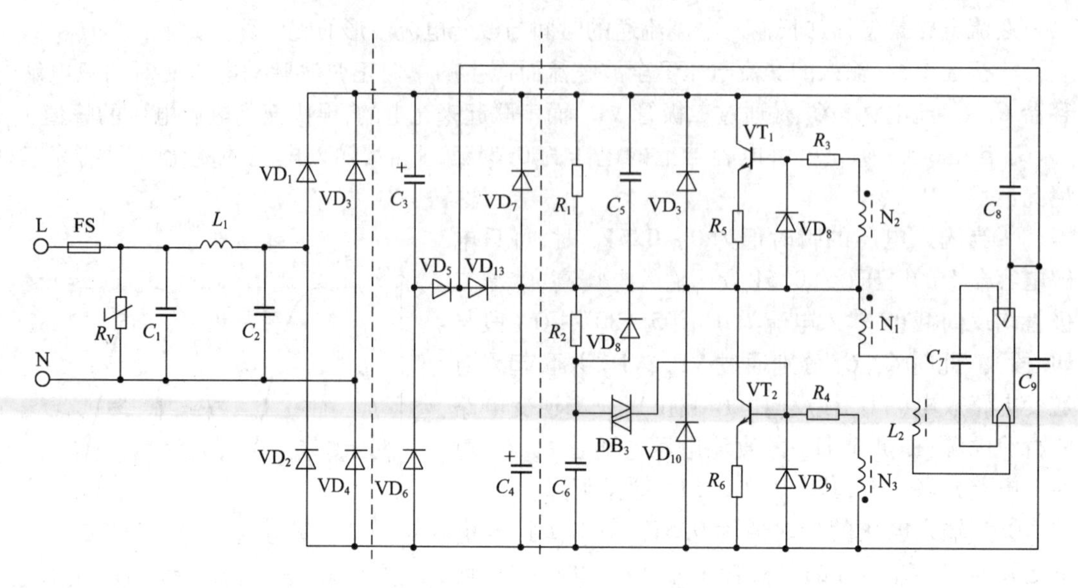

图 5－31　应用双泵电路的高功率因数电子镇流器电路

入电压对电解电容器直接充电的过程。为此，我们需要设法使每只电解电容器上的电压始终大于 $0.5V_m$，两只电解电容器串联之后的电压始终大于 V_m，就不再会发生输入电压对两只电解电容器“串联充电”的现象，输入电流的尖峰脉冲也就消除了。将逐流电路稍加改进而成的双泵电路，巧妙地完成了上述给电解电容器升高充电电压的任务。

图 5－32 为双泵电路与逐流电路的对比，可见，逐流电路[图 5－32(a)]比双泵电路[图 5－32(b)]仅少一只二极管与一条引出线。如果不加那条引出线，双泵电路就是逐流电路，多一只二极管只相当于二极管的正向电压升高了而已。巧妙之处就在于这条引出线连接到了逆变电路的输出电路的灯管引出端(C_8 与 C_9 连接点)。逆变电路工作原理中已经谈过，这一点的平衡电压是 $0.5V_m$，因此，双泵电路的两只电解电容器上充到 $0.5V_m$ 的电压是没有问题的。但是，只要连接灯管引出端的两只电容(C_8、C_9)不是特别大，其上面就必定有高频电压叠加在平衡电压之上，而且，C_8、C_9 的容量越小，高频电压分量将越高，在一定程度上可以通过改变 C_8、C_9 的容量来加以控制。不难分析出，此高频电压分量将使两只电解电容器上的电压在平衡电压 $0.5V_m$ 之上再升高一些，升高的多少与高频电压的幅度直接有关，从而简便地达到了使电解电容上的电压大于 $0.5V_m$ 的目的。这样，当输入电压瞬时值的峰值到来时，只要电解电容器的容量不要偏小，在其对逆变电路放电后保留的电压仍然大于 $0.5V_m$，输入电压就不可能对两只电解电容器串联充电了，电解电容上的电压将全部从高频能量中获得，具体地说，从灯管引出端获得。应用双泵电路的电子镇流器输入电流波形如图 5－33 所示。

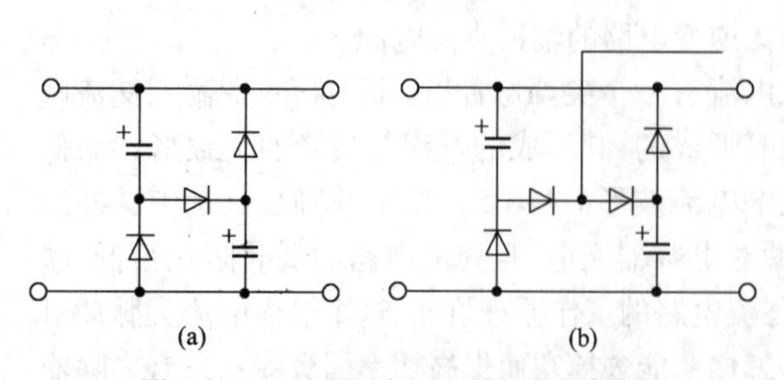

图 5－32　双泵电路与逐流电路的对比

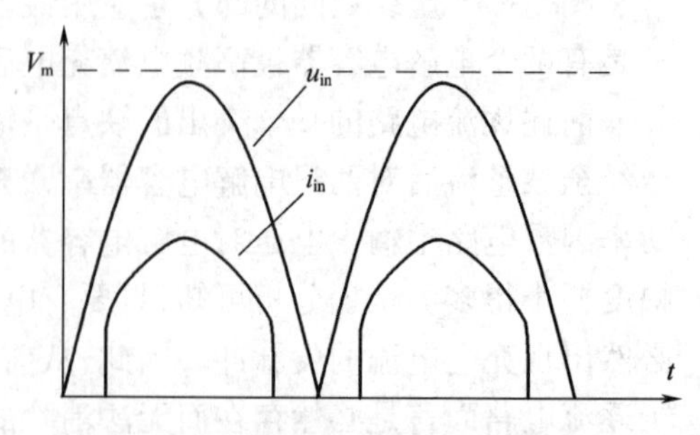

图 5－33　双泵电路的输入电流波形

双泵电路成功地消除了逐流电路的输入电流的尖峰脉冲，使高功率因数与低谐波含量的指标明显得到提高。但还保留了逐流电路的另一个缺陷，那就是在输入电压瞬时值小于电解电容上的电压时，整流二极管被反向截止而使输入电流为0，即输入电流仍有明显的截止区。这个截止区的存在，无疑大大限制了双泵电路在功率因数、谐波分量与灯管电流波峰比三项指标的进一步提高。

怎样缩小双泵电路输入电流的截止时段呢？如图5－34所示，接入图中虚线包围的电路并与灯管的引出端连接。如前所述，此灯管引出端（电容 C_8 与 C_9 连接点）就是双泵电路高频电压的引入点，此点平衡电压为 $0.5V_m$，但其上有高频电压分量，也就是此点的电压在 $0.5V_m$ 的上下变化，当其向下变化的瞬间，此点的电压就比 $0.5V_m$ 低一个高频电压的幅值而有利于形成输入电流，从而使输入电流的截止时段缩小。不难理解，电容 C_8、C_9 的容量越小，其上的高频电压分量越高，对应的输入电流的截止时段就缩至越小。因而通过调整 C_8、C_9、C_{10} 与 L_3，可使此种双泵电路的功率因数、谐波含量及电流波峰比等项指标均达到国标的合格范围。

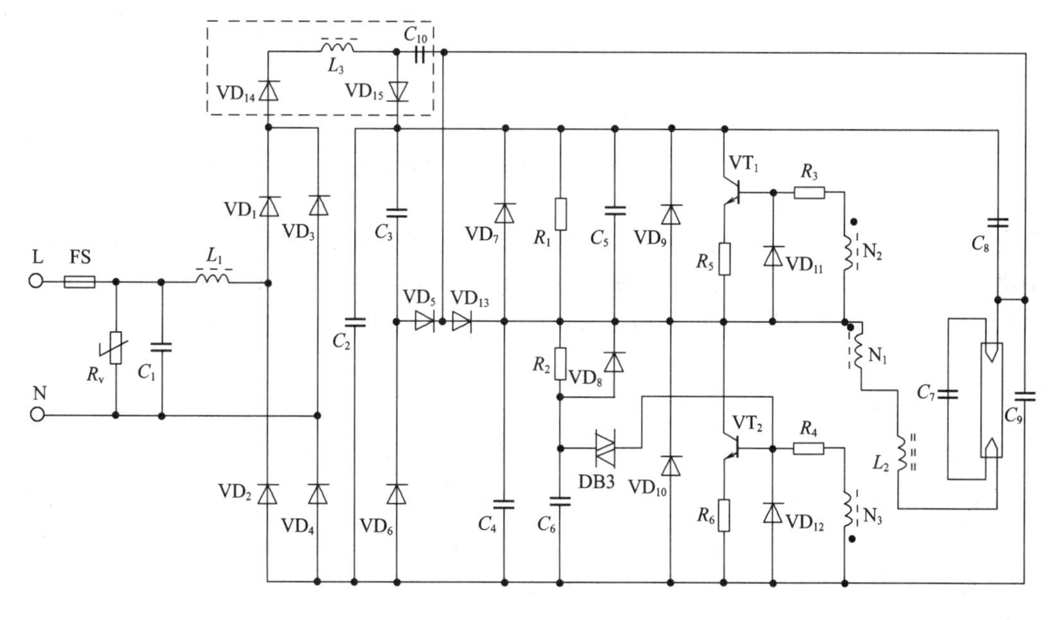

图5－34 改进的双泵电路的电路图

5.2.3.3 高泵电路

双泵电路的基本工作原理与逐流电路是类似的，即对逆变电路的供电在时间上分两段：在输入交流电压的瞬时值较高时，由交流电源经整流后直接对逆变电路供电；在输入交流电压的瞬时值较低时，由电解电容器并联为逆变电路供电。在电解电容器供电的时间内输入电流截止而存在输入电流的截止时段。虽如上所述对电路可加以改进，但难以从根本上改变这种情况。一种俗称为“高泵电路”的无源功率因数校正电路应运而生，如图5－35所示。高泵电路的特点是它只用一个电解电容器给逆变电路直流供电，且从高频输出电路中高频电压较高处取得高频电压，一方面利用此高频电压的正半周经过快恢复二极管整流后给电解电容器充电至较高电压，一般是调整到使其电压值大于输入交流电源电压瞬时值的峰值，因而就不存在输入交流电压对电解电容器充电以及对逆变电路直接供电的情况，有效地减小了逆变电路供电电压的波动，降低了灯管电流的波峰系数；另一方面又利用高频电压的负半周“引入”交流电源的输入电流,使交流电源的输入电流能够随同输入电压变化,有效地提高了线路功率因数与降低了输入电流的谐波含量。所谓"高泵电路"的"高泵"之称,就在于其利用较高的高频电压将电解电容器充电至较高电压的电路特点。图5-35为采用高泵电路的电子镇流器电路图。

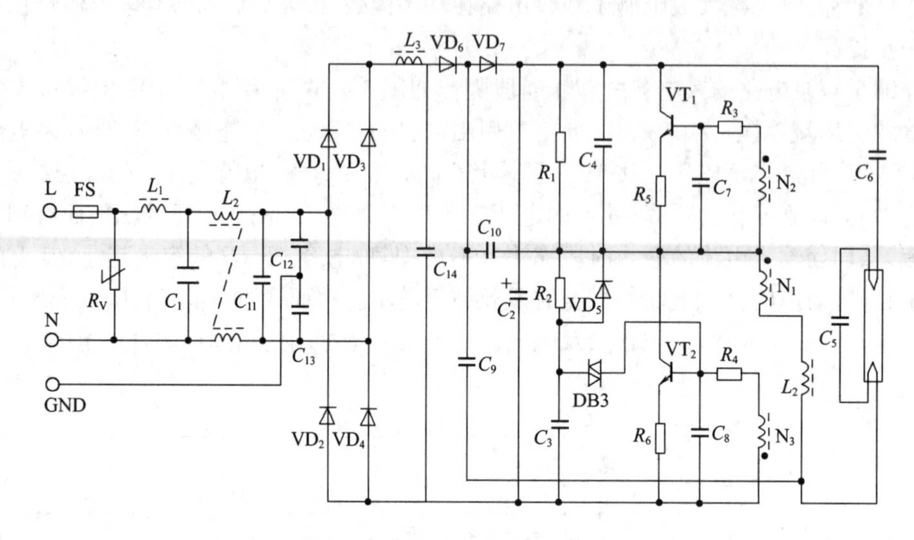

图5-35 采用高泵电路的电子镇流器电路图

由于高泵电路使交流输入电路与逆变电路中较高的高频电压相关联,必然使更多的高频能量进入输入电源,对EMC电路的要求大为提高,使EMC电路的成本明显增加。此种情况下,许多大功率电子镇流器就宁可选择具有更多优越性的有源功率因数校正电路。

5.2.4 有源功率因数校正电路及工作原理

有源功率因数校正(APFC)电路具有前述无源功率因数校正电路无法相比的优点:它使输入电流基本上按输入电压的正弦波形变化,功率因数可达到0.99以上,且输入电流的总谐波含量极低,$THD_I=3\%\sim10\%$;其提供给逆变电路的直流电压能够在交流电源电压从85~275V大范围变化时保持直流输出电压恒定不变,使灯管能够恒功率输出,且提供的直流电压的纹波电压较小而使灯管的电流波峰系数 *CCF* 可接近为1.4的理想值。

APFC电路一般置于桥式整流电路和电解电容器之间,其电路形式主要有三种,如图5-36所示。图5-36(a)为升压型原理电路,电解电容器 C_o 上的输出电压 V_0 高于输入电压,故称为升压型;图5-36(b)为降压型原理电路;图5-36(c)为隔离型电路。大多数电子镇流器采用升压型APFC电路。当输入为220V的交流电压时,一般将输出电压选定在400V;在输入电压为110V时,输出电压选定在240V;当输入电压为100~277V的宽电压范围时,输出电压常选定为450V。

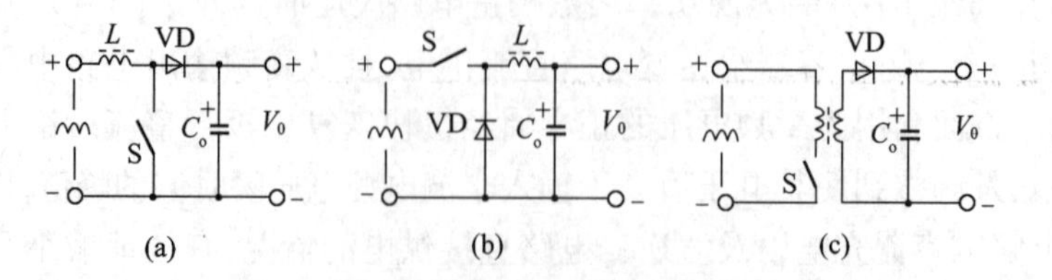

图5-36 APFC电路的三种类型

升压型电路提高了输出直流电压,有利于减少三极管的导通电流而降低其导通损耗,且有利于点亮高灯管电压的灯管。升压型 APFC 电路的工作原理可用图 5－37 所示的原理电路来说明。电路由开关晶体管 VT_1、升压电感 L、升压二极管 VD、输出电容 C_o 及 APFC 控制器 IC 组成,其核心部分是 APFC 控制器 IC,由它来控制 VT_1 导通与截止。

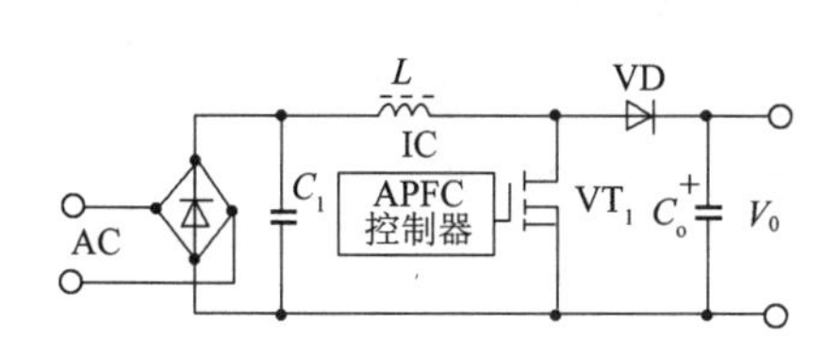

图 5－37　升压型 APFC 电路的工作原理

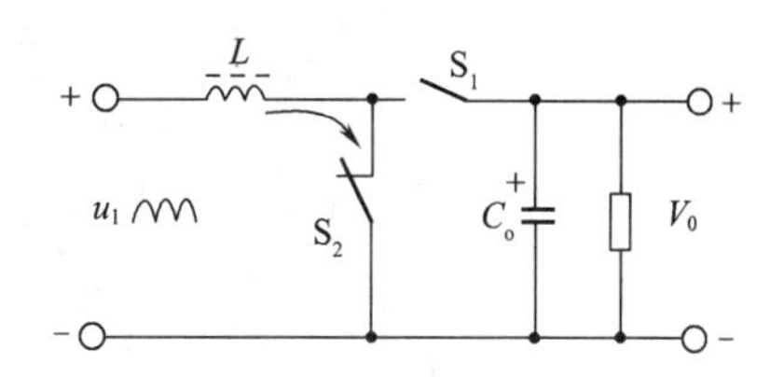

图 5－38　MOS 开关管导通时的等效电路

①VT_1 导通(t_{on}):一接通电源,V_0 立即被充电至输入交流电的峰值电压。当在控制器 IC 控制下开关管 VT_1 导通时,二极管 VD 受输出直流电压 V_o 反偏而截止,由电解电容器向负载提供直流电压。此时的等效电路如图 5－38 所示,图中开关 S_1、S_2 分别等效于图 5－37 中的 VD、VT_1。从图 5－38 可知,交流电压经整流后形成的单向脉冲电压 u_1 加到电路的输入端,在 u_1 作用下流过电感 L 的电流 i_L 经开关 S_2 由零开始增加。当控制器 IC 检测到电感电流的峰值达到与该时刻输入电压 u_1 大小对应(即与 u_1 成正比)的某一数值时,控制器 IC 输出控制信号使 MOS 开关管 VT_1 截止,S_2 断开。

②VT_1 截止(t_{off}):当开关管截止时,图 5－37 所示电路可简化为图 5－39(a)所示形式。由于电感的电流 i_L 不能突变,只能由原来的电流值下降,同时释放储存的磁能在电感上产生感应电压并与输入电压相叠加对电解电容器 C_o 充电。由于电感上的感应电压可以很高,此叠加电压总是能够高于电解电容上的电压而使 VD 正向导通并进行对电解电容的充电,可使电容器上的输出电压 V_0 大于输入电压,故称为升压型 APFC 电路。

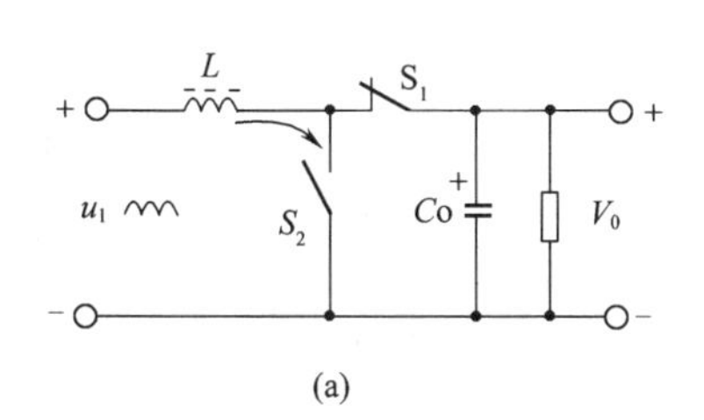

(a)

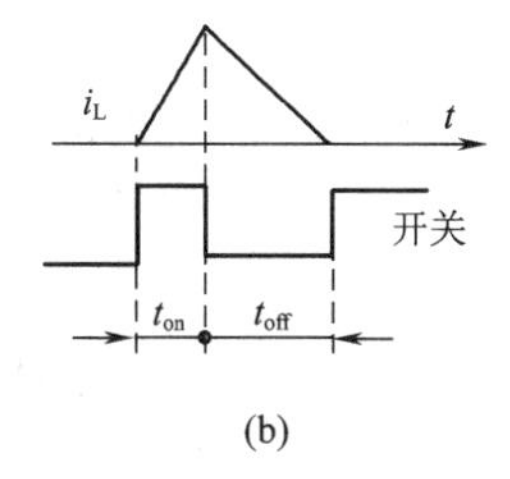

(b)

图 5－39　开关管 VT_1 截止期间的等效电路及电感电流波形

③从开关管截止之时起,流过电感的电流 i_L 将随电感所储存的磁能减小而下降。当控制器 IC 检测到电感电流下降到零时,控制器 IC 输出控制信号,使开关管 VT_1 再一次导通,开始下一个开关周期。从上述分析可见,在交流输入电压的一个半周内,输入电流将是一串峰值电流随输入电压瞬时值变化的三角波,如图 5－40 所示。因为三角波电流的平均值是其峰值电流的一半,滤除高频分量后,输入电流基本上是一个按正弦波规律变化的波形,且与输入电压间没有相移,电路的功率因数可以达到 0.99 以上,谐波失真亦可很小。在采用有效的 EMC 滤波电路之后,输入电流总谐波失真 THD_I 一般可以做到

10%以下。

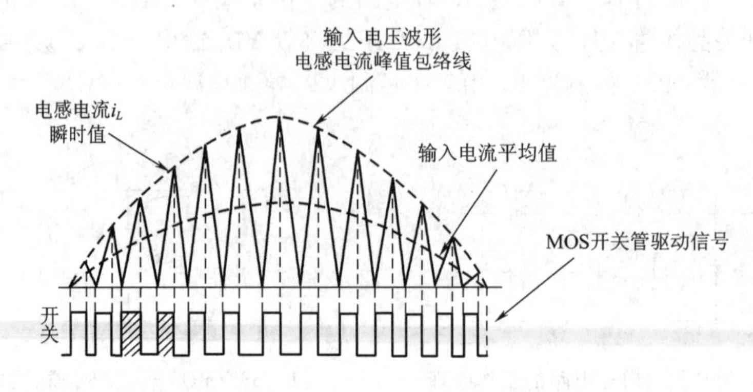

图 5－40　升压型 APFC 电感电流瞬时值与平均值的波形

图 5－41 所示是用 L6562 组装的 80W APFC 电路，应用较广，可供设计 APFC 电路时参考。其中升压变压器采用 EE25×13×7 的磁心（型号为 3C85，与 PC30 相当），初级用 20×0.1mm的多股漆包线绕 105 匝，电感量为 0.7mH，次级用 0.15mm 的漆包线绕 11 匝，初、次级匝数之比约为 10:1，磁心气隙为 1.5mm。

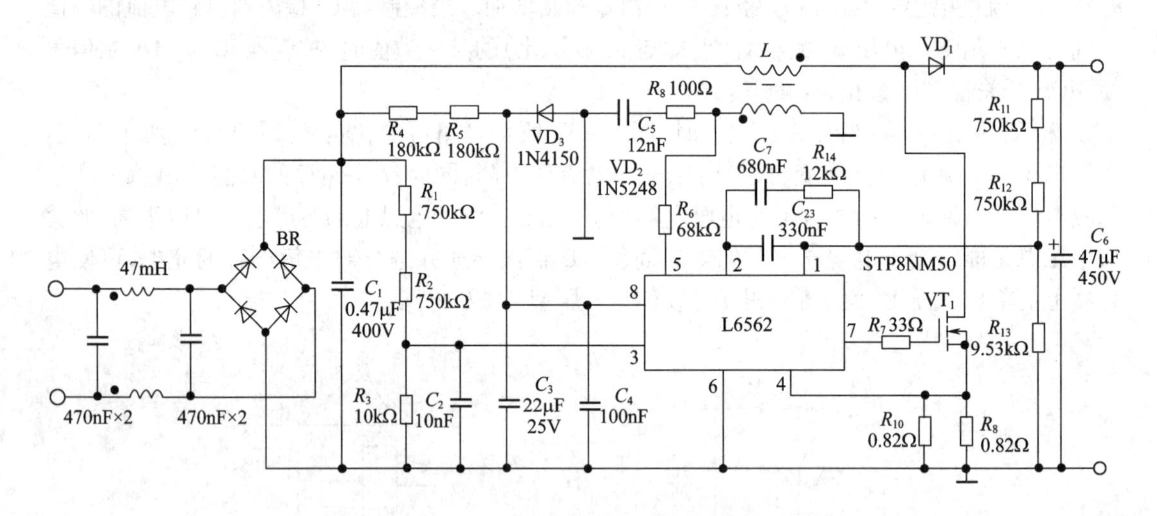

图 5－41　采用 L6562 的 80W APFC 电路

5.2.5　EMC 电路及工作原理

电磁兼容（EMC）是指产品在与其它电气设备同时工作时，既不会产生影响其它设备正常工作的电磁干扰，也不会受其它设备的干扰而影响本身的正常工作，彼此在电磁环境中是兼容的。根据 GB 1743—1999《电气照明和类似设备的无线电骚扰性的限值和测量方法》的规定，在不同频率下允许的电磁干扰的准峰值如表 5－1 所示，要求镇流器的传导干扰值均比表中所列值低。对于自镇流荧光灯而言，EMC 测试中辐射干扰场限值规定（表 5－2）一般较易通过。

表 5 - 1　　EMC 测试中对电磁传导干扰电压允许值的规定

频率	允许值/dBμV	
	准峰值	平均值
9 ~ 50kHz	110	
50 ~ 150kHz	90 ~ 80	
150kHz ~ 0.5MHz	66 ~ 56	56 ~ 46
0.5 ~ 2.5MHz	56	46
2.51 ~ 3.0MHz	73	63
3.0 ~ 5.0MHz	56	46
5.0 ~ 50MHz	60	50

表 5 - 2　　EMC 测试中辐射干扰场限值规定

频率范围/MHz	带宽/kHz	准峰值检波极限电平
30 ~ 230	120	30dBμV/m(距离 10m 远)
230 ~ 1000	120	37dBμV/m(距离 10m 远)

电子镇流器的传导干扰可分为两类,即差模干扰与共模干扰。差模干扰是指在相线 L 与中线 N 存在的相位相反的干扰信号;共模干扰是指在相线 L 与地(GND)之间以及中线 N 与地之间存在的相位相同、幅度也基本相等的干扰信号。共模干扰来自于电磁空间辐射在各种引线上产生的电磁感应现象,它对于每一根引线的作用基本上是相同的。判断共模干扰的简便方法是先将绝缘导线单独环绕输入引线中的一根缠绕数圈后测出它的感应电压,然后再环绕两根输入引线缠绕相同圈数后测其感应电压,如感应电压增加则为共模干扰。

电子镇流器采用的 EMC 滤波电路的类型有 C 型、L 型、Π 型、双 Π 型、复合型等,如图 5 - 42所示。其中 C、L、Π 型为低通滤波器,用于抑制差模干扰;双 Π 型滤波电路用的是共模电感,其电感量较大,常为 30 ~ 50mH。所谓共模电感,一般有两个绕组,绕在一个不加气隙的磁心上,两组绕组的同名端(同方向绕组的起始端或末端)都接在电源的输入端上,因此,输入电流流过两个绕组时产生的磁通互相抵消而不存在磁心饱和问题,因而可以采用高导磁率磁心。不难理解,此种共模电感对共模干扰有很强的抑制能力,而对差模干扰的抑制则主要靠其漏感产生的串联阻抗起作用。

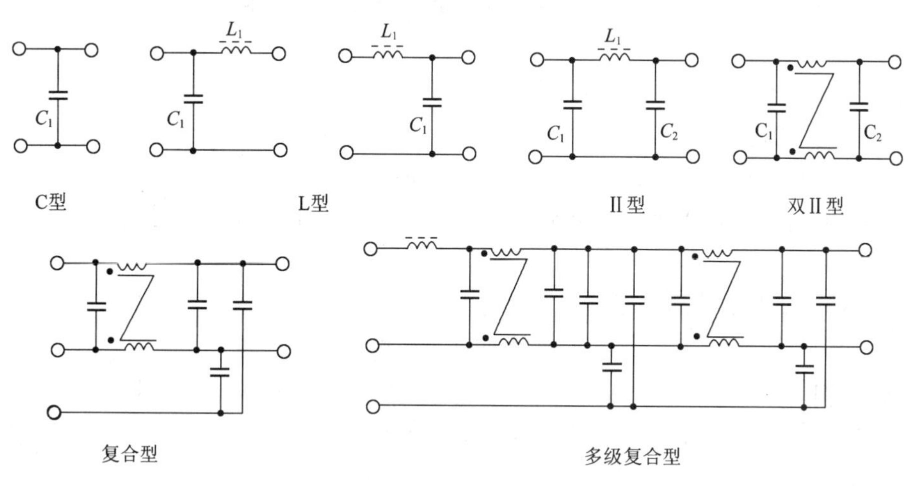

图 5 - 42　电子镇流器常用的 EMC 滤波电路

对 9 ~ 150kHz 低频段采用差模滤波器比较有效，而对 150kHz ~ 30MHz 的高频段采用共模滤波器比较有效。一级共模滤波器不够时可采用两级。除此之外，还需在电路布线设计、屏蔽、接地等方面采取有效措施，尽量减少寄生参数与寄生耦合；处于强磁场区域的走线不要形成回路；产生较强磁场的元件之间距离尽量加大，且使其磁场互相垂直、减小磁耦合；各级电路尽量避免前后交叉且尽可能自成回路，避免级间产生寄生反馈；PCB 的布线应尽量缩短；输入线最好远离产生较强高频电磁场的元件与导线，电源线与输出线最好能分别处于镇流器的两端。

5.2.6 预热启动电路及工作原理

5.2.6.1 热阴极荧光灯的预热启动

在荧光灯的大家庭中包括有热阴极荧光灯、冷阴极荧光灯与无极荧光灯三大类型，紧凑型荧光灯与直管型荧光灯（即日光灯）均属于热阴极荧光灯。热阴极荧光灯在启动（即点燃）时，需要先加热灯丝使其达到能够大量发射电子的温度（典型值为 1160K 即 887℃），然后再产生高电压点燃荧光灯，即实现预热启动。良好的预热启动的具体要求是：① 在灯丝达到发射状态之前，灯管的开路电压应较低，保持低于能够引起灯管辉光放电的电压；②在灯丝达到发射温度之后，开路电压应足以使灯管快速启动，不得使灯重复启动；③在阴极预热期间，加热电流不能过大，以免灯丝上的发射材料过热蒸发。

良好的预热启动与未经充分预热的“冷启动”（或称“硬启动”）相比，可使荧光灯的工作寿命延长一倍以上，开关寿命（总开关次数）增加约 10 倍。因此，使所有的荧光灯都实现良好的预热启动，意味着每年可减少数十亿只寿终报废荧光灯造成的几十万吨电子垃圾及所含数吨余汞的排放，对“节能减排”的意义十分重大！

如何判断预热灯丝的温度是否合适？可以通过测量灯丝热阻与冷阻的比值，此比值与温度的对应关系如表 5 - 3 所示。从表中可知，灯丝热冷阻之比应在 4.2 ~ 4.4 的范围内。

表 5 - 3　　灯丝的热阻 R_h 与冷阻 R_c 之比值与温度的关系

R_h/R_c	3.8	4.0	4.2	4.35	4.5	4.76	4.88	5.0
灯丝温度/℃	753	804	855	897	933	1000	1035	1063

荧光灯预热启动情况的好坏，常常用开关试验来考核。为了使开关试验有可比性，对开关时间做了规定，美国能源之星的标准是开 5min、关 5min；欧盟的标准是开 1min、关 3min。对容许的最低开关次数也做出规定，能源之星的规定为：如灯的标称寿命为 6000h，则灯至少应承受 3000 次的开关试验；欧盟新的 ERP 指令第一阶段要求：启动时间大于 0.3s 的开关寿命大于 10000 次，启动时间小于 0.3s 的开关次数为寿命小时数的一半。实现良好预热启动的荧光灯的开关寿命一般高于 50000 次，此种情况下即可近似认为开关对荧光灯的工作寿命已影响很小。

5.2.6.2 几种主要的预热启动电路

实现荧光灯预热启动的电路有多种，下面几种电路应用较多。

(1)采用 PTC 的预热电路在灯丝加热电路中接入正温度系数（PTC）热敏电阻（以下简称 PTC），如图 5 - 43 所示。其中图 5 - 43(a) 是最简单的应用电路，当(a)电路出现预热电流不够时采用(b)电路。图中 C_1 为启动电容，根据不同的灯管电压常为 2.2 ~ 10nF；C_2 为附加电容，常为4.7～47nF，此电容容量减小将使预热电流增加较多。

所述电路中的PTC随灯管电压与功率的不同，会产生0.3～1.5W的附加功耗，这显然是一种负作用而需改善。最简单的消除PTC附加功耗的办法是采用无功耗PTC来取代普通的PTC，这种无功耗PTC在市场上号称为“智能PTC”，实质上是压敏电阻与PTC串联成一体 。使用时将图中的PTC换成对应的无功耗PTC就可以了。但须注意，这种替换需要仔细地选择与调试。

还有一种采用微型放电开关K与PTC串联使用的无功耗预热电路，不需要额外调试，但需增加一个元件，如图5－43(c)、(d)所示。

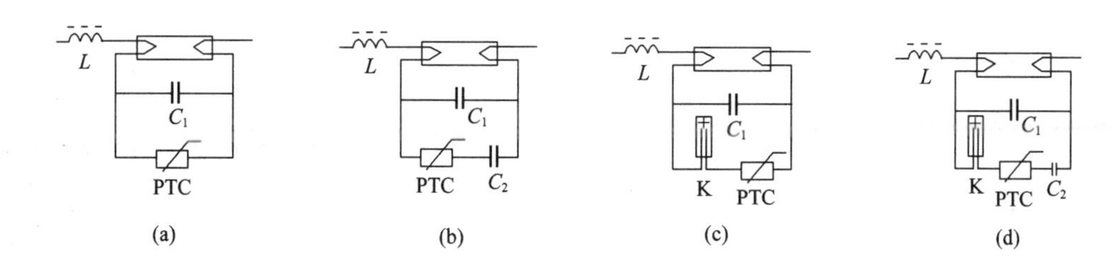

图5－43　采用PTC的预热电路

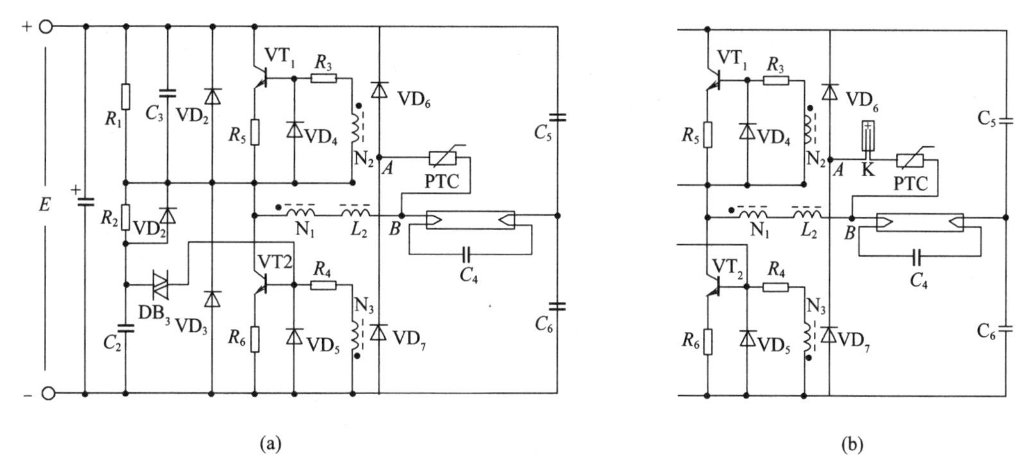

图5－44　钳位型PTC无功耗预热电路

(2)钳位型PTC无功耗预热电路

此种电路如图5－44所示。在逆变电路直流电源的正(＋)、负(－)端之间反向连接两只串联的二极管DV_6、DV_7，在两只串联二极管的连接点“A”与灯管连接L_2的节点“B”之间连接PTC。启动之初PTC电阻很小，当“B”点电压大于正(＋)端电压E时，VD_7反向截止而VD_6正向导通，电流从“B”经PTC、VD_6流入电源正端，“B”点最高电压被限制为E；当“B”点电压小于E而大于0时，VD_6、VD_7均反向截止，PTC无电流流过：当“B”点电压小于负(－)端的0V时，VD_6截止而VD_7正向导通、电流从电源负(－)端经VD_7、PTC流至“B”点，“B”点最低电压被限制为0V。可见，“B”点的电位被钳位于0V与E之间。

不难分析，对于220V交流电源而言，灯管两端的电压对应被限制为峰值150V，灯管不会冷启动。且此时灯管上的150V电压作用于灯丝间电容C_4产生流过灯丝的电流，实现灯管启动前的预热。由于 PTC 也同时有电流流过,使其产生功耗而温度升高,当升高至居里温度之后,PTC 的电阻值突升至近似开路而不再具有前述的钳位作用,灯管电压随之迅速升高而点燃灯管。灯管点燃之后只要灯管工作电压的峰值小于 150V,DV_6 与 DV_7 均被反向截止,PTC 在灯管点燃之后就不再流过电流而使其在点燃之后无功耗。

对于工作电压较高的灯管(峰值大于 150V 的),需要将一只具有适当击穿电压的放电开关 K(或对应的压敏电阻、稳压二极管等)与 PTC 串联,如图 5－44(b)所示。

(3)灯丝绕组预热电路

如图 5－45 所示,在这种预热方式中,在电感 L 上加两组辅助绕组,分别经过降压电容加到灯丝上。

(4)采用变频预热方式

在采用控制型驱动器 IC 的电子镇流器电路中,利用调节振荡频率的方法来实现灯管的预热启动。如图 5－46 所示,一般采用三段频率控制:启动之初,调节半桥输出频率至较高,约为灯正常工作频率的 2.5～3 倍,由于输出电路偏谐较多,使加在灯管的输出电压较低而不足以将灯管点燃,此时,输出电流流过灯丝将灯丝预热;在经过预定的时间后灯丝已达到发射电子的温度,控制驱动器 IC 使频率下降,即进入频率下降阶段;当频率降低到接近灯电路的谐振频率时,在灯管两端产生足够高的电压,将灯管点燃,灯管点燃以后以预定的较低频率正常运行。

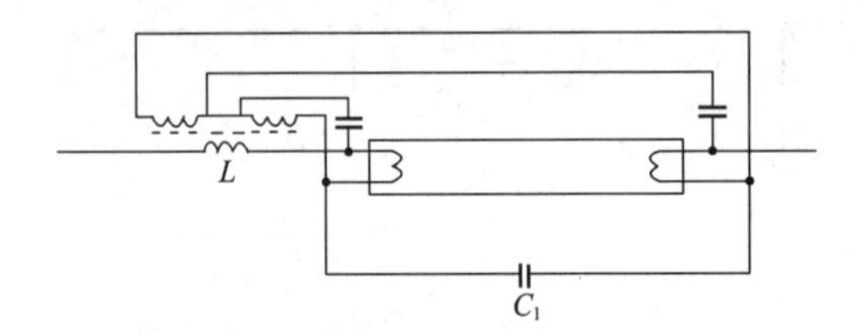

图 5－45　灯丝绕组供电的预热电路

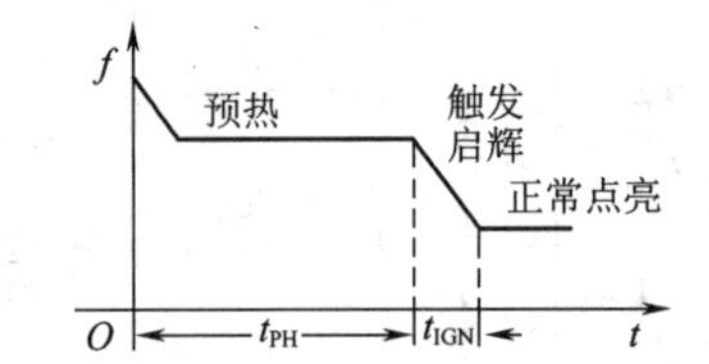

图 5－46　变频预热方式的分段频率控制

5.2.7　异常状态保护电路及工作原理

欲使电子镇流器能够可靠地长寿命地工作,必须使其在可能发生的异常情况下具有自保护功能。这些异常情况包括雷电等原因在线路上产生的瞬间脉冲高压、接通电源时产生的"开机"浪涌电流以及荧光灯灯管可能出现的各种异常状态等。

5.2.7.1　对输入的高电压尖脉冲的保护

当电网出现瞬时高电压的尖峰脉冲时,例如线路上有大负荷电器正在开、关以及强雷电所引起的感应高电压脉冲等,可能对电子镇流器电路造成损害。为此在其输入电路的前端并联一个氧化锌压敏电阻 R_v,它能将输入电路中出现的瞬时尖峰脉冲高电压加以有效的削波与限幅,使到达电子镇流器整流电路的电压保持在安全范围。

5.2.7.2　对输入大电流尖脉冲的保护

当接通电源的瞬间正好遇到交流电压的峰值等较高瞬时电压时,此高电压经过整流二极管对初始电压为 0 的电解电容器充电,中间如果没有限流的串联阻抗,瞬间充电的浪涌电流可达数十安培甚至更多,对整流二极管与电解电容器的可靠性冲击很大。因此,需要串联一个阻值适当的电阻或相应的电感来抑制开机浪涌电流。经验表明,薄膜电阻经历浪涌电流冲击时其寿命显著变短,因此需要使用线绕电阻或体电阻;如能使用电感就更好。

5.2.7.3 对灯管出现异常状态的保护

除上述情况之外,对于可独立使用的电子镇流器还要求在荧光灯灯管出现异常状态时具有保护功能。这些异常状态可归结为以下几种情况:

①一只灯或几只灯的一只未被接入;

②灯因一个阴极损坏而不能启动;

③虽然阴极电路完好,但灯不能启动(去激活的灯);

④灯工作,但阴极中的一个是去激活的或损坏的(出现整流效应)。

需要说明的是,对于自镇流荧光灯而言,灯管与电路是不可拆卸的,灯管有故障就意味着整灯损坏,无须要求其电子镇流器具有上述灯管异常状态时的保护功能,但要求灯在上述异常状态时不能出现安全性问题。

下面简单介绍两种常用的异常状态保护电路(图5-47、图5-48)。

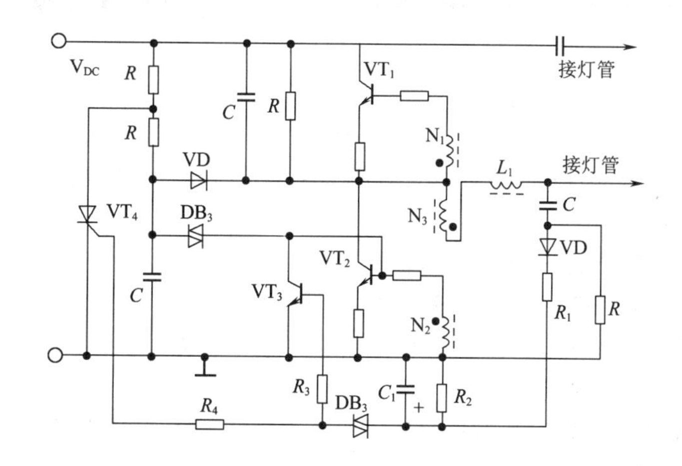

图5-47 异常状态保护电路之一

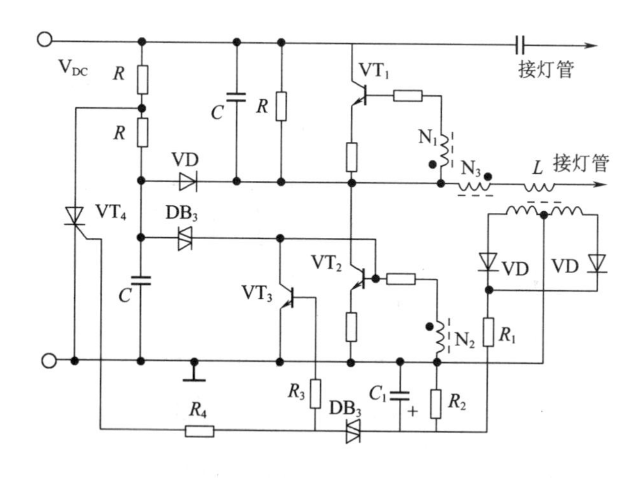

图5-48 异常状态保护电路之二

图5-47的电路工作原理如下:当灯管出现前述异常时,灯管电压升高,取其整流分压后对电解电容器 C_1 充电,经预定时间的延时后达到预定的分压值。由于此时的分压值比正常情

况下的分压值明显升高，故能够使 DB_3 击穿产生较大的 C_1 放电电流，此电流注入晶体管 VT_3 与可控硅 VT_4 的输入端使两者导通。其中，VT_3 的导通使 VT_1 立即截止而使高频逆变电路停振；可控硅 VT_4 导通使触发电路被分流而不再能触发高频振荡，达到保护电路的目的。

图 5－48 的电路的不同之处是在电感 L 的次级绕组中取出电压，尤其是对取出的高频电压进行全波整流，然后经分压对 C_1 充电。全波整流可以较好地取出灯管出现“整流效应”的异常状态时所产生的单方向的高电压，因而在灯管出现整流效应时也能可靠地保护镇流器免遭过载损坏。

5.2.8 采用 IC 驱动的他激式半桥逆变电路

采用磁环线圈反馈的自激式半桥逆变电路具有电路简单、效率高且成本低的突出优点，90% 以上的自镇流荧光灯的电子镇流器都采用这种电路而获得了很高的性价比。但此种电路也有明显的缺点，它电路简单却原理较为复杂、元器件之间的影响复杂，欲使产品的一致性与可靠性达到高水平相对困难一些。

采用自振荡兼驱动的集成电路（IC）来驱动半桥推挽输出电路所形成的他激式半桥逆变电路，具有性能稳定、调试容易、能使电子镇流器各项指标达到较高水平的显著优点。尤其是此类 IC 产品在不断地提高与完善，使其具有越来越多、越来越好的实用功能，例如兼有预热启动、各种异常状态保护乃至调光功能等。

世界各大公司生产的此类用途的 IC 品种很多，且不断出新，下面以 IR 公司近年推出的电子镇流器控制器 IC——IR2520D 为例来说明其实际应用。这种芯片使用比较简单，调节 3 脚的电阻 R_{FMIN} 可以改变工作频率，调节 4 脚的电容 C_{VCO} 可以改变灯丝预热的时间，它还具有灯管异常状态保护功能、电源电压偏低的保护功能以及晶体管的零电压开关控制功能等，IR2520D 只能直接驱动由 MOS 场效应晶体管组成的半桥电路，其典型应用电路如图 5－49 所示，此电路所带的负载常为 15～35W 的各种荧光灯管。实际应用表明，也可用此 IC 驱动大功率 MOS 场效应管而正常点亮 96W 与 150W 的大功率 H 形荧光灯与螺旋形荧光灯。

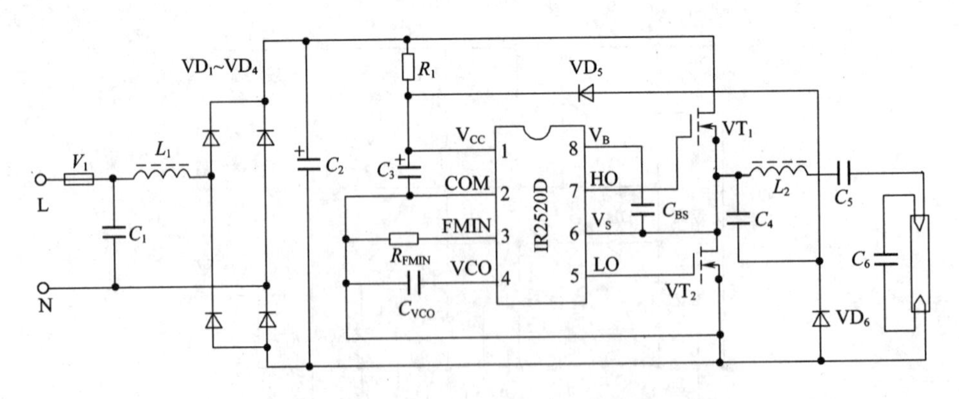

图 5－49　应用驱动 IC——IR2520D 的简单电路

在它激式半桥逆变电路中采用的 IC 中，还有集成度更高的将有源功率因素校正功能与振荡、驱动功能合在一块的专用 IC 以及兼有调光功能的 IC。由于使用这些 IC 的成本较高，在自镇流荧光灯电路中很少应用。

在自镇流荧光灯的发展历程中，人们一直在努力追求如何进一步提高电子镇流器的可靠性及进一步缩小电路的体积,希望仅用一块IC就能取代现有电子镇流器中的所有元器件。当然,这是不可能的。因为具有储能作用的电感与电解电容器这两个"大块头"是无法集成在一块芯片上的。近几年来,将振荡、驱动与输出晶体管集成于一片IC中的单片集成电路不断地从各大公司推出并加以应用,它们确实大大简化了电子镇流器的电路结构与生产流程序,缩小了体积,有效地提高了产品的一致性与可靠性,但是由于成本升高而始终未能大量推广。目前这方面的进展并没有停止,有的最新产品不仅在性能与体积上占有优势,而且成本也不断降低。具有更高性价比的小功率电子镇流器单片集成电路正在孕育之中。图5-50所示为单片IC——FAN7710的应用电路。

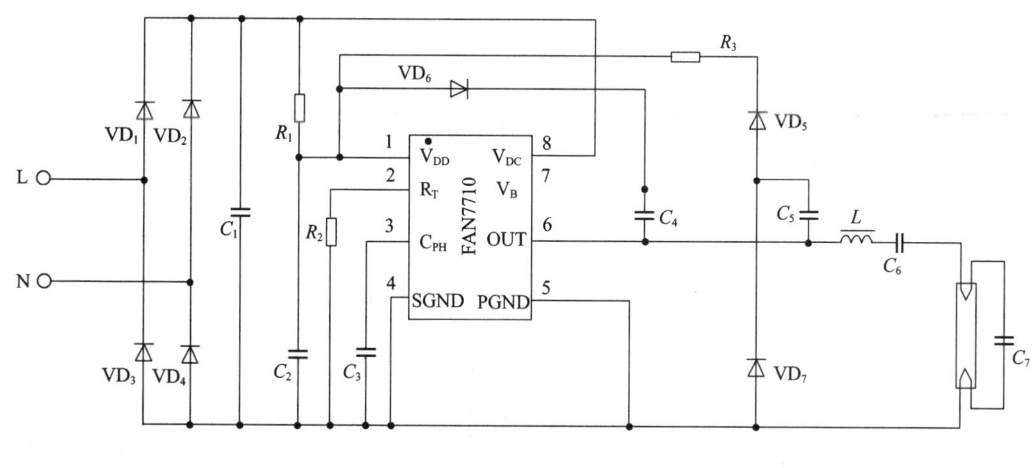

图5-50 单片IC——FAN7710应用电路

5.3 电子镇流器与灯管的匹配

人们发现,一只质量很好的荧光灯灯管,当使用电子镇流器工作时,会出现两种截然不同的情况:一种情况是使用电子镇流器后灯管寿命很长,光衰也很小,用了三四年,灯管两端不发黑,比用电感镇流器时有明显的改善;另一种情况则相反,灯管寿命比用电感镇流器短得多,灯管两端发黑很快。其中有的电子镇流器的寿命比灯管还短。

对于广泛应用的自镇流荧光灯也存在类似上述的情况,如灯管发黑快、寿命短、灯偶尔未点燃而很快烧毁、灯功率偏离较多、光通量与光效不符合要求以及电子镇流器功耗偏大、温升偏高而可靠性较低等。所述问题的出现除了少部分是灯管与电子镇流器本身的质量问题之外,大多数则是灯管与电子镇流器匹配不良。因此,如何使电子镇流器与灯管达到良好的匹配状态,对提高电子镇流荧光灯的可靠性与能效指标十分重要。

5.3.1 什么是电子镇流器与灯管的匹配

电子镇流器与荧光灯灯管的匹配,其实质是指两者工作状态的良好匹配,就是指电子镇流器电路与荧光灯灯管实现良好配合,使灯管与电路均工作于可靠而高效的正常状态,使整灯系统能够高效率、长寿命地工作。

通过理论分析与实际调试电子镇流器的经验总结,可以将这种匹配归纳为:对于灯管而言,就是要使其工作于额定功率且灯丝热点的温度始终保持为能够使灯丝涂层产生足够热电子发射所对应的温度；对于镇流器电路而言，关键是使晶体管保持零电压开关的工作状态。此中已包括了对其它元器件工作状态的匹配。

电路与灯管匹配不良的表现可归纳如下：灯管不能正常点亮；镇流器损坏；灯功率偏离；灯光效降低；灯管两端提前发黑，寿命减短；晶体三极管等元器件温升偏高，可靠性降低，寿命缩短。

这里需要指出，有时人们一谈到电子镇流器与灯管的匹配就认为是电子镇流器电路与灯管的阻抗匹配，去计算、去寻求阻抗匹配的规律，这是没有必要的。尤其是那种去寻求"灯管阻抗与高频振荡电路的内阻匹配，以求得最大的输出功率"的观点，更是荒谬而脱离实际的。

5.3.2 电子镇流器输出电流与灯丝结构参数的匹配

电子镇流器输出电流与灯丝结构参数的匹配分两个方面，一方面是灯丝预热电流与灯丝参数的匹配；另一方面是灯管稳态工作电流与灯丝参数的匹配。虽然我国生产自镇流荧光灯的工厂很多，产品数量极大，但真正解决好上述两方面匹配的产品却不多。实际上，良好的灯丝预热启动与稳态放电过程中保持灯丝"热点"的正常热发射温度，对整灯的可靠性、长寿命及高光效均有十分重要的影响。

5.3.2.1 预热电流与灯丝的匹配

紧凑型荧光灯属于一种热阴极荧光灯，如前所述，应该实现良好的"预热启动"。因为未经灯丝充分预热的灯管在点燃过程中将首先点燃辉光放电，产生大量高能量正离子轰击阴极（灯丝上的活性涂层），使其温度升高，当其温度达到能够产生大量热电子发射的温度时才由辉光放电转变为弧光放电而正式点燃灯管。可见，未经过灯丝预热的灯管在点燃过程中将经历高能量正离子轰击阴极而引起阴极溅射的辉光放电过程，造成灯丝活性发射物质的加速消耗而显著缩短了荧光灯的寿命。另外，在灯丝经过充分预热而产生大量热电子发射之后，灯管的点燃电压将显著降低，从而减轻了电子镇流器电路在灯管点燃过程的过载程度，有效提高电子镇流器的可靠性。因为点燃电压越高，电子镇流器输出电路越靠近串联谐振状态，晶体管输出电流越大，使启动时晶体管功耗增大、温升增高、可靠性显著下降。

实现灯丝预热的电路有多种，在自镇流荧光灯中，一般采用成本较低的 PTC 预热电路。

怎样实现预热电流与灯丝结构参数的匹配？那就是调节由 PTC 引入的预热电流的大小与预热时间的长短，使灯丝温度在预热期间升高到产生足够热电子发射的正常温度。

①调节预热电流的大小可以通过选择 PTC 的电阻值，然而光靠降低阻值来提高电流效果很有限，因为即使 PTC 阻值已调至很小，其电流也要受电感的限制而可能仍然不足以使灯丝上升到足够的温度。此时颇为有效的方法是在 PTC 前面串联一只容量适当的电容器，容量常在 5 ~ 22nF 选择。电容量越小，它对电感的感抗抵消得越多，使预热电路的总阻抗下降得越多，而使预热电流增加较多；反之，串联电容的容量增大，则预热电流增加较少。

②预热时间的控制可以通过选择 PTC 的热容量与 PTC 的居里温度。PTC 的热容量越大或居里温度越高，在相同的预热电流下预热灯丝的时间就越长。但这两者均会引起 PTC 附加功耗的增加，需要采用无功耗电路或器件来消除 PTC 产生的附加功耗，提高灯的系统光效。

如何判断灯丝预热是否充分呢？需要检测预热时的灯丝温度。有两种方法：一种是测量预热结束的瞬间灯丝的热电阻值与冷阻值的比值，此比值与灯丝的温度是准确对应的，因为灯丝材料为钨丝，具有正温度系数；另一种很直观、方便而可靠的简单方法是目测灯丝预热时的颜色是否发红，在黑暗环境下能看到预热过程的后期灯丝发红即表明灯丝预热充分，灯丝开关寿命试验证明这种简便方法亦十分有效。

当灯丝预热电流偏小时，灯丝温度偏低，如前所述将使灯管寿命大幅减短。

当灯丝预热电流偏大时，灯丝温度偏高，此时往往在灯丝两端会产生弧光放电并辐射紫外线而使附近的荧光粉层发出白光，即灯管的两端出现白光。虽然灯丝预热温度偏高会增加灯丝涂层活性物质的蒸发损耗，但由于预热时间很短，且灯丝电压很低，灯丝两端产生弧光也不过十几伏，没有高能离子的轰击，实测表明对寿命影响不太显著。当然预热电流过分偏大也是不能允许的。

5.3.2.2 稳态放电的灯丝电流与灯管参数的匹配

上述灯丝预热时灯丝温度的重要性，人们在快速开关试验中很快能看到效果，而稳态放电中灯丝温度的影响，则需要在漫长的工作寿命中才能显现出来，因而容易被忽视。实际上，荧光灯在稳态放电中的灯丝"热点"温度对荧光灯的寿命有极其重要的影响，如果"热点"温度偏高，将使灯丝活性物质在整个寿命过程中都在加速蒸发，加速消耗，毫无疑问，必将明显地加快活性物质的耗尽而缩短灯的寿命；而"热点"温度偏低，则灯丝作为阴极时的热电子发射偏少，引起阴极位降升高，造成阴极溅射加剧，亦使灯管寿命缩短。

造成稳态工作时灯丝热点温度偏高有两种可能的原因，一种是灯管设计不合理，灯丝的钨丝太细，冷阻值偏高，也就是说灯管的灯丝结构参数不匹配；另一种经常发生的情况是稳态工作时通过灯丝间电容而流过灯丝的电流偏大，这不仅使热点温度过高而缩短了灯的寿命，而且因灯丝功耗增大而使镇流器的功耗增大，导致整灯的光效有所下降。此时减小稳态时灯丝电流的方法有如下几种。

①在每个灯丝上并联一个二极管，使灯丝加热电流减去一半，如图 5－51。

②将灯丝间电容分成容量相等的两个电容并分别交叉地与灯丝连接，亦使灯丝电流减半，如图 5－52。

③将灯丝间连接的电容器分成两个，一个保留原位，另一个接到灯管灯丝的另一端，即灯管电流的引入与流出端，如图 5－53(a)。若两部分的电容相等亦分流掉灯丝加热电流的一半。显然，这种方式可以通过调节两只电容的大小来调节分流的多少，使灯管稳态工作时的灯丝加热电流调到最佳值。

④将灯丝间电容分成两个，一个原位，另一个在将磁环初级与电感换位置后，连接在磁环初级的前端与灯管引出端之间，如图 5－53(b)。亦可通过调节两只电容的大小来调节灯丝加热电流。

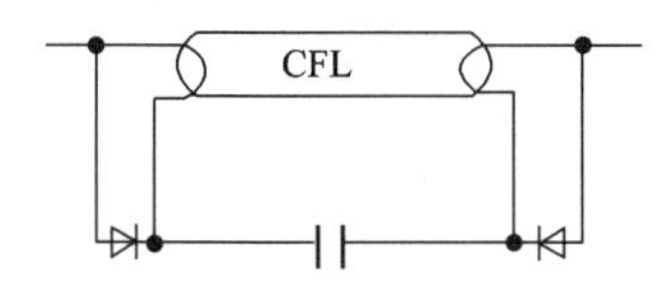

图 5－51　二极管与灯丝并联的电路

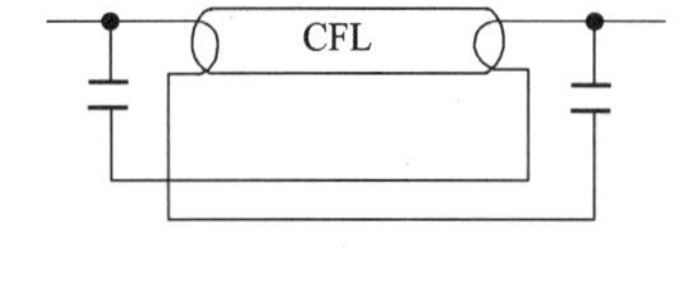

图 5－52　两端灯丝分别连接电容的电路

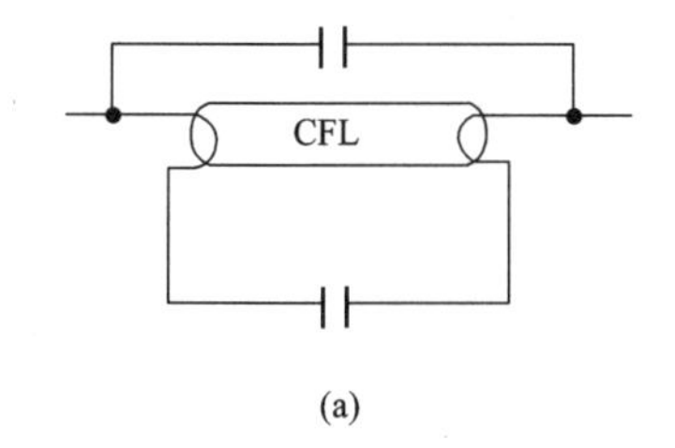

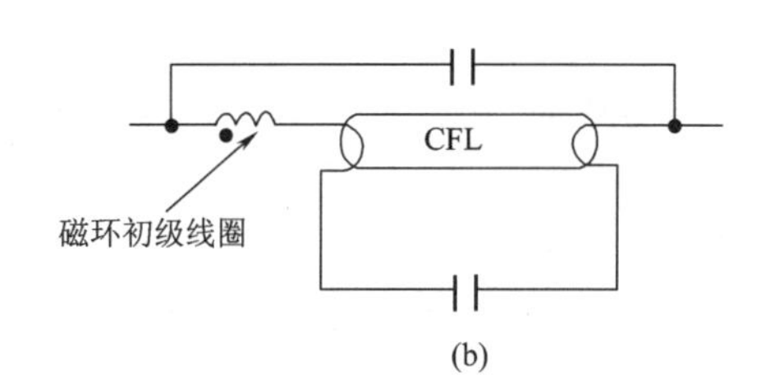

图 5－53　可灵活调节灯丝电流的电路

比较以上这四种减小灯丝电流而使其与灯丝结构参数相匹配的方法，图5-51应用较多，但需多用两只二极管，且只能固定地使灯丝电流减半，调节效果有限；图5-52的方法应用也较多，亦只能使灯丝电流减半；图5-53(a)虽可任意调节灯丝电流，但分流电容 C_1 接到灯管的引入与引出端有个大缺点，那就是在灯管未连接或接触不良时将产生输出电路的空载高 Q 值串联谐振，输出电流极大，常常使晶体管及相关元件瞬间烧毁，因而不可取；图5-53(b)应是多数情况下较好的匹配方案，不仅可以大范围调节灯丝电流，还可对磁环初级电流分流，有利于降低晶体管输入损耗而降低晶体管温升。对于灯管电压较高的自镇流荧光灯，上述需要减小稳态工作时灯丝电流的情况是较为普遍的。

如何判断稳态工作时灯丝"热点"的温度是否正常的问题，依然是两种方法。一种仍然是测灯在熄灭瞬间的热阻与冷阻之比（如果放电不熄灭，放电的负辉区的导电率影响测量的准确性）。由于稳态工作时灯丝发射电子集中于灯丝的"热点"，也就是只有一小部分灯丝达到发射温度，故整条灯丝热阻与冷阻之比难以正确反映灯丝热点的温度，需要根据实际情况加以调整。另一个简便可靠的方法是做成不涂荧光粉的透明灯管，在黑暗环境下目测熄灯瞬间灯丝热点是否发红。发红即可；若很红就有点过了；若发橙色或黄色则说明灯丝电流偏大或过分偏大，必须调低；若根本看不到热点而一片黑暗，则需调大灯丝电流。事实证明。只要稳态放电灯丝热点温度适当，灯管连续工作的长寿命就有保证。

5.3.3 输出电压与灯管电压的匹配

电压的匹配包括输出空载电压与灯管点燃电压的匹配以及稳态输出电压与灯管工作电压的匹配。

5.3.3.1 输出空载电压与灯管点燃电压的匹配

灯管能否顺利点燃，取决于逆变电路在灯管点燃之前的空载输出电压是否大于灯管的点燃电压。事实上，在灯管点燃之前电路的输出端并没有真正"空载"，输出电流流过灯丝产生对灯丝的加热功率，灯丝就是负载，不过负载功率不大而已。从逆变电路的高频振荡频率的分析可知，灯管点燃前的等效并联电阻极大，逆变电路的高频振荡频率与输出回路的谐振频率靠近，因而输出电路处于准串联谐振状态，灯丝间电容 C_f 两端的电压接近为谐振电压 U_s，如图5-54所示。图中 U_o 为逆变电路输出矩形波电压的基波分量有效值；R_f 为灯丝的冷阻；R 为回路总损耗的等效电阻，它代表电感 L、电容 C_f、晶体管以及振荡电路其它元器件损耗的总和。

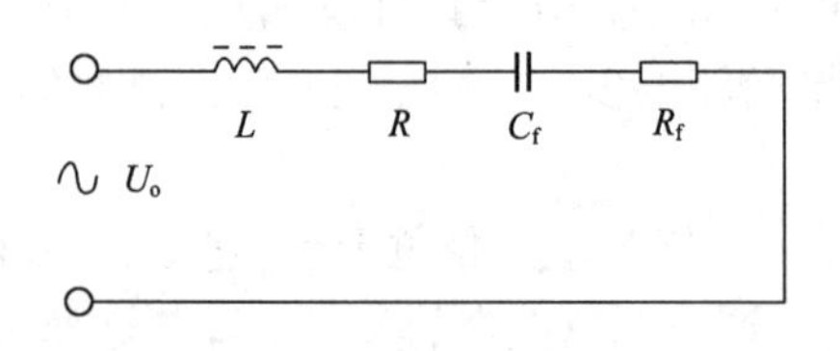

图5-54 输出电路空载时的等效电路

$$U_s = U_o Q \qquad (5-13)$$

式中

$$Q = \frac{\omega L}{R + R_f} \qquad (5-14)$$

故

$$U_s = U_o Q = \frac{U_o \omega L}{R + R_f} \qquad (5-15)$$

式(5-13)中 Q 值越高，空载的谐振电压 U_s 越高，灯管点燃越容易；如果灯管细而长，点燃电压 U_z 大于 U_s，则灯管不能点燃，只有设法提高 Q 值使 U_s 升高到大于 U_z 才能点燃灯管，也就是需要调整电路使输出电压提高到能与较高的灯管点燃电压匹配。增大 Q 值的办法从式(5-15)可知，需要降低电路的损耗电阻，即降低 R 与 R_f，主要是设法降低代表回路总损耗的等效电阻 R，包括降低电感的高频损耗、降低基极与发射极的电阻值、调整磁环线圈的匝数与初次极比例等。如果有良好的灯丝预热，点燃电压将显著降低，则上述匹配很容易达到，而且是最佳选择。

5.3.3.2 稳态输出电压与灯管电压的匹配

灯管点燃以后，荧光灯正常点亮似乎没有问题了，其实没有这么简单。即使灯管功率能够符合额定灯管功率，还必须检测镇流器的功耗与晶体管的温升。因为，如果逆变电路稳态时的输出电压与灯管工作电压匹配不好，就会出现镇流器功耗增大，晶体管温升增高，镇流器的可靠性下降。

一种常见的电压匹配不佳的情况，那就是对灯管电压低的灯管，往往在输入电源电压升高到靠近上限值时，会出现镇流器功耗较快增大(超过灯管功率增大的比例)的现象，此时晶体管温升显著增高，使效率与可靠性均明显下降；而当输入电源电压降低时，这种低电压灯管可以使镇流器功耗下降到很低，对应的晶体管温升也特别低。与此成鲜明对照的是，对于灯管电压较高的灯管情况正好相反，在输入电源电压升至到较高时，镇流器功耗上升极少，甚至不增加，晶体管温升亦如此；而当输入电源电压大幅降低时，随着灯管功率的下降与灯管电压的进一步升高，镇流器的功耗不仅没有显著下降，反而明显上升，晶体管的温升也一样明显升高而埋藏隐患。

上述两种情况均为电子镇流器与灯管匹配不佳的结果。实质上，镇流器的功耗与晶体管温升的反常增大均由于晶体管已明显维持不了零电压开关状态，应该据此调整电路。例如对于低电压灯管，可以适当加大缓冲电容 C_3，或者采取措施使磁环在电流增大时提前进入饱和，抑制频率随电流增大而过度降低；对于高电压灯管，适当加大电感的电感量与适当减小 C_3 能够取得较好的效果。

5.3.4 输出电路与灯管额定功率的匹配

荧光灯使用电子镇流器后，如果灯管实际功率较多地偏离额定功率，灯的光效与寿命均将降低，因为灯管内的汞蒸气压会偏离最佳值而光效下降，且灯丝热点温度也将偏高或偏低，使寿命降低。

调整灯管功率主要通过调整输出电路的电感量，这是普遍采取的办法，但要注意兼顾前面谈到的与灯管电压匹配的问题。除了调电感之外，还可以通过调节振荡频率，例如频率降低可使功率增大，反之频率升高可使功率减少。调节与灯管并联的电容容量的大小，以及适当改变灯管后面主要用来隔直流的电容的容量，都能够调节功率，直到获得良好的匹配，即灯管功率符合额定值，晶体管的温升与镇流器的功耗均维持正常或较低。

5.3.5 电路参数与晶体管特性的匹配

前面谈到的主要是针对灯管工作状态的匹配。另一个重要方面就是对于晶体管工作状态的匹配。实际上，电子镇流器的调试首先要解决的问题是电路的可靠性，往往使用户最难以接受的是产品的过早失效。对于自镇流荧光灯而言，这种早期失效的主要原因，约80%是由于晶体管工作于不匹配状态而造成晶体管的损坏。

电路与晶体管的匹配归根结底是使晶体管保持零电压开关的工作状态。例如电路的输出电流如果偏大而超出晶体管的额定电流，就必然使晶体管的导通电压升高而使晶体管脱离“零电压开通”状态，使其导通损耗随之加大而温升偏高。又如，由于电路元件参数配合不当，使晶体管处于电流下降时对应的集电极电压偏高，使其未能做到“零电压关断” 而下降损耗增大，温升增高。只要在电路运行中晶体管一直维持正常的近似“零电压开关”状态，就实现了电路与晶体管的良好匹配，晶体管与电路工作的可靠性就得到保证。

电路与晶体管的匹配是否良好，主要通过测量电子镇流器电路的功耗与晶体管的温升来判别。值得提出，采用红外热像仪测量电子镇流器电路的温度分布，可以最快速、有效且足够准确地测出晶体管等重要元器件的温升情况，是调整电路达到与晶体管良好匹配的简便而有效的手段。当然，在电子镇流器的设计、研发阶段，用示波器观察晶体管的各种电流与电压的波形，能够更直接、准确地判定晶体管是否工作在近似零电压开关状态。

5.4 电子镇流器的主要元器件及性能要求

5.4.1 晶　体　管

用于电子镇流器中的晶体管属于功率开关晶体管，主要有双极型晶体管（BJT）和 MOS 场效应晶体管（MOSFET）两种。绝缘栅双极型晶体管（IGBT）、双极静电感应晶体管（BSTT）和联栅晶体管（GAT）等新型功率器件也日益受到关注。

5.4.1.1 双极型晶体管（BJT）

双极型晶体管是一种电流控制器件。与 MOSFET 等其它开关器件比较，双极型功率开关晶体管具有饱和压降小和价格低廉等显著优点，在荧光灯电子镇流器电路中得到极其广泛的应用。

从图 5－55 中可知，双极型晶体管的工作状态可分成三个区，即截止区、放大区和饱和区。用于逆变器电路的晶体管主要是交替地工作于截止区与饱和区的开关状态，放大区只是一扫而过。因此，晶体管的开关参数十分重要，其中的开关时间包括有延迟时间 t_d、上升时间 t_r、存储时间 t_s 与下降时间 t_f，如图 5－56 所示。

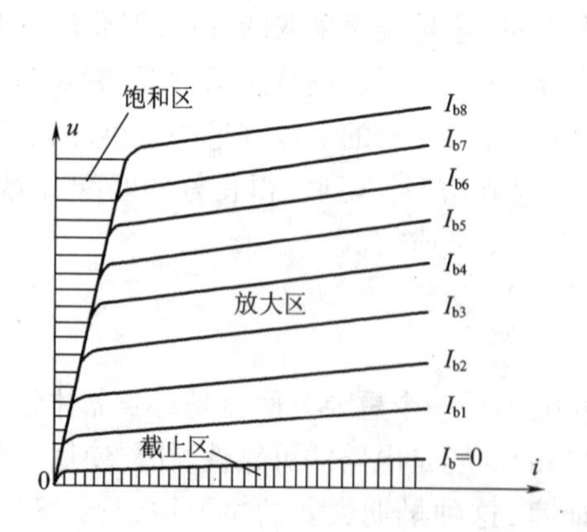

图 5－55　双极型晶体管共发射极输出特性曲线

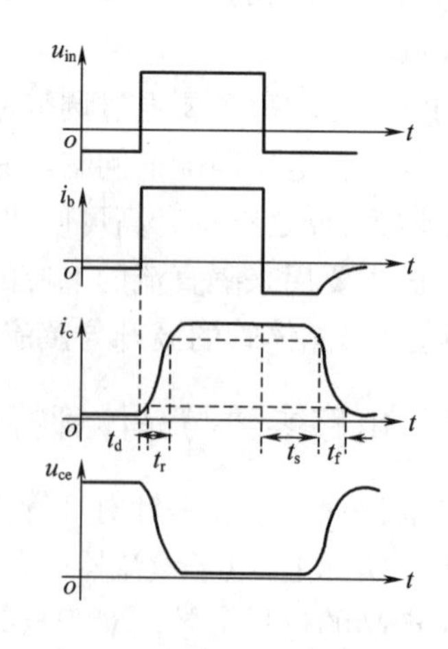

图 5－56　双极型晶体管的开关时间

①延迟时间 t_d　从输入信号 u_{in} 开始变正起，到集电极电流 i_c 上升到最大值 i_{cm} 的 10% 所需的时间。

②上升时间 t_r　集电极电流 I_{cm} 从 10% i_{cm} 上升到 90% i_{cm} 所需的时间。

③存储时间 t_s　从输入信号 u_{in} 开始变负起，到集电极电流 i_c 开始下降到 90% i_{cm} 所需要的时间。

④下降时间 t_f　集电极电流 i_c 从 90% i_{cm} 下降到 10% I_{cm} 所需的时间。

开启时间用 t_{on} 表示，为延迟时间与上升时间之和：$t_{on}=t_d+t_r$，代表晶体管由关断状态过渡到导通状态所需要的时间；关断时间用 t_{of} 表示，为存储时间与下降时间之和：$t_{of}=t_s+t_f$，代表晶体管由导通状态过渡到关断状态所需要的时间。晶体管的开关时间使晶体管的开关速度受到了限制。当输入脉冲的持续时间与晶体管的开关时间相近或更小时，晶体管就失去了开关作用。因此，使用双极型晶体管的电子镇流器的工作频率一般应小于 50kHz。

在双极型晶体管的四个开关时间参数中，存储时间最长而成为决定开关速度的主要因素。晶体管集电极电流饱和程度越深，存储时间 t_s 就越长。另外，它也和工作温度有关，随着温度的升高，其存储时间和下降时间都会变大。

紧凑型荧光灯电子镇流器中常用晶体管的存储时间大致为 1.0～5.0μs，功率越大存储时间越长 。在半桥逆变电路中，如两个管子的存储时间不一致，将使两管的导通时间有差异，造成两管发热不均衡。

双极型晶体管的开关损耗以下降时间的功耗（简称下降损耗）最大，其次是晶体管饱和导通时的导通损耗。晶体管的损耗使晶体管发热而产生温升，为了降低晶体管的功耗与温升，要求晶体管的下降时间要短，且集电极饱和电压要低（常为 0.2～0.3V）。磁环次级电压反向时基极抽出电流越大，下降时间与存储时间均对应越短，可以降低下降损耗；而基极正向注入电流加大，使集电极饱和电压降低，导通损耗减小，但会增加存储时间。

由于晶体管只工作于饱和区与截止区，晶体管的电流放大倍数 β 的重要性远不如其用于放大电路。β 较大容易使开关参数的热稳定性变差；但 β 太小，又会增大输入功率。一般认为 β 等于 30 左右较好。

双极型晶体管的二次击穿特性是其固有的性能缺陷。因此，必须使其可能承受的最高电压距离击穿电压有足够的余量。例如对于 220V 的交流电源，要求晶体管的共发射极击穿电压（BV_{ceo}）不小于 400V。

由于电子镇流器中的晶体管只工作于饱和区与截止区，放电区只在开、关过程中一扫而过，故无需过多地涉及晶体管安全工作区问题。

5.4.1.2　MOS 场效应管（MOSFET）

MOS 场效应管是靠多数载流子工作的单极型器件，不存在少数载流子的存储效应，因而开关时间短，开关损耗低，工作频率高。由于没有二次击穿问题，故工作可靠性较高。此外，它的栅极与源极之间是由氧化层隔离的，栅、源之间靠栅极电压来驱动，驱动比较简单，驱动功率小。场效应管的缺点是饱和导通电阻较大，且导通时的损耗随温度上升而增加，因此其导通损耗比双极型三极管大。

图 5－57　MOS 场效应管 IRF830/IRF840 的外形、引脚排列及符号

图 5－57 是 MOS 场效应管 IRF830/IRF840 的外形、引脚及符号图，其内部集成有钳位（续流）二极管，无需在外部再连接一个快恢复二极管，使用起来比较方便。MOS 场效应管的输出特性是漏极电流 i_D 与漏、源电压 u_{DS}之间的关系曲线，如图 5－58 所示；MOS 场效应管的转移特性是漏极电流 i_D 与栅－源电压 u_{GS}之间的关系曲线，如图 5－59 所示。

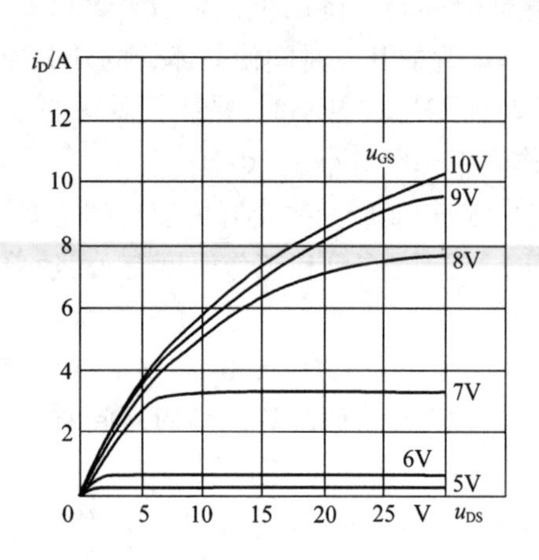

图 5－58　MOS 场效应管的输出特性

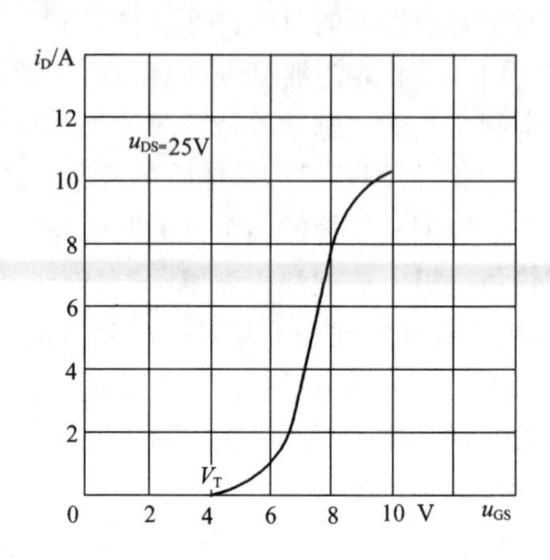

图 5－59　MOS 场效应管的转移特性

5.4.2　集成电路 IC

目前，IC 在自镇流荧光灯中应用不多，主要是电路的成本问题。一般情况下，在中、小功率自镇流荧光灯中使用 IC 会使电路成本增加 1 元上下，这对于大量产销的产品而言，还是偏高了。不过，国内已有不少公司在努力开发自己的专用 IC，力求进一步减小电路的体积及有效提高产品的一致性、可靠性与性价比。

对于高性能、大功率的荧光灯电子镇流器，各种专用 IC 已普遍得到应用，如 APFC 电路、兼有振荡、驱动及控制作用的控制器电路以及具有调光功能的多功能集成电路等。例如，APFC 电路有 ST 公司的 L6561、L6562、L6563，仙童公司的 KA7526、FAN7527～7530，美国硅通公司的 SG3561A，安森美公司、摩托罗拉公司的 MC33262/34262、MC33232、MC33268、MC33260，西门子公司的 TDA4814、TDA4817、TDA4862 等；自振荡兼驱动的控制器电路有 IRF2520D、IR2157、UBA2021、L6574、KA7541、FAN7544、MC33157 等；带调光功能的控制器电路有 IR21591/IR21592/IR21593、ML4833 等；将 APFC 与控制器电路一起集成的有 IR2166、ML4833 等。

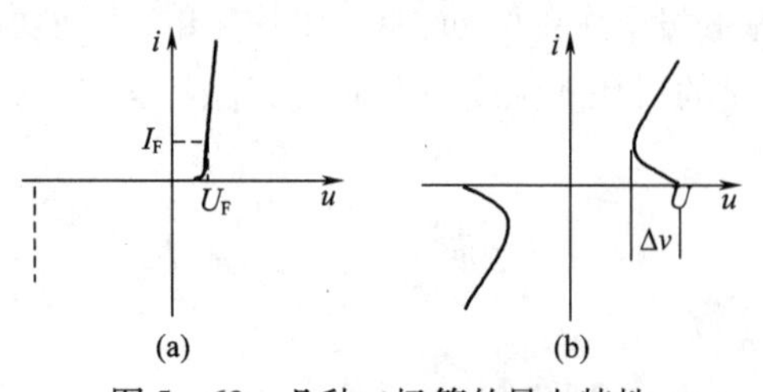

图 5－60　几种二极管的导电特性
（a）整流及快恢复二极管　（b）触发二极管

5.4.3　二　极　管

自镇流荧光灯电子镇流器中使用的二极管主要有整流二极管、快恢复二极管与触发二极管。它们的导电特性如图 5－60 所示。

5.4.3.1　整流二极管

整流二极管的主要参数：

①额定正向整流电流（平均值）I_F　指二极管工作时的额定正向平均电流。一般应选择其大于二极管的实际工作电流值，应留有较大余量。

②最高反向工作电压(峰值)U_{PRV}　指二极管工作时能够承受的最高反向电压。二极管实际工作时所可能经受的最大反向峰值电压必须小于 U_{PRV},并留有足够的余量。

③反向漏电流(平均值)I_R:代表二极管在施加反向电压时的漏电性能,且越小越好。

④最大正向导通电压(平均值)U_F　指二极管容许的最大正向导通电压。二极管实际工作时的正向导通电压应小于此值并留有足够的余量。正向导通电压越小,二极管的功耗越低。

⑤不重复正向浪涌电流(峰值)　二极管实际工作时可能经受的不重复正向浪涌电流(峰值)应小于此额定值,并留有足够的余量。

常用的整流二极管有 1N4007,额定电流 1A,反向耐压 1000V;电流稍大的有 1N5399 - 1.5A - 1000V、1N5408 - 3A - 1000V。

5.4.3.2　快恢复二极管

是一种反向恢复时间很短的快速整流二极管。它比普通整流二极管多了一个重要参数"最大反向恢复时间",此参数越小越好。

常用的快恢复二极管有 FR1007,额定电流 1A,反向耐压 1000V,最大反向恢复时间 500ns;电流稍大的有 FR157 - 1.5A - 1000V - 500ns、FR207 - 2A - 1000V - 500ns;还有恢复时间更短的快速整流二极管 ,如 HER108 - 1A - 1000V - 75ns。

5.4.3.3　触发二极管

常用的产品有 DB3:其转折电压为 28 ~ 36V,正、负转折电压对称度小于 3V,动态返回电压 ΔV 大于 5V; DB3TG:其转折电压 30 ~ 34V,正、负转折电压对称度小于 2V,动态返回电压大于 9V。

5.4.4　磁心电感

磁心电感,包括磁心与线圈。其中磁心材料的性能有极其重要的影响。

5.4.4.1　磁心材料

磁心材料的主要特性参数有:相对磁导率 μ、初始磁导率 μ_i、有效磁导率 μ_e、磁感应强度 B、饱和磁感应强度 B_s、居里温度 T_c、功率损耗密度 P_c 等。

①相对磁导率 μ 表示磁心材料的磁导率与真空磁导率之比。它代表材料磁导性能的强弱,空气与真空的 μ 均等于 1。

②初始磁导率 μ_i 代表磁心材料中的磁场极低时的相对磁导率。许多磁导率仪表测出的就是 μ_i,它虽然不是材料在工作时的真实的磁导率,但能大致反映材料磁导率的大小;

③有效磁导率 μ_e 代表磁心电感中磁通回路的实际磁导率,往往是磁心包含空气隙在内的合成磁导率。

④磁感应强度 B 代表磁心中的磁通密度。

⑤饱和磁感应强度 B_s 代表磁心材料能够达到的最大磁通密度。

⑥居里温度 T_c 是磁性材料因温度升高而致磁导率下降为 0 时的温度。

⑦磁性材料的功率损耗密度 P_c(简称为磁损或铁损)包括磁滞损耗、涡流损耗与剩磁损耗。磁损的单位为 kW/m^3。P_c 除了与磁材有关之外,还随磁心中的磁感应强度 B、磁心的温度 T 以及工作频率 f 的高、低而变。磁损的大小直接影响镇流器的功耗、效率、电路的温升与可靠性 。

从图 5 - 61 与图 5 - 62 可见,磁材的磁导率不是恒定的,是随着工作温度与磁感应强度而变化的。尤其是,当温度靠近居里温度 T_c 以及磁感应强度临近饱和时,磁导率将变成很小,意味着磁心电感的电感量大幅变小,这对于电路往往是非常危险的。因此,工作温度必须远离 T_c,磁感应强度必须远离 B_s。

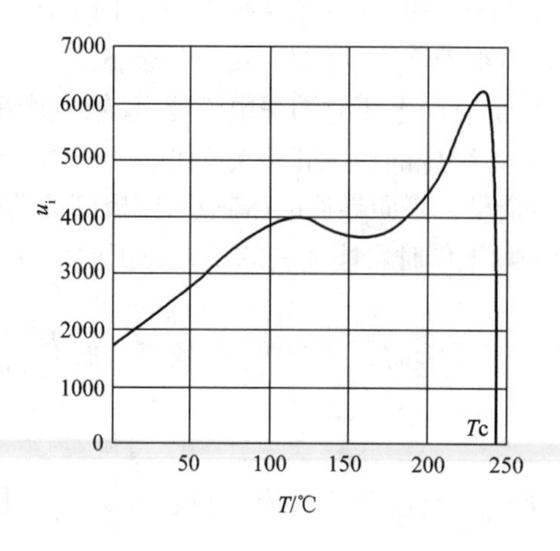

图 5－61　磁导率随温度而变

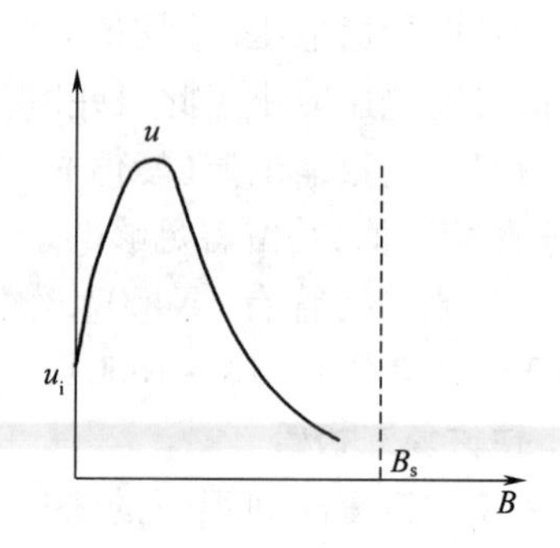

图 5－62　磁导率随磁通密度而变

图 5－63 说明饱和磁感应强度随温度升高而明显下降，设计时依据的 B_s 值应为工作温度下的值。

图 5－64 告诉我们，在选用磁材时应考虑其磁损最低时的温度是否与实际工作温度靠近。

从图 5－65、图 5－66 可知，磁损随频率 f 的升高而超线性地增大，我们必须依据工作频率选择合适的磁心。

从图 5－66、图 5－67 可知，磁心的磁感应强度不能太大，适当减小磁心工作的磁感应强度 B 能够有效降低磁损，降低磁心线圈的温升。为此，电子镇流器中电感的磁心均有气隙。

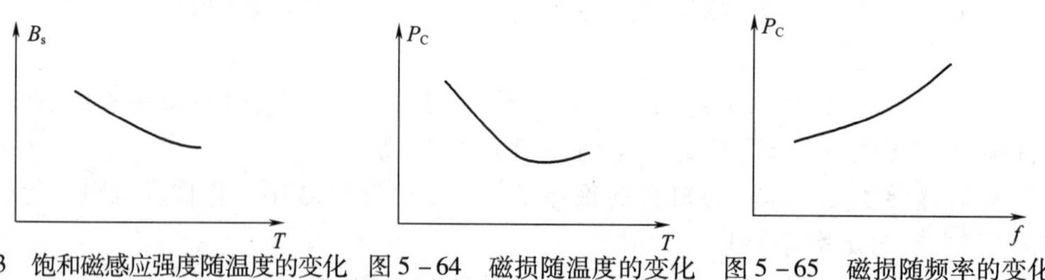

图 5－63　饱和磁感应强度随温度的变化　图 5－64　磁损随温度的变化　图 5－65　磁损随频率的变化

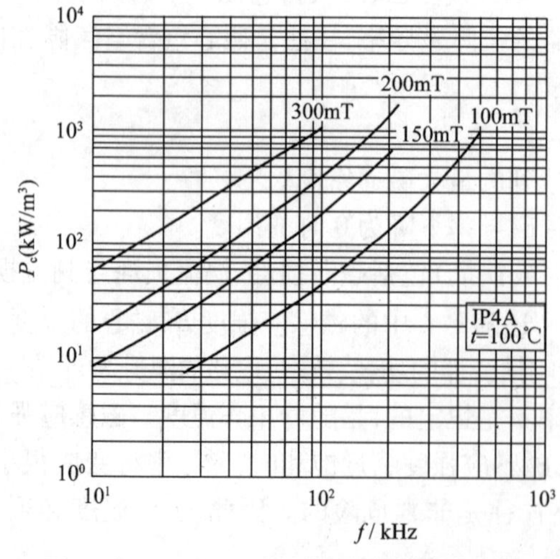

图 5－66　磁损与频率、磁感应强度的关系

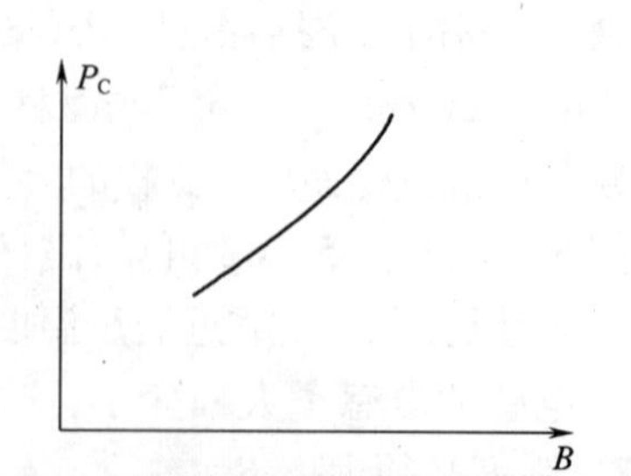

图 5－67　磁损随磁感应强度的增大而增加

5.4.4.2 漆包线线圈

电子镇流器磁心线圈多采用漆包线绕制线圈。常用的漆包线有以下几种：

①油性漆包线　型号为 Q，耐温等级为 A 级，105℃。其漆膜的 tanδ 小，价廉；但绝缘层力学强度差，不耐刮，耐溶剂性差。

②聚氨酯漆包线　型号为 QA，耐温等级为 B 级，130℃。其特点是无需刮去漆膜，可以直接焊接（又称直焊性漆包线），着色性好，可制成不同颜色的漆包线。

③高强度聚酯漆包线　型号为 QZ，耐温等级为 B 级，130℃，有薄漆层（QZ－1）及厚漆层（QZ－2）之分。具有优良的耐电压击穿性能，但在潮湿环境下耐水解性差，绕制后要用绝缘漆浸渍，以利防潮。改性聚酯漆包线型号为 QZ（G），耐温等级为 F 级，155℃。

④聚酰亚胺漆包线　QZY－1、QZY－2，耐温等级为 H 级，180℃。

⑤聚酰亚胺/聚酰胺酰亚胺漆包线　型号为 Q（ZY/XY），耐温等级为 C 级，200℃，耐温最高。

应该根据磁心线圈的实际最高工作温度选取对应耐温等级的漆包线。

上述提到的漆包线都是漆包铜线。需要提出，近年来有些企业为了降低成本采用铜包铝漆包线代替漆包铜线来绕制低频电感镇流器，结果使线圈的铜损显著增大，这不是个好主意。但对于必须考虑电流的集肤效应而使用多股漆包线的高频线圈而言，在某些情况下用铜包铝漆包线却有可能提高性价比。

集肤效应：当高频电流通过导线时，电流在导线的径向并非均匀分布，而是趋向导线的外表面，越靠近导体表面电流密度越大，越靠近导体的中心轴线电流密度越小，这种现象称为高频电流的集肤效应（或称趋表效应）。电流的频率越高，集肤效应越严重。显然，集肤效应使导体的有效截面减小了，导致磁心线圈铜损增大。不难理解，用多股漆包线代替外径相等的单心漆包线可以显著增大导线表面总面积，有效降低铜损。

5.4.5 电　容　器

在电子镇流器电路中，电容器是使用最多的元件之一。电容器按所用介质划分，有纸介电容器、有机介质电容器、陶瓷电容器、铝电解电容器等。其中铝电解电容器与有机介质电容器是自镇流荧光灯电子镇流器电路常用的重要元件。电容器容量常用的单位为法拉（F）、微法（μF）、纳法（nF）与皮法（pF）。$1\mu F=1\times10^{-6}F$；$1nF=1\times10^{-9}F$；$1pF=1\times10^{-12}F$。

5.4.5.1 电解电容器

电解电容器是电子镇流器电路无法回避的容量最大的电容器，它的质量好坏，直接关系到自镇流荧光灯的寿命。因此，必须选用质量好、寿命长、耐高温、能承受较大纹波电流的电解电容器。

电解电容器的寿命遵循 Arrhenius 方程，即大约每增加 10℃，寿命降低一半。例如，某种电解电容器标称为“105℃，3000h 寿命”，则此电解电容器工作温度为 95℃时寿命增加为 6000h，工作温度 85℃时寿命达 12000h，依此类推。显然，选用高温下寿命长的电解电容器及尽量降低其工作温度对延长自镇流荧光灯的寿命十分重要。

电解电容器的主要性能参数有标称电容量及允许偏差、额定电压、漏电流、损耗角正切（电容器的损耗电阻与其容抗之比，也称为损耗因数）、允许纹波电流以及允许的工作温度范围等。

5.4.5.2 有机介质电容器

①种类　电子镇流器使用的薄膜电容器主要是有机介质电容器，包括有聚酯薄膜电容器

CL、聚丙烯薄膜电容器 CBB、聚苯乙烯薄膜电容器 CB、复合膜即聚酯－聚丙烯膜电容器 CH。其性能比较见表 5－4。

②容量表示法　电容器的容量可以用字母与数字混合表示，例如：3n3＝3.3nF＝3300pF；也可以用三位数字表示：前两位是有效数字，第三位是 10 的幂，即容量尾数后 0 的个数，单位是 pF，例如：222＝2200 pF＝2.2nF、102＝1000 pF＝1 nF、152＝1500 pF＝1.5 nF。

③性能参数　主要性能参数有标称电容量及允许偏差、绝缘电阻和时间常数、标称电压（抗电强度）、损耗及温度系数。

电容器在低于其标称电压下工作，可以延长电容器的寿命。电容器在交流或脉动电压下使用时，其交流电压的最大值不应超过其直流耐压的约 1/3。

EMI 滤波电容器一般应选用 X2 及 Y2 安规电容器，它能承受较高的交流电压与瞬态脉冲高电压，确保人身安全。

表 5－4　　电子镇流器使用的薄膜电容器

类型	聚酯薄膜	聚丙烯	复合膜（聚酯－聚丙烯膜）	聚苯乙烯
符号	CL	CBB	CH	CB
特点	工作范围宽；高介电常数；极好的自愈性；电容量/体积比大，同样容量，其体积最小；容量稳定性好	损耗因数很低；介质吸收能力很低；绝缘电阻很高；频率特性好；极好的自愈性；容量温度性很好	温度系数小；损耗低；绝缘电阻高；容量稳定，随温度变化小	损耗因数很低；介电吸收能力很低；误差小，易作精密电容；频率特性好；容量稳定，随温度变化极小

5.4.6　电　阻　器

在自镇流荧光灯电子镇流器中常用的电阻有碳膜电阻（RT）、金属膜电阻（RJ）、热敏电阻（Rt）与压敏电阻（Rv）等。电阻的参数有电阻标称值及容许偏差、额定功率、最大工作电压等。电阻的标称功率指其在规定温度下长期连续负荷所允许消耗的最大功率。当环境温度较高时，电阻的额定功率必须降额使用。在低于标称功率下使用，电阻的寿命可以延长；反之，超负荷运用则寿命缩短。例如，在 80℃时，RT、RJ 电阻的实际标称功率将下降 10% 左右；如工作于 100℃将下降 40% 左右。在自镇流荧光灯电路中，电阻处于高温下工作，选择电阻的标称功率时必须留有足够的裕量，以延长其寿命。

5.4.6.1　热敏电阻

热敏电阻是一种阻值随温度变化的（对温度敏感的）电阻，有正温度系数（PTC）及负温度系数（NTC）之分。前者在节能灯和电子镇流器中主要用于灯丝预热，后者主要是用来降低浪涌电流或作保护用。

PTC 热敏电阻具有十分敏感的正温度系数特性，其阻值随温度升高而急速升高。其常用的性能参数“室温电阻”为 25℃测得的 PTC 电阻值，以 $R_{20℃}$ 表示；PTC 的重要参数“居里温度”为其阻值等于 2 倍室温电阻时的温度，当温度超过居里温度以后，PTC 的电阻值随温度升高而急剧升高到极大。居里温度为 50℃与 70℃的两种 PTC 在电子镇流器电路中使用较多。

NTC 具有负温度系数特性，其阻值随温度升高而下降。在温度为 70℃（临界温度）时，阻值急剧下降，此后变缓。

5.4.6.2 压敏电阻

压敏电阻是一种对电压非常敏感的元件，当电压达到其压敏电压 V_{1ma} 以后，其电导率随施加电压的增加而急剧增大，具有类似于双向稳压管的伏安特性。将压敏电阻并联于电路的输入端，能够有效地限制高电压尖脉冲的幅度并吸收其脉冲能量，使被保护电路免受线路偶然产生的过高电压脉冲的危害。

5.4.7 贴片元器件

贴片元器件是表面贴装技术 SMT(Surface Mount Technology)专用的片式元器件。SMT 是一门新兴的工业电子技术，它使电子电路组装变得更加紧凑和快捷。目前自镇流荧光灯主要使用的贴片元器件有贴片电容、贴片电阻、贴片整流桥、贴片二极管、贴片晶体管与贴片集成电路 IC 等。

5.5 电子镇流器电路安装与检测

5.5.1 插件式电路安装

目前，我国多数自镇流荧光灯生产厂采用直插式元器件及插件式安装工艺来组装电子镇流器电路。元器件的插件方式分为手工插件和机器自动插件。目前自动插件的国产设备已较为成熟，可以有效提高插件生产的效率与工艺的一致性、可靠性，改善产品质量。

电路板的焊接通常采用长插切脚二次焊的焊接工艺：元件插件→一次波峰焊或浸焊→切脚→二次波峰焊或浸焊。线路板需要进行两次波峰焊或浸焊，焊锡用量明显增加；此外，还要把引脚多余的引线切除，增加了工序且浪费引线材料。

与此相对照，新型的短脚一次波峰焊工艺为：元件加工成短脚→插件→自动波峰焊。其中元件的短脚加工可以由供应商提供或自行加工。显然，采用短脚工艺焊接大大缩短了生产流水线，减少了生产工序，将有效提高生产效率，降低生产成本，还可使产品的可靠性、一致性进一步提高。

5.5.2 贴片式电路安装

常用的贴片式元器件有贴片电阻、贴片电容、贴片整流桥以及贴片 IC 等，通常为盘装式包装。

贴片工艺过程为：锡膏丝网印刷→元器件贴片→回流焊。

对贴片元件线路板的设计应注意如下几点：

①元件在 PCB 板上的分布应尽可能的均匀。

②同类元件在 PCB 上尽可能按相同方向排列，特征方向应一致，便于元件的贴装、焊接和检测。

③大型元件的四周留出加热头能够进行维修操作的空隙。

④发热元件应尽可能加大焊盘的面积而有利于散热。

⑤对于温度敏感元件要远离发热元件。

⑥易碎元件如贴片电容等不要放置在高应力区(PCB 的角、边缘、安装孔、槽、拼板的切割、豁口和拐角等)。

5.5.3 插件、贴片混合式电路安装

插件、贴片混合式电路安装的工艺顺序一般为：B 面上红胶→贴片→红胶加热固化→翻板→A 面插件→B 面波峰焊，对于组装密度要求较高的常常采用双面 PCB，在上述工艺之前，先在 A 面进行贴片，即：锡膏丝网印刷→元器件贴片→回流焊；然后翻板，在 B 面上红胶→贴片→红胶加热固化→翻板→A 面插件→B 面波峰焊。

上红胶的工艺一般有丝网印刷方式、点胶方式与转针方式。红胶固化的温度与时间一般为 100℃时 5min，120℃时 150s，150℃时 60s。其中的贴片与插件工艺与前两节所述相同。

5.6 自镇流荧光灯电子镇流器的检测

包括研发（或调试）阶段的检测与生产流水线的检测

5.6.1 研发（或调试）阶段的检测

①用电子镇流器输入输出特性综合测试仪，测量额定输入电压下的电子镇流器的功率、灯管的功率、电子镇流器的功耗（前两者之差）、输入（线路）功率因数、灯管电压、灯管电流、灯管电流各次谐波含量及电流波峰系数。针对测试结果，进行调试与必要的改进，直至合格。

②将输入电压变化 ±20%，分别测量高、低电压下的电子镇流器的功耗，经调试与改进应在正常范围之内。

③将环境温度调至 80℃，输入电压调至 +20% 额定电压，点亮 8 ~ 24h 要求工作正常；将环境温度调至 -10℃，输入电压调至 -20% 额定电压，要求点亮情况正常。

④按预定的要求进行开关试验，要求开关寿命符合预定标准。

⑤用红外热像仪或微型点温计，测量主要元器件的温升与电路板的温度分布，调整至正常。

⑥进行 EMC 检测，应调试至合格。

⑦按产品要求进行抗高电压脉冲与抗浪涌电流测试，调试至合格。

5.6.2 生产流水线的检测

①在电子镇流器组装完成后 100% 测试整灯输入功率，应为正常。

②电路板返修，采用针床检测预定电路节点之间的电压或电阻，找出故障点。

③老炼过程中设置输入功率检测点，检测功率是否在合格范围；最好能应用红外热像仪即时监测元器件温升情况，筛除有隐患的不良产品。

参 考 文 献

[1] [美] J. F. 威谋斯著. 放电灯. 陈林棠，杨正名，吕忠甫译. 北京：轻工业出版社，1983

[2] 陈传虞编著. 电子节能灯与电子镇流器设计与制造. 北京：人民邮电出版社，2009

[3] 周太明等编著. 光源原理与设计（第二版）. 上海：复旦大学出版社，2006

[4] 毛兴武等编著. 电子镇流器原理与制作. 北京：人民邮电出版社，2004

6　紧凑型荧光灯总成与老炼

6.1　结　构　件

紧凑型荧光灯的结构件主要有灯头组件、塑料组件，一些有特殊要求的带罩灯还包括外罩。

6.1.1　灯　　头

灯头是紧凑型荧光灯的重要部件，其作用在于固定荧光灯以及与电气线路相连接，以便荧光灯能正常燃点。用于紧凑型荧光灯的灯头，按外壳材料特征，主要可分为金属灯头、陶瓷灯头和塑料灯头，按结构特征，主要可分螺口式灯头、卡口式灯头和插脚式灯头。

6.1.1.1　术语和定义

一般来讲，灯头主要由外壳体、销钉、绝缘体等几部分组成。随着紧凑型荧光灯的发展，所需灯头种类也日益增多。但是目前紧凑型荧光灯所用灯头主要有螺口式灯头、卡口式灯头和插脚式灯头。图 6－1 是三种常见的灯头外形。

(1)螺口式灯头：灯头壳体带有可旋入灯座的螺纹的灯头，国际命名 E 型。

(2)卡口式灯头：灯头壳体带有可卡于灯座槽内的销钉的灯头，国际命名 B 型。

(3)插脚式灯头：灯头上带有一个或几个插脚的灯头，国际命名：对于单插脚称为 F 型；对于两个或多个插脚称为 G 型或 GU 型；

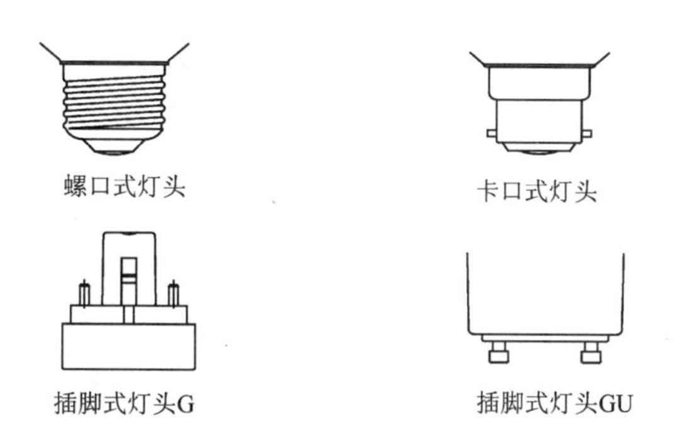

图 6－1　几种常见的灯头外形图

6.1.1.2　灯头材质和外观质量

金属灯头的外壳材料一般采用钢、铝合金或黄铜，并应进行表面防锈蚀处理，一般进行表面镀铬或镍，镀层平均厚度应大于 3μm。根据国家标准 GB 2797－2008《灯头总技术条件》，金属灯头外观应光洁，无缺损，无折皱，无裂纹，插脚无划伤，外表面镀层不允许有鼓泡、严重钝化液痕和局部无镀层等缺陷，灯头的镀层应有足够的结合强度，经试验不应有脱落和剥离现象，灯头的内表面镀层不应有露底和锈蚀现象。金属灯头的绝缘体应采用玻璃、陶瓷、胶木或耐高温塑料等材料。

传统的灯头一般是采用金属壳体和玻璃绝缘体,这种灯头存在玻璃绝缘体尺寸一致性差,而且玻璃绝缘体容易开裂,影响灯头的绝缘电阻和介电强度。为了避免这种缺陷,现在有使用绝缘塑料替代玻璃绝缘体的办法,但塑料的耐热性能比玻璃稍差。由于紧凑型荧光灯灯头温升较白炽灯低,目前市场上流行采用金属壳体和绝缘塑料的灯头用于紧凑型荧光灯中,该灯头绝缘体尺寸一致性好,不存在开裂的问题。

塑料灯头应采用耐高温、阻燃的工程塑料制造,以满足耐热性和防燃性。塑料灯头要求在(130 ±2)℃的条件下放置48h 其尺寸不得有改变,塑料绝缘材料经标准的球压试验后其压痕直径不应大于2mm。

6.1.1.3 灯头型号和尺寸

为了获得最佳的社会效益,消除贸易壁垒,灯头和灯座需要统一的型号命名和尺寸,以保证具有一定的互换性和使用安全。国际电工委员会(简称 IEC)制定了 IEC60061 系列灯头灯座标准,规范了灯头和灯座的型式和尺寸。我国按照这一原则,参照IEC 标准制定了灯头的国家标准,比如:灯头型号的命名应符合 GB/T 21098—2007;灯头的主要尺寸应符合 GB/T 1406.1、GB/T 1406.2、GB/T 1406.3、GB/T 1406.4、GB/T 1406.5(2008 版)的规定,对于这些国家标准未规定的部分应符合 IEC 标准。

下面将几种常见灯头型号举例说明如下:

①螺口式灯头　由四部分组成:第一位"E"表示螺口式,第二位表示螺纹外径,第三位表示灯头的高度,第四位表示灯头的裙边直径(灯头没有裙边时省略不写)。如:E27/35 ×30 表示螺纹外径约为27mm,高度约为35mm,裙边直径约为30mm 的螺口式灯头;E27/27 表示螺纹外径约为 27mm,高度约为 27mm,无裙边的螺口式灯头。

②卡口式灯头　由五部分组成:第一位"B"表示卡口式,第二位表示灯头的圆柱体直径,第三位表示灯头的接触片数目(用小写字母表示),第四位表示灯头的高度,第五位表示灯头的裙边直径(灯头没有裙边时省略不写)。灯头型号名称中表征灯头的接触点、接触片和插脚数的小写字母,采用下列规定:s—1 个;d—2 个;t—3 个;q—4 个;p—5 个。如:B22s/25 ×26 表示圆柱体直径约为 22mm,高度约为 25mm,裙边直径约为 26mm 的单触点卡口式灯头。B22d/14 表示圆柱体直径约为22mm,高度约为 14mm,无裙边的双触点卡口式灯头。

③双插脚(或多插脚)灯头　由三部分组成:第一位"G"表示双插脚(或多插脚);第二位对于双插脚灯头,表示插脚间的中心距;对于多插脚灯头,则表示插脚所在圆的直径;第三位表示插脚数量(用小写字母表示,对双插脚灯头可以省略不写)。如:G22 表示两脚中心距约为22mm 的双插脚灯头;G10q 表示插脚所在圆直径约为 10mm 的四插脚灯头。

按照结构特征,灯头有完整的命名方式。但是表示灯头螺纹直径和高度的数值并不是实际尺寸,只是它的近似值,实际尺寸应以 IEC 或国家标准为准。

紧凑型荧光灯常用的螺口式灯头主要有 E26/24、E27/27、E14、E12、E40 等灯头,E27/27、E14 灯头主要用于亚洲和欧洲国家以及南美地区(日本一般用 E26/25 灯头,韩国一般也用 E26 灯头,但是没有特别要求是用 E26/24 还是 E26/25),E26/24、E12 主要用于北美市场。卡口式灯头主要有 B22、B15 等,以 B22 灯头居多,主要用于英国,我国也有部分使用。

6.1.1.4 质量要求

螺口式和卡口式灯头有一定的力学强度要求。灯头的绝缘体与金属壳体应连接牢固,应能承受规定的压力而不变形或损坏(压力要求随外壳直径变化,详见表 6 - 1)。卡口式灯头的销钉与壳体的连接不得有影响正常使用的晃动，应能承受规定的剪切力而不变形、损坏（剪切力要求随外壳直径变化，详见表6－1）。

表6－1　　灯头力学强度要求

外壳直径 d/mm	压力/N	剪切力/N
$d<7.5$	10	10
$7.5\leq d<11$	40	20
$11\leq d<16$	80	50
$16\leq d<35$	100	70
$35\leq d$	150	70

螺口式和卡口式灯头有一定的绝缘电阻和介电强度要求。灯头壳体与电触点（插脚）之间的绝缘电阻，在正常大气条件下不应小于50MΩ，在潮湿大气条件下不应小于2MΩ。壳体与每一个电触点（插脚）之间和触点（插脚）与触点（插脚）之间的介电强度，应能承受规定50Hz或60Hz的$2U+1000$V（U为灯的额定电压）交流试验电压，试验时间1min，不出现击穿或打火现象（例如额定电压是220V，试验电压即为1440V。试验时灯头先进行潮湿处理）。

关于灯头的性能要求，如力学强度、绝缘性能、耐热性、防燃性、爬电距离和电气间隙等应符合标准GB 2797—2008。相关的试验方法也参照此标准执行。

6.1.1.5　灯头结构

传统的灯头结构都是将电源线的侧线和中线焊接在灯头上，然后将焊好电源线的灯头和塑料上壳通过铆灯头机铆合在一起（简称上壳组件），总成装配时再将电源线分别焊接在镇流器上。

现在有企业开发出一种新型免焊灯头，即电源线在生产镇流器时直接像电子元器件一样插在PCB板上，总成装配时电源线不用再焊在灯头上，而是先将侧线挂在塑料上壳的定位槽内，再将灯头与塑料上壳铆合，电源线中线通过铆钉固定在灯头顶部。

6.1.1.6　灯头量规

前面提到，各种灯头的主要尺寸应符合GB/T 1406.1、GB/T 1406.2、GB/T 1406.3、GB/T 1406.4、GB/T 1406.5的规定。紧凑型荧光灯生产企业一般采用相应的量规进行检验，量规应符合GB/T 1483.1、GB/T 1483.2、GB/T 1483.3、GB/T 1483.4、GB/T 1483.5标准，对于这些标准未规定的部分应符合IEC标准。

紧凑型荧光灯生产检验中常用的灯头量规有通规、止规等，装配完成后的整灯灯头还要采用接触规、防意外触电规、焊锡高度规等量规来检验。

6.1.2　塑　料　件

紧凑型荧光灯的塑料件一般分为由塑料上壳、塑料下壳两部分。塑料下壳是跟荧光灯灯管通过胶泥粘合在一起，塑料上壳是跟灯头配合在一起，必须保证装配好的紧凑型荧光灯整灯满足绝缘电阻、介电强度、防触电保护等要求。

6.1.2.1　材质要求

紧凑型荧光灯工作时，由于其电子镇流器和灯管将散发出相当的热量，这些热量长时间烘烤着紧凑型荧光灯的外壳，使其局部温度可超过100℃，这就决定了其外壳必须采用耐热高、刚度好和尺寸稳定的材料。另外，紧凑型荧光灯由于结构较为紧凑，带电的镇流器与外壳直接接触，为保证安全，要求外壳材料具有一定的阻燃性。而增强阻燃的 PBT 工程塑料无疑是紧凑型荧光灯外壳的最理想的材料，它既保证了耐高温要求，也保证了阻燃安全要求。

PBT 全称聚对苯二甲酸丁二酯(Poly Butylene Terephthalate)，是一种分子内含有酯基的芳香族聚酯。它具有高熔点、高热变形温度、高连续使用温度及优良的热稳定性；力学强度高，在工程塑料中名列前茅；易于达到要求的阻燃性；有优良的电气性能和耐气候性；同时流动性好，易加工成型。

6.1.2.2 塑料外壳设计注意事项

①紧凑型荧光灯塑料外壳主要由上壳和下壳两部件构成，两部件上下扣合要牢固，其力学强度要满足跌落试验的要求。UL 认证跌落试验要求整灯从 0.91m 高度上，两次水平、一次垂直灯头往下自由跌落，塑料部件不得脱开。

②塑料外壳要有一定的厚度，其最薄尺寸要大于 PBT 材料阻燃级别所对应的最小厚度。

③塑料壳外形设计应注意靠近灯头裙边部位的弧线设计，该部位的尺寸直接影响灯头接触规和防意外触电规的符合性。

④塑壳与灯头结合部位的设计应考虑灯头的铆接要求，灯头与塑壳铆接后应能承受规定的扭矩而不会松脱。

⑤塑壳设计还应考虑整灯的介电强度试验，在螺口灯头的壳体(灯头外壳与眼片断路)与灯的其它可触及的部件之间(在可触及的绝缘件上包一层金属箔)施加高压：对于额定电压 U 为 220 ~ 240V 的灯，加 4000V 电压；对于额定电压 U 为 100 - 127V 的灯，加 $2U + 1000$V 电压。试验时间为 1min，在试验期间应不出现飞弧和击穿现象。为满足这一要求，塑件上下壳的咬合要紧密，咬合部分不能太少，下壳定位缺口不能靠近镇流器带电部位。

⑥此外还应注意防触电保护要求，塑件上开槽、散热孔，应避免标准试验指能够触及壳内带电部件。

⑦在塑壳上可能会做一些加强卡线或卡导丝等的辅助结构，这些结构必须配合紧密牢固，在装配后也要符合原来用焊锡时的强度要求。例如电源线免焊结构的结合强度一般要求电源线承受 30N 拉力 1min 不脱落。

6.1.3 外　　罩

外罩也叫做泡壳，是带罩紧凑型荧光灯的常用部件。带罩紧凑型荧光灯其实就是在紧凑型荧光灯灯管外增加一层罩子，目的是让光产生漫反射或定向反射，以获得一些特殊需要的光。

6.1.3.1 外罩的材质

用于带罩荧光灯的外罩按材料特征，主要可分为玻璃罩、塑料罩和金属罩三种。

(1)玻璃罩

顾名思义就是用玻璃料吹成各种形状并经过后续加工处理的外罩。这种外罩最大优点是透光性强、耐热性好；最大的问题是玻璃内部存在应力，容易破裂，通常加工过程中需经过退火工艺处理来去除应力。

(2)塑料罩

是采用透明塑料通过中空吹塑或注塑成型工艺加工成各种形状的外罩。由于紧凑型荧光灯工作时灯管将散发出相当的热量，所以选择的材料要有足够的耐热性。一般采用聚碳酸酯

(PC),它的特点是不易破裂、加工精度高、易装配;但它耐热较差、透光性不如玻璃,在高温条件下使用易老化失透,影响整灯光通维持率。它可通过模具的喷砂处理使产品得到磨砂效果,也可以通过在材料里加入色粉制成各种颜色的外罩。比如在PC材料里加入某种黄色粉可以制成有驱蚊效果的荧光灯外罩。

(3)金属罩

一般是采用纯铝旋压成反射罩,其外表面要进行电极处理,形成磨砂效果。由于原材料成本相对较高,所以该产品一般用于比较高档的反射灯。

6.1.3.2 外罩的类型

外罩的类型主要有乳白、透明、反射等;按照形状又可分为烛形、球形、梨形、喇叭形、子弹形和射灯形等。透明的玻璃外罩经过不同加工处理方式又可制成各种用途的外罩,包括磨砂泡、乳白泡、反射泡等。

6.1.3.3 外罩的考核准则及注意事项

由于荧光灯加罩后不可避免会降低原有的光通量,所以要注意考核外罩的透光率或反射率。乳白泡的透光率与粉浆材料和涂敷工艺有关,反射泡的反射率与反射面设计以及真空镀铝工艺密切相关。

外罩透光率的考核方法是一般用基准白炽灯泡测试,测试加外罩后和加外罩前的光通量,进行对比,得到的比值即为透光率。因为荧光灯加罩前后由于温度的变化,会导致荧光灯的光通量变化,所以不能用荧光灯来作为检测外罩透光率的基准光源。乳白泡的透光率一般要求达到86% 以上;反射泡、磨砂泡的透光率一般可达95%以上。

外罩在工作一段时间后透光率会发生变化,通常用外罩燃点1000h时的“光衰”来表示,即:光衰 = 1 - (1000h透光率/起始透光率)。一般要求玻璃罩正常燃点1000h时,自身的光衰应不超过5%。

6.2 总成工艺

目前,紧凑型荧光灯的总成工艺因各企业的产品、技术要求、设备不同而各有千秋,总体来说,主要流程为:胶管→装配→老炼→喷码→检验→包装。

6.2.1 胶管

胶管工艺就是通过胶泥将灯管与塑料件黏结在一起,它主要包括灯管筛选、套塑壳(下壳)、注胶泥、烘干四个工序。

6.2.1.1 工艺流程

灯管筛选:使用高频火花检漏器逐一扫测灯管表面,剔除慢漏、破损的灯管,同时可以核对灯管色温是否符合生产要求。

套塑壳:将灯管的导丝理直,把塑料下壳套入荧光灯管脚上,放入胶管架,然后通过注胶设备将胶泥均匀的涂敷在灯管管脚与塑壳的配合处,胶泥的覆盖范围根据规格、品种、客户的需求来定。但是要注意避免注胶时胶泥偏少的现象,因为胶泥偏少会导致胶泥烘干后灯管和下壳间黏结强度无法满足拉力标准要求,易松脱。

胶管过程中可能存在漏胶问题,所以要根据灯管与塑料下壳的缝隙调整胶泥的流动性。另外要注意保证灯管和下壳平面垂直,防止歪管产生。涂好胶泥的灯管,有的企业采用自然晾干的方式让胶泥在室温环境下变干。目前大部分荧光灯生产企业都采用烘烤炉或烘箱对胶泥进行烘干,使胶泥在短时间内变干,以提高生产效率。需要注意的是,烘干时的温度、速度需要很好控制,温度太高易导致胶泥开裂,影响上面所述的垂直拉力;温度太低又会出现胶泥未固化,在后道工序操作时导致歪管等不良品出现。

6.2.1.2 胶泥的种类

将灯管和塑料下壳黏结的材料俗称胶泥。由于黏结部位处于灯管发热和镇流器烘烤的恶劣环境中,所以胶泥必须能长时间耐高温,抗紫外线辐射。为了减少胶泥对灯管玻璃应力影响,选用材料时还要考虑胶泥固化后要有一定的柔性以适应玻璃的热胀冷缩,避免灯管冷裂。目前常用的胶泥分为两大类,即热胶泥和冷胶泥。

热胶泥其实是类似酚醛树脂的双组分热固性树脂材料。该材料由 A 树脂和 B 树脂混合并加入催化剂,在恒定的温度下,催化剂促使 A 树脂和 B 树脂发生化学交联反应,生产一种新的热固性树脂,这种树脂将灯管和塑料下壳紧密黏结。热胶泥具有耐热、耐老化的优点,但同时对工艺温度控制水平要求较高,所以这种工艺在国内的紧凑型荧光灯生产厂家比较少使用。

冷胶泥其实是胶黏剂、溶剂及硅粉或其它填充物混合成的具有一定黏性的稠状物,以前使用的黄胶和现在广泛使用的白胶都属冷胶泥。黄胶是一种含氯的橡胶片溶解于含三苯的有机溶剂内形成的强力胶,在强力胶内加入白水泥、钛白粉等填充物,经充分搅拌混合制成黄胶。白胶是一种能溶解于水的类似醋酸乙烯树脂的胶黏剂,在胶黏剂内加入硅粉或其它填充物,经充分搅拌混合制成白胶。由于黄胶的溶剂是采用含三苯的有机溶剂,对环境和作业场所有不良影响;另外由于黄胶中含氯元素,紧凑型荧光灯在燃点过程中会释放氯离子,这些氯离子会腐蚀灯管导丝,造成产品早期失效。正是由于黄胶存在以上的问题,所以现在国内生产厂家已基本淘汰了黄胶的使用。白胶的溶剂主要是水,不存在环保问题,同时它也解决了导丝腐蚀问题。

6.2.2 装　　配

装配就是把灯头、塑料件、镇流器、灯管(带罩产品相对应的泡壳)等部件组合在一起,形成一盏完整的紧凑型荧光灯的过程。现国内紧凑型荧光灯行业中主要有两种装配方式:一种是先将带电源线的上壳组件(即已固定灯头的塑料上壳)焊接到镇流器上,后把镇流器和灯管组件(即灯管加塑料下壳)连接在一起并装配起来,俗称为倒装;另一种是先将灯管组件连接到镇流器上后再装上塑料上壳及灯头,再进行灯头和上壳的铆接,俗称为正装。倒装方式只能采用手工操作,生产效率低;正装方式可以采用自动化机器完成,生产效率很高,是未来紧凑型荧光灯生产企业的发展方向。

6.2.2.1 倒装工艺

倒装工艺主要包括电源线焊接、绕导丝、装配几个工序。

(1)电源线焊接

在生产过程中,插件检验好的线路板多为多拼板,首先需将其进行分板。分板时每次只允许将一个多拼线路板折成单个线路板,如果是将两个或两个以上的多拼线合在一起折容易使线路板上面的器件相互挤压,导致其贴片器件损伤失效或插件器件引脚焊点翘起脱落等问题;且在分板时线路板焊盘面朝上向内侧分板,目的也是避免插件器件相互挤压导致损伤翘脱。

线路板分好后,将上壳组件的正负极两根电源线裸心部分穿过线路板对应孔并焊接。焊接的工具一般选用电烙铁,RoHS 产品需采用专用的电烙铁及无铅的焊锡丝。焊接时焊点不允许有漏焊、虚焊、焊锡量过多等不符合焊点质量要求的现象存在，要避免产生锡球、锡团、锡渣，避免因焊锡过大、引线弯曲造成短路；且焊接时间不能太长，一个焊点需尽量控制在3s内焊接完成，以免损坏线路板；焊接时不可烫伤电源线、塑料壳、灯头等；焊接完待焊锡充分凝固后，用斜口钳或其它工具剪掉剩余的线头。

(2)灯管导丝绕线

灯管导丝绕线就是将胶好灯管的四根导丝绕到线路板对应插针上的过程。首先需用手或借用工具把胶好灯管的导丝拨直；然后进行定位，定位就是将线路板放在胶好灯管的下壳PCB板位置，导丝放到定位槽里；最后就是把导丝穿入绕线枪头的小孔，将绕线枪头的中心孔套在插针上（枪头触到线路板面），按下按钮绕线，让导丝均匀牢固地绕在插针上。

要求导丝不能成团状，圆柱形插针上导丝缠绕圈数必须大于等于3圈，方形插针上导丝缠绕圈数必须大于等于2.5圈，以保证其良好的电气连接，防止松脱，如因导丝偏短无法达到圈数的则需进行加锡焊接处理；导丝绕接完后所留线头不能超过2mm，过长则需剪除，防止与旁边的器件、线路相短路。

(3)手工装配

即将紧凑型荧光灯的上、下塑料件装配成一个整体。

装配前需对已焊好上壳组件、镇流器板及灯管组件进行异物清除，即将整灯上壳口朝下，在台面上轻敲，清除其内可能残留的电源线头、导丝线头、焊锡珠等异物，避免因导电异物碰到元器件导致电路短路。

异物清除后，用手旋灯头组件的受力部位将电源线绞合至结合紧密，目的是防止电源线过长造成整灯的传导干扰加大。

最后，根据塑料壳的设计特征要求将上下壳对好后压合到位，上下壳配合应紧密，配合处缝隙应均匀一致。若上下壳太紧，允许利用垫有毛巾的工作台或借用机台进行装配。

现国内采用倒装工艺的紧凑型荧光灯生产厂家多为纯手工装配，少数也有使用气动的半自动/自动装配机辅助完成。

6.2.2.2 正装工艺

正装工艺：绕导丝→装塑料上壳→旋灯头→中线的焊接（或用铆钉压合）→铆合灯头。

(1)绕线

和倒装中的绕线工艺相同。只是正装的镇流器和倒装的有所不同，正装是生产镇流器时要把两根电源线直接插在PCB板上进行波峰焊接。连接螺口灯头中心触点的中线要插在连接保险丝的线路上。

(2)装塑料上壳

将电源线穿过塑料上壳的开口，把前面介绍的塑料外壳上壳和下壳扣合到位，有的企业采用手工操作，也有企业通过辅助工装来完成，可以减少操作者的劳动强度。扣合时要注意塑壳是否偏松或偏紧，偏松会导致塑壳脱落，偏紧会挤裂塑壳。

(3)旋灯头

先将电源线的侧线挂到塑料上壳的定位槽内，再把电源线中线穿过灯头的开口，然后将螺口灯头沿塑料上壳的螺牙旋到一起。旋灯头时一定要旋到位，保证侧线不要掉出。

(4)中线的焊接（或用铆钉压合）

中线焊接操作要求同前面讲过的倒装工艺中的电源线焊接。现在有公司开发出免焊接的工艺技术，即通过铆钉将电源线中线和灯头压合在一起，这里简称“铆钉压合”。但是目前UL

认证还没有认可这种工艺方式,所以“UL认证”的产品不能采用这种“铆钉压合”生产方式。

(5)铆接灯头

即将灯头和塑料上壳通过铆压机铆接成一体,让金属壳体和塑壳连接牢固。压灯头后要做抗扭矩测试,以验证其牢固性。根据GB 16844标准要求,扭矩要求不小于表6-2扭矩值。

表6-2　　不同灯头对应的扭矩值

灯头型号	扭矩/N·m
B22d	3
B15d	1.15
E27	3
E26	3
E14	1.15

6.2.3　外罩装配

对于带罩的紧凑型荧光灯,需要在装配好的灯外面再罩上一层外罩。紧凑型荧光灯和玻璃罩连接主要靠硅酮胶黏结;塑料罩和金属罩也可以采用卡扣方式连接。下面只介绍外罩胶结的工艺。

装配工艺:胶装外罩→烘干(或自然风干)→检验(刮胶)。

6.2.3.1　硅酮胶简介

硅酮胶英文名字是Silicone。硅酮的主要成分是聚二甲基硅氧烷、二氧化硅等,硅酮结构中硅和氧构成双键的碳被硅代替。两个硅酮可以发生聚合,断掉一个硅氧键,Si原子再接一个基团,两个氧连起来,就生成硅酮类物质。

硅酮胶从产品形式上可分为两类:单组分和双组分。单组分的硅酮胶,其固化是靠接触空气中的水分而产生物理性质的改变;双组分则是指硅酮胶分成A、B两组,任何一组单独存在都不能形成固化,但两组胶浆一旦混合就产生固化。单组分硅酮胶按性质又分为酸性胶和中性胶两种。

酸性胶主要用于玻璃和其它建筑材料之间的一般性粘接;而中性胶克服了酸性胶腐蚀金属材料和与碱性材料发生反应的特点,因此适用范围更广,其市场价格比酸性胶稍高。

硅酮胶的粘接力强、拉伸强度大,同时又具有耐候性、抗振性和防潮、抗臭气及适应冷热变化大的特点,充分固化的硅酮胶在温度到200℃的情况下使用仍能保持持续有效。一般带罩灯上所用的胶多选用单组分、中性固化硅酮胶。

6.2.3.2　胶装外罩

胶装外罩主要有手工注胶和机台注胶两种方法。手工注胶速度慢,生产效率低;手工胶枪出胶量难以控制,注胶后的不良比例较高,适用于小批量生产。半自动注胶机注胶速度快,比手工注胶的生产效率高,注胶量均匀,不容易产生注胶不良品,适用于大批量生产使用。

①注胶　将硅酮胶注入到塑料上壳的制定槽内。硅酮胶不得涂抹到灯管上及其它无关部位。

②套泡壳　戴手套将泡壳套到已注胶好的整灯上,旋泡壳时若感觉泡壳与它物摩擦或有响声(即灯管顶到泡壳)要将泡壳卸下,换上另一泡壳,如仍不行,则该整灯应另行处理。对存

在上浮等其它异常情况的带罩整灯及时挑出，用美纹胶带扎好进行固定、修整。

③烘干（或自然风干） 将已套好泡壳的带罩整灯插于特制的工装架上，然后放入烘箱进行烘干处理；或者放于架车上进行自然风干。烘干温度一般不能超过105℃，防止温度过高造成整灯内的元器件失效。

④检验（刮胶） 对于烘干或自然风干后的产品应进行外观检验，发现有胶溢出到泡壳外表面时，用刀片沿着泡壳与塑壳的结合处割去露出多余的胶。割完胶的带罩整灯用布擦去粘在泡壳表面的余胶后流入下道工序。

对于有防水要求的紧凑型荧光灯，打胶时要求塑壳和玻璃之间的间隙须填满，以保证防水效果。

6.2.4 灯的耐压和功率测试

装配完成的紧凑型荧光灯还需进行安全和性能方面的测试，以确保产品满足设计要求。一般来讲主要有耐压测试和功率测试。

6.2.4.1 功率测试

目前国际标准对灯的标称功率偏差提出要求，所以需要对紧凑型荧光灯进行100%的功率测试，剔除功率不能满足要求的灯。国家标准要求灯的实际功率与标称功率之偏差不得超过15%，工艺中一般应控制在标称功率的+10%～-15%范围，超过此范围视为异常处理。

6.2.4.2 耐压测试

无论对于螺口式还是卡口式紧凑型荧光灯都需要对其进行耐压测试。目前市场有标准的耐压测试仪器，由于灯的外形各异，每家企业还需根据自身产品的特点制作出适用的专门测试工装。

测试要求：整灯插到专用测试灯座，按下启动按钮，若在设定的测试时间内不发出报警声为合格。按下停止按钮，取下合格整灯。测试的不合格品应统一维修处理。应注意：在进行此项操作时，地板要铺橡胶绝缘垫，操作时手脚不能潮湿，双手应戴绝缘手套。

6.3 老　　炼

经总成后的紧凑型荧光灯须经过老炼工序。老炼的目的是验证灯管和镇流器匹配并挑拣出匹配异常、工艺不良和器件不良的不良品。老炼工序是检验紧凑型荧光灯整体质量的一道重要工序，生产中的很多问题都会在这道工序体现。当灯管和镇流器匹配不良时，可能会出现批量性的低压启动不良或灯管黑头；当镇流器的器件不良时，产品会出现死灯、炸灯；当镇流器的生产工艺不良时（器件相碰、虚焊、短路等），产品也会出现死灯、炸灯。所以可以通过老炼工序初步判断整批产品的质量，并且通过老炼工序筛选出个别异常产品。

每个企业设置的老炼工艺不尽相同，大致过程如下：

①先经过低压（额定电压的85%）点亮，测试荧光灯的低压启动性能；

②以常压（额定电压）燃点，过程中还要经过连续几次的开关测试；

③老炼最后要以高压（额定电压的115%）进行燃点测试。

老炼为了模拟实际使用环境，老炼机台内必须保持一定的温度，但须注意过高的温度会造成不正常的死灯。老炼时间一般没有严格限定，一般定为1～2h左右，视该产品稳定性而定。

老炼过程中应及时取下老炼过程中出现的故障灯（不亮、低亮、气体打滚、慢漏、闪烁、黄黑等），按照缺陷类别分开放置，最后由专人维修处理，维修后的灯需要重新老炼。

6.4 标 志 印 刷

6.4.1 标志印刷方式

紧凑型荧光灯外壳上必须印上产品规格型号、商标、产品认证标志等信息。按印刷工艺分有移印（辊印）、喷码和激光蚀刻等。

移印工艺需先将文字信息刻在钢板上，然后将其装在移印机上并调好油墨，移印机上的胶头会将钢板上的文字信息蘸上并印在荧光灯外壳。这种工艺的特点是文字图案精美，油墨耗材相对便宜。

喷码工艺是用电脑编好文字信息，喷码机读取信息后转化为喷码指令，将由墨点组成的文字图案喷在荧光灯外壳上。由于这些墨点是由点阵结构组成，所以喷出的文字图案没有移印的效果好，但由于不需要事先刻钢板，所以信息切换相对灵活。另外，由于喷码机油墨是封闭的，喷码工艺的作业现场的污染相对较少，比移印更环保。由于生产效率的原因，采用激光蚀刻工艺的紧凑型荧光灯厂家比较少。

6.4.2 标 志 要 求

中国市场销售的紧凑型荧光灯，其印在外壳的标志必须符合国家标准 GB16844 和 GB/T17263 的要求。一般需要有如下标志：

①来源标记（可采取商标、制造商或销售商名称的形式）；

②额定电压或电压范围（以“V”或“伏特”表示）；

③额定功率（以“W” 或 “瓦特”表示）；

④额定频率（以“Hz”表示）；

⑤功率因数；

⑥产品型号或标称功率及由制造商或销售商提供的有关特性参数；

⑦制造日期（年、季或月）。（注：年、月用数字表示，季用罗马字表示。）

除了这些标志外，还有一些认证标志需要标在灯的外壳。例如：节能产品认证的“节”字标志，出口欧盟的 CE 标志，美国的 UL 标志等。

6.4.3 标志的耐久性试验

无论采用何种工艺，外壳印刷的标志须能通过耐久性试验。根据 GB16844 和 IEC60968 的要求，耐久性试验方法是：用一蘸有水的布轻轻擦拭标志 15s，待其干后，再用一蘸有正己烷的布轻轻擦拭标志 15s，试验之后，标志仍应清晰。

6.5 检验和包装

紧凑型荧光灯必须经过最终的检验后包装出货。检验主要是外观检验和点亮测试。对于特殊性能的产品需进行相应的性能测试检验。

6.5.1 清洁和检验

经过前面几道加工的紧凑型荧光灯外表难免会有污迹，所以在包装前要进行外观清洁。一般用沾酒精的毛巾擦拭即可。然后进行最后在线检验。首先要检查灯头外观，灯头不能有影响尺寸的变形，镀层没有锈迹，玻璃体不能有影响绝缘性能的裂纹。检查塑壳外观需要注意上下壳是否装配到位，内部带电的金属是否有外露，塑壳上的标志是否变形或残缺，如果胶泥漏出下壳须挑出清理。检查灯管外观首先需注意灯管是否黄管或黑头，还要注意灯管是否歪斜。

6.5.2 点亮和性能测试

外观检验合格后需进一步做点亮测试，并检查灯内是否有异物，不亮、闪烁或有异物的应挑出，防止不良品被包装。对于特殊性能的产品需进行相应的性能测试检验，比如调光灯要进行调光测试、光控灯须进行光控性能测试。

（1）无级调光灯的调光测试

将老化合格的整灯插入测试灯座中，慢速调动旋钮，使灯亮状态从最亮到最暗；再次慢速调动旋钮，使灯亮状态从最暗到最亮。两次调光中，整灯如不能调光或调光时无明显亮暗变化、有闪烁现象存在均视为调光测试异常。调光测试异常的整灯应予以剔除并安排专人维修处理。

（2）三位调光灯的功率测试

老化合格的整灯插入功率测试仪对应档位的测试灯座，查看功率测试仪显示的整灯功率是否在正常规定范围内，超出范围的整灯予以剔除并安排专人维修处理。如果采用流水作业进行测试，可以安排 3 人分别测试不同档次的功率，测试顺序依次为低档 - 高档 - 中档（正常档）。

（3）功率因数测试

对于高功率因数的灯，需要 100% 测试灯的功率因数。将老化合格的整灯插入功率测试仪的相应测试座进行功率因数测试，功率因数测试结果应大于规定值，低于此值视为不合格品，予以剔除并安排专人维修处理。

无论是老炼工序还是检验工序挑出的不合格品，如需要打开塑料壳进行维修时，返修过的产品都需重新老炼，再清洁、检验（包括重新进行性能测试）、包装。

6.5.3 包　　装

紧凑型荧光灯的包装方式取决于客户的需求，包装材料主要为纸质材料和塑料材料。

6.5.3.1 纸质材料

纸质材料主要是白底白板纸、灰底白板纸、铜版纸、牛卡、白卡、瓦楞原纸。纸质材料主要用于内套、纸盒、纸卡、展示托斗、纸箱。依据紧凑型荧光灯体积、重量，选用不同重量的纸质材料。纸盒内一般设计有灯头内套和灯管护套，用于固定、保护荧光灯，防止荧光灯灯管在运输中破损。

6.5.3.2 塑料材料

塑料材料主要是采用 PVC、PET 等片材。塑料片材可通过吸塑加工成型为带有紧凑型荧光灯外形轮廓的吸塑壳。吸塑壳与纸卡通过不同方式的结合便成设计成多样的吸塑展示包

装。吸塑包装按生产工艺区分,可归纳为三种:

①纽扣吸塑　就是在包装物上带有凹凸相配的纽扣点,利用纽扣点的紧密配合将灯包在上下两半的吸塑壳内。这种工艺要注意纽扣是否配合够紧。

②纸卡热合吸塑　就是利用热合机台的压力和模具的温度,将吸塑壳粘合在纸卡上或通过纸卡与纸卡粘合将吸塑壳夹于纸卡之间,紧凑型荧光灯装于吸塑壳内。这种工艺要注意纸卡是否粘合牢固。

③塑料热合吸塑　就是利用高周波机台的压力和模具的温度以及高周波的振动,将上下两半的吸塑件(内装紧凑型荧光灯)进行熔合。这种工艺要注意防止上下模具间打火,打火后的模具不利于吸塑件的撕边。

纸盒包装和吸塑包装后的产品最终要用纸箱装箱,装箱后的产品要能承受跌落实验、振动实验、堆码实验,以验证包装的可靠性。

6.5.3.3　各种包装方式的工艺要求

(1)纸盒包装

先检查纸盒是否脱胶或胶过头,彩盒面是否存在明显划痕、印制移位、重影、着色不均,同批各纸盒间是否存在明显色差等问题,如有视为不合格品处理。然后折好纸盒下盖,留上盖敞开。最后折好内套、内垫,将检验合格的整灯按统一方向装入已折好的纸盒中,盖上上盖,流入下一道工序。

注意:彩盒包装时装内套或内垫方向应保证整灯放置方向与彩盒图案方向一致,白盒包装时所套内套及内垫的方向应统一。对于生产客户要求追加放合格证或气泡垫的产品,应放上合格证或气泡垫且位置必须符合要求。

(2)吸塑纽扣包装

先将经检验合格的整灯放于吸塑件里,彩卡的正面应放于带扣眼一侧的外侧。然后手工将吸塑件的两半扣合压紧,若手工无法保证纽扣扣合到位,可借助辅助工具。再用手动冲压机将已压好的吸塑件冲出挂钩。

完成后要进行下列检查:①纽扣应压合到位;②冲孔挂钩位置应符合要求;③彩卡不得有污点、混色、着色不均,放歪或放反;④整灯商标及规格与彩卡应对应;⑤塑壳商标标志应无划痕或污点;⑥吸塑件表面应无明显的划痕,内无异物。

(3)塑胶熔接包装

先将经检验合格的整灯放于吸塑件里,中间放置彩卡,上下罩好。然后把已罩好整灯的吸塑件放入塑胶熔接机的底模进行熔接,再将熔接好的吸塑件外围断边去掉。

完成后要进行下列检查:①彩卡不得有污点、混色、着色不均,放歪或放反;②整灯商标及规格与彩卡应对应;③塑壳商标标志应无划痕或污点;④吸塑件表面应无明显的划痕,内无异物;⑤吸塑件应无明显扭曲。

(4)纸箱包装

先用手工胶带机封好纸箱的一端,并把隔板、隔栏等相关配套物料按要求装在箱内,再把已检验合格的整灯按一定的方向装于箱内(检查是否装到位或漏装),后按要求放上隔板。封箱前,集中对已装箱的纸箱进行二次检查。排除漏装后,用手工胶带机封好纸箱。

7 紧凑型荧光灯的清洁生产和劳动保护

所谓清洁生产，是指不断采取改进设计、使用清洁的能源和原料、采用先进的工艺技术与设备、改善管理、综合利用等措施，从源头削减污染，提高资源利用效率，减少或者避免生产、服务和产品使用过程中污染物的产生和排放，以减轻或者消除对人类健康和环境的危害。我国在2002年颁布了《清洁生产促进法》，要求从事生产和服务活动的单位以及从事相关管理活动的部门依照本法规定，组织、实施清洁生产。由于紧凑型荧光灯工艺技术的特点，其生产过程必然涉及到稀土、玻璃、塑料以及水、电、气等大量的资源消耗，以及汞、铅等有毒有害物质的使用。我国是紧凑型荧光灯生产大国，产量占全球总量80%以上，如果我们在紧凑型荧光灯生产过程不注意清洁生产管理，特别是对汞产生的污染和危害不加以严格控制的话，就可能出现我们在为全世界贡献绿色照明产品的同时，对我们员工自身健康以及我们的环境带来危害。

7.1 汞污染控制

在第一章的紧凑型荧光灯原理中，已经介绍了荧光灯的发光是通过受激发的汞原子释放出紫外线，紫外线激发荧光粉发光的。汞又称水银，化学符号是Hg，汞对人和动物有害，它可通过呼吸和消化道吸入、皮肤吸收、皮肤和眼睛接触侵入体内，并可以体内积累，破坏中枢神经组织，对口、黏膜和牙齿有不利影响，长时间暴露在高汞环境中可以导致脑损伤和死亡；长期接触可产生慢性中毒，早期出现头痛、头晕、乏力、记忆减退等神经衰弱综合症，并有口腔炎；严重者可有明显的性格改变，汞毒性震颤及四肢共济失调等中毒性脑病表现，可伴有肾脏损害。汞的熔点为-38.9℃，在常温下是液态，易挥发，污染大气，而且液汞的相对密度大($13.59g/cm^3$)，流动性强，容易渗入，很难回收，污染土壤和水源。汞在生物体内累积可以形成毒性更强的有机化合物，最危险的汞有机化合物是C_2H_6Hg，仅数微升接触在皮肤上就可以致死。

世界著名的“八大公害事件”之一的日本水俣病事件，就是由于一家氮肥厂排放的汞污染了日本“水俣海湾”(Minimata Bay)，从而导致当地海洋里的鱼类、贝类受到不同程度的污染，并且造成了以此为主要食物的当地渔民为代表的沿岸数十万居民的健康受损，上千人死亡，周边海域渔业几十年瘫痪，长达40多年的官司诉讼，也使日本政府和企业为此付出了极其昂贵的治理、治疗和赔偿的代价。直到1991年，日本环境厅公布的中毒病人仍有2248人，其中1004人死亡，成为日本最为严重的汞污染公害事件。

2009年我国一家荧光灯生产企业由于对汞的职业危害认识不足，导致多人发生汞慢性中毒，被政府相关部门停业整顿。

现有的技术条件下，生产紧凑型荧光灯还离不开汞，所以汞污染控制应是紧凑型荧光灯生产企业在清洁生产方面最重要的工作。

7.1.1 低汞技术

欧盟的RoHS指令规定紧凑型荧光灯的汞含量为每盏灯不得超过5mg。理论上荧光灯工作需要的汞是极其微量的，然而，实际用量远远超出理论用量。因为在灯的燃点过程中，汞原子可与杂质气体特别是含氧杂质气体反应生成氧化汞、氧化亚汞等汞化合物，汞还会同玻璃中的钠、钾以及阴极中的钡等金属元素生成汞齐，实际的耗汞量明显增加，导致灯内可用于发光的有效汞在灯燃点过程中逐渐的减少，如果灯内的有效汞耗尽，灯就会因缺汞而寿终。另一方面，在生产过程中仅仅几毫克的液态汞，由于汞的自身质量轻，易黏附在注汞管壁上，难以精确控制注入量，使得注汞量的偏差比较大，注汞量太小，易造成少汞或无汞，为减少缺汞比例，提高产品合格率，生产过程中往往需加大平均注汞量。所以，实际上灯中的汞含量远高于理论值，采用液态汞的紧凑型荧光灯其汞含量一般3～5mg；工艺控制能力差的企业，有的汞含量高达十几毫克。

近年来，随着全社会环保意识的不断提高，紧凑型荧光灯的含汞问题越来越得到人们的重视，已逐渐成为紧凑型荧光灯这一节能照明产品推广应用的一大障碍。经过行业技术人员不断努力，材料及工艺水平的不断提高，目前采用固态汞替代液态汞，可以将灯的含汞量控制在2.5mg以下；最近国内一些大企业采用低汞技术，已成功推出含汞量小于1mg的长寿命产品。

由于其它金属的加入，在保持汞的注入量一样的情况下，固态汞的重量比液态汞大大增加，且又是固体形态，只要控制固态汞中的含汞比例和粒重，就可以很方便的控制注汞量，在工艺上可以实现1mg甚至零点几毫克的注汞量。固态汞在常温下为固态，不易挥发，其蒸发量是液态汞的几分之一到几十分之一，且不易流失、易回收收集，所以相对于液态汞而言，对环境污染和员工的危害都较小。另一方面，不同成分的固态汞，其汞蒸气压随温度的变化曲线不同，根据灯的管壁温度选用不同的固态汞，可以用来调节灯内的汞蒸气压，以达到最佳汞蒸气压，使灯输出的光通量最大，提高发光效率。

固汞化、低汞化紧凑型荧光灯可以大大减少废旧灯管对环境的危害，虽然采用固态汞可以实现低汞量精确控制，但如果仅仅简单地把汞的注入量降低，而不控制灯在工作时有效汞的消耗量，就会出现灯工作时因缺汞而失效，达不到预期的寿命。要实现低汞化，必须通过采用低钠低钾玻璃、预涂保护膜技术、提高灯管的真空度以及保证良好阴极活性等一系列严格的材料和工艺控制，尽量减少灯管在工作过程中的有效汞的消耗，才能做到低汞长寿命。有的企业也采用在灯管内加入锆铝16吸气剂的方式吸除杂质气体，提高灯管的真空度，减低汞的消耗，但其成本较高，工艺也较为复杂。

7.1.2 生产现场的汞污染控制

灯管生产过程中首先应先识别哪些工序有含汞的作业，尽量减少含汞作业，工艺设计尽量将含汞作业设计在后道工序，尽量减少含汞废弃物。采用手工长排工艺时，含汞的工序有注汞、接汞管、排气、封离等四个工序，采用长排工艺的汞污染的控制涉及面更广，控制难度更大些。而采用圆排设备的工艺，含汞工序比较少，只是在排气工序有含汞的作业，它的注汞、排气、封离都在一个工序中完成，简化了注汞而且少了接汞管工艺，同时也少了含汞废弃物的产生。所以应尽可能采用圆排工艺，尽量缩短工序流程。

汞或固态汞未使用时应密闭低温保存，在现场的存量要尽量少；使用液态汞的注汞工序应在独立隔离的注汞间内，严格控制进入人员，过于频繁人员和物料的进出会扩大污染范围；应控制作业环境温度，保持在相对较低温度，以减少汞的挥发；注汞间应加装抽风设备，出风管道不得直接排放，应接入汞废气净化处理系统；注汞间的地面、墙面装修应光滑平整少缝隙，避免微小的汞粒吸附和渗入地面；对于意外散落的汞可用含有活性炭的专用吸尘器收集，不能用扫帚清扫和压缩空气吹，以免扩大污染范围；注汞间的工业垃圾和废弃物应按含汞废弃物处理。

已注入汞的汞管应及时密闭低温存放，即便是固态汞，在环境温度较高时还是会有汞挥发，特别是低温固态汞挥发性更大。接汞时火焰应尽量远离汞或固态汞，也就是采用较长的汞管，让汞位于汞管底部。封离时也应让火焰尽量远离汞或固态汞，特别是固态汞位于排气管的灯管，封离的火焰位置离固态汞非常近，可增加一个玻璃珠或玻璃柱后封离，以拉开封离处与固态汞的距离。

采用手工长排的，灯管在排气之前已经接入汞管，在排气烘烤时应尽可能使汞远离灯管，减少汞受热蒸发；采用圆排工艺的汞腔应密闭。在操作汞时要特别小心，盛汞的容器要防止它溢出或蒸发。在注汞工位之前先检查灯管是否有漏气，如果已漏气应停止注入，避免使不合格品从不含汞的不合格品变成含汞的不合格品，减少含汞废弃物的产生量。在自动注汞之前还应自动检查该工位是否已有灯管，避免无管时，汞空注而落到地面或设备上，污染环境。排气工序抽出的气体是含汞废气，应使用管道接入采用碘和活性炭双重处理的汞废气净化处理系统处理后达标排放。值得注意的是，一些企业简单采用将含汞废气通到水里后排放，让汞蒸气冷却沉淀水下，这种采用水封的方式处理含汞废气，可一定程度减少气体中的汞含量，但效果不理想，难以达到汞含量小于0.02mg/m^3 的排放标准。实际上，水封并不能有效的防止汞的挥发，液面应该采用甘油或5%硫化钠溶液等覆盖，以防止汞蒸气的蒸发，而且水封后产生的含汞废水带来二次污染。

7.1.3 防护措施

紧凑型荧光灯的生产企业应通过培训和宣传以及在车间作业现场和含汞物料的存放处张贴汞的MSDS(Material Safety Data Sheet 化学品安全信息卡)等让员工掌握汞的基本知识，了解哪些工序涉及汞、汞有什么危害、如何防护、如何减少和避免汞的污染和危害。含汞作业人员上岗前应先进行体检，有神经系统、肝、肾器质性疾病，内分泌疾病，植物神经功能紊乱，精神病的人员不能从事含汞作业。

汞搬运时应轻拿轻放，防止包装及容器损坏；汞应存放于阴凉、通风场所，远离火种、热源；库温不宜超过30℃，应与可燃物、易燃物、酸类等分开存放。库房和现场存放区应备有泄漏应急处理设备和合适的收容材料，有关管理人员应掌握汞泄漏应急处理方法。注汞间作业人员应穿戴防护服和佩戴含有活性炭的口罩，应避免作业人员用手直接接触汞和固态汞，接触汞时应戴丁腈乳胶防护手套，不能使用纱布或汗布手套，以免通过手套上布的缝隙渗入皮肤。注汞设备应采用自动化设备，设备与作业人员应尽量做到人机分离。定期使用硫磺石灰水清洁注汞间地面，以吸收环境空气中汞蒸气及清理地面缝隙吸附的特别细小的汞，硫磺与汞化学反应生成固态硫化汞，可有效降低作业环境的汞浓度。报废灯管尽量不要打破，减少汞的挥发；存放含汞废弃物的垃圾桶必须密闭，并及时清理出作业现场，避免对作业环境造成污染。

含汞作业场所应定期检测作业环境空气中的汞浓度，在浓度较高场所不得存放食物、饮水杯等，提醒吸烟的员工香烟不可放在衣服口袋里带入。企业应提供硫磺肥皂，让员工在含汞作业后，下班或饮水进食前先用硫磺皂洗手，以清洁可能黏附的汞微粒。汞作业人员穿戴的防护衣服和鞋子，下班时应及时更换，不得与其它衣服混合洗，最好不要带回家，由企业集中清洗。接触汞员工平时多饮牛奶，可以清除体内汞的毒素。企业应对从事有毒有害工作的员工建立职业健康监护档案，接触汞的员工应定期尿汞检查，发现尿汞指标有上升趋势的员工应更换工作岗位，避免继续接触汞，并对其跟踪尿汞水平。

7.1.4 回收处理

紧凑型荧光灯在生产过程中不可避免地会产生报废灯管及其它含汞垃圾，这类含汞废物已列入国家环保部和国家发改委颁布的《国家危险废物名录》中(废物类型:HW29 含汞废物;废物代码:397－001－29),属于危险固废,应统一交给有资质的机构处理。

依据废弃物“减量化、无害化、资源化”的处理原则,首先应通过合理的工序设计、提高合格率和严格的废弃物分类等,以减少含汞废弃物的产生量。应避免让含汞废弃物混入普通废弃物,对环境造成污染;同时要控制不要让不含汞废弃物随便混入含汞废弃物里,增加含汞废弃物的量。含汞垃圾桶必须密闭,存放于雨水淋不到的场所,应严格控制防止汞通过雨水污染水源以及渗透到土壤。

现阶段,我国消费者使用后的废弃荧光灯管绝大多数均随生活垃圾进入了垃圾填埋场,工业废弃灯管绝大多数也只是靠填埋和焚烧,污染空气、土壤和地下水源。随着人们环境保护意识的提高,政府相关部门和行业也开始重视含汞灯管的污染问题,积极探索解决废旧灯管无害化处理与回收方案。

目前国际上废旧灯管的处理方式主要有“直接破碎分离”和“切端吹扫分离”两种工艺。“直接破碎分离”先将灯管整体粉碎洗净干燥后回收汞、荧光粉和玻璃管的混合物,然后经焙烧、蒸发并凝结回收汞,其特点是结构紧凑、占地面积小、投资省,但荧光粉不可再利用,此为湿法处理;而“切端吹扫分离” 是先将灯管的两端切掉,经吹入高压风将含汞的荧光粉吹出后收集,再通过真空加热器回收汞,该方法可有效地回收可再利用的荧光粉、玻璃、灯头上的铝等,此为干法处理,但投资较大,比较适用于直管型荧光灯。由于湿法处理技术材料回收再利用率低,而且带来次生污染问题;紧凑型荧光灯形状五花八门,也不宜采用“切端吹扫分离”工艺。

采用“粉碎分离技术”与“分馏技术”相结合是目前比较好的处理方式。该方案是采用“干法处理技术”,在负压环境下运行,主要由粉碎分离、蒸馏两部分组成:粉碎——把灯管破碎成块状,并使之与塑壳、灯头、电子镇流器分离;分离——把处理过的含汞废灯管自动分离成金属部分、玻璃和荧光粉;蒸馏——把吸附在荧光粉中的汞经高温蒸馏形成汞蒸气再冷凝成液态汞。废旧灯管经过处理回收后,能够回收高纯度的液汞进行利用,同时也有效地将荧光粉与玻璃分离并分类回收、再利用,从而达到无害化处理和资源再生回收的目的。

近年来,国内几家大型紧凑型荧光灯生产企业投巨资从国外引进设备,以“粉碎分离技术”与“分馏技术”相结合的方式,建立起含汞荧光灯回收处理系统,并通过环保部门验收,投入使用,这将对有效解决含汞废物污染问题,带动整个行业循环经济工作起到积极的作用。

7.2 铅污染控制

紧凑型荧光灯灯管玻璃和电子镇流器焊接用的焊锡中含有铅。铅(Pb)是一种灰白色质软的重金属,延展性较好,熔点低(327.5℃),早在7000年前人类就已经认识铅了,它是人类最早使用的金属之一,被广泛应用蓄电池、颜料、焊锡、弹壳等。铅无法再降解,一旦排入环境很长时间仍然保持其可用性,由于铅在环境中的长期持久性,又对许多生命组织有较强的潜在性毒性,所以铅一直被列为强污染物范围。

在欧盟的 RoHS 指令中,铅被列入控制的主要有害物质,要求铅含量要小于1000mg/kg,也就是说出口欧盟的紧凑型荧光灯必须采用无铅的电子元器件和无铅焊锡,但目前该指令对灯管玻璃中的铅是予以豁免的。由于无铅的焊锡相对于有铅的焊锡成本较高,目前行业内除非是出口地区和国家有强制要求,一般情况下仍较为普遍采用有铅的焊锡。近年来随着技术的进步,无铅玻璃的技术逐渐成熟,成本差异减小,灯管采用无铅玻璃越来越普遍。

7.2.1 铅污染防治

使用有铅焊锡时,在电子镇流器加工过程中不可避免地会产生含铅的废弃物。例如波峰焊的锡渣、切下的元器件引脚、报废的电子镇流器板等。

锡渣是波峰焊在焊接时熔融的锡表面形成的氧化物,这是锡在高温下和空气中的氧反应生成的黑色粉末状的 SnO 或 SnO_2。锡渣会影响焊接的质量,所以在工艺过程中每隔一段时间必须清除焊锡锅表面的锡渣。锡炉温度越高锡渣就越容易产生,应尽量减低锡炉的温度。但过低的温度也影响焊接质量,可通过提高波峰焊预热区温度和延长预热时间,降低锡炉温度,来保证焊接质量。另外,使用焊锡抗氧化剂或还原粉也可以有效减少锡渣的产生量。

在线路板过完波峰焊接后,必须把多余的元器件引脚切掉,这些引脚表面搪有焊锡。工艺中可以采取先把元器件引脚切短后,再插件和焊接,做到过波峰焊后不用切脚或只切很短的一点引脚,这样既可以减少波峰焊时焊锡的使用量,又可以把废弃物产生量减少。

7.2.2 含铅废气处理

在焊接过程中焊锡中的铅在高温下,会产生铅蒸气向空气中弥散,并随温度升高而增加,铅蒸气可迅速氧化为氧化亚铅(Pb_2O),并凝聚成铅烟。铅烟中铅可通过呼吸道进入人体,国家规定作业环境铅烟的最高容许浓度为0.03 mg/m^3,浓度超过该值可能发生铅中毒患者。所以波峰焊设备应安装抽风管道,将焊接产生的含铅废气抽出;流水线的各手工焊锡操作工位应安装局部吸风排毒装置;如果集中排放的含铅废气超过铅烟的最高容许浓度,应设置除铅烟设施。

7.2.3 防护措施

作业环境铅烟浓度较高时,如波峰焊刮锡渣和设备维护等作业人员应佩戴防护口罩和手套。铅除了以铅烟形态通过呼吸道进入人体外,也可能通过被污染的手、食物、水等经消化道进入人体,所以操作过程能够戴手套的要尽量督促工人戴手套,手套要定期清洗、更换;餐前工后要洗手,防止铅从消化道吸收。接触铅的员工平时饮食方面应多吃含铁、含钙、含锌比较丰富的食物,会起到抑制铅吸收的目的。企业应定期组织从事接触铅作业的员工进行血铅检查,发现指标异常的员工应及时调整工作岗位。

7.3 其它有毒有害物质的控制

紧凑型荧光灯生产过程中除涉及汞和铅外,还使用其它的有毒有害物质,会存在其它的污染源,可能对环境和职业健康有危害,企业应予以识别,并加以控制。企业应建立相关的检查监测制度,对废水、废气、噪声、固体废弃物的情况定期监测,以预防为主的原则,控制对环境的污染和资源的浪费。针对作业场所存在的危害因素进行定期监测,对从事有毒有害作业的员工定期体检,建立员工职业健康监护档案。

7.3.1 粉尘污染

紧凑型荧光灯生产过程会有多道工序可能产生粉尘污染,例如配粉工序中使用超细氧化铝可能产生氧化铝粉尘,配粉、擦粉等工序都可能出现荧光粉粉尘。生产性的粉尘通过呼吸道进入人体后,可引起职业性呼吸道系统疾病,长期吸入粉尘对人体健康有害,其危害程度与粉尘的理化性质和吸入量有关。员工长期吸入大量粉尘可导致机体防御功能失去平衡;粉尘在呼吸道沉积可损伤呼吸道,形成粉尘性支气管炎;粉尘沉积在肺部可导致以肺组织弥漫性纤维化为主的全身性致病,即尘肺病;长期大量吸入氧化铝粉尘可导致铝尘肺。国家规定作业环境氧化铝粉尘的时间加权平均允许最高浓度为 $4mg/m^3$,稀土粉尘允许最高浓度为 $2.54mg/m^3$,所以工艺过程中应采用加防尘罩、负压吸尘、淋水消尘等方法尽量减少扬尘。另一方面,对员工可采取个体防护措施,如佩戴防尘口罩,以减少职业病危害。

7.3.2 塑件有害物物质

紧凑型荧光灯一般采用阻燃的 PBT 塑料材料作为外壳,PBT 的主要成分是聚对苯二甲酸丁二醇酯,在注塑过程中,PBT 熔融状态时产生的烟雾对眼睛、皮肤和呼吸道可能产生刺激,严重过度暴露可能导致恶心、头痛、发冷和发热;它在火中燃烧时会产生浓密的有毒烟气。所以,注塑时应注意通风和对员工采取呼吸道防护措施,废弃外壳尽量回收利用不要采取焚烧方法。

7.3.3 废气控制

紧凑型荧光灯生产工艺中的烤管工序,是通过高温使荧光粉层中有机的黏结剂分解,所以烤管时会产生一氧化碳、二氧化碳和其它有害气体。一氧化碳通过呼吸道进入人体血液后,一氧化碳与血红蛋白的亲和力比氧与血红蛋白的亲和力高 200~300 倍,所以一氧化碳极易与血红蛋白结合,形成碳氧血红蛋白,使血红蛋白丧失携氧的能力和作用,造成组织窒息;对全身的组织细胞均有毒性作用,尤其对大脑皮质的影响最为严重。在烤管设备上应采用排风管道将烤管时产生的废气排出车间,避免废气进入工作场所。

7.3.4 废水回收处理

紧凑型荧光灯生产中设备冷却用水都可以循环使用。主要的用水在于明管清洗用水和员工生活用水,产生的工业废水和生活污水,如直接进入工业区污水管网,既造成水资源的浪费,又多交水费和排污费,这些废水完全可以经过处理后进行中水回用,回收的中水可用于厂区绿化灌溉、洗车、拖地、冲厕等。可以选用"混凝沉淀+石英砂过滤+活性炭过滤+消毒"的工艺路线使处理后的水质达到《城市污水再生利用—杂用水水质》(GBT18920—2002)中的"车辆冲洗水质"的标准要求。

7.4 环保、职业健康安全管理体系

企业应设有专门的部门负责环境保护和职业健康安全方面的工作,这方面的工作是专业性很强的,配备环境保护和安全生产专业的工程技术人员是十分必要的。除了专业部门和专业技术人员外,建立起全员、全过程、全方位的环境保护和职业健康安全管理体系也是十分必要的。

目前国际上比较通行的ISO14000环境管理体系和OHSAS18000职业健康安全管理体系，为企业建立环境和职业健康安全的管理体系提供了科学有效的标准化模式。

ISO14000系列标准是国际标准化组织(International Organization for Standardization，简称ISO)制订颁布的环境管理体系标准，其中ISO14001《环境管理体系—规范及使用指南》是系列标准的核心标准，它是ISO在世界上第一个管理系列标准即ISO9000质量管理体系标准取得巨大成功的基础上，参考英国BS7750《环境管理体系规定》以及欧盟EMAS《生态管理和审核法案》等诞生的，旨在规范企业和社会团体等所有组织的活动、生产和服务的环境行为，改善环境状况。ISO14000系列标准自问世以来，受到广泛的欢迎，我国在ISO组织颁布的同一年即1996年就制订颁布了等同采用ISO14001标准的GB/T 24001—1996《环境管理体系—规范及使用指南》国家标准。

OHSAS18000职业健康安全评价标准是由英国标准协会(BSI)、挪威船级社(DNV)等13个组织于1999年共同提出的。国际标准化组织(ISO)也多次提议制订相关的国际标准，但目前它还不是国际标准。我国也于2001年制订颁布了GB/T 28001—2001《职业健康安全管理体系—规范》国家标准，它覆盖了OHSAS 18001:1999《职业健康安全管理体系—规范》的所有技术内容，并考虑了国际上有关职业健康安全管理体系的现有文件的技术内容，同时考虑了与GB/T 24001《环境管理体系—规范及使用指南》、GB/T 19001《质量管理体系—要求》标准间的相容性，以便于组织将职业健康安全、环境和质量管理体系相结合。该标准旨在使一个组织能够控制职业健康安全风险并改进其绩效。

我国的紧凑型荧光灯生产企业都可以按照GB/T 24001环境管理体系标准和GB/T 28001职业健康安全管理体系标准，建立起适合本企业特点的环境管理体系和职业健康安全管理体系。因为无论是GB/T 24001环境管理体系标准还是GB/T 28001职业健康安全管理体系标准，除了要求必须对遵循有关法律、法规和进行持续改进作出承诺外，都没有对具体的环境表现(行为)和职业健康安全绩效定出绝对的要求，所以不同环境和职业健康绩效水平的企业都可以遵守这两个标准要求。也就是说，即使这个企业目前在环境表现和职业健康安全绩效方面比较一般，也都可能通过这两个体系认证，取得认证证书。

企业推行ISO14000环境管理体系和OHSAS18000职业健康安全管理体系标准，一方面可以提高企业的环境保护和安全生产的管理水平，使企业管理更加科学化、规范化并与国际接轨，并通过科学化、规范化的环保和职业健康安全管理有效地控制环境污染和职业伤害带来的直接和间接损失，树立企业在社会和在员工心里的良好形象，提高企业知名度，为企业创造更好的经济效益和社会效益。另一方面，随着世界经济全球化和国际贸易的发展，发达国家和发展中国家在贸易问题上的矛盾，使得环境保护和职业健康安全问题越来越成为焦点，企业通过建立ISO14000环境管理体系和OHSAS18000职业健康安全管理体系，并取得第三方认证，有利于企业消除国际贸易中的绿色壁垒，获得进入国际市场的“绿色通行证”。

由于GB/T 24001环境管理体系标准和GB/T 28001职业健康安全管理体系标准有高度的兼容性，无论是体系模式还是要素都是基本一致的，而且很多对环境有危害的环境因素对于职业健康安全而言也是危险源，它们有很多是相关联的，所以企业完全可以将这两个管理体系整合在一起。这两个标准与GB/T 19000系列质量体系标准遵循共同的管理体系原则，大多数企业都建立了一个与GB/T 19000系列相符的现行管理体系，可以考虑以这个现行的管理体系作为基础，把环境管理体系、职业健康安全管理体系与ISO9000质量管理体系融合在一起，建立三位一体的全面管理体系，便于实际运作，提高管理的效率。当然，这三个管理体系的目的和相关方是不同的，比如：质量管理体系实施的目的是达到顾客满意，环境管理体系实施的目的是达到社会满意，而职业健康安全管理体系实施的目的是达到员工满意，所以它们管理的对象是不同的。

管理体系标准只是提供管理的手段，它们有助于企业提高质量水平、环境表现和职业健康业绩，但并没有提出具体的技术指标和技术手段，就标准本身不可能保证取得最优化的结果。也就是说，不会因为建立和实施了 ISO14000 环境管理体系和 OHSAS18000 职业健康安全管理体系，污染物排放量就自然减少了，对员工的职业危害就自然消失了。要想取得最佳的结果，需要企业根据本行业、本企业的实际，采用与危害相适应的可行技术手段，进行改进和控制。

企业环境管理体系和职业健康安全管理体系建成并获得认证证书后，并不是始终不变的实施就能持续保证符合标准要求，因为随着时间的推移，企业内外情况会发生改变，例如法律法规会发生变化、企业内的环境因素和危险源会发生变化，所以还必须不断采用“PDCA”循环的方法开展持续改进，不断完善企业环境管理体系和职业健康安全管理体系，提高企业的环境表现和职业健康业绩，达到社会满意、员工满意。

8　紧凑型荧光灯生产过程质量管理

经过了二十多年的发展,我国紧凑型荧光灯的设计与工艺技术都已经相当成熟,质量总体水平得到了大幅度的提高,产品寿命从原来的不到 5 千小时,发展到现在普遍可以达到 8 千至 1 万小时,有的甚至达到 1.5 万小时。但高品质的产品除了需要高水平的技术外,还必须通过严格的质量管理来保证,建立完善的质量管理体系,才可能保证稳定的产品质量。

ISO9001 质量管理体系标准是目前世界各国广泛采用的质量管理标准,它为系统化的质量管理提供了一个基本的模式。我国的紧凑型荧光灯企业也基本上都按照该标准建立起了质量管理体系。应该说 ISO9001 只是一个质量管理最基本的要求,要如何控制产品质量,制造出高品质的紧凑型荧光灯,还应该根据紧凑型荧光灯的特点,制定出适合本企业的管理体系。6σ(6 西格玛)的管理方式就是目前各行各业都在推行的先进的科学管理方法。

8.1　原材料的管理控制

目前紧凑型荧光灯的使用环境相对比较恶劣,一般都是用于筒灯中,温度高,这样对灯的原材料和器件质量就提出了比较高的要求。一盏紧凑型荧光灯看似很简单,但其中的原材料和器件却涉及四、五十类,每一类的规格型号又根据产品的规格不同而异。因此,做好原材料的控制工作对于产品规格繁多的企业而言就显得尤为重要。

8.1.1　原材料的检验

原材料的检验对于产品的质量保证起到一个把关的作用。对于检验工作而言,检验标准的制定很关键。标准是检验作业指导书,制定标准的前提需要深刻理解每种原材料在产品中起到的作用。每个企业可以根据自身的产品定位、客户的需求以及产品的使用环境来制定合格的检验标准和检验方案。

目前的紧凑型荧光灯基本由电子镇流器和灯管两大部分构成。

8.1.1.1　电子镇流器部分

电子镇流器部分所涉及到的关键元器件主要有:二极管、三极管、电解电容、薄膜电容、脉冲变压器、磁心电感。

①二极管　主要考核其常温和高温漏电流、反向耐压、正向压降等。为了检测二极管的热稳定性,仅在常温下测试二极管的反向耐压是完全不够的,一般应测试其高温状态下的反向耐压。

②三极管　是直接影响产品质量的关键器件,其性能和可靠性不仅与芯片的设计及参数有关,而且与封装工艺和材质有很大的关系。因此,除了检测其静态参数,还需考核其动态参数。

③电解电容　直接影响镇流器的使用寿命。紧凑型荧光灯一般选用耐高温和长寿命的电解电容。在电解电容的检验中,除了考核其常规特性指标外,还需考核其在高温条件下各项指标的变化,另外还需进行电解电容寿命测试以及耐纹波电流这两个关键指标的监测。

④薄膜电容　紧凑型荧光灯目前采用聚丙烯薄膜电容和聚酯薄膜电容较多，除了检测常温容量、损耗、耐压外，还需考核其高温（一般105℃）容量和耐压。

⑤脉冲变压器　紧凑型荧光灯中一般采用磁性材料磁环作为脉冲变压器，磁环在高温环境中使用容易出现失磁而停止工作，所以紧凑型荧光灯一般选用居里温度点高的磁环。其检测指标除了有磁性材料的性能指标外，还应考虑喷塑涂层阻燃性、漆包线耐压等。

⑥磁心电感　磁心电感也是影响电子镇流器可靠性的关键元器件，电感磁饱和或居里温度过低失磁，就会导致灯功率上升，镇流器过流烧毁。主要考核的性能指标有电感量、居里温度、耐压等。

8.1.1.2　灯管部分

灯管部分所涉及到的关键原材料主要有玻璃管、荧光粉、灯丝、固态汞。

①玻璃管　紧凑型荧光灯的外玻管目前基本都已经采用无铅玻管，玻璃管的质量会直接影响到生产合格率、光通维持率等性能指标。其主要检测指标有：外观尺寸、壁厚、弯曲度、应力测试、线膨胀系数等，以及铅、铁、钠的含量。

②荧光粉　荧光粉是影响光性能指标的一个最重要的材料，一般有单色粉和混合粉。主要的常规检测指标：色品坐标、发射主峰、相对亮度、松装密度、比表面积、粒度分布、中心粒径、电导率、pH值、热稳定性。除了检测粉体的这些常规指标，一般都需把荧光粉做成灯管来检测其制灯后的性能指标，以考核荧光粉对灯性能的影响程度。

③灯丝　是紧凑型荧光灯光源的心脏，是直接影响灯寿命的关键材料，其主要材料是钨，由钨丝绕制而成。主要检测的指标有：外观尺寸、条重、韧性强度、冷阻，除此之外，还应监测其热阻。

④固态汞　汞也是光源产品的一个关键材料，在目前市场对汞含量控制的强烈要求下，固态汞在紧凑型荧光灯中得到了普遍的应用。其检测指标主要有：外观、粒重、粒径、汞含量，另外还需监测的有溢汞特性。

8.1.2　原材料的可追溯性控制

做好原材料的整个物流环节的追溯控制也是做好质量控制的一个要素。标志的运用始终贯穿在整个物流过程，即运用于从仓储、物料运输、生产直至产品交付的全过程中，以达到对产品质量追溯的目的。标志一般分为：合格品、不合格品、问题物料处理品、化学品、特别物料（试验品、样品、呆滞物料等）等状态标志。标志的内容一般需要包括原材料的名称、规格型号、生产批号、批量、检验日期、保质期等。在仓储中，也可以通过划分区域来对原材料进行标志，例如：合格品区、不合格品区、待检物料区等。在生产过程中，物料也可用代表相应质量状态的颜色容器盛放，如红色代表不合格品、绿色代表合格品。

除了运用标志，从供应和物料配送的角度，原材料和成品的批号确保一致是利于质量追溯的一种好方法。但是对实际的供应和生产情况来说，生产一批产品往往要用到几批或者几个供应商的原材料，这时生产过程就需要做好成品和原材料领用相对应的记录。未用完的物料必须按照原材料原有的标志信息重新标志好进行储存，严格按照保质期规定以及先进先出的原则进行领发料使用。

8.1.3　原材料供应商管理

原材料质量优劣不仅决定紧凑型荧光灯产品的光通、光效、显色性、寿命以及产品可靠性等，而且对生产过程的合格率、生产效率、工艺操作性等也将产生一定的影响。检验工作只是事后把关，供应商所提供的原材料质量很大程度上在产品的源头已直接决定着企业最终产品的质量和成本。因此，在互利共赢的关系原则下加强供应商的质量控制是质量管理创新的一个重要途径。

首先，供应商的选择很关键，通常会把管理规范、技术实力强、生产稳定以及具备合作精神的优秀供应商作为首选。很多情况下，优秀供应商也是在和企业不断的合作与磨合中慢慢产生的，在新产品的开发过程，企业需要与供应商进行信息交流和共享，让供应商参与到公司的产品设计和开发当中来，协助供应商掌握新产品对原材料的新的技术需求，如操作要求、工艺方法、检验方法、改进途径等，共同合作，加快新产品研发和投产的速度；并帮助供应商尽快具备相应的资源，如检验设备、加工设备、技术人员等，使其形成生产能力。

其次，需要对合格供方进行动态管理，提高质量管理的有效性。可以定期对供应商进行评定，由品管、采购、技术、生产等部门从产品质量、服务、价格、质量管理等方面以评分的方式对所有供方进行综合评定，按评定结果，采取一系列措施来不断优化供应商队伍、强化供应链优势。还可以根据原材料检验过程中发现的一些突出的质量问题或者频繁出现的质量问题与供应商进行改进探讨，也可以不定时地去供应商现场进行有针对性的稽核，协助供应商找出潜在的问题根源。在日常的质量控制中，生产过程可以设置原材料失效超标警控限，当生产中一旦发现原材料失效或损耗异常需立即进行分析处理，必要时停止该批材料的使用，对生产中或来料入库问题较大的或多次出现类似缺陷的供应商，要求其分析原因采取纠正措施，并对其纠正措施的效果进行跟踪，同时加严来料的检验，并利用供应商在材料上的专业优势与其共同探讨更为有效的检测方法，及时更新检验标准和技术协议。

这一系列针对供应商的质量控制措施都有利于降低原材料不合格率，保证产品的质量和提高供货积极性，真正达到互利共赢的目的，在行业中形成一个良性竞争和持续改进的氛围。好的原材料不一定会造就好的产品，但企业要制造出高品质产品一定需要好的原材料做后盾。

8.2 统计过程控制

产品质量是制造出来的，过程能力的高低直接影响产品的质量以及过程合格品率。紧凑型荧光灯的生产到目前为止自动化程度还不算高，市场竞争也日益激烈，在质量和成本双重压力下，要想在市场上立于不败之地，产品必须满足客户不断提高的质量要求，那么企业就需要采用先进的技术和管理科学，将过程质量波动降到最低。

统计过程控制（SPC）的涵义：统计过程控制是为了贯彻预防原则，应用统计技术对过程中的各个阶段进行评估和监察，建立并保持过程处于可接受的并且稳定的水平，从而保证产品与服务符合规定的要求的一种技术。SPC 强调全员参与，而不是只依靠少数质量管理人员，强调应用统计方法来保证预防原则的实现，强调从整个过程、整个体系出发来解决问题。SPC 可以判断过程的异常，及时预警，并通过监控和诊断达到迅速采取纠正措施、减少损失、降低成本、保证产品质量的目的。

SPC 中的主要工具是控制图。控制图是通过对过程质量特性值进行测定、记录和评估，从而监察过程是否处于控制状态，它是用来判断引起质量特性值变异（离散、偏差）的原因是偶然原因（稳定状态、受控状态）还是异常原因（不稳定状态、异常状态），努力使生产过程处于稳定状态，实现产品质量的均一化的过程统计控制方法。通过控制图可以对生产过程进行监控，及时报警。根据控制图上点子的走势对过程进行评估，预防过程出现异常，对已出现异常的点或过程及时分析原因并采取措施加以消除。

图 8－1　控制图的区域划分

控制图的构成：图上有中心线（CL）、上控制限（UCL）、下控制限（LCL）。为便于判异，通常把控制图等分成六个区域，每个区宽 1σ，这六个区标号分别为 A、B、C、C、B、A，其中两个 A 区、两个 B 区、两个 C 区都相对于中心线 CL 对称（如图 8－1 所示）。

常用控制图有计量型和计数型两种：计量型包括均值－极差（$\overline{X}-R$）控制图、中位数－极差（M_e-R）控制图、单值－移动极差（$\overline{X}-R_s$）控制图，计数型包括不合格品率（p）控制图、不合格品数（np）控制图、单位不合格数（u）控制图、不合格数（c）控制图。例如：控制紧凑型荧光灯灯管中的荧光粉涂敷量可以采用 $\overline{X}-R$ 控制图，控制灯丝电子粉的涂敷量可以用 $X-R_s$ 控制图，控制灯管封口合格率可以采用 p 控制图或 np 控制图，控制波峰焊缺陷可以采用 c 或 u 控制图。

在使用控制图时，会出现两类错误。虚发警报：过程正常，由于点子偶然超出界外而判异，这将造成寻找根本不存在的异因的损失；漏发警报：过程异常，但仍会有部分点子位于控制界限内，这将造成不合格品增加的损失。为使两种错误造成的总损失最小，所以将 UCL 与 LCL 之间等分成六个区域，即最优间隔。

过程控制中使用八种判异准则进行过程异常的判别：

①准则 1：1 点落在离目标值 3σ 以外或落在 A 区以外。在许多应用中，准则 1 甚至是唯一的判异准则。

②准则 2：连续 9 点落在中心线同一侧。

③准则 3：连续 6 点递增或递减。

④准则 4：连续 14 点相邻点上下交替。

⑤准则 5：连续 3 点中有 2 点落在中心线同一侧的 B 区以外。

⑥准则 6：连续 5 点中有 4 点落在中心线同一侧的 C 区以外。

⑦准则 7：连续 15 点在中心线两侧的 C 区中。

⑧准则 8：连续 8 点在中心线两侧，但无一在 C 区中。

出现准则 1 的异常原因可能有：材料的变化；仪器故障或操作员的测量失误等。出现准则 2 的异常原因可能有：设备保养工作的不足；操作员疏忽及交班；原材料的变化及生产设备作业条件的变化；作业方法的变化等。出现准则 3 的异常原因可能有：原材料质量逐步上升；通过有效的保养管理工作，提高了设备能力；机械、工具、实验设备的松动或磨损，机械的老化；操作员的疲劳累积；冷却水温度变化等。出现准则 4 的异常原因可能有：与测量时间有关的作业环境的变化（上午/下午等）；周期性发生的特定零件老化及更换等。出现准则 5 的异常原因可能有：更换原材料及辅助材料；设备条件变化、功能发生异常；操作员交班；两种以上产品的特性绘制在一张控制图上等。出现准则 6 的异常原因可能有：更换原材料及辅助材料；设备条件变化、功能发生异常；操作员交班；两种以上产品的特性绘制在一张控制图上等。出现准则 7 的异常原因可能有：更换原材料及辅助材料；两种以上产品的特性绘制在一张控制图上；测量者人为调整数据；更换测量仪器等。出现准则 8 的异常原因可能有：原材料及辅助材料更换;两种以上产品的特性绘制在一张控制图上;设备功能异常或发生老化;作业者变更等。

目前已有各种的SPC计算机软件,可以实现自动生成控制图和自动异常报警功能,大大简化人工的统计工作。

8.3 成品质量评价

质量是反映实体满足明确或隐含需要能力的特性的总和。其内涵是由一组固有特性组成,并且这些固有特性是以满足顾客及其它相关方所要求的能力加以表征。本文主要还是着眼于紧凑型荧光灯产品质量。

8.3.1 设计质量

产品质量要满足客户的需求,首先必须从设计开始。设计质量是以公司技术水平和过程能力为基础,为了使产品设计过程中的质量特性实现要求的质量,需进行产品策划,将其结果整理为说明书、图纸化的质量。要制造出合格品,还需要通过工艺转化、控制过程变异等使设计质量在生产线上得到实现。

现在国内很多紧凑型荧光灯生产企业的市场正在大规模的延伸到国外,不同的国家和市场对紧凑型荧光灯的质量和功能所关注的重点有所不同,对同一个质量指标不同的市场要求也有差异,随着社会的发展,市场对照明的理念也不断在更新,比如近年来欧盟不断在推出的RoHS、REACH指令、市场进一步降低汞含量的要求等。因而,企业在做产品策划和设计时,必须把这些市场信息和要求作为设计输入,设计输入的要求将直接决定产品定型后的品质。企业在进行产品研发之前,需要进行市场调研,对产品进行市场需求分析,调查了解市场变化趋势、产品使用环境、市场应用前景、竞争对手状况等,并通过技术、经济、社会和环境等可行性评估后对产品研发进行策划。产品策划还需关注各个国家和地区的法律法规、本行业的最新信息、科技发展动态、专利状况以及企业产品历史问题的规避等。为确保产品设计质量满足策划的要求,设计过程需要进行评审或阶段性评审,并通过小批量试产来进一步验证设计输出是否满足输入的要求。产品一经设计定型,所有和产品相关的原材料参数、工艺操作规范、关键工序、质量标准、质控点(原材料、过程、成品)基本确定。因此,设计质量是决定产品质量的关键。

8.3.2 主要质量指标

一般紧凑型荧光灯的质量指标可分为安全要求指标和性能要求指标。

8.3.2.1 安全指标

安全指标主要有:灯的互换性、防触电保护、绝缘电阻和介电强度、力学强度、灯头温升、耐热性、防火与防燃、故障状态、标志。

上述主要是一些常规的安全指标,随着对产品质量要求的不断完善,各个国家也不断在增加一些考核指标。如无线电骚扰特性,依据GB 17743 2007,要求将骚扰抑制在经济合理的限值内,产品同时还能达到足够的无线电保护和电磁兼容的水平,频率范围为9kHz~30MHz的电源端子骚扰电压限值应满足标准要求,9kHz~30MHz、30~300MHz的频率范围应分别满足辐射骚扰场强的磁场电流准峰值限值要求。针对电磁兼容抗扰度特性,要求紧凑型荧光灯应能通过浪涌试验。

出口到不同国家或地区,产品必须要满足其安全认证要求。如美国的 UL 认证、欧洲的 CE、日本的 PSE、巴西的 ENCE、印尼的 SNI 等安全认证要求。

8.3.2.2　性能指标

紧凑型荧光灯的性能指标主要有:

(1)启动时间　指灯接通电源直到灯完全启动并维持燃点所需要的时间。针对不同的市场和客户,对启动时间的要求有所差异。目前我们国内的紧凑型荧光灯要求不大于 4s,但是随着客户对紧凑型荧光灯性能要求的不断提高,现在很多紧凑型荧光灯都设计成立即启动型,不加延时开启的预热器件热敏电阻。

(2)功率　紧凑型荧光灯都必须要有标称功率。不同国家和地区对实际功率与标称功率之间的偏差要求不同。国内的偏差要求为 ±15%;巴西要满足 ENCE 认证的要求,功率偏差要求为 +5%、-10%,相对比较严格。

(3)功率因数　一般要求标称功率小于(含 25W)25W 的灯,功率因数不得低于 0.5;标称功率大于 25W 的灯,功率因数不得低于 0.9。

(4)光通量　初始光通量(灯老炼 100h 后测得的光通量)不应小于额定值的 90%。

(5)上升时间　一般指灯接通电源后光通量达到其稳定光通量的 80% 所需的时间。对于不带罩的灯一般要求不超过 60s,带罩灯不超过 180s。但是有些客户对上升时间也提出了更高的要求,有些客户还增加了对光通量达到其稳定光通量的 60% 或者 20% 的考核。总之,对于紧凑型荧光灯来说,上升时间越快越好。

(6)光效　很多国家和地区都有自己的能效标准,比如香港能效要求、韩国能效标准、欧洲 ErP 能效等级要求等。目前我国也出台了能效要求 GB19044—2003《普通照明用自镇流荧光灯能效限定值及能效等级》,将能效分为三个等级,紧凑型荧光灯必须达到 3 级以上才可以在国内市场销售,且必须满足包装上标识的能效等级。

(7)色品参数　紧凑型荧光灯的颜色特性主要考核色容差、显色指数这两个指标。大部分国家和地区都要求色容差必须不超过 5,显色指数不低于 80。

(8)光通维持率　这个指标也是作为灯寿命的一项考核指标。国内对这个指标的考核是当灯在连续燃点 2000h 后,其光通维持率不得低于 80%。美国能源之星认证则要求 1000h 光通维持率不得低于 90%,且 40% 标称寿命的光通维持率不得低于 80%。目前欧洲 EST 认证还提出了更进一步的要求,对灯燃点至标称寿命时的光通维持率也进行考核。

(9)开关次数　开关试验是加速寿命试验,这也是一个表征寿命的指标。国内对这个指标没有明确的要求,但其它很多国家对这个指标有相应的考核标准。如美国能源之星要求在 5min 开/5min 关的开关模式下,立即启动型灯(不加 PTC)开关次数不得低于标称寿命值的一半,如果启动时间大于 0.3s 的灯要求开关次数不低于 10000 次。

(10)平均寿命　要求平均寿命(即 50% 灯失效时的寿命)不得低于标称寿命,且光通维持率达到客户的需求。目前国内要求额定平均寿命不得低于 6000h,且 2000h 光通维持率不得低于 80%。市场对紧凑型荧光灯的寿命要求越来越高,很多企业近年来开发的紧凑型荧光灯寿命已达到 15000h。

(11)谐波　目前国内主要考核三、五次谐波,台湾地区则是考核总谐波,有些国家未作要求。

(12)汞含量　这是近年来国际社会对紧凑型荧光灯提出的一个新的考核指标。紧凑型荧光灯汞含量要求不得超过 5mg。现在很多企业都在开发生产更低汞含量的紧凑型荧光灯,汞含量小于1mg的紧凑型荧光灯已经在大批量生产。

(13)外形尺寸　一般考核灯的总高和总宽两个指标。

8.3.2.3　外观指标

除了上述质量指标,每个紧凑型荧光灯企业对产品的外观也会进行考核。外观的考核一般按照缺陷等级可以分为四级:安全缺陷(一级缺陷)、失效缺陷(二级缺陷)、主要缺陷(三级缺陷)、工艺缺陷(四级缺陷)。对安全缺陷要求最严格,接收标准为$C=0$。

8.3.3　产品质量确认检验

为了检验自镇流荧光灯是否符合国标、企标或者和客户签订的技术协议,企业一般对其生产的产品需进行交收检验和例行检验。检验批企业可以根据自身的生产状况、质量稳定性、订单大小或者客户要求等界定,检验的样本应从批中均匀抽取。例行检验的产品应从交收检验合格的批中均匀抽取,交收检验一般按照GB/T2828《计数抽样检验程序》执行。例行检验一般按照GB/T2829的一次抽样方案执行,原则上当产品停产半年以上或灯的设计、工艺或材料变更以及其它因素可能影响灯的性能时,都应进行例行检验。若例行检验不合格,则应停止生产,直至新的例行检验合格后,方可恢复生产。

做好产品质量检验的前提是必须确保测量系统的可靠性,否则将误导企业的质量管控以及问题分析。除了保证常规的测试仪器计量校准工作外,通常可以通过GR&R(测量系统的重复性和再现性)来评价测量系统的影响。企业针对每类测量系统的GR&R分析最好每年不少于一次,以确保对测量系统的有效控制。

不管是对设计还是量产成品,要确保市场接收到高品质产品,质量考核中可靠性考核是至关重要的。企业往往需要通过一些严酷条件下的实验来验证产品的可靠性,如低压启动、高压高温、低压低温、低压高温、HASA(Highly Accelerated Stress)、ALT(Accelerated Life Testing)等试验。

企业在确保产品本身质量的同时,还必须要关注整个产品的生命周期对环境的影响。当今国际社会对保护环境和生态平衡提出了迫切需求,因而几乎所有市场对紧凑型荧光灯的高效、节能、环保、长寿提出了要求。作为紧凑型荧光灯制造企业,需要把这些要求导入产品的设计策划中,使最终的产品满足社会不断发展的要求。

参 考 文 献

于献忠主编.质量专业理论与实务(中级).北京:中国人事出版社,2004

附　录

1　普通照明用自镇流荧光灯的安全要求 GB16844－2008(摘录)

前言(略)

1　概述

1.1　范围

本标准适用于家庭和类似场合作普通照明用的、把控制启动和稳定燃点部件集成为一体的管形荧光灯和其它气体放电灯(自镇流灯)。本标准对该种灯规定了安全和互换性要求,以及试验方法和检验其是否合格的条件。

适用范围如下:

——额定电压100～250V;

——爱迪生螺口灯头或卡口灯头。

本标准的要求只涉及型式试验。

关于全部产品的检验和批量产品的检验方法正在考虑之中。

1.2　规范性引用文件(略)

2　术语和定义(略)

3　一般要求和一般试验要求

3.1　自镇流灯的设计和结构应当保证灯在正常使用中功能可靠,对用户和周围环境不会产生危害。一般来讲,检验合格性时要对所有规定项目都进行试验。

3.2　除另有规定外,全部的测试项目均应在温度为(25±1)℃的无对流风的试验室中,用额定电压和额定频率进行检验。

如灯上标明的是电压范围,则取该电压范围的平均值作为额定电压。

3.3　自镇流灯的各个部件均是工厂封装的,是不能修理的,不得将其打开来进行试验。如果需要检验灯和测试其电路,则应与制造商或销售商协商,让其提供专为进行模拟故障状态试验的灯(见第12章)。

4　标志

4.1　灯上应有清晰、耐久地标有下列强制性标志:

a)来源标志(可采取商标、制造商或销售商名称的形式);

b)额定电压或电压范围(以“V”或“伏特”表示);

c)额定功率(以“W”或“瓦特”表示);

d)额定频率(以“Hz”表示)。

4.2　制造厂应在灯上、或在包装上、或在使用说明书上提供以下补充信息:

1)灯的电流。

2)灯的燃点位置(如果有限制)。

3)如果所替换灯的质量大大超过被替换灯质量,则应该注明增加的质量可能会降低某些灯具的机械稳定性。

4)灯在使用时应遵循的特定条件和限制。如灯用于调光电路中;如灯不适用于调光电路,可用下列符号表示(略)。

4.3 按照下列条款检验其合格性:

1)用目视法检验有无4.1要求的标志及标志的清晰度;

2)按照下述方法检验标志的耐久性:用一蘸有水的布轻轻擦拭标志15s,待其干后,再用一块蘸有己烷的布擦拭15s,试验之后,标志仍应清晰;

3)采用目视法检验有无4.2所要求的信息。

5 互换性

5.1 为了保证互换性,灯应采用符合IEC60061－1规定的灯头。

5.2 使用表1所规定的检验其互换性的量规来检验成品灯的灯头尺寸。

表1中的量规均引自IEC60061－3。

表1　　检验互换性的量规和灯头尺寸

灯头	用量规检验的灯头尺寸	量规活页号
B22d 或 B15d	A最大值和A最小值 D_1 最大值 N最小值 销钉的径向位置 销钉插入灯座中的长度 销钉在灯座中的固定位置	7006－10 和 7006－11 7006－4A 7006－4B
E27	螺纹最大尺寸 灯头螺纹外径最小尺寸 接触性	7006－27B 7006－28A 7006－50
E26	螺纹最大尺寸 灯头螺纹外径最小尺寸	7006－27D 7006－27E
E14	螺纹最大尺寸 灯头螺纹外径最小尺寸 接触性	7006－27F 7006－28B 7006－54

5.3 装有B22d灯头或E27灯头的自镇流灯,其质量应不超过1kg,且灯与灯座之间的弯矩应不大于2N·m。

通过测量检验其合格性。

6 防触电保护

自镇流灯的结构设计应保证,在不装有任何灯具形状的辅助外壳情况下,当灯旋入符合GB17935规定的灯座后,不能触及灯头内的金属件或灯头上的带电金属部件。

采用图1规定的试验指检验其合格性,如果有必要,施加10N的力。

采用爱迪生螺口灯头的灯,其结构设计应符合普通照明用(GLS)灯泡防止意外接触的要求。

可采用IEC6061－3现行版本中7006－51A规定的用于检验E27灯头、7006－55规定的用于检验E14灯头的量规来检验其合格性。

注:对采用E26灯头的自镇流灯的检验要求正在考虑之中。

对采用 B22 或 B15 灯头的自镇流灯的检验与采用同样灯头的白炽灯的检验要求相同。

除了灯头上的载流金属部件以外,灯头外部的金属部件都不应带电或容易带电。试验中,任何可拆卸的导电材料均在不使用工具的情况下,置于最不利的位置。

采用绝缘电阻和介电强度试验(见第 7 章)来检验其是否合格。

7 潮湿处理后的绝缘电阻和介电强度

灯的载流金属部件与灯的易触及部件之间,要有充分的绝缘电阻和介电强度。

7.1 绝缘电阻

灯应先在相对湿度为 91% ~95% 的潮湿箱内放置 48h,箱内空气温度要控制在 20 ~30℃ 的任一值上,温度偏差在 1℃之内。

绝缘电阻试验应在潮湿箱内进行,施加大约 500V 的直流电压 1min 后测定。灯头的载流金属件与灯的易触及部件(测试时在灯的易触及的绝缘件上包一层金属箔)之间的绝缘电阻应不小于 4MΩ。

注:卡口灯头外壳与触点之间的绝缘电阻正在研究中。

7.2 介电强度

在绝缘电阻测试后立即进行介电强度试验。试验时,在上述规定的相同部位上施加下述交流电压,试验 1min。

—ES 灯头:螺口灯头的壳体与灯的其它易触及部件之间(在易触及的绝缘件上包一层金属箔):

HV 型(220 ~250V):4 000V(有效值)

BV 型(100 ~120V):$2U+1000$V

U = 额定电压

试验期间,应将灯头外壳和眼片短路。

开始时,所加电压不超过规定电压值的一半,然后逐渐将电压升至上述规定值。

试验应在潮湿箱内进行,试验中不允许出现闪络或击穿现象。

注:金属箔与载流部件之间的距离正在研究中。

——卡口灯头:外壳与电触点之间的介电强度(正在研究之中)。

8 机械强度

抗扭矩

在进行下述扭矩试验时,灯头应与灯体或与灯上用来旋进或旋出的部位牢固地连接:

B22d 3N · m

B15d 1.15N · m

E26 和 E27 3N · m

E14 1.15N · m

试验采用图 2 和图 3 所示的试验灯座。

扭力不应突然施加,而应逐渐从零增加到规定值。

对于不采用粘结方式固定的灯头,可允许在灯头与灯体之间有相对位移,但应不超过 10°。机械强度试验之后,样品应符合接触性的要求(见第 6 章)。

9 灯头温升

按照 QB/T 2512 测量成品灯的灯头温升 t_s 时,其温升在灯的启动期间、稳定期和稳定以后的时间内均不应超过下列规定值:

B22d　125K

B15d　120K

E27　120K

E14　120K

E26　正在研究中

所有试验应采用额定电压进行。如果灯上只标有电压范围，则应采用该电压范围的平均值进行试验，但电压范围的上下极限值与其平均电压值偏差不应大于2.5%。对于宽电压范围的灯，试验时则采用其范围中的最高值。

10　耐热性

自镇流灯应具有充分的耐热性。提供防触电保护的绝缘材料的外部部件以及固定带电部件的绝缘材料部件均应具有充分的耐热性。

采用图4所示的球压试验装置检验其是否合格。

试验应在加热箱中进行，箱内温度应比第9章有关部件正常工作温度高(25±5)℃。对于固定带电部件的绝缘部件来说至少应为125℃，其它部件应为80℃[①]。受试部件的表面应水平放置，将直径5mm的钢球以20 N的力压在受试部件表面上。

试验之前，先将试验负载和支撑装置放置在加热箱内加热足够时间，以保证使其达到稳定的试验温度。

施加试验负载之前，受试部件要放进加热箱内加热10min。

试验时，如果受试表面出现弯曲，则应将钢球所压的部件支撑起来。为此，如果不能在一个完整的样品上进行试验，则可从其上面取下适当的部分来进行试验。

样品厚度至少要2.5mm，如果该样品达不到这样的厚度，可将两个以上的样品重叠在一起。

1h之后，从受试部件上取走钢球，将受试部件放入冷水中浸泡10s，待其冷却到接近室温后，测量受试部件上的压痕，其直径应不超过2mm。

如果出现弯曲表面使压痕呈椭圆形，则应测量其短轴，长度为压痕直径。

如果有疑问，则测量压痕深度，并用公式$\phi = 2\sqrt{P(5-P)}$计算直径，公式中P为压痕深度。

陶瓷材质部件不进行此项试验。

11　防火与防燃

固定带电部件的绝缘部件以及提供防触电保护的绝缘材料的外部部件，应能承受IEC 60695-2-1规定的灼热丝试验：

——试样为成品灯。为了进行试验可以从灯上去掉无关部分，但应保证试验条件与实用中的条件基本一致。

——将试样安装在支架上，施加1N力将其压在灼热丝顶部，灼热丝距试件上部距离最好为15mm或大于15mm，同时要处于受试表面的中心。灼热丝穿透试件的深度要用机械法限制到7mm。如果因为试样太小，而不能按上述要求进行试验时，则可取一块相同的材料作为试验样品，该样品为30mm的正方形，其厚度为成品试样最小厚度。

——灼热丝顶部的温度为650℃。30 s后将试样从灼热丝顶部移开。

在开始试验之前，灼热丝的温度和加热电流应恒定1min。但要保证在此期间热辐射不应

① 正在研究之中

影响试样。采用铠装高灵敏热电偶丝测量灼热丝顶部温度，热电偶的结构与校准应符合IEC60695－2－1的要求。

——试样从灼热丝上移开后，试样上的任何燃烧火焰均应在30s内熄灭，并且任何燃烧着的下落物质不应点燃水平放置在试样下面的、距离为(200±5)mm的薄纸。

陶瓷材质部件不进行此项试验。

12　故障状态

自镇流灯在特定使用中可能会出现故障状态，但在故障状态下工作不应降低其安全性能。

依次进行下述故障状态试验，以及由此而伴生的其它故障状态。每个故障状态试验使用一个试样。

a)在开关启动线路中，启动器被短路；

b)电容器之间短路；

c)因一阴极损坏，灯不启动；

d)虽然阴极线路完整，但灯不启动(去激活灯)；

e)灯工作，但一阴极已去激活或损坏(整流效应)；

f)断开或跨接线路中的其它触点，而线路图表明这种异常状态可能降低灯的安全性能。

对灯及其线路图进行检查，一般可以显示可能出现的故障状态。进行故障状态试验时，应按最便利的顺序依次进行。

制造商或销售商应提交有关进行故障状态试验的专用灯，并且尽可能提供通过操作灯外部的开关，即可进行故障状态试验的方法。

不能短路的零部件或装置不应跨接。同样地，不能开路的零部件或装置不应断开。

制造商或销售商应提供证明，灯的零部件具有不降低其安全性的性能，如说明其符合有关标准。

关于故障状态a)、b)或f)，合格性通过下述方法检验：将受试灯在室温下燃点，施加的电压为额定电压的90%和110%，如果是电压范围，则采用该电压范围平均值的90%和110%，一直达到稳定状态，然后进行故障状态试验。

关于故障状态c)、d)或e)，操作方法与上述相同，但是试验一开始就引入故障状态。

然后对灯进行历时8 h的试验，在此试验期间，灯不应起火或产生易燃气体，而且带电部件不应变成可触及的。

采用高频火花发生器检验从零部件释放出的气体是否是易燃的。

根据第6章要求的试验来检验可触及的部件是否变为带电体。采用大约1000 V的直流电压来检验绝缘电阻(见7.1)。

图1　标准试验指(略)

图2　装有螺口灯头的灯作扭矩试验用灯座(略)

图3　装有卡口式灯头的灯作扭矩试验用灯座(略)

图4　球压试验装置(略)

2　普通照明用自镇流荧光灯性能要求 GB/T17263—2002(摘录)

前言(略)

1　范围

本标准规定了普通照明用自镇流荧光灯的性能要求、试验方法、检验规则及标志、包装、运输、贮存等。

本标准适用于额定电压为220 V,频率为50 Hz,额定功率为60 W以下,采用螺口式灯头或卡口式灯头,在家庭和类似场合普通照明用的,把控制启动和稳定燃点部件集成一体的普通照明用自镇流荧光灯。

2　引用标准(略)

3　定义(略)

4　产品分类

4.1　型式

自镇流荧光灯按照放电管数量分为:双管、四管、多管和螺旋型等,其型式详见GB/T 17262—2002附录E要求。

4.2　型号编写规则

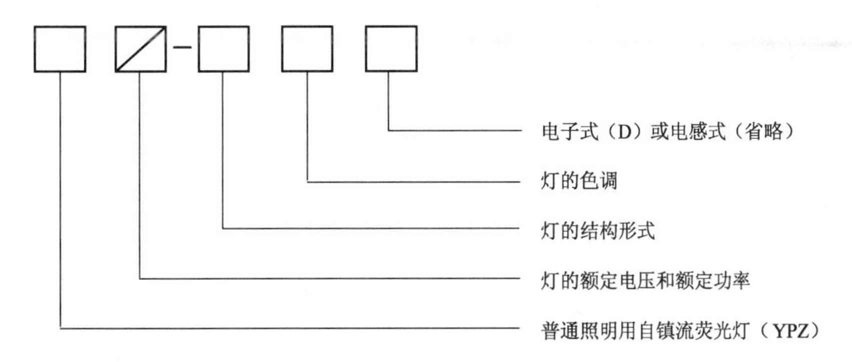

示例:220 V 13 W 3U型冷白色普通照明用电子式自镇流荧光灯的型号为:

YPZ220/13 -3U · RL · D

注:型号中第四、第五部分可灵活取舍,螺旋型灯的结构用S表示。

4.3　基本参数

4.3.1　普通照明用自镇流荧光灯的光效应不低于表1的规定。

表1　　普通照明用自镇流荧光灯的初始光效

序号 \ 项目	额定功率范围/W	颜色:RZ/RR	颜色:RL/RB/RN/RD
1	5~8	36	40
2	9~14	44	48
3	15~24	51	55
4	≥25	57	60

4.3.2　自镇流荧光灯的启动性能以及色品性能应分别符合表2及表3的规定。

表2　　自镇流荧光灯的启动性能

额定电压/V	额定频率/Hz	启动电压/V	启动时间/s		稳定时间/min	上升时间/min
			电感式	电子式		
220	50	≤198	≤10	≤4	≤40[1)]	≤3[1)]

表 3　　自镇流荧光灯的色品性能

<table>
<tr><th rowspan="3">色调</th><th rowspan="3">代表符号</th><th colspan="5">色品参数[1]</th></tr>
<tr><th rowspan="2">一般显色指数</th><th colspan="2">色坐标目标值[2]</th><th rowspan="2">相关色温/K</th><th rowspan="2">色品容差 SDCM</th></tr>
<tr><th>x</th><th>y</th></tr>
<tr><td>F6500(日光色)</td><td>RR</td><td rowspan="2">80</td><td>0.313</td><td>0.337</td><td>6 430</td><td rowspan="6">≤5</td></tr>
<tr><td>F5000(中性白色)</td><td>RZ</td><td>0.346</td><td>0.359</td><td>5 000</td></tr>
<tr><td>F4000(冷白色)</td><td>RL</td><td rowspan="2">82</td><td>0.380</td><td>0.380</td><td>4 040</td></tr>
<tr><td>F3500(白色)</td><td>RB</td><td>0.409</td><td>0.394</td><td>3 450</td></tr>
<tr><td>F3000(暖白色)</td><td>RN</td><td rowspan="2">84</td><td>0.440</td><td>0.403</td><td>2 940</td></tr>
<tr><td>F2700(白炽灯色)</td><td>RD</td><td>0.463</td><td>0.420</td><td>2 720</td></tr>
</table>

注:标准颜色的色品坐标图按 GB/T 17262—2002 的附录 E。

1)带罩灯的色品参数正在研究之中。

2)表中列出的色坐标目标值为 IEC 60081(1997)中推荐的标准颜色色品坐标目标值。企业可根据用户的要求制造非标准颜色的灯,但应同时给出非标准颜色色品坐标的目标值,且其容差应符合本标准的要求。

5　技术要求

5.1　安全要求

应符合 GB 16844 的要求。

5.2　灯的外形尺寸

自镇流荧光灯的外形尺寸应符合制造商的规定,所用灯头应分别符合 GB1406 和 GB1407 的要求。

5.3　启动特性

自镇流荧光灯的启动特性应符合表 2 的规定。

5.4　灯功率

自镇流荧光灯在额定电压和额定频率下工作时,其实际消耗的功率与额定功率之差不得大于 15%。

5.5　功率因数

自镇流荧光灯在额定电压和额定频率下工作时,其实际功率因数不得比制造商的标称值低 0.05。

5.6　初始光效/光通量

自镇流荧光灯的初始光效应不得低于表 1 的规定,带罩灯的初始光效不得低于表 1 值的 80%。

自镇流荧光灯的初始光通量可由制造商或销售商标称,但其实测值不得低于标称值的 90%。

5.7　颜色特征

自镇流荧光灯一般显色指数 R_a 的初始值不得比表 3 规定值低 3 个数值。

色品容差范围应符合表 3 的规定。

5.8　寿命

自镇流荧光灯的额定平均寿命不得低于 6000h。

5.9　光通维持率

自镇流荧光灯在燃点2000h时，其光通维持率不得低于80%。

5.10 谐波

a)有功功率>25W的灯

谐波电流不得超过表4规定的限值。

b)有功功率≤25W的灯

应满足下列要求之一：

1)谐波电流不得超过表5第2列每瓦允许的最大谐波电流值；

2)由基波电流的百分数表示的3次谐波电流不得超过86%，5次谐波电流不得超过61%。此外，输入电流波形应在相位角60°或之前开始导通，在65°或之前达到最后一个峰值(若每半个周期有几个峰值)，并在90°前不停止导通，基波电压在0°时过零点。

表4 灯电源电流中谐波含量极限值

谐波次数 n	基波频率下输入电流的百分数表示的最大允许谐波电流/%
2	2
3	30λ
5	10
7	7
9	5
11~39	3

注：λ 表示线路功率因数

表5 谐波限值

谐波次数 n	每瓦允许最大谐波电流/(mA/W)	最大允许谐波电流/A
3	3.4	2.30
5	1.9	1.14
7	1.0	0.77
9	0.5	0.40
11	0.35	0.33
$13 \leq n \leq 39$	$3.85/n$	$0.15 \times 15/n$

6 试验方法

6.1 试验的一般要求

除另有规定的项目外，全部试验均应在环境温度为(25±1)℃，相对湿度最大为65%的无对流风的环境中进行。

在稳定期间，电源电压应该稳定在±0.5%的范围之内；在测量时，应降至±0.2%的范围之内；对于寿命试验应该稳定在±2%。

电源电压的谐波含量不得超过3%。总谐波含量是基波为100%时各次谐波分量的均方根之和。

各项试验均应在额定频率下进行，灯应置于自由空间中，灯头垂直在上。

6.2 外形尺寸(5.2)试验

灯的外形尺寸(5.2)用误差不大于0.05 mm的量具测量。

6.3 启动特性(5.3)试验

启动和上升时间应在老炼之前进行。

启动试验的试验电压应为额定电压值的90%，如果给出的是一个电压范围，则应为该电压范围最低值的90%。

上升和稳定时间试验应增至其额定电压值，如果给出的是一个电压范围，则应增至该电压范围的平均值。

测量应采用误差不大于0.01s的计时仪表进行。

6.4 光电参数的试验

灯的光电参数包括灯功率(5.4)、线路功率因数(5.5)、初始光效/光通量(5.6)、颜色(5.7)的试验按GB/T 17262附录B规定的方法测量。试验时不用外接镇流器。灯的光效通过计算得出。

6.5 寿命(5.8)和光通维持率(5.9)试验

寿命试验应在15~40℃的环境温度中进行，应避免通风过大，灯不得受到强烈振动和冲击。

试验时，灯每燃点24 h中应关闭8次，关闭时间应为10~15min，接通时间至少应为10 min。

寿命试验中单只灯寿命按第一只灯“烧毁”或寿命性能低于本标准要求时的累计时间计算；平均寿命按$n(n \geq 10)$只灯的光通维持率符合本标准要求，且继续燃点至50%的灯达到单只灯寿命时的时间计算。

当灯燃点至特定时间(老炼时间包括在内)时，按GB/T 17262—2002附录B规定的方法测量其光通量，并计算光通维持率。

6.6 谐波(5.10)试验

电源电流的谐波含量测量按IEC 61000-3-2中的要求进行。

6.7 标志(8.1)试验

标志的正确性和清晰度用目视法检查。牢固度用蘸水的湿布轻轻擦拭标志15 s后，再用蘸有有机溶剂(己烷)的布擦拭15 s后来检验，擦拭后，标志仍应清晰可辨。

7 检验规则

7.1 为了检验自镇流荧光灯是否符合本标准要求，制造商应对本企业生产的产品进行交收检验和例行检验。

7.2 交收检验的自镇流荧光灯应从每班生产的同一型号灯中均匀地抽取。交收试验按照GB/T 2828执行，其试验项目、抽样方案、检查水平及合格质量水平按表6规定。

表6 交收试验项目的分组、抽样方案、检查水平和合格质量水平

序号	组别	试验项目	技术要求	试验方法	抽样方案	检查水平	AQL/%
1		外形尺寸	5.2	6.2			
2	Ⅰ	标志	8.1	6.7		S-3	4.0
3		启动性能	5.3	6.3			
4		灯功率	5.4	6.4	一次		
5		功率因数	5.5				
6	Ⅱ	初始光效/光通量	5.6			S-2	6.5
7		颜色特征	5.7				
8		谐波含量	5.10	6.6			

7.3 例行试验的自镇流荧光灯应从交收试验合格的灯中均匀地抽取,每半年不少于一次。每当停止生产半年以上,或当灯的设计、工艺或材料变更或可能影响灯的性能时,都应进行例行试验。

例行试验按 GB/T 2829 的判别水平 I 的一次抽样方案执行,其试验项目、不合格质量水平、抽样数量和不合格判定数组按表 7 规定进行。

例行试验不合格,则应停止生产和验收,直至新的例行试验合格后,方可恢复生产和验收。

表 7 例行试验的试验项目、不合格质量水平、抽检数量和判别数组(略)

8 标志、包装、运输和贮存

8.1 每只灯上应有下列清晰而牢固的标志:

a)制造厂名称或注册商标;

b)电源电压和频率;

c)产品型号或标称功率及由制造商或销售商提供的有关特性参数;

d)制造日期(年、季或月)。

(注:年、月用数字表示,季用罗马字表示。)

8.2 每只灯用纸盒包装,然后再用包装箱集装。包装应安全可靠,包装箱内应附有产品合格证或盖有符合 8.3 要求的合格印章。

8.3 合格证上应标明:

a)制造厂名称或注册商标;

b)检验日期;

c)检验员签章。

8.4 包装盒或包装箱上应使用汉字注明:

a)制造厂名称或注册商标及厂家地址;

b)产品名称和型号;

c)额定电压和频率;

d)包装箱内灯的数量;

e)产品标准号;

f)其它标志。

8.5 灯应贮存在相对湿度不大于 85% 的通风的室内,空气中不应有腐蚀性气体。

8.6 灯在运输过程中应避免雨雪淋袭和强烈的机械振动。

3 普通照明用自镇流荧光灯能效限定值及能效等级 GB19044—2003(摘录)

前言(略)

1 范围

本标准规定了普通照明用自镇流荧光灯(以下简称:自镇流荧光灯)的能效等级、能效限定值、节能评价值、试验方法和检验规则。

本标准适用于额定电压 220V、频率 50Hz 交流电源,标称功率为 60W 及以下,采用螺口灯头或卡口灯头,在家庭和类似场合普通照明用的,把控制启动和稳定燃点部件集成一体的自镇流荧光灯。

本标准不适用于带罩的自镇流荧光灯。

2 规范性引用文件(略)

3 术语和定义(略)

4 技术要求

4.1 基本要求

本标准所适用的自镇流荧光灯,其性能应符合 GB/T 17263 的要求。

4.2 能效等级及光通维持率

4.2.1 能效等级

自镇流荧光灯能效等级分为3级,其中1级能效最高。各等级的光效值应不低于表1的规定。

表1　自镇流荧光灯能效等级

标称功率范围/W	初始光效/(1m/W)					
	能效能级(色调:RR,RZ)[a]			能效等级(色调:RL,RB,RN,RD)[a]		
	1	2	3	1	2	3
5~8	54	46	36	58	50	40
9~14	62	54	44	66	58	48
15~24	69	61	51	73	65	55
25~60	75	67	57	78	70	60

注:a)表中色调应符合 GB/T 17263 中表3色度坐标的要求。企业可以根据用户的要求制造非标准颜色的灯,但应同时给出非标准颜色色度坐标的目标值,且其容差应在5SDCM 的范围之内。对于非标准颜色的灯,其光效应按邻近标准颜色光效值较高的能效等级进行判定。

4.2.2 光通维持率

各能效能级的自镇流荧光灯在燃点2000h时,其光通维持率均不应低于80%。

4.3 能效限定值及光通维持率

自镇流荧光灯能效限定值为表1中能效等级的3级。其光通维持率应符合4.2.2的规定。

4.4 节能评价值及光通维持率

自镇流荧光灯节能评价值为表1中能效等级的2级。其光通维持率应符合4.2.2的规定。

5 试验方法

5.1 试验一般要求

按照 GB/T 17263 中试验的一般要求进行。

5.2 初始光效

自镇流荧光灯老炼100h之后,按照 GB/T 17263 中光通量试验方法进行,光效通过计算得出。

5.3 色度坐标

自镇流荧光灯老炼100h之后,按照 GB/T 17263 中颜色试验方法进行。

5.4 光通维持率

按照 GB/T 17263 中光通维持率试验方法进行。

6 检验规则

6.1 交收试验

制造厂应对本企业生产的自镇流荧光灯的能效限定值进行交收试验,经试验不合格的产品,不允许出厂。交收试验的自镇流荧光灯应从每班生产的同一型号灯中随机抽取。交收试验按 GB/T 2828 执行,其试验项目、抽样方案、检查水平按表2规定。

表 2　　交收试验抽样方案、检查水平及合格质量水平

试验项目	技术要求	试验方法	抽样方案	检查水平	AQL/%
初始光效	4.3	5.2	一次	S-2	6.5

6.2　例行试验

制造厂应对本企业生产的自镇流荧光灯的能效限定值进行例行试验，每半年应不少于一次，从交收试验合格的灯中随机抽取。有下列情况之一时，也应进行例行试验：

a）产品的试制定型鉴定时；

b）停产半年以上恢复生产时；

c）当设计、工艺或材料变更可能影响其性能时；

d）质量技术监督部门提出进行例行试验时。

例行试验按 GB/T 2829 判别水平 Ⅰ 的一次抽样方案执行，其试验项目、抽样数量、不合格质量水平和不合格判定数按表 3 规定。

表 3　例行试验不合格质量水平、抽检数量和判定数组（略）

4　照明电器产品中有毒有害物质的限量要求 QB/T2940—2008（摘录）

前言（略）

引言（略）

1　范围

本标准规定了照明电器产品中有毒有害物质的最大允许含量。

本标准适用于下列照明电器产品：

——白炽灯、卤钨灯；

——荧光灯，包括双端荧光灯、单端荧光灯、自镇流荧光灯；

——高强度放电灯，包括高压汞灯、高压钠灯、金属卤化物灯；

——发光二极管；

——灯用附件，包括镇流器、启动器、触发器、变压器及其它控制装置；

——各类灯具。

2　规范性引用文件（略）

3　术语和定义

下列术语和定义适用于本标准。

3.1　有毒有害物质 hazardous substance

照明电器产品中含有的铅（Pb）、汞（Hg）、镉（Cd）、六价铬［Cr（VI）］、多溴联苯（PBB）、多溴二苯醚（PBDE，不包括十溴二苯醚）。

3.2　部件 parts

组成照明电器产品的结构单元，如玻壳、芯柱、灯头等。

3.3　均质材料 homogeneous materials

不能通过机械手段进一步拆分为不同材料的材料，均质材料各部分的组成均相同。

4　要求

照明电器产品中有毒有害物质在均质材料中的含量，除有豁免限量要求的规定外，应不大于表 1 所列出的值。

表 1　　有毒有害物质的限量要求

名称	铅	汞	镉	六价铬	多溴联苯	多溴二苯醚
含量/%	0.1	0.1	0.01	0.1	0.1	0.1

注：多溴二苯醚不包括十溴二苯醚。

5　检测规则

5.1　检测单元

检测单元按 GB/Z 23153—2008 进行拆分。

5.2　检测方法

检测按照相应的检验方法执行。

6　合格判定

6.1　判定方法

照明电器产品中有毒有害物质含量经检测后满足表 1 的要求，对附录中列出的产品达到相应的规定要求，则判定为合格；否则判定为不合格。

6.2　合格条件

试验类型为型式试验。

第一批试样：3；不合格数：0。

如果有一只不合格，则进行第二次。

第二批试样：3；不合格数：1（两批试样合计）。

豁免产品中有毒有害物质限量要求

<table>
<tr><td rowspan="3">汞</td><td>限量 5mg 的产品</td><td>使用稀土荧光粉的普通照明用荧光灯，寿命大于 20000h 的限量可放宽至 8mg</td></tr>
<tr><td>限量 10mg 的产品</td><td>使用卤磷酸钙荧光粉的普通照明用荧光灯</td></tr>
<tr><td>不限量的产品</td><td>特殊用途的荧光灯
本附录未提及的其它光源</td></tr>
<tr><td rowspan="2">铅</td><td>不限量的产品和部件</td><td>荧光灯管的玻璃部件
黑光灯管的蓝黑玻璃
硅涂层线形白炽灯
电子元件（包括辉光启动器）的玻璃
水晶玻璃
荧光灯用的主汞齐和辅助汞齐
用于专业复印、光刻制版设备的金属卤化物灯用卤化铅
硼硅酸盐玻璃表面打印用印油
陶瓷部件</td></tr>
<tr><td>允许超过 0.1 % 限量的产品和部件</td><td>用于重氮复印、平版印刷、捕虫器、光化学和固化过程的特种灯用荧光粉，以及仿日晒灯用荧光粉的铅激活剂含量应不大于 1 %
铜合金部件中的铅含量应不大于 4 %
铝合金部件中的铅含量应不大于 0.4 %
钢合金部件中的铅含量应不大于 0.35 %
产品工作时，其焊接部位的温度不低于 210℃ 的，以及晶体管芯片与框架的焊接允许使用含铅量不小于 85 % 的高温焊料</td></tr>
</table>

7　对欧盟在电气电子设备中限制使用某些有害物质指令的说明

7.1　什么是 RoHS 指令

RoHS 是由欧盟立法制定的一项强制性质指令，它的全称是《关于限制在电子电气设备中使用某些有害成分的指令》(restriction of the use of certain hazardous substances in electrical and electronic equipment)。该指令已于 2006 年 7 月 1 日开始正式实施。

7.2　RoHS 指令的目的

颁布和实施 RoHS 指令的目的是为规范电子电气产品的材料及工艺标准，使欧盟各成员国在统一的法律框架和标准下，限制电气和电子设备中有毒有害物质的使用，规范含有有毒有害物质产品的生产和进出口，以利于本地区的环境保护和人类健康。

7.3　RoHS 指令的基本内容

欧盟 RoHS 指令对投入欧盟市场的电子电气产品中所含的有毒有害物质进行了限量要求。对由于受生产技术水平限制，在目前不能达到指令要求的产品，可以在一定时间内获得豁免。同时要求欧盟各成员国在该指令的法律框架下制定本国的法律、规则或行政规定。

7.4　RoHS 指令限制使用的有毒有害物质

欧盟 RoHS 指令限制使用的有毒有害物质共有六种，包括：铅、汞、镉、六价铬、多溴联苯和多溴联苯醚。其中可能在照明产品中存在的部件举例如下：

铅(Pb)　焊料、玻璃等；

汞(Hg)　气体放电光源，继电器等；

镉(Cd)　外壳和 PCB 等；

六价铬(Cr^{6+})　金属腐蚀涂层等；

多溴联苯(PBB)　阻燃剂，塑料外壳等；

多溴联苯醚(PBDE)　阻燃剂，塑料外壳等。

7.5　RoHS 指令对上述六种有毒有害物质的限量要求

铅(Pb)　均质材料中的含量≤1000mg/kg

汞(Hg)　均质材料中的含量≤1000mg/kg

镉(Cd)　均质材料中的含量≤100mg/kg

六价铬(Cr^{6+})　均质材料中的含量≤1000mg/kg

多溴联苯(PBB)　均质材料中的含量≤1000mg/kg

多溴联苯醚(PBDE)　均质材料中的含量≤1000mg/kg

7.6　目前被豁免的照明产品的限量要求

1)对汞的豁免

产品种类	产品类型	汞含量限定要求/mg	豁免时间
单端荧光灯	功率<30W 的普通照明用灯	5	2011 年 12 月 31 日前
		3.5	2011 年 12 月 31 日~2012 年 12 月 31 日
		2.5	2012 年 12 月 31 日以后
	30W≤功率<50W 的普通用照明灯	5	2011 年 12 月 31 日前
		3.5	2011 年 12 月 31 日以后
	50W≤功率<150W 的普通用照明灯	5	
	功率≥150W 的普通用照明灯	15	
	管径≤17mm 的环形或方形普通用照明灯	无使用限制	2011 年 12 月 31 日前
		7	2011 年 12 月 31 日以后
	特殊用途灯	5	

续表

产品种类	产品类型	汞含量限定要求/mg	豁免时间
双端荧光灯	管径<9mm 的正常寿命三基色粉荧光灯	5	2011 年 12 月 31 日以前
		4	2011 年 12 月 31 日以后
	9mm<管径≤17mm 的正常寿命三基色粉荧光灯	5	2011 年 12 月 31 日以前
		3	2011 年 12 月 31 日以后
	17mm<管径≤28mm 的正常寿命三基色粉荧光灯	5	2011 年 12 月 31 日以前
		3.5	2011 年 12 月 31 日以后
	管径≥28mm 的正常寿命三基色粉荧光灯	5	2012 年 12 月 31 日以前
		3.5	2012 年 12 月 31 日以后
	长寿命三基色粉荧光灯(寿命≥25000h)	8	2011 年 12 月 31 日以前
		5	2011 年 12 月 31 日以后
	管径>28mm 的直管型卤粉荧光灯	10	2012 年 4 月 13 日以前
	所有管径的非直管型卤粉荧光灯	15	2016 年 4 月 13 日以前
	管径>17mm 的非直管型三基色粉荧光灯	无使用限制	2011 年 12 月 31 日以前
		15	2011 年 12 月 31 日以后
	其它普通照明用和特殊用途灯(如感应灯)	无使用限制	2011 年 12 月 31 日以前
		15	2011 年 12 月 31 日以后
特殊用途的冷阴极荧光灯及外置电极荧光灯(CCFL 和 EEFL)	长度≤500mm	无使用限制	2011 年 12 月 31 日以前
		3.5	2011 年 12 月 31 日以后
	500mm<长度≤1500mm	无使用限制	2011 年 12 月 31 日以前
		5	2011 年 12 月 31 日以后
	长度>1500mm	无使用限制	2011 年 12 月 31 日以前
		13	2011 年 12 月 31 日以后
其它低压气体放电灯		无使用限制	2011 年 12 月 31 日以前
		15	2011 年 12 月 31 日
高压钠灯	功率≤155W,显色指数大于 60 的普通照明用高压钠灯	无使用限制	2011 年 12 月 31 日以前
		30	2011 年 12 月 31 日以后
	155W<功率≤405W,显色指数大于 60 的普通照明用高压钠灯	无使用限制	2011 年 12 月 31 日以前
		40	2011 年 12 月 31 日以后
	功率>405W,显色指数大于 60 的普通照明用高压钠灯	无使用限制	2011 年 12 月 31 日以前
		40	2011 年 12 月 31 日以后
	功率≤155W 的其它普通照明用高压钠灯	无使用限制;	2011 年 12 月 31 日以前
		25	2011 年 12 月 31 日以后
	155W<功率≤405W 的其它普通照明用高压钠灯	无使用限制	2011 年 12 月 31 日以前
		30	2011 年 12 月 31 日以后
	功率>405W 的其它普通照明用高压钠灯	无使用限制	2011 年 12 月 31 日以前
		40	2011 年 12 月 31 日以后

续表

产品种类	产品类型	汞含量限定要求/mg	豁免时间
高压汞灯		无使用限制	2015 年 4 月 13 日以前
金属卤化物灯		无使用限制	
其它	未提及的特殊用途的放电灯	无使用限制	

2)对铅、镉的豁免

产品类型	限定要求	豁免时间
阴极射线管玻璃中的铅	无使用限制	
荧光管玻璃中的铅	≤其质量的 0.2%	
加工用的钢中合金元素中的铅及镀锌钢材中的铅	≤其质量的 0.35%	
铝合金中的铅	≤其质量的 0.4%	
铜合金中的铅	≤其质量的 4%	
高温熔化的焊料中的铅	即铅基合金焊料中的铅超过 85%	
通讯领域的交换、信令、传输以及网络管理的服务器、存储器、存储器阵列系统、网络基础设施用的焊料中的铅	无使用限制	
含有铅的玻璃或陶瓷的电气和电子元件,介质陶瓷电容器除外。如:高压设备,或玻璃或陶瓷基复合材料	无使用限制	
额定电压为 125 V AC 或 250 V DC 及更高的介质陶瓷电容器中的铅	无使用限制	
额定电压小于 125 V AC 或 250 V DC 的介质陶瓷电容器中的铅	无使用限制	豁免至 2013 年 1 月 1 日,在此日期之前投入市场的仍可作为电子电气产品的单独部件继续使用
光学仪器中使用的白玻璃中的铅	无使用限制	
在光学玻璃和滤光玻璃中的铅或镉	无使用限制	
带有硅酸盐涂层的管状白炽灯中的铅	无使用限制	豁免至 2013 年 9 月 1 日
在专业复印设备的高强度放电灯(HID)中用作辐射剂的卤化铅	无使用限制	
当放电灯被用作重氮复印、平版印刷、捕虫器、光化学和食物加工过程的特种灯,含有磷如 SMS[$(Sr,Ba)_2MgSi_2O_7$: Pb]时,用作放电灯中的荧光粉催化剂的铅	≤其质量的 1%	豁免至 2011 年 1 月 1 日
当放电灯被用作含磷[比如含有 BSP($BaSi_2O_5$: Pb)]的仿日晒灯(sun tanning lamps)时,用作放电灯中的荧光粉催化剂的铅	≤其质量的 1%	

续表

产品类型	限定要求	豁免时间
在紧凑型节能灯中，作为主汞齐特定成分的PbBiSn－Hg和PbInSg－Hg中的铅以及作为辅助汞齐PbSn－Hg中的铅	无使用限制	豁免至2011年6月1日
蓝黑灯管（BLB）玻璃外罩所含的氧化铅	无使用限制	豁免至2011年6月1日
理事会指令69/493/EEC附录Ⅰ（第1、2、3和4类）中定义的水晶玻璃中的铅	无使用限制	
无汞平面荧光灯（例如用于液晶显示器、设计或工业照明）的焊接材料的铅	无使用限制	
用于固态照明或显示系统中的彩色转换Ⅱ～Ⅵ族LEDs内所含的镉（每平方毫米发光区域的镉小于10μg）	无使用限制	豁免至2014年7月1日